高等学校教材

建筑节能技术与节能材料

第二版

张 雄 主 编

张永娟 副主编

化学工业出版社

·北京·

《建筑节能技术与节能材料》第二版，系统介绍了建筑围护结构，包括建筑墙体、建筑门窗、建筑屋面和建筑地面的节能技术和节能材料，以及与建筑节能相关的地源热泵技术、太阳能利用技术和空调节能技术等内容；书中还针对目前新型的相变储能节能材料的原理、制备以及在建筑节能中的应用作了详尽描述；此外，还详细介绍了既有建筑节能改造的相关技术和建筑节能检测与评估技术。旨在为建筑行业设计人员、工程技术人员和相关生产厂家提供各类建筑节能体系的基本知识、设计与施工基本要领。本书注重建筑节能技术及其节能材料的基本原理知识的介绍，也非常适合作为高等学校土木工程、建筑材料相关专业学生的教材和参考读物。

图书在版编目（CIP）数据

建筑节能技术与节能材料/张雄主编 . —2 版 . —北京：化学工业出版社，2016.9（2024.6重印）

高等学校教材

ISBN 978-7-122-27768-8

Ⅰ.①建… Ⅱ.①张… Ⅲ.①建筑热工-节能-高等学校-教材②节能-建筑材料-高等学校-教材 Ⅳ.①TU111.4②TU5

中国版本图书馆 CIP 数据核字（2016）第 181596 号

责任编辑：窦 臻　　　　　　　　文字编辑：冯国庆
责任校对：王 静　　　　　　　　装帧设计：王晓宇

出版发行：化学工业出版社（北京市东城区青年湖南街 13 号　邮政编码 100011）
印　　装：北京虎彩文化传播有限公司
787mm×1092mm　1/16　印张 21　字数 533 千字　2024 年 6 月北京第 2 版第 5 次印刷

购书咨询：010-64518888　　　　　　售后服务：010-64518899
网　　址：http://www.cip.com.cn
凡购买本书，如有缺损质量问题，本社销售中心负责调换。

定　　价：49.00 元

前 言

　　《建筑节能技术与节能材料》第一版于 2009 年出版迄今已经有七个年头了。在此期间多次印刷，表明本书内容符合社会发展的知识需求，受到广大读者的欢迎。本书系统介绍各类建筑节能体系的基本知识、设计与施工基本要领知识，不仅成为建筑行业设计人员、工程技术人员和相关生产技术人员案头的专业知识读物；还由于本书注重介绍建筑节能技术及其节能材料的基本原理知识，被许多土木工程相关院校采用为学生的教材和参考读物。为感谢广大读者的厚爱，编者与时俱进地对本书内容进行了大幅度修订，编写了第二版。

　　《建筑节能技术与节能材料》第二版根据社会发展新形势、新需求和新理念，吸纳和补充建筑节能领域科技新成果、新标准和新知识。新版书将为新读者专业技能充电，拓宽知识；可为老读者更新知识，刷新专业标准规定记忆。新版书沿袭了第一版的章节结构，注重其内在内容的更新和调整，以便老读者温故而知新。鉴于本书已被越来越多的大专院校作为教材，此次修订内容也考虑到教学用书的特点和基本要求，进一步系统介绍建筑节能技术和节能材料的基本原理和核心知识。

　　《建筑节能技术与节能材料》再版之际，正值国家"十三五"规划开局之年。"十三五"国家研发计划项目也正如火如荼地申报、审批、下达任务书、实施研发。绿色建筑与绿色建筑材料正是"十三五"国家研发计划重点专项内容之一，本书主编张雄教授很荣幸地作为项目负责人承担了"十三五"国家重点专项——绿色建筑围护材料性能提升关键技术研究，研究团队由国内 26 家知名高校、科研机构和行业龙头企业组成，相信该强强合作的优秀团队将在建筑节能技术与节能材料方面获得丰硕的成果。期待在"十三五"收官之年，再修订本书时新成果能为之增色添彩。

编　者

2016 年 8 月

第一版
前　言

　　随着社会生产力的发展和人民生活水平的提高，建筑中消耗的能量日益增加，如何降低能源消耗，减少建筑物中热量的损失，已引起了世界各国的普遍关注。《建筑节能技术与节能材料》是编者编著的"建筑功能材料系列"的又一新作。它与《建筑功能砂浆》（张雄、张永娟主编，化学工业出版社 2006 年出版）；《建筑功能外加剂》（张雄、李旭峰、杜红秀主编，化学工业出版社 2004 年出版）；《现代建筑功能材料》（张雄、张永娟主编，化学工业出版社 2009 年即将出版）相辅，构成"建筑功能材料系列"出版物。

　　《建筑节能技术与节能材料》编集了近年来国内外建筑领域蓬勃发展起来的建筑节能最新的技术成果，主要介绍了建筑围护结构、地源热泵、太阳能利用、空调、建筑相变节能等节能技术和相关材料；还介绍了既有建筑节能改造的相关技术和建筑节能检测与评估技术。旨在使建筑业相关人士充分了解建筑节能的相关技术，以推动建筑节能的发展。

　　本书由同济大学张雄教授、张永娟副教授主编。

　　各章节编写的分工为：第一章　绪论　张雄；第二章　节能建筑墙体及其节能材料　张永娟、冷达、刘昕；第三章　节能建筑门窗技术与节能材料　张雄、闫文涛；第四章　建筑节能屋面技术与材料　张永娟、王标、雷州；第五章　建筑地面节能技术　闫文涛、张雄；第六章　节能建筑地源热泵技术　冷达、张永娟；第七章　建筑节能相变材料及其应用技术　张雄、廖晓敏；第八章　空调节能技术　高翔、张永娟、丘琴；第九章　节能建筑太阳能利用技术　张永娟、高翔；第十章　既有建筑节能改造技术　周云、张雄；第十一章　建筑节能效率检测与评估技术　周云、张雄、张悦然。

　　由于编者水平的局限性，本书难免有不妥之处，诚请广大读者指正。

编　者

2009 年 4 月

目 录
CONTENTS

第一章　绪论

第二章　节能建筑墙体及其节能材料

第三章　节能建筑门窗与节能材料

第四章　节能建筑屋面与节能材料

第五章　建筑地面节能技术

第六章　节能建筑地源热泵技术

第七章　建筑节能相变材料及其应用技术

第八章　空调节能技术

第九章　节能建筑太阳能利用技术

第十章　既有建筑节能改造技术

第十一章　建筑节能检测和评估

Chapter 1

第一章 绪论

全球能源形势日趋严峻，据一些国际研究机构分析，世界一次性能源仅够人类继续使用30年，能源危机始终困扰各国。在经济快速发展的中国，能源匮乏也同样引起了人们的高度关注。中国煤炭消耗量占世界消耗总量的40%，石油消耗量仅次于美国。据有关专家测算，至2020年，中国对海外石油能源的依赖程度将达到惊人的55%以上。

在能源消耗的众多形式中，建筑能耗在我国能源总消费量中所占比例逐年上升，已经从20世纪70年代末的10%上升到现在的30%以上。由于能源需求增长的速度大于能源生产的速度，能源的供需矛盾日益尖锐，已成为制约我国经济发展的重要因素。因此，我国政府越来越重视建筑节能工作。根据我国建筑节能发展的基本目标：对于新建采暖居住建筑，1986年起，在1980～1981年当地通用设计能耗水平基础上普遍降低30%，为第一阶段；1996年起，在达到第一阶段要求的基础上再节能30%（即总节能50%），为第二阶段；2005年起，在达到第二阶段要求基础上再节能30%（即总节能65%），为第三阶段。

实现建筑节能的根本有效途径是加快推广和普及低能耗建筑，这是建筑节能发展的一个必然趋势。所谓低能耗建筑构筑是根据建筑物所处当地的气候特点，采用先进的建筑技术和材料（如地源热泵技术系统、混凝土顶棚辐射制冷制热系统等），对建筑所处的声、光、热等自然因素进行全面、系统的调节，力图最大限度地减少自然环境对居住舒适度和健康的负面影响，降低建筑的能源消耗，使室内自然温度接近或保持在人体舒适的温度内。

实现低能耗建筑首先需推进建筑节能设计进步、优化建筑平立面设计。

建筑节能是一项系统工程，需要贯穿建筑设计、施工建造和利用的全过程。建筑设计人员应该在设计的全过程中始终把节能与建筑的观赏性、功能性综合加以考虑，逐步形成一套完整有序的节能设计流程。建筑平、立面设计不同，太阳辐射、自然通风等气候因素对建筑能耗的影响也不尽相同。如果建筑平、立面设计合理，建筑物在冬季能够最大限度地利用太阳辐射的能量，降低采暖负荷，夏季最大限度地减少太阳辐射热并利用自然通风降温冷却，降低空调制冷负荷。在规划设计阶段，应该优先考虑建筑物南北朝向，同样形状的建筑物，南北朝向比东西朝向冷负荷要小得多，合理的空间布局及体型系数对减少建筑物的热散失面积有重要意义，同时，设计人员也应该注重立面设计，合理控制窗墙比。

实现低能耗建筑需要对于建筑物外维护结构部位应用节能技术和节能材料，降低其热损失（或冷损失）。

按照建筑物外维护部位面积大小区分，墙体所占比例最高。目前应用于墙体节能体系的技术包括外墙自保温、外墙内保温、外墙外保温和外墙夹心保温。与之相对应的材料有无机类保温材料、有机类保温材料以及无机有机复合保温材料；科技工作者试图将相变蓄热材料应用于墙体蓄热保温，这将是对于传统墙体保温技术和材料的根本创新。

近年来智能玻璃幕墙技术的发展主要表现在以下两个方面：①深入广泛的基础理论研究，特别是在提高舒适度和能量动态研究方面，各方面专业人员从不同角度对已建成的双层幕墙建筑进行大规模、长时间的跟踪实测，掌握了大量的第一手数据，并提升到理论高度，对幕墙的设计进行模拟和指导；②在幕墙与建筑设备、空调系统的配合方面又有新的进展、探索。如采用外墙新风装置设备，这种小型机具有高效通风采暖、降噪功能，可有效提高舒适度和使用灵活性。我国双层玻璃幕墙技术已有近20年的发展历史，技术日益成熟，双层玻璃幕墙从构造形式上划分有窗箱式双层玻璃幕墙、外廊式双层玻璃幕墙、通风式多层玻璃幕墙及封闭式双层玻璃幕墙。

门窗虽然占外维护部位面积的比例不高，但其热损失是墙体热损失的5～6倍。通过门窗的热损失分为框扇材料的传导热损失、玻璃的辐射热损失、框扇间隙的空气对流热损失和窗墙比与朝向。针对上述四点可采取相应的节能技术和节能材料。

门窗节能经历了单层窗阶段、双层玻璃阶段和镀膜玻璃阶段；目前节能等综合性能比较好的窗框体系有铝包木、塑包木、铝合金隔断等；遮阳技术是通过遮蔽不透明或透明表面来限制直射太阳辐射进入室内，同时限制散射辐射和反射辐射进入室内，属于传统的自然降温技术。目前可供选用的遮阳系统有多种，如固定式遮阳系统、可调节式遮阳系统、可伸缩式遮阳系统以及植物遮阳系统。

我国屋面节能经历了如下三个发展阶段：第一阶段，即20世纪50～60年代，当时屋面保温做法主要是干铺炉渣、焦渣或水淬矿渣；第二阶段，即20世纪70～80年代，屋面保温层出现了现浇水泥膨胀珍珠岩、现浇水泥膨胀蛭石保温层，以及沥青或水泥作为胶结与膨胀珍珠岩、膨胀蛭石制成的预制块及岩棉板等保温材料；第三阶段，20世纪80年代以后，随着我国化学工业的蓬勃发展，开发出了重量轻、热导率小的聚苯乙烯泡沫塑料板、泡沫玻璃块材等屋面保温材料；近年来又推广使用重量轻、抗压强度高、整体性能好、施工方便的现喷硬质聚氨酯泡沫塑料保温层，为屋面工程的节能提供了物质基础。除了传统的屋面构造形式外，应用于屋面节能的构造体系还有倒置式屋面、种植屋面、蓄水屋面、架空屋面、冷屋面等。

地板和地面的保温常常容易被人们忽视。低温地板辐射采暖技术是近几年比较流行的地板采暖施工工艺，常用的低温热水地板采暖一般是以低温水（一般≤60℃，最高不大于80℃）为加热热媒，加热盘管采用塑料管，预埋在地面混凝土垫层内。

双层架空地面是现代办公建筑的标准配置，它是随着现代化通信以及空调技术发展应运而生的一种建筑技术体系。世界上最早使用双层架空地面敷设通信电缆的建筑是1877年在柏林修建的德国邮电大厦。近年来，由于置换式新风系统越来越普遍，送风管也布置在双层架空地面中，可以配合混凝土楼板制冷系统省去吊顶，使建筑层高大大降低，从而节约造价。现代化双层架空地面的面材可以选用石材、木地面、地毯或合成地面。承重板材为薄钢板或钢框架支撑的高密度合成板，支脚多为可调节的钢螺栓，支脚与地面采用铆栓或粘接方式固定。

实现低能耗建筑还需采用（开发）可再生能源利用技术以及对建筑空调系统节能技术的应用。

地源热泵是世界上发展最快的可再生能源利用设备之一，是一种先进的高效、节能、环保、有利于可持续发展的技术。地源热泵可以分为地下水源热泵系统、地表水源热泵系统和土壤源热泵系统等种类，深入考察采用哪一种系统是一个最关键的问题。

1946 年美国建成了第一个地源热泵系统。但直到 20 世纪 70 年代初世界上出现第一次能源危机，它才开始受到重视。尽管许多国家都开始对热泵产生兴趣，但热泵的增长主要还是在美国和欧洲。我国在地源热泵的应用方面起步相对较晚。在工程应用中，美国对地源热泵的利用偏重于地源热泵全年冷热联供，而不像欧洲国家偏重于冬季供暖，我国情况与美国比较相似。中国最早在 20 世纪 50 年代，就曾在上海、天津等地尝试夏取冬灌的方式抽取地下水制冷。天津大学热能研究所开展了我国热泵的最早研究，1965 年研制成功国内第一台水冷式热泵空调机。在 20 世纪 80 年代初，天津大学和天津商学院对地源热泵领域开展了理论研究。由于我国能源价格的特殊性，以及其他一些因素的影响，地源热泵的应用推广非常缓慢。20 世纪 90 年代以后，由于受国际大环境的影响以及地源热泵自身所具备的节能和环保优势，这项技术日益受到人们的重视，越来越多的技术人员开始投身于此项研究。《地源热泵系统工程技术规范》GB 50366—2005 于 2005 年 11 月 30 日发布，自 2006 年 1 月 1 日起正式实施，规范了地源热泵系统工程的施工及验收的各环节标准依据，确保地源热泵系统能安全可靠地运行，以更好地发挥其节能效益。2009 年又对《地源热泵系统工程技术规范》GB 50366—2005 进行了局部修订。

与地源热泵技术有一定关联但又有所区别的是能量活性建筑基础。这项技术的基本原理就是在建筑基础施工过程中将工程塑料管埋入地下，形成闭式循环系统，用水作为载体，夏季将建筑物中的热量转移到土壤中；冬季从土壤中提取能量。这项技术于 1980 年初诞生于欧洲，初期多用于居住建筑，今天更多地用于大型公共建筑以及商业和工业建筑。其突出优点是不需要专门钻井就可以获取地热（地冷）资源，投资相对较少，经济效益明显。根据建筑基础土质情况和建筑基础工程的要求，可采用与基础形式相配合的技术，如能量活性基础桩、基础墙与基础板。

近 20 年来，工业发达国家和一些发展中国家都非常重视太阳能建筑技术的发展。至 20 世纪中后期，太阳能热水器等一些太阳能产品技术在一些国家已很成熟，并在住宅小区中开始广泛推广使用。

太阳能是新能源和可再生能源的一种。它不同于常规化石能源，可持续发展，几乎用之不竭，对环境无多大损害，有利于生态良性循环。我国幅员广大，有着十分丰富的太阳能资源。据估算，我国陆地表面每年接受的太阳辐射能约为 50×10^{18} kJ。全国各地太阳年辐射总量达 $335 \sim 837$ kJ/($cm^2 \cdot a$)。中值为 586 kJ/($cm^2 \cdot a$)。因此太阳能利用技术前景广阔。

太阳能在建筑节能中的应用主要有太阳能采暖和供热水、太阳能空调、以太阳集热器作为热源替代煤、石油、天然气、电等常规能源作为燃料锅炉的主动式太阳房、被动式太阳房（通过建筑朝向和周围环境的合理布置，内部空间和外部形体的巧妙处理，以及建筑材料和结构、构造的恰当选择，使其在冬季能采集、保持、贮存和分配太阳能，从而解决建筑物的采暖问题。同时，在夏季又能遮蔽太阳能辐射，散逸室内热量，从而使建筑物降温，达到冬暖夏凉的目的）。

随着我国经济的高速发展和人们物质生活水平的不断提高，对电力供应不断提出新的挑战。尽管截至 2013 年年末，全国发电装机总量达 12.47 亿千瓦，年发电量达 4.8 万亿千瓦时，居世界第一位，然而目前我国电力供应仍很紧张，突出矛盾是电网峰谷负荷差加大。夜间至清晨谷段负荷率低，而高峰段电力严重不足，有的电网峰谷负荷之差达 25%～30%。蓄能空调技术正是在这种形势下逐渐在我国研制和应用的。目前已采用和正在研究的蓄能技术主要是利用工作介质状态变化过程所具有的显热、潜热效应或化学反应过程的反应热来进行能量储存，它们是显热蓄能技术、潜热蓄能技术和热化学蓄能技术。

在宾馆及大商场中，新风量较大，新风处理的全年热负荷大约为传热负荷的 1~4 倍。应用热（冷）回收技术能起到较好的效果：利用空调排风中的热量或冷量，预热或预冷新风，从而节约能耗。

顶棚辐射制冷采暖系统广泛应用于现代化办公室空间、商业、医院等建筑之中，优点是无噪声、无风感、设备负荷小、节省机房和竖向管道空间。根据国际上权威研究结果表明，传统的以空气为冷热载体的中央空调系统，对于脑力工作者的工作效率有很多不良影响，而顶棚辐射制冷供暖加置换式新风系统的满意程度要远远高于传统的中央空调。

空调变频技术是空调运行中的节能控制技术，由于变频技术是通过改变频率来调整压缩机功率的，因此，应用变频技术的空调机一方面降低了开关损耗；另一方面提高了低频运转时的能效。

对既有建筑节能改造是推进我国建筑节能的又一举措。

我国在颁布节能标准之前建造的各种建筑绝大部分不能满足节能要求，但这些建筑又必须在相当长的时间内继续保留。迄今为止，我国既有建筑存有量近 400 亿平方米，其中城市建筑总面积约为 138 亿平方米，而节能建筑仅有 3.2 亿平方米，95% 以上是高能耗建筑。

我国的既有建筑种类繁多，涵盖不同建设年代，不同气候条件，不同使用功能，不同建筑规模，不同结构形式，均需分别对待，只有相对的大原则可以遵循，没有绝对的公式和办法可以套用。

我国新建建筑分步骤普遍实施节能率为 65% 的 JGJ 26—2010《严寒和寒冷地区建筑节能设计标准》《夏热冬冷地区居住建筑节能设计标准》（JGJ 134—2010）《夏热冬暖地区居住建筑节能设计标准》（JGJ 75—2012）《公共建筑节能设计标准》以及《建筑照明节能标准》等规范标准，以大中城市为先导，逐步生效，强制实施。相对而言，既有建筑改造的相应法律法规还比较缺乏，只有《既有采暖居住建筑节能改造技术规程》（JGJ 129—2000），改造工作主要参照上述新建建筑的节能规范来开展。但是可以通过区域规划调研，排除无改造价值的建筑，对可改造部分做出分类，对节能改造潜力大的建筑（主要是大型公建）优先考虑改造，这样一方面以提高节能改造的效率，早见成效；另一方面可以作为示范工程为后续改造工作打开局面。

既有建筑改造除了对单体既有建筑进行建筑门窗改造、建筑墙体改造和建筑屋面改造外，还应该考虑下面几点。

第一，从区域节能改造的角度考虑，采取措施改善区域内建筑周围的"小环境"。

热岛效应使区域内的温度升高，大大加剧了空调的负荷，造成能源的浪费。如果能通过一定的改造措施有效缓解热岛效应，降低区域温度，则可以达到高效的节能效果。具体措施如下。

① 区域改造时，应考虑合理布局城市建筑物，适当取舍，改善区域风环境。考虑地面常年主导风向，设置一定长、宽的风道，引风入城，力求增大气流通量，排出区域内的热量。

② 提高区域内的绿地覆盖率，注意绿地的合理分布和植物配置。

③ 改进排水系统的透水性能，保证水在区域环境内的渗透、保存。

④ 设置建筑屋顶绿化。

第二，提高用能效率的节能改造。

首要的是提高采暖用能效率。我国北方城市集中供热主要以燃煤锅炉为主，供热采暖综合效率偏低，从锅炉房到建筑物间含制热和配送的综合热效率为 45%～70%，而输送过程中的热损失在 8%～15%，远低于发达国家的 80% 的水平。供热采暖系统应在建筑节能政策的带动下，全面赶上国际先进水平。比如以钢制散热器来替代铸铁散热器，并促进热源、输送系统等全面技术创新。还有其他耗能设备的节能改造，可通过更换节能、节水产品来实现。

第三，因地制宜，结合当地具体情况发掘其他可利用的可再生能源，包括太阳能、风能、地热能等。

可再生能源是目前最理想的能源供应形式，无污染，永不衰竭。我国可再生能源储量大，分布广，各地方可以因地制宜，结合建筑节能改造的契机开发利用可再生资源。我国太阳能资源丰富，总面积 2/3 以上地区年日照时数大于 2000h，可以大力推广使用太阳能。个别地区还有其他丰富的可再生资源可供利用，例如，在我国西南水力资源丰富的地区发展小水电，在西北、内蒙古等具备建设风电场的区域发展风电，在西藏重点开发地热能等。

第二章 节能建筑墙体及其节能材料

节能型建筑不仅要求在设计上做到节省土地，在功能上节约建筑能耗，而且对建筑部品、部件的发展提出同样的要求，其中包括如何进一步发展节能、节土、利废、改善建筑功能的节能型墙体。

节能型墙体不是一个形和质固定不变的体系，比较通行和传统的概念是新型的砖、新型的砌块和新型墙板的总称。本章对节能型墙体的范畴提出了拓展，认为组成承重或非承重墙体基本结构的各种材料、各个部件都包括在墙体体系及材料的范围内，并将其中突出节能功能性的材料或部件归入节能型墙体材料。其中既有新型砖、新型砌块等兼顾力学性能和保温节能性能的传统意义上的新型墙材，也包括各种作为空隙填充材料或板材使用的有机泡沫、无机外挂板材、保温砂浆和涂料。

本章主要介绍节能墙体设计与施工技术、节能墙体材料、新型节能墙体和外墙外保温系统防火问题。

第一节 节能墙体设计与施工技术

一、节能墙体设计方式

（一）外墙自保温

外墙自保温系统是墙体自身的材料具有节能阻热的功能，如当前使用较多的加气混凝土砌块，尤其是砂加气混凝土砌块。由于加气混凝土制品里面有许多封闭小孔，保温性能良好，热导率相对较小，砌体达到一定厚度后，单一材料外墙即可满足节能指标要求的平均传热系数和热惰性指标。加气混凝土外墙自保温系统即为加气混凝土块或板直接作为建筑物的外墙，从而达到保温节能效果。其优点是将围护和保温合二为一，无需另外附加保温隔热材料，在满足建筑要求的同时又满足保温节能要求。但作为墙体材料，该制品的抗压强度相对较低，故只能用于低层建筑承重或用作填充墙。

计算结果表明，对于框架结构墙体和短肢剪力墙，采用强度满足要求的加气混凝土砌块进行自保温，也能达到节能效果，当用于短肢剪力墙（或异形柱框架）结构外墙填充墙时加气混凝土制品的厚度应取 250mm，而对于剪力墙（或异形柱）以及框架等部位则应采用厚度为 50mm 的加气混凝土块实施外保温或内保温。

　　尽管外墙自保温优势明显，但推广难度仍然不少。首先是由于自保温材料强度比较低，抗裂性不很理想，时间长容易产生墙体开裂现象。即使用在一般框架结构的建筑上，由于框架的变形性能大，而填充墙变形性能差，两者的控制变形难以取得一致，若增设过多的构造柱和水平抗裂带会增加冷热桥处理的难度。而且，对于大量高层建筑随着短肢剪力墙的大量使用，填充墙所占比例不高，使得外墙自保温系统受到限制。

（二）外墙内保温

　　内保温技术对材料的物理性能指标要求相对较低，具有施工不受气候影响、技术难度小、综合造价低、室内升温降温快等特点。外墙内保温是在外墙结构的内部加做保温层，将保温材料置于外墙体的内侧，是一种相对比较成熟的技术。

　　它的优点如下。

　　① 它对饰面和保温材料的防水、耐候性等技术指标的要求不是很高，纸面石膏板、石膏抹面砂浆等均可满足使用要求，取材方便。

　　② 内保温材料被楼板所分隔，仅在一个层高范围内施工，不需搭设脚手架。内保温施工速度快，操作方便灵活，可以保证施工进度。

　　③ 内保温工艺应用时间较长，技术成熟，施工技术及检验标准是比较完善的。在 2001 年外墙保温施工中约有 90％以上的工程应用内保温技术。

　　较常见的外墙内保温方式如下。

　　1. 胶粉聚苯颗粒保温砂浆

　　系统由基墙界面处理剂、胶粉聚苯颗粒保温砂浆、抗裂砂浆及耐碱网格布组成。但在建设部 2004 年 218 号公告第 103 序号中规定，自 2004 年 7 月 1 日起，该种类系统不得在大城市民用建筑外墙内保温工程中应用。

　　2. 砂加气块内保温

　　它是在外墙结构层内侧砌筑砂加气砌块的内保温体系。其特点是施工快捷，抗冲击能力较强，但材料热导率较大，使用中厚度较大，一般需 50mm 以上。目前应用量不大。

　　3. 棉制品干挂内保温

　　它是一种最传统的内保温方式，由龙骨（木龙骨或轻钢龙骨）、棉制品（矿岩棉、玻璃棉板或毡）和面板（纸面石膏板或无石棉水泥压力板）构成。厚度较大，保温材料容易在建筑物运行中受潮（水蒸气渗透造成）。宾馆中有一些应用，民居中个人行为相对较多。

　　4. 泡沫玻璃内保温系统

　　它是在外墙结构层内侧砌筑泡沫玻璃块。特点是抗压强度较高，但抗冲击性能较差，价格较高，很少有应用。

　　5. 石膏聚苯颗粒保温砂浆

　　系统由石膏聚苯颗粒保温砂浆、抗裂抹面腻子（有些内设网格布）组成。该系统强度较高，施工也快，但保温材料热导率较大，也在大城市禁用之列。

　　在多年的实践中，外墙内保温工艺显露出一些缺点。

　　① 许多种类的内保温做法，由于材料、构造、施工等原因，饰面层出现开裂。

　　② 不便于用户二次装修和吊挂饰物。

　　③ 占用室内使用空间。

　　④ 由于圈梁、楼板、构造柱等会引起热桥，热损失较大。

⑤ 对既有建筑进行节能改造时，对居民的日常生活干扰较大。

墙体裂缝往往是外墙内保温项目不可回避的一个问题。在建筑中，室内温度随昼夜和季节的变化幅度通常不大（约 10℃），这种温度变化引起建筑物内墙和楼板的线性变形和体积变化也不大。但是，外墙和屋面受室外温度和太阳辐射热的作用而引起的温度变化幅度较大。当室外温度低于室内温度时，外墙收缩的幅度比内保温隔热体系的速度快，当室外温度高于室内气温时，外墙膨胀的速度高于内保温隔热体系，这种反复形变使内保温隔热体系始终处于一种不稳定的墙体基础上，在这种形变应力反复作用下不仅使外墙易遭受温差应力的破坏，也易造成内保温隔热体系的空鼓开裂。据科学实验证明，3m 宽的混凝土墙面在 20℃ 的温差变化条件下约发生 0.6mm 的形变，这样无疑会逐一拉开所有内保温板缝。因此，采用外墙内保温技术，出现裂缝是一种比较普遍的现象。

（三）外墙夹芯保温

外墙夹心保温：将保温材料置于同一外墙的内、外侧墙片之间，内、外侧墙片均可采用传统的黏土砖、混凝土空芯砌块等。

外墙夹心保温可以采用砌块墙体的方式，即在砌块孔洞中填充保温材料，或采用夹心墙体的方式，即墙体由两叶墙组成，中间根据不同地区外墙热工要求设置保温层。

这种保温形式的优点为：传统材料的防水、耐候等性能均良好，对内侧墙片和保温材料形成有效的保护，对保温材料的选材要求不高，聚苯乙烯、玻璃棉、岩棉等各种材料均可使用；对施工季节和施工条件的要求不十分高，不影响冬季施工。近年来，在黑龙江、内蒙古、甘肃北部等严寒地区得到一定的应用。

但是，由于在非严寒地区此类墙体与传统墙体相比偏厚，且内外侧墙片之间需有连接件连接，构造较传统墙体复杂，以及地震区建筑中圈梁和构造柱的设置，尚有热桥存在，保温材料的效率仍然得不到充分的发挥。

（四）外墙外保温

外墙外保温是将保温隔热体系置于外墙外侧，使建筑达到保温的施工方法。该体系起源于 20 世纪 60 年代的欧洲，70 年代初第一次能源危机以后得到重视和发展，以欧洲的体系比较领先。2000 年欧洲技术许可审批组织 EOTA 发布了名称为《带抹灰层的墙体外保温复合体系技术许可》（ETAG 004）的标准。这个标准是欧洲外墙外保温体系几十年来成功实践的技术总结和规范。目前，在欧洲国家广泛应用的外墙外保温系统主要为外贴保温板薄抹灰方式。保温材料有两种：阻燃型的膨胀聚苯板及不燃型的岩棉板，均以涂料为外饰层。美国则以轻钢结构填充保温材料居多。

在我国，外保温也是目前大力推广的一种建筑保温节能技术。外保温与其他保温形式相比，技术合理，有其明显的优越性，使用同样规格、同样尺寸和性能的保温材料，外保温比内保温的效果好。外保温技术不仅适用于新建的结构工程，也适用于旧楼改造，适用范围广，技术含量高；外保温材料包在主体结构的外侧，能够保护主体结构，延长建筑物的寿命；有效减少建筑结构的热桥，增加建筑的有效空间；同时消除了冷凝，提高了居住的舒适度。

相对于外墙内保温，外墙外保温具有以下七大优势。

1. 保护主体结构，延长建筑物寿命

由于保温层置于建筑物围护结构外侧，缓冲了因温度变化导致结构变形产生的应力，避免了雨、雪、冻、融、干、湿循环造成的结构破坏，减少了空气中有害气体和紫外线对围护结构的侵蚀。事实证明，只要墙体和屋面保温隔热材料选材适当，厚度合理，外保温技术可以有效防止和减少墙体及屋面的温度变形，有效消除常见的斜裂缝或八字裂缝。因此外保温有效地提高了主体结构的使用寿命，减少长期维修费用。

2. 基本消除"热桥"的影响

"热桥"指的是在内外墙交界处、构造柱、框架梁、门窗洞等部位，形成散热的主要渠道。对内保温而言，"热桥"是难以避免的，而外保温既可以防止"热桥"部位产生结露，又可以消除"热桥"造成的热损失。

3. 使墙体潮湿情况得到改善

一般情况下，内保温须设置隔汽层，而采用外保温时，由于蒸汽渗透性高的主体结构材料处于保温层的内侧，只要保温材料选材适当，在墙体内部一般不会发生冷凝现象，故无需设置隔汽层。同时采取外保温措施后，结构层的整个墙身温度提高了，降低了它的含湿量，因而进一步改善了墙体的保温性能。

4. 有利于室温保持稳定

对于外保温墙体，由于蓄热能力较大的结构层在墙体内侧，当室内受到不稳定热作用时，室内空气温度上升或下降，墙体结构层能够吸收或释放热量，故有利于室温保持稳定。

5. 便于旧建筑物进行节能改造

以前的建筑物一般都不能满足节能的要求，因此对旧房进行节能改造，已提上议事日程，与内保温相比，采用外保温方式对旧房进行节能改造，最大的优点是无需临时搬迁，基本不影响用户的室内生活和正常生活。

6. 可以避免装修对保温层的破坏

不管是买新房还是买二手房，消费者一般都需要按照自己的喜好进行装修，在装修中，内保温层容易遭到破坏，采用外保温工艺则可以避免发生这种问题。

7. 增加房屋使用面积

消费者买房最关心的就是房屋的使用面积，采用外保温技术，保温材料贴在墙体的外侧，其保温、隔热效果优于内保温技术，故可使主体结构墙体减薄，从而增加每户的使用面积。

因此从各方面来说，外保温隔热具有明显的优势，在可选择的情况下应首选外保温隔热。然而，由于外保温隔热体系被置于外墙外侧，直接承受来自自然界的各种因素影响，因此对外墙外保温体系提出了更高的要求。

外墙外保温由于从外侧保温，其构造能满足水密性、抗风压以及温湿度变化的要求，不致产生裂缝，并能抵抗外界可能产生的碰撞作用。然而，外保温层的功能，仅限于增加外墙保温效能以及由此带来的相关要求，而对主体墙的稳定性起不到较大作用。因此，其主体墙，即外保温层的基底，除必须满足建筑物的力学稳定性的要求外，还应能使保温层和装修层得以牢牢固定。

住房和城乡建设部《外墙外保温技术规程》推荐的几种做法如下。

1. EPS板薄抹面外保温系统

以EPS为保温材料，玻纤网增强抹面层和饰面涂层为保护层，采用粘接方式固定，厚度小于6mm的外墙外保温系统。

2. 胶粉EPS颗粒浆料保温系统

以胶粉EPS颗粒浆料为保温材料，并以现场抹灰方式固定在基层上，以抗裂砂浆玻纤网增强抹面层和饰面层为保护层的外墙外保温系统。

3. EPS板现浇混凝土（无网）外保温系统

用于现浇混凝土基层，以EPS板为保温材料，以找平层、玻纤网增强抹面层和饰面层为保护层，在现场浇灌混凝土时将 EPS 板置于外模板内侧，保温材料与基层一次浇注成型的外墙外保温系统。

4. EPS 板现浇混凝土（有网）外保温系统

用于现浇混凝土基层，以 EPS 单面钢丝网架板为保温材料，在现场浇灌混凝土时将 EPS 单面钢丝网架板置于外模板内侧，保温材料与基层一次浇注成型，钢丝网架板表面抹聚合物水泥砂浆并可粘贴面砖材料的外墙外保温系统。

5. 机械锚固 EPS 钢丝网架板外保温系统

采用锚栓或预埋钢筋机械固定方式，以腹丝非穿透型 EPS 钢丝网架板为保温材料，表面抹水泥砂浆并适于粘贴面砖材料的外墙外保温系统。

此外还有几种目前广泛使用且有发展前途的做法。

1. 岩棉系统

外墙外保温技术以岩棉为主作为外墙外保温材料与混凝土浇筑一次成型或采取钢丝网架机械锚固件进行锚固，耐火等级高，保温效果好。

2. 聚氨酯系统

用聚氨酯现场发泡工艺将聚氨酯保温材料喷涂于基层墙体上，聚氨酯保温材料面层用轻质找平材料进行找平，饰面层可采用涂料或面砖等进行装饰。该工艺保温效果好，而且施工速度快，能明显缩短工期。

3. 保温砌模系统

用 EPS 颗粒水泥砂浆预制成保温砌块，砌筑后作为模板，与现浇剪力墙形成结构保温一体化墙体，施工速度快，能明显缩短工期。

二、节能墙体相关标准要求

我国现行国家或行业相关标准对不同地区的墙体设计标准提出了具体的指标要求。民用建筑节能设计标准（JGJ 26—2010）对严寒和寒冷地区居住建筑的墙体传热系数要求见表 2.1，夏热冬冷地区地区居住建筑节能设计标准（GJ 134—2010）见表 2.2。

表 2.1　严寒和寒冷地区居住建筑墙体传热系数 K 限值　　单位：W/(m² · K)

地区类型	建筑类型		
	≤ 3 层建筑	4 ~ 8 层建筑	≥ 9 层建筑
严寒 A 区	0.25	0.40	0.50
严寒 B 区	0.30	0.45	0.55
严寒 C 区	0.35	0.50	0.60
寒冷 A 区	0.45	0.60	0.70
寒冷 B 区	0.45	0.60	0.70

表 2.2　夏热冬冷地区建筑墙体传热系数 K 限值　　单位：W/(m² · K)

建筑类型		D ≤ 2.5	D > 2.5
居住建筑	S ≤ 0.4	K ≤ 1.0	K ≤ 1.5
	S > 0.4	K ≤ 0.8	K ≤ 1.0
公共建筑		K ≤ 1.0	

注：S 表示建筑物体型系数：建筑物与室外大气接触的外表面积 F_0 与其所包围的体积 V_0 之比。

D 表示围护结构热惰性指标：表征围护结构反阻温度波动和热流波动能力的无量纲指标，其值等于材料层的热阻与蓄热系数的乘积。

夏热冬暖地区居住建筑节能设计标准（GJ 75—2012）按屋顶传热系数划分。当屋顶传热系数 $K \leqslant 0.4$ 时，外墙传热系数满足 $K \leqslant 0.7$；屋顶传热系数为 $0.4 \sim 0.9$ 时，按墙体的 $D \geqslant 3.0$、$D \geqslant 2.8$ 和 $D \geqslant 2.5$，外墙传热系数分别满足 $2.0 < K \leqslant 2.5$、$1.5 < K \leqslant 2.0$ 和 $0.7 < K \leqslant 1.5$。

三、典型节能墙体构造及其施工技术

（一）岩棉保温复合墙体系统

岩棉是一种优质高效保温材料，岩棉制品具有质轻、热导率小、不燃烧、隔声吸音、使用周期长等突出优点，且售价较低，是国内外公认的理想保温材料。

岩棉墙体系统的共同特点包括可以增加外墙的保温性能，节约采暖能耗，提高墙体的热惰性，改善室内热环境。与其他节能墙体系统相比，岩棉系统有利于墙体内部水蒸气排出，较少产生内部冷凝和结露，结构层较其干燥和温暖一些。并且，岩棉系统的造价便宜，防火性能好，隔声性能好，在旧建筑改造中具有一定优势。

1. 岩棉外保温墙体系统

岩棉外保温是选用岩棉板作为保温层，并将其设置在外墙结构层的外侧，以达到墙体保温的效果。这种构造方式的复合墙体要求保温材料在结构层上依附牢靠，在保温层外的保护层应具有一定的强度，抗冲击、抗裂及防水，并具有较好的装饰效果。

（1）岩棉外保温墙体系统设计　岩棉外保温墙体系统构造要点如下。

① 主体结构的正常位移应不致造成保温系统产生裂缝或空鼓，应采取措施防止在结构变形缝和不同材料连接处（如与窗连接处）形成裂缝。

② 系统应能长期承受自重而不产生有害的变形。

③ 系统应能经受正、负风压和风振的作用，而且安全系数应不小于1.5。

④ 系统应能抵抗由温度、湿度变化而产生的应力，并保持稳定。无论夏季高温和冬季低温，还是表面温度的骤然变化（例如经太阳暴晒后突降暴雨），都不得导致破坏。

⑤ 岩棉外保温系统在罕遇地震发生时不应从基层墙体上脱落。

⑥ 在正确使用和维护的条件下，岩棉外保温系统的使用年限应不少于25年。

岩棉外保温墙体构造如图2.1所示。

岩棉外保温保护层应力的影响分三个阶段。

① 粉刷层施工后24h左右，材料弹性比较大，应力不大。

② 几个月左右，变形大，收缩严重。

③ 在使用阶段，约30年，应力相对比较稳定。

砂浆的抗压强度比抗拉强度大得多，由于承受压力造成的裂缝破坏是很偶然的，因此主要考虑拉应力产生的裂缝破坏。在建筑立面上，窗的存在将立面自然分成水平、垂直的小块，这会造成应力集中，在窗角处更为显著，裂缝易在应力集中处产生，并不断延伸和加宽。对窗角，每个伸缩缝分块的四周等部位都应用钢丝网将岩棉板包角封边，窗角四周的岩棉板上还应增加一层钢丝网，以增加抵抗应

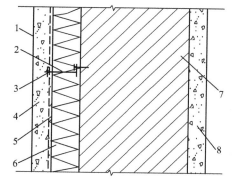

图 2.1　岩棉外保温墙体构造

1—饰面层；2—连接件；3—销杆；4—抗裂保护层；5—镀锌点焊钢丝网；6—岩棉板；7—外墙基体；8—内粉刷

力集中的能力。

岩棉保温层和砂浆保护层是通过连接件依附在结构层上的，连接件要做到连接可靠，能承受保温层和保护层的质量，并能抵抗外力（如抗拔、碰撞等）的作用，不致脱落，还要在室外气候条件作用下防止锈蚀，有一定的耐久性。目前的固定方式如下。

① 点式托架   由于收缩、温度应力引起的保护层变形被托架的吸收，减少了裂缝的产生；保护层的自重通过托架传到结构层，加筋网粉刷层限制了保护层的变形。

② 悬臂销杆   悬臂销杆的塑性低，各个锚固件分担了区域的变形。

③ 摆式棘爪   允许自重的变形产生对保温层的压缩、对锚固件的拉力达到平衡。要考虑棘爪的初始角度和保温层的压缩模量。

④ 条形支撑   自重产生的变形小，但热桥影响大。

岩棉板和砂浆保护层在外界温度作用下产生热胀冷缩，连接件采用铰接型式，固定端与结构层连接牢固，铰接端能随保温层、保护层的伸缩而相应自由转动，从而减少和避免保护层在温度应力作用下开裂。每平方米墙面锚固件的数量，一般不少于 3 个，要考虑以下条件。

① 保温层及保护层的自重：选用密度大于 $100kg/m^3$ 的岩棉板，保护层加饰面 40mm 厚（$1800kg/m^3$），忽略锚固件的质量。当使用 50mm 厚的岩棉保温时，其外保温加到结构层的荷载约为 8.82MPa。

② 承受收缩应力。

③ 承受风荷载。

④ 允许有限变形，抵消变形影响。

⑤ 锚固件品种和数量。

⑥ 锚固件与保护层的连接，锚固件的力传到保护层，但不会破坏保护层。

⑦ 锚固件的疲劳破坏性能。

⑧ 锚固件的耐腐蚀性能，要求锚固件使用寿命至少能保证 30 年。

为增加保护层砂浆的抗裂性能，砂浆中要掺加提高塑性指标的外加剂。保护层必须加入网片，材料可以是钢丝网、钢纤维、玻璃纤维等网片。网片的作用如下。

① 保护层施工时，由于网片的作用，使砂浆能抹在相对松软的岩棉板外，并固化成整体。

② 锚固件上插入岩棉后，网片使各个孤立的锚固件连成整体。

③ 增强了保护层的力学性能，抵抗冲击。

④ 分散了各种因素产生的应力，减少裂缝的产生和危害。

此外，外保温墙面要分块以分散应力。由于裂缝的最大变形取决于分格缝的间距，因此，嵌缝膏即使不能消除裂缝，也对控制裂缝起到重要作用，是分散拉伸应力、减少裂缝的措施之一。

保护层抗冲击能力取决于结构层、保护层材料及其厚度、网片的类型。在易受冲击的部位应加强，如增加粉刷层厚度、加设网片等。

饰面层宜选用高弹性涂料。该涂料有以下优点：涂料施工时，高压气流喷射出的许多不均匀、离散的斑块与水泥砂浆相容，有较高的抗拉强度，较好地抑制了砂浆的开裂和裂缝的扩展延伸；砂浆的细小裂缝还会在喷涂施工中得到修补和覆盖；涂料表面强度高。涂料防水性能好，喷涂涂料可将砂浆的毛细孔堵塞，防止雨水向保温层渗透，同时，涂料的憎水性能又较好地防止墙表面吸水，提高了保护层的防水性能。

保温性能是岩棉外保温的主要功能，要做好保温设计，同时要考虑对保温性能产生影响的各种因素。

① 热桥：锚固件穿过岩棉保温层，形成热桥。选用不锈钢材质的锚固件对热桥的影响会小得多。计算表明：对于 100mm 厚的岩棉保温层，每平方米 4 个 ϕ4mm 锚固件的热桥影响为 1% 左右，而每平方米 6 个 ϕ6mm 锚固件的热桥影响达 2.2%。

② 保护层能防止冷空气渗入保温层，也是提高保温效果的关键。

③ 在保温层施工前后，要注意防止雨水侵入。保温层内若进入大量的雨水则很难排除，故施工最好选择在干燥的季节进行。

（2）岩棉外保温墙体系统施工技术　岩棉外保温一般施工流程为：基层墙体清理验收→安装固定件→弹线→贴保温板→铺钢丝网→喷界面处理砂浆→抹找平砂浆→抹抗裂砂浆→铺压玻纤网格布→涂刷高分子弹性底漆→刮柔性耐水腻子→保温分项验收。

① 在基体外墙上打眼安装固定件，一般采用梅花布点方式。

② 铺贴岩棉板，错缝铺贴，不得有间隙。

③ 铺挂镀锌点焊钢丝网，并将钢丝网固定在固定件上，钢丝网要求铺设平整。在门窗洞口四周的岩棉板上还要增加一层钢丝网，以增强抵角和封边工作。

④ 分层抹防裂砂浆保护层，包括找平砂浆、抗裂砂浆等，并做好分块留缝，以减少收缩变形和收缩应力。

⑤ 喷涂弹性较好的外墙涂料作为饰面层，近年来工程中多选用丙烯酸涂料，以提高其防水、防裂和耐久性能。

墙体经岩棉外保温改造后，经过十几年的使用和检验，保温效果好，明显地改善了室内热环境。此外，还具有防水、抗冲击的作用，表面不产生裂缝，满足外墙的使用功能。岩棉外保温施工工艺和技术容易掌握，质轻，厚度薄，经济合理，有很好的推广价值。

2. 岩棉夹心外保温复合墙体系统

岩棉夹心外保温复合墙体是选用烧结普通砖与岩棉组成保温墙体。经施工实践证明，建筑外保温具有热稳定性好，能获得舒适的室内环境，可避免采用内保温工艺时在外墙与内墙及楼板交接处出现的保温断点，提高建筑物的气密性和隔热性能，节约冬季采暖能耗，降低外墙的热应力等优点。它对墙体改革、新技术开发、节约能源开辟了新途径。

（1）岩棉外保温夹心复合墙体设计　岩棉外保温夹心复合墙体由外向内的构造层次如图 2.2 所示。

为保证内外墙的整体刚度，采用以下几种构造方式处理：纵墙附墙砖垛，以及门窗膀部位复合墙体内外层搭砌，要求同步整体砌筑；整个建筑设计要求层层设置圈梁以增加内外墙体的稳定性；山墙及纵墙在水平和垂直方向按一定距离在内外层墙体设拉结砖起连接作用。

岩棉外保温夹心复合墙体的实用性是北方地区研制与开发住宅建筑的发展方向。实践证明，要改善建筑物保温性能，增加热阻，单靠增加围护结构厚度的方法弊端很多且不现实，故采用岩棉外保温夹心复合墙体，取代以往的一般围护外墙。

（2）岩棉外保温夹心复合墙体施工技术　复合墙体一般部位的施工流程为：挑选岩棉→砌外层 120mm 墙→清理挂线→敷设岩棉→砌内层承重墙。

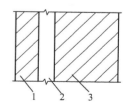

图 2.2　岩棉外保温夹心
复合墙体由外向内
的构造层次

1—120mm 厚烧结普通
砖；2—70mm 厚岩棉；
3—370mm 厚的烧结
普通砖承重墙

特殊部位的操作工艺程序如下。

① 岩棉外保温夹心复合墙体窗膀、垛部位构造如图 2.3 所示。

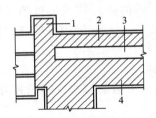

图 2.3 岩棉外保温夹心复合
墙体窗膀、垛部位构造
1、2、4 部位砌筑与 3 部
位敷设岩棉同步施工

② 圈梁部位：圈梁施工→挑檐砂浆找平→砌外层 120mm 墙高于楼板→皮砖→铺盖干砖→行加条毡→砌外层 120mm 墙→撤干砖条毡及清理→敷设岩棉→砌内承重墙→圈梁施工。

岩棉外保温夹心复合墙体的操作要点如下。

① 一般部位

a. 基础普通砖砌体砌筑至放置岩棉砖行标高，洒在基面上抄平，清理，弹出复合墙体内外控制线。

b. 先砌筑外层 120mm 墙体至窗口下半。外层墙采用顺砖形式砌筑，在门窗洞口及山墙等部位按设计间距砌筑与内承重墙的拉结砖砌体，隔皮丁砖阳槎搭砌，清洁立放岩棉底面，专人检查外层墙体砌筑与清理质量，进入下道工序。

c. 按岩棉敷设布置图敷设第一行岩棉，岩棉规格为 630mm × 1000mm × 70mm，以 1000mm 边为底面立放，这样敷设能保证岩棉的相对稳定。

d. 砌筑内层承重墙至低于岩棉高度一皮砖，清扫岩棉接面，保证下行岩棉接缝质量。

e. 敷设第二行岩棉（此行岩棉为赶窗口高度少割岩棉，以宽 630mm 为底边，以长 1000mm 为立边安装）。为保证岩棉稳定，用钢丝卡临时固定。

f. 砌筑内承重墙，油毡盖口，干砖压实遮护，以上操作程序示意如图 2.4 所示。

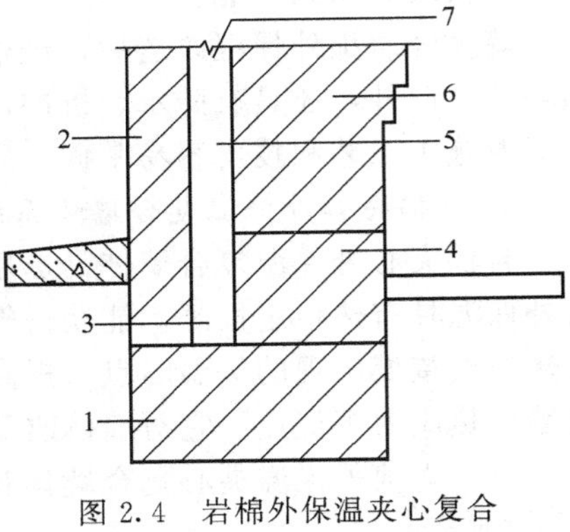

② 特殊部位操作程序要点（圈梁部位）

a. 按上面一般部位操作工艺要点操作至圈梁底标高处，岩棉上口盖一条宽 120mm 的油毡条，防止圈梁施工渗水，漏浆。

b. 圈梁施工（支模、绑筋、浇灌混凝土、养护）。

c. 圈梁外挑檐，抄平弹线，砂浆找平，再砌筑外层墙 120mm 墙至高于楼板一皮砖。

d. 在圈梁内平口处以丁砖满摆干铺一皮，上盖一条宽 120mm 的油毡条。

e. 再接砌外层墙挑檐上 120mm 砖至窗标高。

f. 撤干砖油毡，用清铲、扫帚清理嵌缝。

g. 装嵌岩棉或底部加塞岩棉条后再放岩棉。

h. 砌筑内承重墙体，以下工艺循环同一般部位。

图 2.4 岩棉外保温夹心复合
墙体一般部位操作程序
1—基础普通砖砌体；2—外层 120mm 墙；
3—第一行岩棉；4,6—内承重墙；
5—第二行岩棉；7—钢丝卡

岩棉外保温夹心复合墙体节能楼与传统建筑砖墙住宅能耗及经济指标见表 2.3 和表 2.4。

表 2.3 岩棉外保温夹心复合墙体热工指标及节能效益

项　目	传统建筑混合住宅	岩棉复合墙体
外墙热阻/[(m² · K)/W]	0.63	1.42
围护结构平均传热系数/[W/(m² · K)]	1.78	0.90
耗热量指标/[kg 标煤/(m² · y)]	33.6	18.7

续表

项 目	传统建筑混合住宅	岩棉复合墙体
耗煤量指标/[kg 标煤/(m²·y)]	35.17	19.59
节省煤量/[kg/(m²·y)]		15.58
单位建筑面积年节煤投资/[元/(m²·y)]		1.46
年节煤费用/元		3828
节能率/%		44.3

表 2.4 岩棉外保温夹心复合墙体综合经济效益分析

住宅名称	建设一次投资/(元/m²)	节能投资/(元/m²)	节能投资回收期	
			静态/年	动态/年
现行砖混结构住宅	303.36			
岩棉复合墙体住宅	315.36	3.3	3.9	

通过以上技术经济分析，岩棉外保温夹心复合墙体节能住宅工程与普通墙体住宅工程对比可知：岩棉外保温夹心复合墙体建筑节能投入少，产出多，投资回收期短，经济效益、社会效益十分显著。

（二）聚氨酯硬泡外墙外保温系统

聚氨酯硬泡外墙外保温构造由聚氨酯硬泡保温层、抹面层、饰面层或固定材料等构成，是安装在外墙外表面的非承重保温构造。聚氨酯硬泡工厂化与建筑施工的有机统一和现场化、机械化可以形成造价优势；聚氨酯硬泡遇强热或者燃烧后炭化，无热熔性，与 EPS 等相比具有较好的阻燃性；聚氨酯硬泡发泡剂的无氟替代材料也解决了聚氨酯生产施工过程中的环保问题。

1. 聚氨酯硬泡外墙外保温构造

对于聚氨酯硬泡外墙外保温工程的设计，应考虑建筑物所处地域特点及气候区特点，按照具体工程项目的建筑节能技术要求、建筑结构特点、工程使用年限等，并经过技术经济比较后，给出聚氨酯硬泡外墙外保温系统的结构构成、保温层厚度等指标，并给出聚氨酯硬泡外墙外保温系统的施工方式。

一般情况下，聚氨酯硬泡外墙外保温系统构成如图 2.5 所示。

聚氨酯硬泡外墙外保温工程的基层墙体构造要求包括结构类型、技术要求、质量规定、表面处理等。

聚氨酯硬泡外墙外保温工程基层墙体的主体结构应是砌体、混凝土、各种填充墙体等结构体系。砌体的砂浆饱满度应符合相关的技术质量要求，砌体的灰缝应饱满，与墙面平齐。填充砌体与混凝土框架墙、梁、柱的连接处，铺装镀锌钢丝网抹面砂浆的抗裂构造应符合设计要求。聚氨酯硬泡外墙外保温系统的构造荷载列入主体结构荷载计算之内。

在聚氨酯硬泡外墙外保温工程中不提倡采用贴面砖的系统；如果采用贴面砖做外饰面，则必须采取足够的

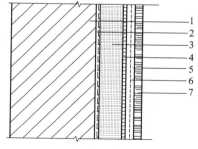

图 2.5 聚氨酯硬泡外墙外保温系统构成

1—基层墙体；2—防潮隔汽层（必要时）＋胶黏剂（必要时）；3—聚氨酯硬泡保温层；4—界面剂（必要时）；5—玻纤网布（必要时）；6—抹面胶浆（必要时）；7—饰面层

安全措施，并经过可靠的试验验证，达到国家现行有关标准要求。

聚氨酯硬质泡沫在建筑上的应用多种多样；在施工方法上，有喷涂法、浇注法、干挂法和粘贴法等。

2. 喷涂硬泡聚氨酯外墙外保温系统

聚氨酯硬泡现场喷涂保温具有黏附力强、保温及密封效果好、综合价格低等优点。至今应用最多的仍然是喷涂硬泡聚氨酯外墙外保温系统，占整个聚氨酯外墙外保温系统应用量的90%以上。

喷涂硬泡聚氨酯外墙外保温系统由聚氨酯防潮底漆层、现场喷涂成型的硬泡聚氨酯保温层、聚氨酯界面砂浆层、胶粉聚苯颗粒防火透气过渡层、抗裂防护层及饰面层构成。

（1）系统特点

① 保温效果好　硬泡聚氨酯的热导率为 0.022～0.027W/(m·K)。喷涂的硬泡聚氨酯比一般墙体材料粘接强度高，无需任何胶黏剂和锚固件，是一种天然的胶黏材料，能形成连续的保温层，保证保温材料与墙体的整体性并有效阻断热桥。

② 无空腔构造，抗风压能力强　喷涂硬泡聚氨酯保温层与基层墙体牢固结合，与基层墙体形成一个有机整体，无接缝、无空腔，减少了风压（特别是负风压）对高层建筑外墙外保温系统的破坏。

③ 防火性能突出　聚氨酯添加阻燃剂后，形成难燃自熄性。聚氨酯表面及门窗口侧面全部用燃烧性能等级为 B1 级的胶粉聚苯颗粒浆料严密包覆，在遇火及热作用时，向内部传递热量少而慢，热量集中在胶粉聚苯颗粒浆料层表面，有利于提高保温层的耐火性能。

④ 与相邻构造层粘接牢固　聚氨酯界面砂浆采用专用的高分子乳液复配适量的无机胶凝材料配制而成。界面砂浆与硬泡聚氨酯表面和无机抹面材料均具有良好的粘接效果，将聚氨酯保温层与胶粉聚苯颗粒防火透气过渡层牢固地复合在一起，同时对硬泡聚氨酯表面起一定保护作用，防止硬泡聚氨酯喷涂后表面因暴露在阳光照射下发生黄变、粉化等不良现象。

⑤ 防潮性能优良　硬泡聚氨酯材料有优良的防水性能，能很好地阻断水的渗透，使墙体保持良好、稳定的绝热状况。

⑥ 胶粉聚苯颗粒防火透气过渡层具有优良的保护性能　胶粉聚苯颗粒浆料含有大量的无机材料，复合在聚氨酯硬泡保温层表面，不仅起到很好的找平作用，还可保护硬泡聚氨酯保温层；有效防止紫外线辐射导致聚氨酯层老化；保证门窗口等局部部位现场喷涂聚氨酯不产生热桥，增强系统保温效果；符合柔性渐变、逐层释放应力的抗裂技术路线，可有效地防止防护面层裂缝发生，提高系统的稳定性和耐久性；降低聚氨酯保温层厚度，节省工程造价；有效阻断火源对硬泡聚氨酯保温层的影响。

⑦ 具有良好的施工性能　硬泡聚氨酯喷涂采用机械化作业，施工速度快、效率高。为保证阴阳角等边脚口部位线角平直，宜采用粘贴聚氨酯预制块的做法，可起到减少材料损耗的作用，有利于后续工序作直阴阳角、边口，提高整体施工质量及效率。

（2）施工工艺　喷涂硬泡聚氨酯外墙外保温系统施工工艺为：基层处理→吊垂直、弹控制线→粘贴、锚固聚氨酯预制件→喷刷聚氨酯防潮底漆→喷涂硬泡聚氨酯保温层并修整→喷刷聚氨酯界面砂浆→吊垂直线，做标准厚度冲筋→抹胶粉聚苯颗粒浆料→抗裂砂浆层及饰面层施工。

① 基层处理　墙面应清理干净，清洗油渍，清扫浮灰等。

② 吊垂直、弹控制线 吊垂直，弹厚度控制线。在建筑外墙大角及其他必要处挂垂直基准钢线。

③ 粘贴、锚固聚氨酯预制件 在阴阳角或门窗口处，粘贴聚氨酯预制件，并达到标准厚度。对于门窗洞口、装饰线角、女儿墙边沿等部位，用聚氨酯预制件沿边口粘贴。墙面宽度不足 900mm 处不宜喷涂施工，可直接用相应规格尺寸的聚氨酯预制件粘贴。预制件之间应拼接严密，缝宽超出 2mm 时，用相应厚度的聚氨酯片堵塞。粘贴时，用抹子或灰刀沿聚氨酯预制件周边涂抹配制好的粘接剂胶浆，其宽度为 50mm 左右，厚度为 3～5mm，然后在预制块中间部位均匀布置 4～6 个点，总涂胶面积不小于聚氨酯预制件面积的 30%。要求粘接牢固，无翘起、脱落现象。聚氨酯预制件粘贴完成 24h 后，用电锤在聚氨酯预制件表面向内打孔，拧或钉入塑料锚栓，钉头不得超出板面，锚栓有效锚固深度不小于 25mm，每个预制件一般为 2 个锚栓。聚氨酯预制件粘接完成后喷施硬泡聚氨酯之前，应充分做好门窗口等部位的遮挡工作。

④ 喷刷聚氨酯防潮底漆 用喷枪或滚刷将聚氨酯防潮底漆均匀喷刷，无透底现象。

⑤ 喷涂硬泡聚氨酯保温层并修整 开启聚氨酯喷涂机，将硬泡聚氨酯均匀喷涂于墙面之上，施工喷涂可多遍完成，每次厚度宜控制在 10mm 以内，喷涂 20min 后用裁纸刀、手锯等工具清理、修整遮挡部位以及超过保温层总厚度的突出部分。

⑥ 喷刷聚氨酯界面砂浆 聚氨酯保温层修整完毕并且在喷涂 4h 之后，用喷斗或滚刷均匀地将聚氨酯界面砂浆喷刷于硬泡聚氨酯保温层表面。

⑦ 吊垂直线，做标准厚度冲筋 吊胶粉聚苯颗粒找平层垂直厚度控制线，用胶粉聚苯颗粒找平浆料做标准厚度冲筋。

⑧ 抹胶粉聚苯颗粒浆料 抹胶粉聚苯颗粒浆料进行找平，应分两遍施工，每遍间隔在 24h 以上。抹头遍浆料应压实，厚度不宜超过 10mm。抹第二遍浆料应达到平整度要求，用托线尺检验是否达到验收标准。

⑨ 抗裂砂浆层及饰面层施工 涂料饰面时，找平层施工完成后，根据设计要求做滴水槽。找平层施工完成 3～7d 且保温层施工质量验收合格后，即可进行抗裂砂浆层施工。

（3）涂料饰面施工步骤 采用涂料饰面时（图 2.6）按下列步骤进行。

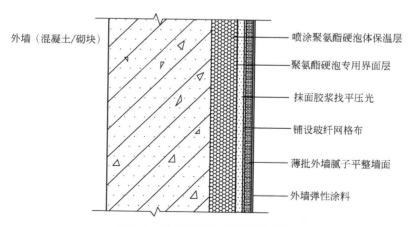

外墙（混凝土/砌块）　　　　　　　　　　喷涂聚氨酯硬泡体保温层

聚氨酯硬泡专用界面层

抹面胶浆找平压光

铺设玻纤网格布

薄批外墙腻子平整墙面

外墙弹性涂料

图 2.6 饰面层为涂料系统示意图

① 抹抗裂砂浆，铺压耐碱网格布 耐碱网格布长度为 3m 左右，尺寸预先裁好。抗裂砂浆一般分两遍完成，总厚度为 3～5mm。抹面积与网格布相当的抗裂砂浆后立即用铁抹子

压入耐碱网格布。耐碱网格布之间搭接宽度不应小于 50mm，按照从左至右、从上到下的顺序立即用铁抹子压入耐碱网格布，严禁干搭。阴阳角处也应压茬搭接，其搭接宽度≥150mm，应保证阴阳角处的方正和垂直度。耐碱网格布要含在抗裂砂浆中，铺贴要平整、无褶皱，可隐约见网格，砂浆饱满度达到百分之百。局部不饱满处应随即补抹第二遍抗裂砂浆找平并压实。

在门窗洞口等处应沿 45°方向提前增贴一道网格布（300mm×400mm）。首层墙面应铺贴双层耐碱网格布，第一层铺贴应采用对接方法，然后进行第二层网格布铺贴。两层网格布之间抗裂砂浆应饱满，严禁干贴。建筑物首层外保温应在阳角处双层网格布之间设专用金属护角，护角高度一般为 2m。在第一层网格布铺贴好后，应放好金属护角，用抹子拍压出抗裂砂浆，抹第二遍抗裂砂浆复合网格布包裹住护角。抗裂砂浆施工完后，应检查平整、垂直及阴、阳角方正，不符合要求的应用抗裂砂浆进行修补。严禁在此面层上抹普通水泥砂浆腰线、窗口套线等。

② 刮柔性耐水腻子，涂刷饰面涂料　抗裂层干燥后，刮柔性耐水腻子（多遍成活，每次刮涂厚度控制在 0.5mm 左右），涂刷饰面涂料应做到平整光洁。

（4）面砖饰面施工步骤　采用面砖饰面时（图 2.7）按如下步骤进行。

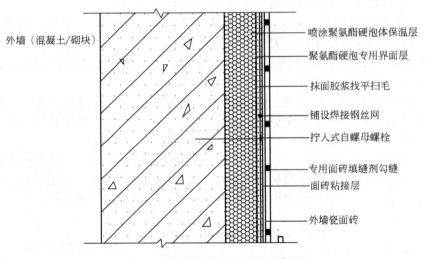

外墙（混凝土/砌块）

喷涂聚氨酯硬泡体保温层
聚氨酯硬泡专用界面层
抹面胶浆找平扫毛
铺设焊接钢丝网
拧入式自螺母螺栓
专用面砖填缝剂勾缝
面砖粘接层
外墙瓷面砖

图 2.7　饰面层为面砖系统示意图

① 抹抗裂砂浆，铺热镀锌电焊网　保温层验收后，抹第一遍抗裂砂浆，厚度控制在 2～3mm。根据结构尺寸裁剪热镀锌电焊网，分段进行铺贴，热镀锌电焊网的长度最长不应超过 3m。为保证边角施工质量，将边角处的热镀锌电焊网施工前预先折成直角。在裁剪网丝过程中不得将网折成死折，铺贴过程中不应形成网兜，网张开后应顺方向依次焊网，使其紧贴抗裂砂浆表面，然后用尼龙胀栓将热镀锌电焊网锚固在基层墙体上，尼龙胀栓按双向间隔500mm 梅花状分布，有效锚固深度不得小于 25mm，局部不平整处用 U 形卡子压平。热镀锌电焊网之间搭接宽度不应小于 50mm，搭接层数不得大于 3 层，搭接处用 U 形卡子、钢丝或锚栓固定。窗口内侧面、女儿墙、沉降缝等热镀锌电焊网收头处应用水泥钉加垫片，使热镀锌电焊网固定在主体结构上。热镀锌电焊网铺贴完毕经检查合格后，抹第二遍抗裂砂浆，并将热镀锌电焊网包覆于抗裂砂浆中，抗裂砂浆的总厚度宜控制在 10mm±2mm，抗裂砂浆面层应达到平整度和垂直度要求。

② 贴面砖　抗裂砂浆施工完毕，一般应适当喷水养护，约 7d 后即可进行饰面砖粘贴工序。饰面砖粘贴施工按照 JGJ 126—2000《外墙饰面砖工程施工及验收规程》执行，面砖粘接砂浆厚度宜控制在 3～5mm。

喷涂聚氨酯硬泡的施工受环境条件制约，冬季气温低时不易施工，雨天不能施工，风力不得大于 5 级，风速不宜大于 10m/s，喷涂施工过程中有泡沫飞溅，由于是人工操作喷枪，对枪手技术水平要求较高，否则不易喷涂平整。

3. 浇注硬泡聚氨酯外墙外保温系统

浇注法施工是在封闭的模板内注入发泡聚氨酯，发泡过程中无飞溅，达到零损耗和零污染，保温层表面平整度通过模板有效控制。浇注法聚氨酯硬泡外墙外保温与喷涂法相比不太受环境条件的制约。施工现场对操作人员的技术水平要求也不高。但浇注法施工是在封闭的模腔内进行聚氨酯发泡，由于聚氨酯发泡倍数高、发泡压力大、速度快，形成的外膨胀力也大。如何解决外膨胀力对模板的影响，提高施工效率，一直是浇注法聚氨酯外墙保温施工的难题。浇注法发泡聚氨酯在外墙保温系统中相应的配套技术；诸如，聚氨酯硬泡体与外墙体粘接时，墙体含水率的影响及其解决途径，聚氨酯硬泡保温层与保护层之间的粘接等，均未形成完整的技术体系。正因为如此，浇注法聚氨酯硬泡外墙保温受到技术制约，不及目前喷涂法应用广泛。

（1）浇注法聚氨酯硬泡外墙外保温系统构造　浇注法聚氨酯硬泡外墙外保温系统其构成为：外墙基层、聚氨酯硬泡保温层、界面层、聚合物水泥砂浆复合耐碱网格布保护层、辅助刚性强化层及饰面层。

外墙保温层由于在立面上施工，浇注发泡聚氨酯时可采取可拆模板和置入式模板两种施工方法（图 2.8～图 2.11）。可拆模板是指浇注后拆除模板再用，即模板作为可重复使用的机具；置入式模板是指浇注后不拆除，即模板成为聚氨酯保护层，也可以成为饰面层。试验证明，两种施工方式不仅可以完成高平整度的保温层，而且可以在薄模板（厚度≤4mm）内正常施工。因此，可以将保温防水装饰一体化的装饰板置入式浇注聚氨酯外保温技术，应用于高档的外墙和屋面的饰面工程上，将可拆模板技术发展成为涂料饰面、面砖饰面或屋面保温防水工程。

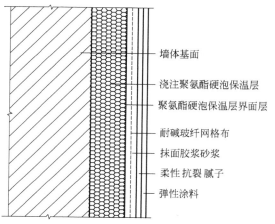

图 2.8　饰面层为涂料的浇注法
可拆模系统示意图

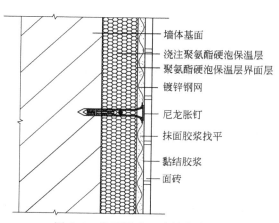

图 2.9　饰面层为面砖的浇注法
可拆模系统示意图

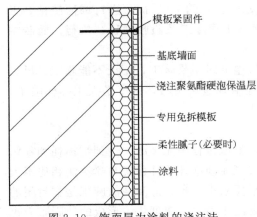

图 2.10 饰面层为涂料的浇注法
置入式系统示意图

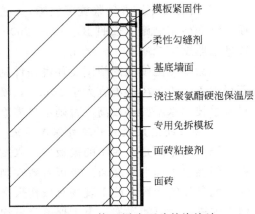

图 2.11 饰面层为面砖的浇注法
置入式系统示意图

可拆模系统的构造层次一般包括：墙体基层界面剂（必要时）、聚氨酯硬泡保温层、保温层界面剂和饰面层等。置入式系统的构造层次一般包括：墙体基层界面剂（必要时）、聚氨酯硬泡保温层、专用模板和饰面层等。

（2）施工工艺　置入式模板浇注法工艺：基层处理→固定模板→浇注发泡聚氨酯→免拆模板外表面处理→抗裂聚合物罩面砂浆→涂料饰面或面砖饰面。

可拆模板浇注法工艺：基层处理→模板表面进行隔离剂处理→支护模板→浇注发泡聚氨酯→拆卸模板→聚氨酯硬泡界面处理→抗裂聚合物罩面砂浆→涂料饰面或面砖饰面。

施工注意事项：

① 施工温度应高于 10℃，墙面含水率应低于 8％，雨天在无防护措施下不得施工；

② 模板固定施工时，一定要保证模板的稳定性，模板固定牢固；

③ 浇注发泡聚氨酯时，每次注入应有一定的时间间隔，并要求每次注入量不应过大，以防装饰板变形或胀裂；

④ 可拆模板浇注聚氨酯外墙外保温系统，其聚氨酯硬泡保温层表面应做界面处理，以保证系统的稳定性；

⑤ 浇注聚氨酯泡沫体的密度应在 $25\sim45kg/m^3$ 范围内，若使用密度大于 $45kg/m^3$ 的发泡聚氨酯时，应先进行局部试验后，再进行大面积施工；

⑥ 浇注施工时应确保聚氨酯硬泡保温层的连续性、饱满，不应发生断层现象；

⑦ 浇注聚氨酯硬泡体应为无空腔粘接，聚氨酯硬泡保温层应无空鼓、裂纹、脱落等缺陷，确保聚氨酯保温层与建筑物墙体牢固地形成一个整体。

符合验收标准的基层墙体可不用抹面砂浆找平，聚氨酯硬泡保温层可直接浇注在混凝土墙面和砌体墙面上。

浇注法施工时，在墙体变形缝处聚氨酯硬泡保温层应设置分隔缝，缝隙内应以聚氨酯或其他高弹性密封材料封口。聚氨酯硬泡保温层沿墙体层高宜每层留设水平分隔缝；纵向以不大于两个开间并不大于 10m 宜设竖向分隔缝。浇注法施工时，应保证窗口部位聚氨酯硬泡与窗框的有效连接，窗上口及窗台下侧均应作槽式滴水线。聚氨酯硬泡保温层表面一般无需再进行找平层施工，但应做好饰面层施工的界面处理（这一点对于可拆模浇注施工的聚氨酯硬泡保温层尤其重要），例如刮涂界面剂等，以保证后续饰面层施工的可靠性；之后，按照不同饰面层相应的技术工艺进行饰面层施工。

（三）聚苯乙烯泡沫外保温墙体系统

1. EPS膨胀聚苯板现浇混凝土外墙外保温墙体系统

EPS板现浇混凝土外墙外保温墙体系统（以下简称无网现浇系统）以现浇混凝土外墙作为基层，EPS板为保温层。该系统尤其适用于高层建筑及多层建筑混凝土外墙外保温工在支设现浇钢筋混凝土外墙外侧模板时，将已裁好的聚苯乙烯板（靠建筑物内侧带有凹凸形齿槽）放入模板内侧，并用专用连接件将聚苯乙烯板同混凝土外墙钢筋连接，待浇筑完混凝土并拆模后，在保温板外侧施工增强层和装饰面层，使保温板和墙体形成一体。

（1）施工流程 无网现浇系统的施工工艺流程为：聚苯乙烯板裁割→绑扎外墙钢筋垫块→安装聚苯乙烯板→立外墙内侧模板→穿对拉螺栓→立外墙外侧模板→调整内、外模板位置→外墙浇筑混凝土→拆外墙两侧模板→聚苯乙烯板打磨或修补凹处及孔洞→施工抹面胶浆，同时铺贴耐碱玻纤网格布→涂刷高弹性底漆→涂刷高分子弹性乳液涂料。

（2）操作要点

① 施工环境要求环境温度不低于5℃，夏季施工时避免阳光暴晒，5级以上风及雨天不得施工。

② 外墙钢筋验收后，在钢筋外侧绑扎C20水泥砂浆垫块（3～4块/m²）。

③ 安装聚苯乙烯板。

a. 根据外墙拟安装聚苯乙烯板的面积，在地面切割好符合规定尺寸的聚苯乙烯板，板内外两侧预涂界面剂，先安装外墙阴、阳角聚苯乙烯板，然后安装大面积板。

b. 先将已安装好的板企口立面及侧面涂刷专用粘接剂，然后将待安装的聚苯乙烯板对应部位涂刷专用粘接剂，人工拼装固定就位后粘接在一起。

c. 在固定就位好的聚苯乙烯板上弹线，标出锚栓位置，用电烙铁在聚苯乙烯板预定位置穿孔，孔内塞入胀管，其尾部同墙体钢筋绑扎牢固，锚栓纵横间距600mm，呈梅花点状布置，门窗洞口处可不放锚栓。其基本做法如图2.12所示。

④ 固定外墙两侧模板 测量好大模板上已有的穿墙螺栓的间距，用电烙铁在聚苯乙烯板相应位置开洞，穿入螺栓并调整螺栓，固定两侧模板，特别是模板宽度和垂直度，使其达到质量验收规范要求。

⑤ 混凝土浇筑 混凝土浇筑应用"门"形镀锌铁皮扣在保温板和模板上口形成保护帽。混凝土坍落度应符合泵送混凝土对流动度的要求，混凝土浇筑完后修整外露的钢筋。

⑥ 修补聚苯乙烯板外表面 先用聚苯颗粒砂浆或其他保温材料堵塞穿墙空洞，聚苯乙烯板局部外凸处用砂纸磨平，内凹处用聚苯颗粒砂浆抹平。

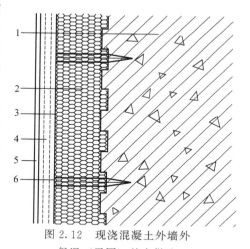

图2.12 现浇混凝土外墙外保温（无网）基本做法

1—混凝土墙；2—聚苯乙烯板；3—刷界面剂；4—施工抹面胶浆，压入耐碱玻纤网格布；5—装饰面层；6—锚栓

⑦ 施工抹面胶浆 待聚苯乙烯板粘贴牢固后（常温下一般24h），将搅拌好的抹面胶浆（参考配合比为水泥∶黄砂∶专用粘接剂＝1∶3∶0.5）用铁抹子均匀地抹在聚苯乙烯表面，厚度一般为2mm，随后将裁好的耐碱玻纤网格布用铁抹子压入砂浆内，使网眼布满砂浆，再在其上抹一层1～3mm的抹面胶浆。耐碱玻纤网格布之间可用对接方法，首层墙面应增加一层耐

碱玻纤网格布，两层耐碱玻纤网格布应搭接，搭接宽度为 50mm，阳角处搭接宽度为 200mm。首层墙面阳角的两层耐碱玻纤网格布之间铺设专用金属护角。

⑧ 在楼层层间宜留水平分格缝，处理门窗洞口　在楼层与楼层之间需留出一定的水平分格缝，以防出现裂缝；处理好门窗洞口，避免出现保温性能薄弱区。

⑨ 刷涂料　按设计要求涂刷高弹性底漆和高分子弹性乳液涂料。

（3）系统特点　EPS 板现浇混凝土外墙外保温墙体系统的优点很多，EPS 板密度为 $18.0 \sim 22.0 kg/m^3$，热导率为 $0.041 W/(m \cdot K)$，远远小于钢筋混凝土热导率 $1.74 W/(m \cdot K)$，故此类材料保温性能好。相对于外墙内保温和加厚墙体的做法，无网现浇系统热桥现象大为减少，杜绝了墙体内侧结露起霜现象，而且同有网现浇系统相比，由于没有大量镀锌钢丝穿透 EPS 板形成热桥，保温效果更优。造价比后粘接保温板形式低 30% 以上，可与结构同步施工，比后粘接保温板形式节省工期 30%，而且冬季施工不受影响。

2. XPS 挤塑聚苯板外墙外保温薄抹灰墙体系统

XPS 挤塑聚苯板外墙外保温薄抹灰墙体技术采用专用聚合物粘接胶浆与墙体基层或水泥砂浆找平层粘接，XPS 挤塑聚苯板作保温层并辅以金属或塑料锚栓，锚固于基层墙体，在保温板表面薄抹嵌有耐碱玻纤网格布的抗裂聚合物砂浆面层，喷刷饰面材料，以达到节能、保温防渗、抗裂及装饰等综合效果。

（1）施工流程　XPS 挤塑聚苯板外墙外保温薄抹灰墙体施工工艺流程：基层处理→弹线、挂角线→调制聚合物砂浆→铺贴翻包网格布→粘贴保温板→安装锚固件→铺贴耐碱网格布→抹聚合物抗裂砂浆面层→验收→后续工序。

（2）操作要点

① 基层处理　对于钢筋混凝土墙体基层：保温施工前应对其严格检查，将存在于墙面的异物及局部夹渣、胀模、蜂窝、麻面等进行处理，剔凿不平整处以 1：3 水泥砂浆找补。对于黏土机制红砖或轻质填充墙体基层：当利用保温层的粘接与螺栓锚固时，应采用 1：3 水泥砂浆整体打底找平，其平整度控制在 ≤4mm，表面平整微光即可。

② 弹线、挂角线、外墙阴、阳角控制　在外墙顶端阴、阳角处用挤塑聚苯板（100mm×100mm）贴出标志块，找出贴后角线，校核准确，用 18# 铅丝固定绷紧，作为阴、阳角控制准线。

③ XPS 挤塑聚苯板贴前的板面校正及毛化处理　该板由于生产时受模具挤压，表面光滑，不利于胶浆粘接，且出厂后堆放不合理容易造成板块翘曲，粘接时弓背开胶。故应在粘板前进行如下处理：使用前拆包检查，如有平面变形者将 XPS 挤塑聚苯板拆包平铺于现场竹胶模板上，然后在顶部平盖竹胶板，再静压砂浆校正，时间不少于 2d。

进行表面毛化处理：用粗砂纸或钢丝刷对 XPS 挤塑聚苯板双面进行轻微搓毛，以板面平而显涩为宜。

④ 调制聚合物胶浆　用低速搅拌机拌成稠度适中的胶浆，静置 5min。使用前再搅拌一次。调好的胶浆宜在 2h 内用完。

⑤ 铺贴翻包网格布　裁剪出翻包网格布的宽度为 200mm 加保温板厚度的总和。先在基层墙体上所有门、窗洞周边及系统终端处，涂抹粘接聚合物胶浆，宽度为 100mm，厚度为 2mm，将裁剪好的网布一边 100mm 压入胶浆内，不允许有网外露，将边缘多余的聚合物胶浆刮干净，保持甩出部分的网布清洁。

⑥ 涂胶浆　将毛化保温板四周均匀涂抹一层聚合物胶浆，其宽度为 50mm，厚度为 10mm，并在板的一边留出 50mm 宽的排气孔（不抹胶浆）。中间部分采用点粘，其浆点，

直径为 100mm，厚度为 10mm，中心距离为 200mm，1200mm×600mm 标准板，中间涂 8 个点。非标准板则涂胶面积不应小于板总面积的 30%，板的侧边不得涂胶。

⑦ 粘贴保温板　在所有阴、阳拐角处，均采用两墙面聚苯板"凹凸"交错成角的方法粘贴，并跟线靠杆控制在保温板的四角，中心用胀塞固定；保温板一般应采取横向铺设的方式，由下向上铺设，错缝宽度为 1/2 板长。

⑧ 安装锚固件　保温板粘接完毕，放置 24h 后方可进行锚固件的安装。在每块保温板的四周接缝及板中间，用电锤打孔，钻孔深度为进入基层内 60mm，锚固深度为进入基层内 50mm。锚固件的数量应根据楼层高低及基层墙体的性质决定，7 层以下建筑一般约为 4 个/m²，8～18 层为 6 个/m²，19～28 层为 9 个/m²。在阴、阳角及窗洞周围，锚固件的数量应适当增加，锚固件的位置距洞口边缘，混凝土基层不小于 50mm，砌块基层不小于 100mm。

⑨ 分格缝的施工与细部控制　图纸设计有分格缝时，则应按要求位置弹出分格线，然后用壁纸刀贴靠杆割剔出分格缝，宽度为 25mm，深度为 10mm。裁剪宽度为 130mm，加分格缝宽度总和的网布。将分格缝、槽及两边 65mm 宽范围内涂抹聚合物胶浆，厚度为 2mm。将塑料分格条放在网布中间压入分格缝内，使塑料条与保温板表面平齐，网布没有翘边、褶皱即可。

⑩ 铺贴网格布　用抹子在保温板表面均匀涂抹一层面积略大于网格布的抹面聚合物胶浆，厚度为 2mm，立即将网格布按"T"字形顺序压入。网格布应自上而下沿外墙一圈。

（3）系统特点

① 外墙外保温薄抹灰技术适用于工业与民用建筑，该保温系统可避免室内产生热（冷）桥，减少能耗。

② XPS 挤塑聚苯板质轻、强度高，施工中精确切割，精细操作，其观感、质量可达到块体饰面材料效果。

③ 该系统盖板表面质硬，可直接刻槽、镶嵌分格缝条，用 3～5mm 抗裂砂浆代替，可消除外墙抹灰面层裂缝的通病。

④ 保温层置于墙体外侧，不占室内使用空间，增加了建筑使用面积。

3. 胶粉聚苯颗粒保温浆料面砖饰面外墙外保温系统

胶粉聚苯颗粒外墙外保温系统是一种现场抹灰成型的无空腔外墙外保温做法。胶粉聚苯颗粒保温浆料外墙外保温系统适用于北方地区不采暖楼梯间隔墙保温及加气混凝土砌体墙的外墙外保温，也适用于南方地区钢筋混凝土墙体及各类砌体墙的外墙外保温，可应用于新建建筑，也可应用于各类既有建筑的节能改造工程。

（1）基本构造　胶粉聚苯颗粒保温浆料系统基本构造见表 2.5。

表 2.5　面砖饰面胶粉聚苯颗粒外墙外保温系统基本构造

基层墙体	胶粉聚苯颗粒外墙外保温系统基本构造				构造示意图
	界面层①	保温层②	抗裂防护层③	饰面层④	
混凝土墙及各种砌体墙	界面砂浆	胶粉聚苯颗粒保温浆料	第一遍抗裂砂浆＋热镀锌钢丝网（用尼龙胀栓与基层锚固）＋第二遍抗裂砂浆	面砖粘接砂浆＋面砖＋勾缝	

（2）施工流程　系统施工流程为：基层处理→喷刷基层界面砂浆→吊垂直、弹控制线→配制胶粉聚苯颗粒保温浆料→做灰饼、冲筋→抹胶粉聚苯颗粒保温浆料→抹第一遍抗裂砂浆→铺钉热镀锌四角网、用尼龙胀栓锚固→钢网展平、裁剪等预处理→抹第二遍砂浆→粘贴面砖→面砖勾缝。

（3）操作要点

① 基层墙面处理　基层墙体应符合质量验收规范。如基层墙体偏差过大，则应抹砂浆找平。墙面应清理干净、清洗油渍、清扫浮灰等。墙面松动、风化部分应剔除干净。墙表面凸起物大于 10mm 时应剔除。为使基层界面附着力均匀一致，墙面均应做到界面处理无遗漏。基层界面砂浆可用喷涂或滚刷。

② 吊垂直、弹控制线　根据建筑物高度确定放线的方法，高层建筑及超高层建筑可利用墙大角、门窗口两边，用经纬仪打直线找垂直。多层建筑或中高层建筑，可从顶层用大线坠吊垂直，绷低碳钢丝找规矩，横向水平线可依据楼层标高或施工±0.000 向上 500mm 线为水平基准线进行交圈控制。根据调垂直的线及保温厚度，每步架大角，两侧弹上控制线，再拉水平通线做标志块。

③ 做灰饼、冲筋　在距楼层顶部约 100mm 和距楼层底部约 100mm，同时距大墙阴或阳角约 100mm 处，根据垂直控制通线做垂直方向灰饼，作为基准灰饼，再根据两垂直方向基准灰饼之间的通线，做墙面找平层厚度灰饼，每个灰饼之间的距离按 1.5m 左右间隔粘贴。可用胶粉聚苯颗粒浆料做灰饼，也可用废聚苯板裁成 50mm×50mm 小块粘贴。待垂直方向灰饼固定后，在两水平灰饼间拉水平控制通线。

④ 抹胶粉聚苯颗粒保温浆料保温层

a. 界面砂浆基本干燥后即可进行保温浆料的施工。

b. 在施工现场，搅拌质量可以通过测量湿表观密度并观察其可操作性、抗滑坠性、膏料状态等方法判断。

c. 保温浆料应分层作业施工完成，每次抹灰厚度宜控制在 20mm 左右，保温浆料底层抹灰时顺序按照从上至下，从左至右抹灰；抹至距保温标准贴饼差 10mm 左右为宜。每层施工间隔为 24h。

d. 保温浆料面层抹灰厚度要抹至与标准贴饼齐平。涂抹整个墙面后，用大杠在墙面上来回搓抹，去高补低，最后再用铁抹子压一遍，使表面平整，厚度一致。

e. 保温层修补应在面层抹灰 2～3h 之后进行，施工前应用杠尺检查墙面平整度，墙面偏差应控制在±2mm。保温面层抹灰时应以修为主，对于凹陷处用稀浆料抹平，对于凸起处可用抹子立起来将其刮平，最后用抹子分遍再赶抹墙面，先水平后垂直，再用托线尺，用 2m 杠尺检测后达到验收标准。

f. 保温施工时，在墙角处铺彩条布接落地灰，落地灰应及时清理，落地灰少量分批掺入新搅拌的浆料后要及时使用。

⑤ 抗裂砂浆层及饰面层施工　待保温层施工完成 3～7d，且保温层施工质量验收合格以后，即可进行抗裂砂浆层施工。

施工时抹第一遍抗裂砂浆，厚度控制在 2～3mm。热镀锌电焊网分段进行铺贴，热镀锌电焊网的长度最长不应超过 3m，为使边角施工质量得到保证，施工前预先用钢网展平机、剪网机及挺角机对热镀锌电焊网进行预处理。先用钢丝网展平机将钢丝网展平并用剪网机裁剪四角网，用挺角机将边角处的四角网预先折成直角。铺贴时应沿水平方向，按先下后上的顺序依次平整铺贴，铺贴时先用 U 形卡子卡住四角网使其紧贴抗裂砂浆表面，然后按双向@500mm梅花状分布用尼龙胀栓将四角网锚固在基层墙上，有效锚固深度不得小于25mm，局部不平整处用U形卡子压平。热镀锌电焊网之间搭接宽度不应小于两个网格，搭接层数不得大于3层，搭接处用U形卡子、钢丝固定。所有阳角钢网都不应断开，阴、阳角处角网应压住对接片网。窗口侧面、女儿墙、沉降缝等钢丝网收头处应用水泥钉加垫片使钢丝网在主体结构上。四角网铺贴完毕，应重点检查阳角钢网连接状况，再抹第二遍抗裂砂浆，并将四角网包覆于抗裂砂浆之中，抗裂砂浆的总厚度宜控制在8～10mm，抗裂砂浆面层应平整。

⑥ 面砖勾缝　保温系统瓷砖勾缝施工应用专用的勾缝胶粉。按要求加水搅拌均匀制成专用勾缝砂浆。勾缝施工应在面砖施工检查合格后进行。采用成品勾缝材料并按厂家说明操作。缝勾完后应立即用棉丝或海绵蘸水或清洗剂擦洗干净，勾缝完毕对大面积外墙面进行检查，保证整体工程的清洁美观。

胶粉聚苯颗粒外墙外保温系统具有良好的保温隔热性能，抗裂性能好，抗火灾能力强，抗风压好，适应墙面及门、窗、拐角、圈梁、柱等变化，操作方便。材料的利用率高，基层剔补量小，节约人工费，是一种适用范围广、技术成熟度高、施工可操作性强、施工质量易控、性价比优的外墙外保温系统。外饰面采用面砖饰面，抗震性能好。

第二节　节能墙体材料

一、常用有机节能墙体材料

（一）聚氨酯树脂泡沫塑料

聚氨酯泡沫（polyurethane foam）简称PUF塑料，全称叫聚氨基甲酸酯泡沫塑料，是以聚合物多元醇（聚醚或聚酯）和异氰酸酯为主体基料，在催化剂、稳定剂、发泡剂等助剂的作用下，经混合发泡反应而制成的各类软质、半硬半软和硬质的聚氨酯泡沫塑料。聚氨酯泡沫塑料按所用原料的不同，分为聚醚型和聚酯型两种，经发泡反应制成，又有软质及硬质之分。

硬质聚氨酯树脂泡沫的特点如下。

① 密度小、比强度高、隔音防震性能好、独立闭孔、热导率低、耐化学品腐蚀、绝热保温性能优良。

② 喷涂或浇注施工时，能与多种材质粘接，具有良好的粘接强度，施工后表面无接缝，密封与整体性好。

③ 施工配方任意调配，按应用目标与施工方法，可制成适用的系列产品。

④ 施工方法灵活，通过生产配方调整，可采用喷涂法或浇注法。施工简便，方法灵活、快速。

软质聚氨酯树脂泡沫的特点：具有多孔、质轻、无毒、相对不易变形、柔软、弹性好、撕力强、透气、防尘、不发霉、吸声等特性。

在绝热保温方面应用是以双组分聚氨酯硬质泡沫为主。硬质聚氨酯泡沫目前仍然是固体材料中隔热性能最好的保温材料之一。其泡孔结构由无数个微小的闭孔组成，且微孔互不相通，因此该材料不吸水、不透水，带表皮的硬质聚氨酯泡沫的吸水率为零。该材料既保温又防水，宜广泛应用于屋顶和墙体保温，可代替传统的防水层和保温层，具有一材双用的功效。

用于墙体材料的硬质聚氨酯泡沫，一般要求具有难燃性能，可在发泡配方中加入阻燃成分。硬质聚氨酯泡沫从化学配方上区分可分为普通聚氨酯（PUR）硬质泡沫和聚异氰脲酸酯（PIR）泡沫两类。与普通硬质泡沫相比，后者系采用过量的多异氰酸酯原料和三聚催化剂制得，具有优良的耐高温性能和阻燃性能。

表2.6为硬质聚氨酯泡沫板的主要性能指标（引自JGT 420—2013《硬泡聚氨酯板薄抹灰外墙外保温系统材料》）。

表2.6   硬质聚氨酯泡沫板的主要性能指标

项　目		指标要求	
		PIR	PUR
泡沫聚氨酯芯材	密度/(kg/m³)	≥30	≥35
	热导率(23℃±2℃)/[W/(m·K)]	≤0.024	
	尺寸稳定性/%	≤1.0	
泡沫聚氨酯板	尺寸稳定性/%	≤1.0	
	吸水率(体积分数)/%	≤3	
	压缩强度(压缩变形10%)/kPa	≥150	
	垂直板面方向抗拉强度/MPa	≥0.10,破坏发生在硬质聚氨酯泡沫芯材上	
	弯曲变形/mm	≥6.5	
	透湿系数/[ng/(m·s·Pa)]	≤6.5	
	界面层厚度/mm	≤0.8	
	燃烧性能等级	不低于B2级	

在目前研制或发现的天然及合成保温材料中，硬质聚氨酯泡沫是保温性能最好的一种保温材料，其热导率一般在0.018~0.030W/(m·K)范围。这种保温材料既可以预成型，又可以现场喷涂成型，现场施工时发泡速度快，对基材附着力强，可连续施工，整体保温效果好，并且密度仅0.03~0.06g/cm³。虽然聚氨酯泡沫塑料单位成本较高，但由于其绝热性能优异，厚度薄，并且加以适当的保护，可使聚氨酯泡沫使用15年以上而无需维修，因而用聚氨酯硬泡作保温材料的总费用较低。

（二）酚醛树脂泡沫塑料

酚醛树脂泡沫（PF）塑料，俗称"粉泡"。近年来，我国在酚醛树脂合成工艺和发泡技术上有了很大提高，逐步克服传统发泡必须在一定温度条件下才能发泡的不足，发展出室温可发泡的关键技术，也逐步克服了PF塑料脆性、强度低、吸水率高、略有腐蚀性等物理性能上的缺点，在保持其原有优点基础上，进行改性，生产不同物理性能指标的系列产品。在成型手段上，可用浇注机并配备机械连续式或间歇式成型，制成带有饰面的复合板材，不但能保证泡沫质量，而且能提高生产速度，降低生产成本，使PF塑料应用领域逐渐拓宽。

用于生产酚醛泡沫的树脂有两种：热塑性树脂及热固性树脂，由于热固性树脂工艺性能良好，可以连续生产酚醛泡沫，制品性能较佳，故酚醛泡沫材料大多采用热固性树脂。酚醛树脂泡沫的特点如下。

1. 绝热性

酚醛泡沫结构为独立的闭孔微小发泡体，由于气体相互隔离，减少了气体中的对流传热，有助于提高泡沫塑料的隔热能力，其热导率仅为 $0.022\sim0.045\mathrm{W/(m\cdot K)}$，在所有无机及有机保温材料中是最低的。适用于做宾馆、公寓、医院等高级建筑物室内天花板的衬里和房顶隔热板，节能效果极其明显。用在冷藏、冷库的保冷以及石油化工、热力工程等管道、热网和设备的保温上有无可争议的综合优势。

2. 耐化学溶剂侵蚀性

酚醛泡沫耐化学溶剂侵蚀性能优于其他泡沫塑料，除能被强碱腐蚀外，几乎能耐所有的无机酸、有机酸及盐类。在空调保温和建筑施工中可与任何水溶型、溶剂型胶类并用。

3. 吸音性能

酚醛泡沫材料的密度低，吸音系数在中、高频区仅次于玻璃棉，接近岩棉板，而优于其他泡沫塑料。由于它具有质轻、防潮、不弯曲变形的特点，广泛用做隔墙、外墙复合板、吊顶天花板、客车夹层等，是一种很有前途的建筑和交通运输吸声材料。

4. 吸湿性

酚醛泡沫闭孔率大于 97%，泡沫不吸水。在管道保温中无需担心因吸水而腐蚀管道，避免了以玻璃棉、岩棉为代表的无机材料存在的吸水率大、容易"结露"、施工时皮肤刺痒等问题。近几年在中央空调管道保冷中得到推广应用。

5. 抗老化性

已固化成型的酚醛泡沫材料长期暴露在阳光下，无明显老化现象，使用寿命明显长于其他泡沫材料，被用于抗老化的室外保温材料。

6. 阻燃性

酚醛树脂含有大量的苯酚环，它是良好的自由基吸收剂，在高温分解时断裂的—$\mathrm{CH_2}$—形成的自由基能被这些活性官能团迅速吸收。检测表明，酚醛泡沫无需加入任何阻燃剂，氧指数即可高达 40，属 B1 级难燃材料。添加无机填料的高密度酚醛泡沫塑料氧指数可达 60，按 GB/T 8625—1988 标准规定阻燃等级为 A1，因此在耐火板材中得到应用。

7. 抗火焰穿透性

酚醛树脂分子结构中碳原子比例高，泡沫遇见火时表面能形成结构碳的石墨层，有效地保护了泡沫的内部结构，在材料一侧着火燃烧时另一侧的温度不会升得较高，也不扩散，当火焰撤除后火自动熄灭。当泡沫受火焰时，由于石墨层的存在，表面无滴落物、无卷曲、无熔化现象，燃烧时烟密度小于 3%，几乎无烟。经测定酚醛泡沫在 $1000℃$ 火焰温度下，抗火焰能力可达 120min。

根据其特点，酚醛树脂泡沫广泛适用于防火保温要求较高的工业建筑，如屋面、地下室墙体的内保温、地下室的顶棚（绝热层位于楼板之下），礼堂及扩音室隔音；石油化工过热管道、反应设备、输油管道与储存罐的保温隔热；航空、舰船、机车车辆的防火保温等。根据不同的应用部位，采用不同的加工成型方法，可以制成酚醛泡沫轻便板、酚醛树脂覆铝板、酚醛泡沫-金属覆面复合板、酚醛泡沫消声板及各种管材、板材等。

（三）聚苯乙烯泡沫

聚苯乙烯（PS）泡沫塑料是以聚苯乙烯树脂为主体原料，加入发泡剂等辅助材料，经加热发泡制成。按生产配方及生产工艺的不同，可生产不同类型的聚苯乙烯泡沫塑料制品，目前常用主要类型的产品有可发型聚苯乙烯树脂泡沫（EPS）塑料和挤塑型聚苯乙烯树脂泡沫（XPS）塑料两大类。由于近年建筑工程的扩展和对建筑节能的要求，使 PS 泡沫塑料生产量大大增加，如今 PS 泡沫塑料已成为建筑节能中主要应用的一种保温材料。

PS泡沫塑料生产方法目前多以物理发泡为主，包括以下两种。

1. 挤出法 XPS

先将粒状 PS 树脂在挤出机中熔化，再将液体发泡剂用高压加料器注入挤出机的熔化段。经挤出螺杆转动搅拌，树脂与发泡剂均匀混合后挤出。在减压条件下，发泡剂气化，挤出物发泡膨胀而制得具有闭孔结构的硬质泡沫塑料，最后经缓慢冷却、切割，即可制成泡沫成品。

2. 可发型 PS 粒料膨胀发泡法 EPS

可发型聚苯乙烯树脂泡沫塑料是在悬浮聚合聚苯乙烯珠粒中加入低沸点液体，在加温加压条件下，渗透到聚苯乙烯珠粒中使其溶胀，制成可发型聚苯乙烯珠粒，然后经过预发泡、熟化和发泡成形制成制品。这种生产方法比较简单，按其使用原料不同，又可将 EPS 泡沫塑料细分为如下类型。

（1）普通型可发性聚苯乙烯泡沫塑料（PT）　用低沸点液体的可发性聚苯乙烯树脂为基料，经加工进行预发泡后，再放在模具中加热成型而制成的一种具有微细闭孔结构的硬质泡沫塑料。

（2）自熄型可发性聚苯乙烯泡沫塑料（ZX）　其成型方法同普通型，但在加入发泡剂时同时加入火焰熄灭剂、自熄增效剂、抗氧化剂和紫外线吸收剂等，使可发性聚苯乙烯泡沫塑料具有较强的自熄性和耐气候性。

（3）乳液聚苯乙烯泡沫塑料（硬质 PB 型聚苯乙烯泡沫塑料）　用乳液聚合的粉状聚苯乙烯树脂为原料，以固体的有机和无机化学发泡剂，经均匀混合、模压成坯，再发泡而成的硬质泡沫塑料。这种泡沫塑料除比可发性聚苯乙烯泡沫塑料硬度大外，耐热性、力学性能、尺寸稳定性也好。表 2.7 为 XPS 与 EPS 产品性能综合分析。

表 2.7　XPS 与 EPS 产品性能综合分析

性能比较	挤塑型聚苯乙烯泡沫塑料板材	可发型聚苯乙烯泡沫塑料板材
生产工艺	由聚苯乙烯树脂及其他添加剂采用真空挤压工艺而成，具有连续闭孔蜂窝结构	由可发性聚苯乙烯发泡成聚苯小颗粒，然后通过蒸汽加压而成四方体，在通过切割而成
保温性能	具有 90% 以上的闭孔率，保温隔热效果明显，具有持久、极低的热导率，$\lambda \leqslant 0.030$ W/(m·K)[(25 ± 2)℃]	不是闭孔结构，保温效果较好，$\lambda \leqslant 0.042$ W/(m·K)（25℃±2）
热阻保留率	具有持久的热阻保留率，55 年后热阻保留率在 85% 以上	热阻保留率较低，2 年后热阻保留率在 55% 以下。保温效果降低一倍
密度和抗压强度	具有较高的密度和抗压强度。$\rho \geqslant 32$ kg/m³，$P \geqslant 250$ kPa	密度和抗压强度较小。$\rho \geqslant 16$ kg/m³，$P \geqslant 60$ kPa
剥离强度	具有较高的剥离强度，可适应各类墙体。外墙体保温粘接强度：$P_{剥离} \geqslant 0.3$ MPa	剥离强度较低，$P_{剥离} = 0.10 \sim 0.15$ MPa
吸水性	不吸水，水蒸气渗透性低。吸水率≤0.10%，$P_{渗透性} \leqslant 3$ ng/(Pa·m·s)	吸水，水蒸气渗透性高。吸水率≤6.0%，$P_{渗透性} \leqslant 9.5$ ng/(Pa·m·s)
其他性能	耐老化、无毒、耐腐蚀，但不耐多数有机化学试剂	耐酸碱、耐低温，有一定弹性

聚苯乙烯泡沫塑料重量轻，隔热性能好，隔音性能优，耐低温性能强。除此之外，还具有一定弹性、低吸水性和易加工等优点。

聚苯乙烯泡沫塑料耐久性好，在水中和土壤中的化学性质比较稳定，不能被微生物分解，也不能释放出对微生物有利的营养物质。聚苯乙烯泡沫塑料的空腔结构也使水的渗入极其缓慢。据挪威国家公路研究所的研究表明，将 EPS 在地下水位以下埋设 9d 后其最大吸水量仅为 9%；此外，长时间受紫外线照射，聚苯乙烯泡沫的表面会由白色变为黄色，而且材料在某种程度上呈现脆性；在大多数溶剂中聚苯乙烯泡沫性质稳定，但在汽油或煤油中可溶解。

聚苯乙烯泡沫塑料隔热性优良，由于泡沫泡孔中的气体不容易产生对流作用，而且气体又是热的不良导体，因而聚苯乙烯泡沫塑料具有优良的隔热性能，常用于民用建筑的墙体、屋顶保温层及道路工程中的隔温层，以满足严寒季节对建筑物的保温和道路防冻的要求。另外，聚苯乙烯泡沫塑料中存在大量的微小气孔，是一种工业和民用建筑中良好的吸音及装饰材料。

聚苯乙烯泡沫塑料压缩性能良好，泊松比很小，无论单轴压缩性能或三轴压缩性能都较优良，是一种弹塑性材料。在屈服前周围压力对 EPS 的应力-应变关系影响不大，当达到屈服后，周围压力才对屈服强度有影响。

聚苯乙烯泡沫塑料蠕变性小，当压缩应力处于弹性区域内时，聚苯乙烯泡沫塑料几乎不存在永久的压缩蠕变；当外荷载大于 2 倍的 5% 应变所对应的压缩强度时，由蠕变所产生的额外永久变形很小，因此可不考虑压缩蠕变的影响。

聚苯乙烯泡沫塑料广泛应用于建筑物外墙外保温和屋面的隔热保温系统。近几年内，在诸多外墙保温的技术体系中，基于聚苯乙烯泡沫塑料板的外保温体系最受市场青睐。

二、常用无机节能墙体材料

（一）无机纤维建筑保温材料

1. 岩棉、矿渣棉及其制品

岩棉是以精选的天然岩石如优质玄武岩、辉绿岩、安山岩等为基本原料，经高温熔融，采用高速离心设备或其他方法将高温熔体甩拉成非连续性纤维。矿渣棉是以工业矿渣如高炉渣、磷矿渣、粉煤灰等为主要原料，经过重熔、纤维化而制成的一种无机质纤维。通过在以上棉纤维中加入一定量的粘接剂、防尘油、憎水剂等助剂可制成轻质保温材料制品，并可根据用途分别再加工成板、毡、管壳、粒状棉、保温带等系列制品。

矿渣棉和岩棉（统称矿岩棉）制品的特点是原料易得，可就地取材，再加上生产能耗少，成本低，可称为耐高温、廉价、长效保温、隔热、吸声材料。这两类保温材料虽属同一类产品，有其共性，但从两类纤维应用来比较，矿渣棉的最高使用温度为 600～650℃，且矿渣纤维较短、脆；而岩棉最高使用温度可达 820～870℃，且纤维长，化学耐久性和耐水性能也较矿渣棉好。

岩棉、矿渣棉的特点如下。

（1）优良的绝热性　岩棉纤维细长、柔软，长度通常可达 200mm，纤维直径为 4～7μm，绝热绝冷性能优良。

（2）使用温度高　矿岩棉的最高使用温度是它允许长期使用的最高温度，长期使用不会发生任何变化。

（3）防火不燃　矿岩棉是矿物纤维，因而具有不燃、耐辐射、不蛀等优点，是较理想的防火材料。矿岩棉制品的不燃性是相对的，主要取决于其中是否含可燃性添加剂。如以石油沥青为粘接剂的矿棉毡，长期使用温度不宜超过 250℃，当用水玻璃、黏土等无机粘接剂时，矿岩棉制品的使用温度可达 600℃甚至 900℃。

（4）较好的耐低温性　在相对较低的温度下使用，各项指标稳定，技术性能不变。

（5）长期使用稳定性　由于加入憎水剂，制品几乎不吸水，即使在潮湿情况下长期使用也不会发生潮解。

（6）对金属设备隔热保温无腐蚀性　岩棉制品几乎不含氟、氯等腐蚀性离子，因而对设备、管道等应用无腐蚀作用。

（7）吸声、隔声　矿岩棉纤维长而渣球含量少，纤维之间有许多细小空隙，有极好的吸声性能。

岩棉板的密度为 80～200kg/m³，热导率为 0.44～0.048W/(m·K)，将 50mm 厚岩棉板与 240mm 厚实心砖墙复合，其保温性能超过 860mm 厚实心砖墙。采用岩棉外保温技术后，墙体的传热系数下降。在冬季，减少了墙体热损失，在同等供暖条件下，保温后比保温前室内空气温度及墙体内表面温度均有所提高；到夏季，岩棉外保温能减少太阳辐射热的传导，有效地降低太阳辐射和室外气温的综合热作用，使室内空气温度和墙体内表面温度得以降低。

2. 玻璃棉及其制品

玻璃棉及其制品与岩矿棉及其制品一样，在工业发达国家是一种很普及的建筑保温材料，是在建筑业中一类较为常见的无机纤维绝热、吸声材料。它是以石英砂、白云石、蜡石等天然矿石，配以其他的化工原料，如纯碱、硼砂等熔制成玻璃，在熔解状态下经拉制、吹制或甩制而成极细的絮状纤维材料。按其化学成分中碱金属等化合物的含量，可分为无碱、中碱和高碱玻璃棉；按其生产方法可分为火焰法玻璃棉、离心喷吹法玻璃棉和蒸汽（或压缩空气）立吹法玻璃棉三种，现在世界各国多数采用离心喷吹法，其次是火焰法。在玻璃纤维中加入一定量的胶黏剂和其他添加剂。经固化、切割、贴面等工序即可制成各种用途的玻璃棉制品。玻璃棉制品品种较多，主要有玻璃棉毡、玻璃棉板、玻璃棉带、玻璃棉毯和玻璃棉保温管等。由于建筑节能的需要，我国及世界各国对玻璃棉及其制品的需求都在不断增加。

玻璃棉在玻璃纤维的形态分类中属定长玻璃纤维，但纤维较短，一般在 150mm 以下或更短。形态蓬松，类似棉絮，故又称短棉，是定长玻璃纤维中用途最广泛、产量最大的一类。

玻璃棉是由互相交错的玻璃纤维构成的多孔结构材料，特性是体积密度小（表观密度仅为矿棉表观密度的一半左右），热导率低［热导率为 0.037～0.039W/(m·K)］，吸声性好，不燃、耐热、抗冻、耐腐蚀、不怕虫蛀、化学性能稳定，是一种优良的绝热、吸声过滤材料，被广泛应用于国防、石油化工、建筑、冷藏、交通运输等部门，是各种管道、贮罐、锅炉、热交换器、风机和车船等工业设备和各种建筑物的优良保温、绝热、隔冷、吸声材料。建筑业常用的玻璃棉分为两种，即普通玻璃棉和超细玻璃棉。

（1）普通玻璃棉　普通玻璃棉是由熔融状态的玻璃液体，流经多孔漏板后形成一排液流，再用过热蒸汽或压缩空气喷吹而成为玻璃纤维，并沉积于集棉室。普通玻璃棉的纤维一般长 50～150mm，纤维直径为 12μm，外观洁白。

（2）超细玻璃棉　超细玻璃棉是熔融状态的玻璃液从多孔漏板流出来后，经橡胶辊拉制成一次纤维，再经高温、高速燃气喷吹而成二次玻璃纤维，并沉积于积棉室。超细玻璃棉的纤维直径比普通玻璃棉细得多，一般在 4μm 以下，外观洁白。表 2.8 为玻璃棉的主要性能指标。

表 2.8　玻璃棉的主要性能指标

名称	纤维直径 /μm	表观密度 /(kg/m³)	常温导热系数 /[W/(m·K)]	使用温度 /℃	吸声系数(厚度为 50mm; 频率为 500~400Hz)	备注
普通玻璃棉	<15	80~100	0.052	≤300	0.75~0.97	使用温度不能超过 300℃,耐腐蚀性较差
超细玻璃棉	<5	<20	0.035	≤400	≥0.75	一般使用温度不超过 400℃

　　玻璃棉制品中，玻璃棉毡、卷毡主要用于建筑物的隔热、隔声等；玻璃棉板主要用于仓库、隧道以及房屋建筑工程的保温隔热、隔声等；玻璃棉管套主要用于通风、供热、供水、动力等设备管道的保温。玻璃棉制品的吸水性强，不宜露天存放，室外工程不宜在雨天施工，否则应采取防水措施。

（二）无机多孔状保温材料

　　无机多孔状保温材料是指具有绝热保温性能的低密度非金属状颗粒、粉末或短纤维状材料为基料制成的硬质或柔性绝热保温材料。这些材料主要包括膨胀珍珠岩及其制品、膨胀蛭石及其制品、微孔硅酸钙制品、泡沫玻璃、泡沫混凝土制品、泡沫石棉制品和其他应用较广的轻质保温制品。

　　该类保温材料的原料资源丰富，生产工艺相对容易掌握，产品价格低廉，加之近年来成型工艺的改进，产品质量和性能大大提高，不仅用于管道保温，也用于建筑领域的砌块、喷涂等节能保温工程，该类材料是我国目前建筑绝热保温主体材料之一。

　　1. 膨胀珍珠岩及其制品

　　珍珠岩是火山喷发时在一定条件下形成的一种酸性玻璃质熔岩，属非金属矿物质，主要成分是火山玻璃，同时含少量透长石、石英等结晶质矿物。

　　膨胀珍珠岩是珍珠岩经人工粉碎、分级加工形成一定粒径的矿砂颗粒后，在瞬间高温下，矿砂内部结晶水汽化产生膨胀力，熔融状态下的珍珠岩矿砂颗粒瞬时膨胀，冷却后形成多孔轻质白色颗粒。其理化性能十分稳定，具有很好的绝热防火性能，是一种很好的无机轻质绝热材料，可广泛用于冶金、化工、制冷、建材、农业和医药、食品加工过滤等诸多行业。其中在建筑工程中应用为 60%，在热力管道保温中应用为 30%，其他应用为 10%。

　　膨胀珍珠岩具有较小的堆积密度和优良的绝热保温性能。化学稳定性好，吸湿性小，无毒、无味、不腐、不燃、吸声。微孔、高比表面积及吸附性，易与水泥砂浆等保护层结合。

　　在建筑业推广使用膨胀珍珠岩是实施节能的有效途径之一。在墙体外侧喷涂（外墙外保温）膨胀珍珠岩涂料层，可增强墙体的热稳定性，并可与装饰工序同步进行，也可作为彩色装饰涂层。在墙体外侧喷涂膨胀珍珠岩涂料层，是复合墙体构造方式中功能结构的一种，也是目前正在节能建筑中推广使用的一种方法。该产品与其他保温材料相比，明显的优势是价廉、成本低、施工速度快，是一种竞争力强的保温材料。

　　膨胀珍珠岩的应用主要有保温砂浆和绝热制品。

　　（1）憎水膨胀珍珠岩制品　该制品采用膨胀珍珠岩、防水材料和粘接剂，经搅拌、注模、压制、脱模和干燥等工序，制成各种形状和不同规格的保温板（瓦）。保温板适用于外墙内保温和屋面保温；保温瓦适用于热力管道保温。

　　（2）石膏膨胀珍珠岩保温板　该保温板采用普通石膏、膨胀珍珠岩、添加剂和水，经混合搅拌、浇注、脱模、干燥等工序制成。其各种材料的质量配合比为：膨胀珍珠岩∶石膏∶添加剂∶水＝1∶（5~9）∶0.44∶（10~13）。

2. 膨胀蛭石及其制品

蛭石是一种复杂的铁、镁含水硅铝酸盐类矿物，呈薄片状结构，由两层层状的硅氧骨架，通过氢氧镁石层或氢氧铝石层结合而形成双层硅氧四面体，"双层"之间有水分子层。高温加热时，"双层"间的水分变为蒸汽产生压力，使"双层"分离、膨胀。蛭石在150℃以下时，水蒸气由层间自由排出，但由于其压力不足，蛭石难以膨胀。温度高于150℃，特别是在850~1000℃时，因硅酸盐层间基距减小，水蒸气排出受限，层间水蒸气压力增高，从而导致蛭石剧烈膨胀，其颗粒单片体积能膨胀20多倍，许多颗粒的总体积膨胀5~7倍。膨胀后的蛭石，细薄的叠片构成许多间隔层，层间充满空气，因而具有很小的密度和热导率，使其成为一种良好的绝热、绝冷和吸声的材料。膨胀蛭石的膨胀倍数及性能，除与蛭石矿的水化程度、附着水含量有关外，与原料的选矿、干燥、破碎方式、煅烧制度以及冷却措施有密切关系。

膨胀蛭石的密度一般为80~200kg/m³，密度的大小主要取决于蛭石的杂质含量、膨胀倍数以及颗粒组成等因素。热导率为0.046~0.069W/(m·K)，在无机轻集料中仅次于膨胀珍珠岩及超细玻璃纤维。但膨胀蛭石及制品具有很多综合特点，加之原料丰富，加工工艺简单，价格低廉，目前仍广泛用于建筑保温材料及其他领域。

膨胀蛭石具有保温、隔热、吸音等特性，可以做松散保温填料使用，也可与水泥、石膏等无机胶结料配制成膨胀蛭石保温干粉砂浆、混凝土及制品，广泛用于建筑、化工、冶金、电力等工程中。

膨胀蛭石砂浆、混凝土及其制品的保温性能与胶结料的用量、施工方法有密切关系，在使用中往往为了求得一定强度及施工和易性，而忽视密度相应增加，保温效果降低。为此，经过试验研究，确定在膨胀蛭石与胶结料等的混合物中添加少量的高分子聚合物及其他外加剂，改善砂浆强度及施工和易性，达到既能改善砂浆施工性能，又能在保证强度的前提下降低砂浆密度，减小热导率的目的。

3. 泡沫玻璃制品

泡沫玻璃是以碎玻璃（磨细玻璃粉）及各种富含玻璃相的物质为主要原料，在高温下掺入少量能产生大量气泡的发泡剂（如闭孔用炭黑，开孔用碳酸钙），混合后装模，在高温下熔融发泡，再经冷却后形成具有封闭气孔或开气孔的泡沫玻璃制品，最后再经切割等工序制成壳、砖、块、板等。按其不同的工艺和基础原料，可分为普通泡沫玻璃、石英泡沫玻璃、熔岩泡沫玻璃等，也可生产多种色彩、独立闭孔的保温隔热泡沫玻璃和通孔的吸声泡沫玻璃。由于这种无机绝热材料具有防潮、防火、防腐的作用，加之玻璃材料具有长期使用性能不劣化的优点，使其在绝热、深冷、地下、露天、易燃、易潮以及有化学侵蚀等苛刻环境下具有广泛应用。而且，生产泡沫玻璃砖的原料可以由回收利用废玻璃得来，既降低了生产成本，增加了经济效益，又节约了自然资源，为城市垃圾的回收利用开辟了一条新途径。

泡沫玻璃的生产工艺流程如下。

① 将废玻璃清洗、粉碎，磨细至100μm或更细的玻璃粉。

② 将玻璃粉和发泡剂等混合均匀。

③ 将混合粉料装入耐火模具中，之后将其置于高温炉中，再升温至850℃左右并保持5~60min，使其充分发泡。

④ 退火、脱模。

泡沫玻璃的特点如下。

① 施工方便，容易加工，可钉、钻、锯。

② 产品不变形，耐用，无毒，化学性能稳定，能耐大多数的有机酸、无机酸、氢氧化物。

③ 防霉，不受虫蛀，不受鼠啮，耐腐蚀，不变质。

④ 耐高、低温，使用温度范围宽。

⑤ 热导率低，吸水率小，抗压强度高，尺寸稳定性好，水蒸气渗透系数小。

⑥ 按用户要求，可加工成空心半圆柱形，可用多块粘拼，也可多用两层或多层施工。

⑦ 因其是脆性材料，有易碎、易破损等缺点。

泡沫玻璃主要技术指标：密度为 $160\sim300kg/m^3$；热导率为 $0.055\sim0.118W/(m\cdot K)$；比热容为 $1202J/(kg\cdot K)$；抗压强度为 $0.8\sim3.0MPa$；体积吸水率为 0.5%；水蒸气渗透率为 $0.00ng/(Pa\cdot s\cdot m)$；线膨胀系数为 $<9\times10^{-6}K^{-1}$；使用温度范围为 $-200\sim550℃$。

泡沫玻璃由其独特的理化性能和良好的施工性能，可以作保温材料用于建筑节能；可作吸声材料用于高架、会议室等减噪工程。由于泡沫玻璃强度高且防水隔湿，既可满足一定建筑抗压和环境需求，又保证了长期稳定的绝热效率。建筑保温隔热用泡沫玻璃具有防火、防水、耐腐蚀、防蛀、无毒、不老化、强度高、尺寸稳定性好等特点，其化学成分 99% 以上是无机玻璃，是一种环境友好材料，不仅适合建筑外墙和地下室的保温，也适合屋面保温。

此外，在国外对泡沫玻璃的应用中，还有用泡沫玻璃作为轻质填充材料应用在市政建设上，用泡沫玻璃作为轻质混凝土集料等技术，既可以提高各种建筑物外围护结构的隔热性能，又有利于环保。

4. 泡沫水泥制品

泡沫水泥是在水泥浆体中加入发泡剂及水等经搅拌、成型、养护而成的一种多孔、质轻、绝热的混凝土材料。其结构性能和加气混凝土相似，但生产投资少，工艺简单，施工操作方便。在现浇混凝土建筑和装配式混凝土建筑中，需要大量轻质混凝土，泡沫混凝土是一种理想的选择。

目前应用中，通常将粉煤灰、矿粉等辅助胶凝材料与水泥按一定比例掺和后制成浆体，在达到使用要求的条件下，实现利废、节约材料成本和改善性能的目的。原材料组分主要包括：泡沫剂；胶凝材料，常用早强型硅酸盐水泥；干排粉煤灰；复合外加剂，具有减水和促凝功能。混合料制备方法：用高速搅拌机制泡，将制成的泡沫置于搅拌机中，加入水泥和粉煤灰（外加剂已预混于其中），搅拌至均匀为止。

由于泡沫剂的使用，在高速制泡时将产生均匀分布的微细闭合气泡，制品的密度较低，一般在 $1000kg/m^3$ 以下，粉煤灰泡沫水泥为多孔轻质材料，含有的气孔数量多，气孔直径小，热导率低，比加气混凝土有更好的保温性能。

粉煤灰泡沫水泥密度小，热导率低，强度高，可用于生产轻质隔墙板、复合外墙板、现浇屋面保温层和楼面隔声板等。近年来，我国科研部门采用 AC 引发剂，在常温常压下即可生产出粉煤灰水泥发泡保温材料，其性能见表 2.9。

表 2.9　粉煤灰水泥发泡保温材料性能

密度/(kg/m³)	热导率/[W/(m·K)]	吸水率/%	含水率/%	抗压强度/MPa
$280\sim400$	$0.06\sim0.09$	<30	<10	$0.3\sim0.8$

5. 泡沫石棉

泡沫石棉是一种成本低廉、综合性能优异的轻质保温材料，其造价和隔热性能接近于轻质聚氨酯泡沫塑料，但其耐低温和耐高温性能（$\leqslant600℃$）良好，是有机绝热材料无法比拟的，而且其生产过程属低能耗过程。

为避免石棉的致癌性，一般选择蛇纹石石棉作原料，生产工艺一般分为浸泡松解、打浆浇注、定型烘干、切割等工序。我国生产的泡沫石棉优等的品性能见表2.10。

表2.10　我国生产的泡沫石棉优等品的性能

密度/(kg/m³)	热导率/[W/(m·K)]	压缩回弹率/%	含水率/%
≤30	≤0.046	≥80	≤2.0

研究结果表明：蛇纹石石棉经浸泡松解后已无致癌作用。因此，泡沫石棉在国内外工程建筑上的应用将越来越受到重视。据有关专利报道，在石棉分散液中加入一定量的玻璃丝或岩棉可以使产品效果更佳，其比例最高可达1∶2。

6. 硅酸钙保温材料

硅酸钙（微孔硅酸钙）保温材料是以二氧化硅硅粉状材料（石英砂粉、硅藻土等）、氧化钙（也有用消石灰、电渣等）和增强纤维材料（如玻璃纤维、石棉等）为主要原料，再加入水、助剂等材料，经搅拌、加热、凝胶、成型、蒸压硬化、干燥等工序制作而成。硅酸钙的主体材料是活性高的硅藻土和石灰，在高温、高压下，发生水热反应，加入作为增强剂的矿物棉或其他纤维类，以及加入助凝材料成型而得的保温材料。因所用原料、配比或生产工艺条件的不同，所得产品的化学组成和物理性能也不相同，用于保温材料的硅酸钙有两种不同的晶体构造：一种是雪硅酸石，称为托贝莫来石，耐热温度为650℃，主要用于一般建筑、管道等保温；另一种是硬硅酸钙石，耐热温度为1000℃，主要用于高温窑炉等。

目前，我国生产的硅酸钙保温材料主要采用压制法成型工艺，使产品的内在质量和外观质量都有较大改进和提高，密度降到250kg/m³以内，而且通过研制硅酸钙绝热制品专用耐温抹面材料及高温粘接剂，解决了硅酸钙制品用普通抹面材料抹不上的问题。

硅酸钙制品按矿物组成和使用温度可分为托贝莫来石型（低温型，<650℃）、硬硅钙石（高温型，<1000℃）和混合型；按抗压强度，也可将其分为低强型（<0.29MPa）、普通型（0.29～1.0MPa）、高强型（1.0～5.0MPa）和超高强型（>8.0MPa）；按表观密度，将其分为超轻型（70～130kg/m³）、轻型（130～200kg/m³）、普通型（200～250kg/m³）、重型（250～400kg/m³）和超重型（400～1000kg/m³）。

硅酸钙制品轻而柔软，强度高，热导率低，使用温度高，质量稳定；隔声、不燃、防火、无腐蚀，高温使用不排放有毒气体；耐热性和热稳定性好，耐水性良好，经久耐用。

按硅酸钙各类型生产工艺的区别和物理性能的不同，有不同的用途，如低表观密度的制品适宜做房屋建筑的内墙、外墙、平顶的防火覆盖材料和保温材料；中等表观密度的制品，主要做墙壁材料和耐火覆盖材料；高密度制品，主要做墙壁材料、地面材料或绝缘材料等。

7. 轻质保温砌块

轻质保温砌块具有自重轻、施工快、保温效果好等特点。特别是利用粉煤灰等工业废渣生产的砌块，不但降低了生产成本，使废物得到有效利用，并且减少了对环境的污染。随着框架结构建筑的普遍采用，使其共同构成外保温复合夹心墙体，轻体保温砌块的生产与应用得到迅猛发展。

我国现有常见的轻体保温砌块材料有以下几种。

（1）加气混凝土砌块　加气混凝土砌块是用钙质材料（水泥、石灰）、硅质材料（石英砂、粉煤灰、高炉矿渣等）和发气剂（铝粉、锌粉）等原料，经磨细、配料、搅拌、浇注、发气、静停、切割、压蒸等工序生产而成的轻质混凝土材料。加气混凝土具有体积密度小（一般为300～900kg/m³）、比强度较高（3～10MPa）、热导率低[0.105～0.267W/(m·K)]并易于加工等优点。作为轻质墙体，可做普通钢筋混凝土框架结构的填充材料和自承重轻质隔墙；作为保温材料，可做一些工业厂房和特殊建筑的保温材料。

加气混凝土按原材料分有：水泥-矿渣-砂加气混凝土、水泥-石灰-砂加气混凝土和水泥-石灰-粉煤灰加气混凝土；按产品分有加气混凝土砌块和加气混凝土加筋条板、墙板。

（2）混凝土小型空心砌块　普通混凝土小型空心砌块是以水泥为胶结材料，砂、碎石或卵石、煤矸石、炉渣为集料，加水搅拌，经振动、加压或冲压成型，并经养护而制成的小型并具有一定空心率的墙体材料。具体要求参见 GB 8239—1997《普通混凝土小型空心砌块》。混凝土小砌块的基本特性有：抗压强度、抗折强度、体积密度、吸水率、抗渗、干缩率和抗冻性等。

砌块的生产方法，除 20 世纪 60 年代的平模振动成型和蒸汽养护机组流水法以外，近年来发展了多种砌块成型机，形成了以移动式小型砌块成型机为主体的台座法生产线，即固定式成型机和隧道窑养护的机组流水或流水传送生产线。

轻集料混凝土空心砌块是用轻质粗集料、轻质细轻集料（或普通砂）、胶凝材料和水配制而成的混凝土，经砌块成型机成型、养护而制成的一种轻质墙体材料，其干密度不大于 $1950 kg/m^3$，空心率等于或大于 25%，表观密度一般为 $700 \sim 1000 kg/m^3$。轻集料混凝土空心砌块以其轻质、高强、保温隔热性能好、抗震性能好等特点，在各种建筑墙体中得到广泛应用，特别是在保温隔热要求高的围护结构中使用。常见的种类有黏土陶粒无砂大孔混凝土空心砌块、粉煤灰陶粒混凝土空心砌块等。

（3）石膏空心砌块　石膏空心砌块由定量石膏、轻质集料、活性掺和料以及化学外加剂、水按比例混合，经强制搅拌、浇注成型、脱模干燥而制成，是轻微孔隙发育的石膏与轻质多孔的轻集料胶结而成的堆聚结构。适当比例的掺和料和化学外加剂可进一步改善石膏晶体的结构和吸水性能，不等径的孔洞结构可有效地吸收噪声。这种结构特征使石膏空心砌块具有许多优越的建筑物理力学性能，适用于建筑物的内墙墙体材料。石膏空心砌块的强度与建筑石膏的强度、轻集料的简压强度、水灰比和干燥条件有密切关系。

物体的毛细孔隙尺寸对热导率影响较大，石膏空心砌块是建筑石膏与膨胀珍珠岩混拌浇注制成，制品中毛细孔隙率很高，孔隙中充满气体，不会形成明显的对流作用和孔壁间的辐射换热。砌体中的柱状孔洞起到很好的保温作用，这些结构特征赋予了石膏空心砌块良好的保温隔热性能。石膏空心砌块的热导率一般为 $0.18 \sim 0.21 W/(m \cdot K)$，保温隔热性明显要好于一般黏土砖，一般 80mm 厚石膏空心砌块墙体相当于 240mm 厚实心砖墙体的保温隔热能力。此外，石膏空心砌块墙体的吸声、防火和防震性能优势也十分明显。

目前石膏空心砌块是采用精密模具工厂化生产的，符合 JC/T 698—1998 标准要求，砌筑时只需在端面涂抹粘接材料，把砌块间的榫槽缝嵌合，无需抹灰找平，即可贴瓷砖、壁纸、刮腻子，无抹灰湿作业。施工时间缩短，而且不受季节限制，为施工单位降低了成本。

三、复合节能墙体材料

（一）GRC复合保温墙板

GRC（玻璃纤维增强水泥）的发展大体上可以分为三个阶段。第一阶段在 20 世纪 50 年代，采用中碱玻璃纤维（A 玻纤）或无碱玻璃纤维（E 玻纤）作为增强材料，胶结材料用的是硅酸盐水泥。硅酸盐水泥的水化产物对玻璃纤维有强烈的侵蚀作用，使玻璃纤维很快丧失了强度，GRC 的耐久性很差，这是第一代 GRC。第二阶段在 20 世纪 70 年代，采用含铬的耐碱玻璃纤维增强硅酸盐水泥，使基材强度有所提高，但 GRC 的抗弯强度与韧性下降很多，强度保留率只有 40%～60%。把耐碱玻璃纤维增强硅酸盐水泥的 GRC 称为第二代 GRC。第三阶段在 20 世纪 70 年代中期，我国的科学技术人员成功地研制出用耐碱玻璃纤维与硫铝酸盐型低碱度水泥匹配制备 GRC，其耐久性最好，抗弯强度的半衰期可超过 100 年，称为第三代 GRC。通过不同的成型工艺，可将 GRC 制成各种板材。

GRC 复合保温墙板是以 GRC 作面层，以保温材料作夹心层，根据需要适当加肋的预制构件。它可分为外墙内保温板和外墙外保温板两类。将 GRC 复合保温墙板与承重材料进行复合，组成的复合墙体不但可以克服单一材料墙体热导率大、保温隔热性能差的缺点，而且还避免了墙体厚度过厚，实现建筑节能 30%～50%。由于 GRC 复合保温墙板的夹心层通常为聚苯乙烯泡沫，其热导率低于 0.05W/(m·K)，为高效保温材料，使整个墙板的热导率较低，保温性能增强。

1. GRC 外墙内保温板

GRC 外墙内保温板是以 GRC 作面层，以聚苯乙烯泡沫板为芯层的夹心式复合保温墙板。将该种板材置于外墙主体结构内侧的墙板称为 GRC 外墙内保温板，其结构示意图如图 2.13 所示。

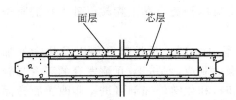

面层　　芯层

图 2.13　GRC 外墙内保温板结构示意图

经实践应用，60mm 厚板与 200mm 混凝土外墙复合，达到节能 50% 的要求，保温效果优于 620mm 厚的黏土墙。而且 GRC 外墙外保温板重量轻、强度高，防水、防火性能好，具有较高的抗折与抗冲击性和很好的热工性能。

生产 GRC 外墙外保温板的生产工艺有：铺网抹浆法、喷射-真空脱水法和立模挂网振动浇注法等。

2. GRC 外墙外保温板

将由 GRC 面层与高效保温材料复合而成的保温板材置于外墙主体结构外侧的墙板称为外墙外保温板，简称"GRC 外保温板"。该板有单面板与双面板之分，将保温材料置于 GRC 槽形板内的是单面板，而将保温材料夹在上下两层 GRC 板中间的是双面板，由 GRC 面层与高效保温材料复合而成的外墙外保温板材目前尚无定型产品。GRC 外墙外保温板所用原材料同 GRC 外墙内保温板，其生产工艺一般采用反打喷射成型或反打铺网抹浆工艺来制作 GRC 外保温板面向室外的板面。所谓反打成型工艺是指墙板的饰面朝下与模板表面接触的一种成型方法，其优点是墙板饰面的质量较高，也容易保证。

GRC 外墙外保温板与 GRC 外墙内保温板的技术性能对比见表 2.11，可见 GRC 外墙外保温板具有较明显优势。

表 2.11　GRC 外墙外保温板与 GRC 外墙内保温板性能比较

类别	主要优点	主要缺点
GRC 外墙内保温板	1. 对面层无耐候要求 2. 施工便利 3. 施工不受气候影响 4. 造价适中	1. 有热桥产生,削弱墙体绝热性;绝热层效率仅为 30%～40% 2. 墙体内表面易发生结露 3. 若面层接缝不严而有空气渗漏,易在绝热层上结露 4. 减少有效面积 5. 室温波动较大

续表

类别	主要优点	主要缺点
GRC外墙外保温板	1. 基本上可消除热桥;绝热层效率高,可达85%～95% 2. 墙体内表面不发生结露 3. 不减少使用面积 4. 既适用于建造新屋,也适用于旧房改造,可不影响使用 5. 室温较稳定,热舒适性好	1. 冬季、雨季施工受到一定限制 2. 对板缝处理有严格要求,否则在板缝处易发生渗漏 3. 造价较高

(二) 聚苯乙烯泡沫混凝土保温板

聚苯乙烯泡沫混凝土保温板是以颗粒状聚苯乙烯泡沫塑料、水泥、起泡剂和稳泡剂等材料经搅拌、成型、养护而制成的一种新型保温板材,它重量轻,保温隔热性能好,具有一定的强度,施工简单,适用于各类墙体的内保温或外保温,以及平屋面和坡屋面的保温层。

生产工艺为:废旧聚苯乙烯或生产聚苯乙烯泡沫塑料的下脚料,经过破碎机破碎成泡沫颗粒,风送到高位料仓贮存,通过计量放入搅拌机,作为轻质填充料;加入水泥、水、起泡剂和稳泡剂等材料,拌和成轻质而黏聚性很好的拌和物,然后将拌和物入模成型,经过养护之后,即成水泥聚苯板。水泥聚苯板是在水泥用量较少的情况下,通过起泡剂和稳泡剂,在水泥浆体内部引入一定量的气泡,这些直径为 $0.3\sim0.8$mm 的微小气泡被水泥浆体所包裹,均匀地分散于水泥浆中,形成稳定的泡沫水泥浆,其体积增大。泡沫水泥浆完全包裹泡沫塑料颗粒并充满颗粒间的间隙形成封闭式结构。硬化的泡沫水泥浆类似于加气混凝土,热导率约为 0.2W/(m·K)。不同容重时水泥聚苯板的热导率见表 2.12。

表 2.12 不同容重时水泥聚苯板的热导率

容重/(kg/m³)	240	300	350	400
热导率/[W/(m·k)]	0.040	0.090	0.099	0.116

水泥聚苯板主要应用于民用住宅的墙体及屋面保温,特别是加工、运输和施工过程中较一般脆性保温材料破损率低,另外水泥聚苯板易于切割,所以异形部位的拼补非常方便。以240mm 砖墙为例,外保温复合 50mm 厚水泥聚苯板可以达到 620mm 砖墙的保温效果;带有空气层的 70mm 厚水泥聚苯板保温层可代替 200mm 厚加气混凝土屋面保温层。完全可以满足我国《民用建筑节能设计标准》(采暖居住部分)关于寒冷地区保温隔热的要求。

(三) 金属面夹芯板

金属面夹心板是指上、下两层为金属薄板,芯材为有一定刚度的保温材料,如岩棉、硬质泡沫塑料等,在专用的自动化生产线上复合而成的具有承载力的结构板材。该类板材的特性突出表现为质轻、高强、绝热性能好、施工方便快速、可拆卸、重复使用、耐久性好。夹心复合板特别适用于空间结构和大跨度结构的建筑。

金属面夹心板的金属面材采用彩色喷涂钢板、彩色喷涂镀锌钢板等金属板。一般彩色喷涂钢板的外表面为热固聚酯树脂涂层,内表面(粘接侧)为热固化环氧树脂涂层,金属基材为热镀锌钢板。彩色涂层采用外表面两涂两烘,内表一涂一烘工艺。

芯体保温材料有聚氨酯硬质泡沫、聚苯乙烯泡沫、岩棉板等,面材与芯材之间可用聚氨酯胶黏剂、酚醛树脂胶黏剂或其他胶黏剂黏合。

金属面夹心板按面层材料分有:镀锌钢板夹心板、热镀锌彩钢夹心板、电镀锌彩钢夹心板、镀铝锌彩钢夹心板和各种合金铝夹心板等。按芯材材质分有：金属泡沫塑料夹心板，如金属聚氨酯夹心板、金属聚苯夹心板；金属无机纤维夹心板，如金属岩棉夹心板、金属矿棉夹心板、金属玻璃棉夹心板等。按建筑结构的使用部位分有：层面板、墙板、隔墙板、吊顶板等。

金属面夹心板是一种多功能建筑材料，除具有高强、保温隔热、隔声、装饰等性能外，更重要的是它的体积密度小，安装简洁，施工周期短，特别适合用作大跨度建筑的围护材料。其应用范围为无化学腐蚀的大型厂房、车库、仓库等，也可用于建造活动房屋、城镇公共设施房屋、房屋加层以及临时建筑等。金属复合板一般不用于住宅建筑，泡沫塑料夹心板不用于防火要求较高的房屋。

四、利废节能墙体材料

近年来，我国利废墙体材料产业取得了可喜的成绩，在新型墙体材料中，利用各种工业固体废弃物1.2亿吨，利用固体废弃物生产的新型墙体材料1300亿块。砖瓦企业掺加工业固体废弃物量在30%以上的约7000家。目前，黏土实心砖总量已呈下降趋势，空心制品每年以10%～30%的速度增长。

（一）煤矸石空心砖

煤矸石空心砖是综合利用煤矿废渣——煤矸石烧制的有贯穿孔洞、孔洞率＞15%的砖。其性能与黏土砖相近，其中部分性能指标优于黏土多孔砖，实验表明，煤矸石空心砖具有良好的抗压强度以及较好的保温性能。

1. 煤矸石空心砖对原料的要求

利用煤矸石生产空心砖，对原料的化学成分、物理组成要求与生产普通砖时相近，因成型时在出口处装有刀架、芯头等，所以对泥料的粒度、塑性指数等要求相应提高，否则将影响制品的成型质量。

2. 煤矸石空心砖的生产工艺

用煤矸石生产空心砖时，可根据原料性能的差别和建厂投资的不同选择不同的生产方式。投资大时，选择机械化、自动化程度较高的生产工艺；投资额较低时，选择机械化、自动化程度较低但能满足制品质量要求的生产工艺。

以煤矸石为原料生产空心砖的生产工艺，主要包括原料破粉碎、原料塑性及成型性能的调整、成型、人工干燥、烧成、成品检验等几个主要环节，只有每一环节都正常运行，才能保证生产线的正常生产。

煤矸石空心砖生产工艺流程（方案一）：原料→板式给料机→胶带输送机→颚式破碎机→胶带输送机→锤式破碎机→胶带输送机→高速细碎对辊机→胶带输送机→双轴搅拌机→胶带输送机→可逆移动胶带机→陈化库→多斗挖掘机→胶带输送机→双轴搅拌机→胶带输送机→高速细碎对辊机→胶带输送机→双级真空挤砖机→切条机→切坯机→码坯机→窑车运转系统→隧道干燥室→隧道窑→卸坯→货场→检验→出厂。

煤矸石空心砖生产工艺流程（方案二）：原料→板式给料机→胶带输送机→颚式破碎机→胶带输送机→锤式破碎机→胶带输送机→双轴搅拌机→胶带输送机→高速细碎对辊机→胶带输送机→双级真空挤砖机→切条机→切坯机→码坯皮带机→干燥车运转系统→隧道干燥室→人工运坯码窑→轮窑→出窑运坯→货场→检验→出厂。

上述两种方案中，第一种方案中机械化、自动化程度较高，产品质量稳定，减少了人为因素对制品质量的影响，能够满足多品种、多规格制品的要求，但该方案投资较大，对生产工艺的操作及设备的维护要求都比较高，且维护费用也大。第二种方案也能满足第一种方案的各种要求，且投资较小，维护工作没有第一种方案要求的严格，但人为因素会对制品质量造成影响。

3. 产品规格及标号

煤矸石空心砖的外观、性能和型号应符合 GB 13545《烧结空心砖和空心砌块》中的要求。

煤矸石空心砖的标号有：200、150、100、75，按建筑时孔洞的方向，可分为竖向和水平空心砖两种，其密度为 $1100\sim1450kg/m^3$。

煤矸石空心砖型号分为两种：第一种是 $240mm\times115mm\times90mm$ 承重煤矸石多孔砖，孔洞率大于 25%，折标准砖 1.7 块；第二种是 $240mm\times190mm\times115mm$、$240mm\times240mm\times115mm$ 非承重煤矸石空心砖，孔洞率大于 40%，分别折标砖 3.6 块、4.5 块。

4. 性能及应用前景

黏土砖是一种保温、隔热性能差，而热惰性大的墙体材料。轻质聚苯泡沫塑料是一种保温性能较好，而热惰性极差的高效保温材料。由此可见，热阻值大、热惰性大，在同一材料上几乎是矛盾的，不可同时兼得的，而煤矸石空心砖却是热阻值大、热惰性也大，两者兼而有之的材料。显而易见，煤矸石空心砖热阻大的热物理特性对节省建筑能耗是有利的，热惰性大的热物理性能可以提高墙体表面的热稳定性，对改善室内热环境质量特别有利，同时提高了室内环境的舒适感。实践已证明，煤矸石空心砖不单是承重和围护用的建筑材料，重要的还是保温材料。这在当前我国经济水平尚不发达的条件下，是一种既可作承重又可作保温用的较为经济又实际的首选墙体材料。

利用煤矸石制造空心砖与同等规模年产 6000 万块黏土砖的砖厂进行对比，煤矸石空心砖比黏土砖节约土地 $3.34\times10^4m^2$，少占地 $0.17\times10^4m^2$，节约运费 25 万元。年节约煤炭 6000 万吨，煤矸石制砖每年消耗煤矸石 16 万吨，减少煤矸石自燃产生的有害气体 395.2 万立方米，避免了环境的污染。用空心砖砌墙可节约砂浆 10%～15%，砌墙率提高 30%～40%。

（二）农业废弃物绿色墙体材料

利用农业废弃物生产的墙体材料具有轻质、高强、节能利废、保温隔热、防火等高性能和多功能，综合利用农业废弃物生产绿色高性能墙体材料，可以变废为宝，保证资源、能源和环境协调发展，是我国发展绿色墙体材料的重要方向之一。有突出材性性能和经济效益且市场上常见的包括稻草、稻壳类砖和板材、纸面草板、秸秆轻质保温砌块和麦秸均质板等。

1. 稻草、稻壳类砖和板材

稻壳内含有 20% 左右无定形硅石，可以提高墙体材料的防水性和耐久性，故经常被利用作为制墙体材料的原料。将稻壳灰与水泥、树脂等均匀混合后，再经快速压模制成稻壳砖块，或者将其通过球磨机再度细磨后，与耐火黏土、有机溶剂混合制造稻壳绝热耐火砖。稻壳砖具有防火、防水、隔热保温、重量轻、不易碎裂等优点，这种砖可广泛用于房屋的内墙和外墙。

稻草板材则是以水泥为基料，按其质量比加入 30%～80% 的稻草或稻草屑为配料，经搅拌、浇筑、加压成型后再养护，按一定规格尺寸制成的，其生产流程图如图 2.14 所示。

图 2.14 轻质水泥稻草板生产工艺流程图

若在生产时将玻璃纤维布预先放入模型上面或下面，或在轻质水泥稻草板上复合彩色水泥板，还可以提高轻质水泥稻草板的抗压强度和装饰效果。这种轻质水泥稻草板具有轻质、隔热、隔声、防冻及便于加工切割等特点，可用作建筑物的内墙板和屋面板。

高强难燃纤维板是将农业、林业废弃的稻草、草秸秆、椰子壳、甘蔗渣、林木锯屑等有机纤维废弃物与废纸浆混合成浆料，加入一定量的硬化剂混合，用通风机、自然风干等方法对混合物进行预干燥，或在干燥成型后再浸渍硬化剂，再干燥成型，然后再浸渍硅酸盐溶液制成。测试结果和实践证明这种高强难燃纤维板具有传统纤维板无法比拟的高强度和难燃性，可用于建筑物的内墙和隔墙。

2. 纸面草板

稻草是粮食作物水稻的茎秆，是季节性的农业副产品。每年都有大量生产，我国年产量上亿吨，绝大部分被烧掉。稻草是分散的资源，要靠收购集中，购进的稻草要求除去草根、稻穗、稻叶、杂草和泥土等杂质，水分不宜超过 15%。麦草及其他草类纤维也可以代替部分稻草制板。麦草也是季节性粮食作物的茎秆，结构状况与稻草相近，但茎和节较硬，脆性比稻草大。从化学组成上看，麦草含纤维素多些，灰分少些，其他区别不是太大。

纸面草板是以天然稻草、麦秸秆为原料，经加热挤压成型，外表面再粘贴一层棉纸而成的板材。与砖墙建筑相比，这种纸面草板可降低造价 30%，减轻自重 75%~80%；又由于墙面薄，可增加使用面积约 20%，施工速度快 2 倍，节约建筑能耗 90%，具有质轻、保温、隔热、防寒、隔声、耐燃性好和防虫防蛀等优点。

该板主要用于建筑物的内隔墙、外墙内衬、吊顶板和屋面板等，也可作外墙（但需加可靠的外护面层）。纸面草板可分为纸面稻草板和纸面麦草板。

纸面草板的外表面为矩形，上下面纸分别在两侧面搭接（图 2.15 和图 2.16），段头是与棱边垂直的平面，且用封端纸包覆。

图 2.15 纸面草板横断面
1—草芯；2—上面纸；3—下面纸

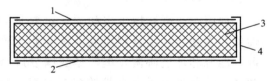

图 2.16 纸面草板纵断面
1—上面纸；2—下面纸；3—草芯；4—封端纸

贴面纸是稻草板的主要原材料之一，既是草板表面装饰必需的，也是使草板保持结构完整和符合强度要求的重要因素。要求贴面纸纸质柔软，有较高的抗拉强度。常用的有牛皮纸、沥青牛皮纸、石膏板纸及其他板纸。最好的纸应达到纵向抗拉强度大于 25kg/15mm 纸带。脆裂强度大于 84×10^5 Pa。根据纸张来源情况，也可用强度稍低的类似的纸代替。生产稻草板所用粘接胶很少，主要用于粘接纸和封头，不用于稻草的粘接。要求糊纸胶有一定的抗水能力，可以使用脲醛树脂混合胶液和聚乙烯缩甲醇胶液。纸面草板的生产过程包括：原材料处理及输送、热压成型、切割和封边，生产工艺具有设备简单、能耗低、用胶少等特点，生产中不用蒸汽、不用煤、不用水，仅需少量电能。

3. 秸秆轻质保温砌块

将秸秆切割、破碎后再对植物表面改性处理，再与水泥、粉煤灰或矿渣、水、减水剂混合，经搅拌、加压成型、脱模养护后制成砌块，其工艺流程如图 2.17 所示。秸秆轻质保温砌块也可用废弃的秸秆粉末或锯末为轻质原料（占总体积 65%～70%），以聚苯乙烯泡沫塑料为夹心保温材料，以改性镁质水泥为胶凝材料，按一定材料配合比制成。此类秸秆保温砌块具有自重轻、强度高、抗冲击、防火、防水、隔声、无毒、节能、保温等特点，并可增加建筑物使用面积，加快施工速度。该板材可广泛用于内外墙，目前北方地区保温材料纯陶粒砌块售价 320 元/m³ 左右，聚苯乙烯（EPS）复合砌块售价 340 元/m³ 左右，而秸秆轻质保温砌块的售价仅 220 元/m³ 左右，大大低于目前市场上其他保温墙体材料，其保温和节能效果却明显高于其他保温墙体材料，并可综合利用农业废弃物和工业废渣等，因此尤其适用于北方寒冷地区的外墙。

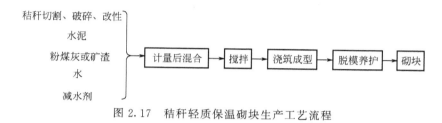

图 2.17 秸秆轻质保温砌块生产工艺流程

（三）沉砂淤泥墙体材料

用淤泥替代传统的原材料生产环保型新型墙体材料（主要是烧结多孔砖）的处理工艺和生产工艺，在实际建设中应用时，可以减少因堆放淤泥的耕地占用，避免和减少砖瓦企业对农田的取土破坏，是变废为宝的有效处理方法，对资源循环利用、保护耕地资源和生态环境具有重要意义。

淤泥是由山体岩层自然风化和地表上随雨水冲刷及江湖水运动时夹带的泥砂，流经河湖而多年沉积的矿物质。其化学成分及矿物组成多数与一般黏土（泥）、泥岩、黏土质岩相似。从矿物组成来看主要是以高岭土为主，其次是石英、长石及铁质，有机质含量较少。淤泥的颗粒大多数在 80μm 以下，并含有粗屑垃圾及细砂，塑性指数均低于 8。淤泥化学成分含量随分布而异，同一水域随水源流域不同，而有一定的差异。

淤泥比较实际经济的用途是用于开发人造轻集料（淤泥陶粒）及制品。用人造轻集料作集料的轻集料混凝土比普通混凝土具有更高的强度，无碱-集料反应，可广泛在建筑物的梁、柱及桥面板上使用。用人造轻集料加工生产的混凝土内外墙板、楼板、砌块具有隔热保温、隔音的功能，是建筑节能的主要材料。

（四）再生集料混凝土空心节能砌块

随着国民经济的飞速发展和人们生活水平的不断提高，老城区改造和新城区建设的工程量也在高速增长。随之而来的是各种建筑垃圾的大量产生，不仅给城市环境带来极大危害，而且为处理和堆放这些建筑垃圾需要占用大量宝贵的土地。

将建筑垃圾（如拆除旧房形成的碎砖、碎混凝土、碎瓷砖、碎石材等和新建筑工地上的废弃混凝土、砂浆等各种建筑废弃物）制成再生集料，然后和胶凝材料、外加剂、水等通过搅拌、加压振动成型、养护便可制成再生集料混凝土新型墙体材料，可广泛应用于各种建筑。

　　建筑垃圾虽然比较容易被破碎，但也比较容易被破碎成粉状物。如果粒径小于 0.15mm 的粉状物太多（超过 20%），将影响制品的物理力学性能。为避免破碎后粒径单一和粉状物料过多的问题，采用了模仿人工敲击的锤式破碎技术，通过调整出料口筛网间距达到控制再生集料颗粒级配的目的。其生产工艺流程为：建筑垃圾→锤式破碎→再生集料。

　　由于再生集料具有孔隙率大、吸水率高的特点，按普通混凝土配合比设计方法设计的再生混凝土坍落度降低，为了获得比较理想的坍落度，必须增加用水量和水泥用量。因此在目前各种再生集料混凝土新型墙材中，利用再生集料生产混凝土空心砌块（称作再生混凝土空心砌块）是比较合理的。这是因为再生混凝土空心砌块对混凝土的工作性能要求较低；另外，再生集料密度比天然集料低，热导率低。

　　例如年产 10 万立方米再生混凝土空心砌块可利用 7 万立方米建筑垃圾，节省 7 万立方米天然石材资源，并可节省大量建筑垃圾堆放场地，产生巨大经济效益。如图 2.18 所示为再生集料混凝土砌块生产工艺流程图。

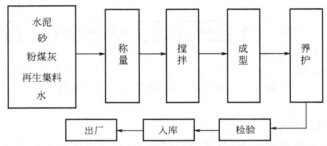

图 2.18　再生集料混凝土砌块生产工艺流程图

五、建筑保温涂料

　　常规保温节能材料以提高孔隙率、提高热阻、降低传导传热为主，纤维类保温材料在使用温度下对流传热及辐射传热急剧升高，保温层较厚；硬质无机类保温材料又多属于型材，因接缝多，施工不太方便；有的吸水率高，不抗振动，使用寿命短；还需设防水层及外护层。保温技术向高效、薄层、隔热、防水、外保护一体化方向发展，如何充分利用传热机理研制新型节能材料是重要的发展方向。随着当今涂料技术的发展，保温涂料技术日趋成熟，完全由涂刷保温涂料代替保温层的方法已经开始进入实用阶段，将改变传统的保温、保冷方式，成为保温节能墙体不可或缺的组成部分。

　　我国的保温隔热涂料是在 20 世纪 80 年代末开始研制和应用的，并以高温场合使用的保温隔热涂料为起点。当时，主要研制应用于一些形状不规则的高温管道、设备表面的保温隔热涂料。由于这类涂料需要耐高温，因而一般不能使用有机基料，而是使用能够耐一定温度的无机硅酸盐类材料，例如水泥和水玻璃等，再加上所使用的绝热填料也主要是一些硅酸盐类材料，例如石棉纤维、膨胀珍珠岩和海泡石粉等，因而这类涂料被称为"硅酸盐复合保温隔热涂料"。1998 年 5 月国家质量技术监督局颁布了国家标准《硅酸盐复合保温隔热涂料》（GB/T 17371—1998）。

　　保温（隔热、绝热）涂料综合了涂料及保温材料的双重特点，干燥后形成有一定强度及弹性的保温层。与传统保温材料（制品）相比，其优点在于：

　　① 热导率低，保温效果显著；

② 可与基层全面黏结，整体性强，特别适用于其他保温材料难以解决的异型设备保温；

③ 质轻、层薄，用于建筑内保温时相对提高了住宅的使用面积；

④ 阻燃性好，环保性强；

⑤ 施工相对简单，可采用人工涂抹的方式进行；

⑥ 材料生产工艺简单，能耗低。

根据建筑隔热涂料隔热机理和隔热方式的不同，将其分为阻隔性隔热涂料、反射隔热涂料及辐射隔热涂料三大类。

（一）阻隔性隔热涂料

阻隔性隔热涂料是通过对热传递的显著阻抗性来实现隔热的涂料。采用低热导率的组合物或在涂膜中引入热导率极低的空气可获得良好的隔热效果，这就是阻隔性隔热涂料研制的基本依据。材料热导率的大小是材料隔热性能的决定因素，热导率越小，保温隔热性能就越好。

应用最广泛的阻隔性隔热涂料是硅酸盐类复合涂料，这类涂料是 20 世纪 80 年代末发展起来的一类新型隔热材料。主要由海泡石、膨胀蛭石、珍珠岩粉等无机隔热集料、无机及有机胶黏剂及引气剂等助剂组成。经过机械打浆、发泡、搅拌等工艺制成膏状保温涂料，其主要用作工业隔热涂料，如发动机、铸造模具等的隔热涂层等。目前，这类涂料正在经历一场由工业隔热保温向建筑隔热保温为主的转变。但是，由于受附着力、耐候性、耐水性、装饰性等多方面的限制，这类隔热涂料较少用于外墙的涂装。

（二）反射隔热涂料

任何物质都具有反射或吸收一定波长的太阳光的性能。由太阳光谱能量分布曲线可知，太阳能绝大部分处于可见光和近红外区，即 400～1800nm 范围。在该波长范围内，反射率越高，涂层的隔热效果就越好。因此通过选择合适的树脂、金属或金属氧化物颜填料及生产工艺，可制得高反射率的涂层，反射太阳热，以达到隔热的目的。反射隔热涂料是在铝基反光隔热涂料的基础上发展而来的，其涂层中的金属一般采用薄片状铝粉；为了强化反射太阳光效果，涂层一般为银白色。

反射隔热涂料一般采用有机高分子乳液如丙烯酸乳液成膜基料、陶瓷微珠、云母粉等颜填料、助剂等组分配制而成。它不仅具有良好的耐热、耐候、耐腐蚀和防水性能，还有隔热保温、防晒、热反射、高效节能及装饰等优异性能。与普通涂料装饰相比，可有效降低被涂刷物表面的热平衡温度近 20℃，内质温度可降低 8～10℃，漆膜坚韧细腻，光泽度高、附着力强，可广泛用于建筑物外墙和房顶、工业贮罐和管道及船舶、车辆、粮库、冷库等场所。

（三）辐射隔热涂料

通过辐射的形式把建筑物吸收的日照光线和热量以一定的波长发射到空气中，从而达到良好隔热降温效果的涂料称为辐射隔热涂料。

由于辐射隔热涂料是通过使抵达建筑物表面的辐射转化为热反射电磁波辐射到大气中而达到隔热的目的，因此，此类涂料的关键技术是制备具有高热发射率的涂料组分。研究表明，多种金属氧化物如 Fe_2O_3、MnO_2、Co_2O_3、CuO 等掺杂形成的具有反型尖晶石结构的物质具有热发射率高的特点，因而广泛用作隔热节能涂料的填料。

辐射隔热涂料不同于用玻璃棉、泡沫塑料等多孔性低阻隔性隔热涂料或反射隔热涂料，因这些涂料只能减慢但不能阻挡热能的传递。白天太阳能经过屋顶和墙壁不断传入室内空间及结构，一旦热能传入，就算室外温度减退，热能还是困陷其中。而辐射隔热涂料却能够以热发射的形式将吸收的热量辐射出去，从而促使室内以室外同样的速率降温。

为了获得性能更好的保温涂料，国内外工作者进行了大量的研究，主要根据上述隔热机理，对主要原材料的品种和性能做了很大的改进。一种隔热效果良好的涂料往往是两种或多种隔热机理同时起作用的结果。上述三种隔热涂料各有其优点，因此可考虑将它们综合起来，充分发挥各自的特点，进行优势互补，研制出多种隔热机理综合起作用的复合隔热涂料。

现在正在研究一种相变材料涂料，其原理不同于以上三种。在基材上涂一层这种涂料，与基材接触吸收热能。涂料包括底料和许多分散于其中的微囊。微囊可以均匀分散并浸没在底料中，彼此隔离。微囊包含有如链烷烃或塑性晶体之类的相变热能吸收材料。涂料通过微囊中的相变材料调节基材的表面温度。在相变临界点以上，相变材料吸收并储存热瞬变和（或）热冲击，然后在相变临界点以下，通过相变，将储存的热能辐射发散，达到控温目的。关于相变材料的进一步内容，本书将在后文专门作详细介绍。

六、建筑保温砂浆

采用水泥、石灰、石膏等胶凝材料与膨胀珍珠岩或膨胀蛭石、陶砂等轻质多孔集料按一定比例配合制成的砂浆称为保温砂浆。它具有轻质、保温隔热、吸声等性能。保温砂浆按化学成分分为有机保温砂浆和无机保温砂浆。

（一）无机保温砂浆

无机保温砂浆是指以具有绝热保温性能的低密度多孔无机颗粒、粉末或短纤维为轻质集料，合适的胶凝材料及其他多元复合外加剂，按一定比例经一定的工艺制成的保温抹面材料，可以直接涂抹于墙体表面，它较一般抹面砂浆有重量轻、保温隔热等优点。

无机保温砂浆具有防火阻燃安全性好，物理-化学稳定性好且绿色环保无公害，强度高且保温隔热性能好，施工简单且经济性好等特点。其不足是材料容重稍差、保温隔热性能稍差、吸水率较大、和易性稍差等。

在夏冷冬冷地区，对建筑外墙保温要求较高，普通的无机保温砂浆很难满足要求。由于有机保温材料的保温效果较好，因此，在这些地方一般采用此种材料进行外墙保温。但是由于外墙墙体材料和混凝土梁柱的热导率不同，易产生冷热桥现象，此时在梁柱外侧涂抹上无机保温砂浆可以减少冷热桥的产生。

夏热冬冷地区是一个过渡地区，其外墙保温要求较寒冷地区要低一些。一般情况下，无机保温砂浆保温隔热性能能够满足国家对这个地区建筑节能的规定，再加上无机保温砂浆施工方便、价格低廉，在这个地区无机保温砂浆运用较广。

夏热冬热地区属于南方地区，由于日照时间长而且强烈，外墙保温不宜采用有机保温材料，在这个地区运用无机保温砂浆主要考虑改善其保温隔热效果。

建筑工程中使用的无机保温砂浆主要有以下几种：膨胀珍珠岩保温砂浆，膨胀蛭石保温砂浆，硅酸盐复合绝热涂料，玻化微珠保温砂浆和复合无机保温砂浆。其中玻化微珠保温砂浆和复合无机保温砂浆属于新型无机保温砂浆。

1. 传统无机保温砂浆

（1）膨胀珍珠岩保温砂浆　膨胀珍珠岩保温砂浆是以水泥或建筑石膏为胶凝材料，以膨胀珍珠岩为集料，并加入少量助剂配制而成，它的性能随胶凝材料与膨胀珍珠岩的体积配合比不同而不同，是建筑工程中使用较早的保温砂浆。

其在工厂加工配制成干粉状后袋装，施工时按比例加水搅拌均匀即可。它可采用机械或手工方法进行喷涂。该产品与其他保温砂浆材料相比，明显的优势是价廉、成本低、施工速度快，是一种竞争力很强的保温砂浆。

（2）膨胀蛭石保温砂浆　膨胀蛭石保温砂浆是以膨胀蛭石为轻质集料的一种保温砂浆。它的性能与膨胀珍珠岩保温砂浆差不多，但是保温隔热效果不如膨胀珍珠岩保温砂浆，且吸水率较高，所以不得用于建筑屋面层的保温工程。

2. 新型无机保温砂浆

（1）玻化微珠保温砂浆　玻化微珠保温砂浆是市场上刚出现的一种无机保温砂浆。玻化微珠保温砂浆是指以无机玻璃质矿物材料——玻化微珠作为保温集料、水泥为胶凝材料、聚丙烯单丝抗拉纤维和可分散胶粉作为增强和抗裂材料，并掺入其他外加剂，经过充分搅拌加工而成的建筑外墙保温砂浆材料。

作为一种单组分的无机保温砂浆，玻化微珠保温砂浆具有优良的保温隔热性能和抗老化、耐候及防火性能。其强度高，黏结性能好，无空鼓、开裂现象，现场施工加水搅拌即可使用，可直接施工于干状墙体上。它克服了传统的无机保温砂浆吸水率大、易粉化、料浆搅拌过程中体积收缩率大、易造成产品后期保温性能降低和空鼓、开裂等不足。

（2）复合无机保温砂浆　复合无机保温砂浆是针对传统的单一组分保温砂浆存在的一些不足，添加多种无机轻质集料进行组合，再加上一些独特的添加剂进行黏结来达到现在社会对保温砂浆更高的要求。例如，采用优质膨胀珍珠岩颗粒和玻化微珠复合可以消除或减少膨胀珍珠岩颗粒间的大孔隙，从而使热导率特别是高温热导率下降。

（二）有机保温砂浆［聚苯颗粒（EPS）保温砂浆］

EPS保温砂浆是以聚苯乙烯泡沫颗粒EPS为轻集料，无机胶凝材料为胶黏剂，通过界面改性和聚合物、纤维增韧等综合措施配制的新型节能材料。组成材料主要为水泥、粉煤灰、改性EPS、高分子胶黏剂、纤维、膨胀珍珠岩等。其容重小，保温隔热性、耐化学品腐蚀性优良，为闭孔憎水结构，不吸水。韧性、耐水性、耐候性均优于膨胀珍珠岩。将废弃EPS加工成粒径为0.5～4mm的颗粒作为轻集料，保温隔热性好，配制的保温砂浆可有效克服珍珠岩保温砂浆吸水率大、抗裂性差的缺陷。

原料中EPS和特细砂用于调节EPS保温砂浆的容重，以配制出不同热工性能的EPS保温砂浆；膨胀珍珠岩用于调节EPS保温砂浆的孔隙结构。纤维用于增加EPS保温砂浆的韧性和抗裂性；胶黏剂用于改善EPS颗粒与无机胶凝材料界面粘接力，以改善EPS保温砂浆的和易性。EPS掺量高，特细砂掺量低，EPS保温砂浆容重下降，胶黏剂掺量与EPS掺量有关，EPS掺量高，胶黏剂掺量就高。

EPS保温砂浆应具有良好的施工和易性，容易抹成均匀、平整的灰层，这是保证其能在工程中应用的首要条件。当保温砂浆稠度控制在8.0cm左右时，其分层度都可以控制在1.5以内，说明其保水性良好。EPS保温砂浆容重增大，其热导率也随之增加，因此在保证EPS保温砂浆其他性能要求的前提下，应尽量降低其容重，以取得更高的节能效益。

第三节　新型节能墙体

国外节能墙体的研究已经从事了数十年，积累了大量经验，值得我们借鉴。这里介绍几类比较前沿的节能墙体。

一、双（多）层立面

　　双层（或三层）围护结构是现在发达国家生态办公建筑较新的一种墙体节能方式，被誉为"可呼吸的皮肤"。它主要针对以往玻璃幕墙建筑能耗高，室内空气质量差的问题，利用双层（或三层）玻璃作为围护结构（图2.19）。玻璃之间留有一定宽度的通风道并配有可随日光及室内环境调节的百叶。在冬季，双层玻璃之间形成一个阳光温室，增加了建筑内表面的温度，有利于节约采暖；在夏季，利用烟囱效应对通风道进行通风，使玻璃之间的热空气不断地被排走，达到降温的目的。特别对于高层建筑来说，直接开窗通风容易造成紊流，不易控制。而双层围护结构能够很好地解决此问题。而且双层围护结构在除尘、降噪等方面都大大优于直接开窗通风。如果双层立面在玻璃特性（如采用新型低辐射玻璃、电子变色玻璃、热变色玻璃、光变色玻璃或全息技术玻璃等）和自控设备方面结合得更好，双层立面的墙体就能发挥更好的节能效果。

　　双（多）层立面墙体在生态节能方面有着很大的优势，但是要占用一定的使用面积，同时对建筑施工的技术要求较高，造价也不菲，一次性投资较大（尽管其投资能在使用过程中逐步收回）。

　　双层立面的典型建筑是德国的德国博览会公司办公大楼（图2.20）。该办公楼是汉诺威市唯一的高层建筑，位于该市展览馆区的北入口处。建筑的中心区域是一个24m×24m的办公区，对角方向的两个交通核内布置了其他辅助空间。这种功能区的划分方式保证了办公空间的使用灵活性，根据使用要求划分成各种规模的办公单元，各个工作区域都能得到很好的空间质量，具体归为如下几点。

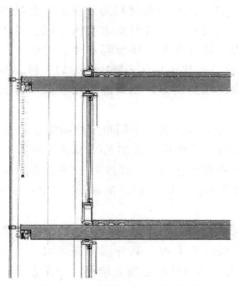

图2.19　双层立面的剖面细部

图2.20　德国博览会公司办公大楼双层立面示意图

　　① 外立面的玻璃幕墙对内部空间起了防护作用，有效地阻挡了高层的高速气流。
　　② 内立面安装可开启的大面积推拉窗，使用者可以获得自然通风。
　　③ 结构柱在两层立面之间，避免对内部空间的使用和划分的影响。
　　④ 双层立面之间的夹层内侧安装自动遮阳百叶，间层还能起到缓冲空间的作用，使使

用者打开内层推拉窗即获得凉爽的新鲜空气。

⑤ 在间层的柱基础部分安装有送风口，由交通核顶端的风塔带动整个建筑内的空气循环。

建筑物的供热和冷却系统采用置于楼板内的水流循环系统，下面的结构楼板具有很好的蓄热和蓄冷作用，保证室内的温度平衡。由于建筑采用整体设计，将各种配套设施集中在竖向设计中，室内不需要做吊顶，大大减少了层高。在 67m 的限高中，该办公楼提供了 20 层的使用面积。

二、太阳能空气加热墙体系统

在国外，太阳能空气加热（SAH）这种新颖而独特的技术已被广泛应用在需要大量通风的各类建筑物中，由于它在建筑中主要和建筑外墙面一体化设计，所以在建筑中人们又称 SAH 系统为太阳能墙体。

系统通过安装在建筑南向墙面上的太阳能集热板将室外的新鲜空气加热后用于建筑通风，在改善室内空气质量的同时减少了建筑中供暖的负荷。该系统具有原理简单、收集太阳能效率高、造价低和回收成本时间短等许多优点，系统的使用可以极大地节约能源和节省建筑的供暖费用。

太阳能空气加热墙体的设备组成较少，包括太阳能集热组件、通风系统、空气处理和控制元件三部分。太阳能集热组件主要是金属的太阳能穿孔集热板。通过集热板加热后的空气通过风扇和风管输送到室内。集热板上的辅助构件主要有集热板的固定、支撑骨架和集热板上部、下部的防雨雪盖板等。通风系统包括保持一定风速的进风口风扇和风扇前后用来输送和分配热空气的风管以及通风系统中常用的节气阀。空气处理和控制元件主要包括机械定时器和温度感应器。太阳能空气加热墙体系统各部分功用明确。铝材或镀锌钢板材料的穿孔集热板用来收集太阳能，加热进入空腔的空气。风扇单元通过风扇动力使空气进入空腔后上升，从屋顶部位的进风口风扇进入建筑。系统的工作原理独特之处在于它使用了金属穿孔集热板来收集太阳能，不像其他的以供热为目的的太阳能集热板中普遍应用的玻璃盖板。

SAH 系统的优点很多，它是世界上最有效的太阳能墙体系统。系统利用太阳能加热通风空气，降低了建筑墙体的热损失，消除了暖空气在天花板上聚积的现象，减少了冷空气入侵建筑（图 2.21）。不同于传统的空间加热技术，系统不需要昂贵的玻璃，

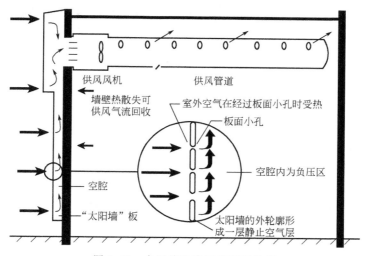

图 2.21　太阳墙系统工作原理分析

玻璃反射能耗损失很大。在阳光充足的冬季白天，系统可以提升空气温度 16～40℃。即使在多云天气里，系统也可以提供大量的热量来预热通风空气。精巧的设计使得系统可突破性地利用 75％～80％ 的可用太阳能，且安装更方便，使用材料和设备更少。系统成本回收快，大部分系统的回收期为 1～6 年。系统的环境和经济收益大且无负面影响，适合于各种类型的建筑。保温墙体示意图如图 2.22 所示。

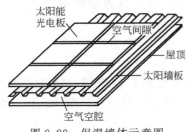

图 2.22　保温墙体示意图

目前世界上最大的太阳墙工程是位于加拿大的某制造厂。该工厂在面积达 116000m² 的厂房中安装太阳能空气加热墙体系统以代替传统的墙体和部分通风系统。基地的年平均太阳辐射量为 1.07MW·h/m²，年平均气温为 6.1℃，年平均风速为 4.0m/s。建筑有两面墙可以安装集热装置，朝向分别是南偏东 45° 和南偏西 45°，总面积为 8826m²，在加热季节里，有 10％ 的墙体在阴影中。建筑中用天然气加热器供暖，加热器的季节效率为 75％。风扇风量为 1000000m³/h，全天候运行，最高输送空气温度为 20℃，最低输送空气温度为 15℃。墙体的热阻值为 1.0m²·℃/W，天花板的热阻值为 1.5m²·℃/W。因为工厂机器的原因，室内得热很多，所以需要较冷的通风空气，空气温度在 15℃ 左右，超过 20℃ 就会导致室内过热。建议 SAH 集热板面积为 6944m²，实际集热板面积为 8826m²。集热板的太阳能吸收率为 85％，通过每平方米集热板的空气流速为 113m³/h，空气温度可平均升高 7.5℃。出于美学的考虑，太阳能集热板设计为灰色的。本套系统的安装费用的回收期仅为 1.7 年。

2004 年我国山东建筑工程学院（现山东建筑大学）与加拿大国际可持续发展中心合作开发了一个生态学生公寓项目（图 2.23），其中便采用了加拿大技术专利的太阳墙技术，显著提高了北向房间的冬季的舒适度，降低了采暖能耗。梅园一号学生公寓在南立面窗间墙及檐口部位使用了 143m² 的太阳墙，提供 5800m³/h 的送风量，为北向 36 个房间送风。按每年使用 8 个月计算，每年可产生 212GJ 的热量。冬季最高送风温度可达到 35℃ 以上。热量不足的部分由常规采暖系统补充。这是此项技术在我国的首次应用。

图 2.23　山东建筑工程学院"梅园一号"学生公寓

第四节　建筑外墙外保温系统防火问题

与其他墙体保温形式相比，外墙外保温技术具有诸多明显的优势。因此，我国实行建筑节能就必然要用到外墙外保温技术。然而，近年来国内接连发生了多起与建筑外墙保温材料有关的火灾事故，外墙外保温的防火问题已在社会上引起广泛关注，必须给予充分的重视和圆满的解决。

温系统防火技术要求

一、国外外墙

在欧美外保……构造措施在内的整个外保温系统，采用大尺寸模型火试验评价其在实
防火性能评价……应用先进的国家，都要求对外保温系统的保温材料和系统进行综合的
际使用状态……的蔓延的能力，即验证系统整体构造的防火性能。

欧盟……要求外保温系统的燃烧性能等级应 A1、A2、B 或 C 级；对于由聚苯乙
烯或要……温系统，应该单独证明保温材料至少满足 E 级（即我国的 B2 级）的要

求：……在燃烧性能试验中不能被测试，应根据各个国家的规定确定是否需要进行

……筑的高度、类别以及间距的不同对外墙材料的燃烧性能分别提出了不同的要

……料的燃烧性能等级应满足规范要求。此外，也可以选择进行 BS 8414 规定的

……，按照 BRE 多层建筑外墙外保温防火性能报告（BR 135）进行性能判定。

……以后，系统在建筑上的使用没有高度限制。

……建筑材料至少是可燃性的，易燃材料不得使用；建筑组件通常情况下必须是不

……薄抹灰体系从整体上被视为一种建筑材料或者一种建筑类型；在系统认证中，

……22m 和 22m 以上建筑的保温系统需进行大尺寸材料试验，通过认证的系统才能

……中使用。

美国同样对保温材料的燃烧性能和保温系统的防火性能进行综合评价。明确规定通过大
尺寸材料试验后的系统可应用于任何高度的建筑。

二、国内外墙外保温系统防火技术要求

我国现行建筑防火设计规范中尚无针对建筑节能保温的专项防火设计要求，几乎也没有
涉及外墙外保温系统防火性能的条文要求。JG 149—2003《膨胀聚苯板薄抹灰外墙外保温系
统》、JG 158—2004《胶粉聚苯颗粒外墙外保温系统》、JGJ 144—2005《外墙外保温工程技
术规程》涉及的均是对外保温材料的燃烧性能的指标要求。

2009 年公安部与住房和城乡建设部联合下发了《民用建筑外保温系统及外墙装饰防火
暂行规定》，首次在我国提出了在外保温系统中设置防火隔离带的要求。对于住宅建筑，提
出：①高度大于等于 100m 的建筑，其保温材料的燃烧性能应为 A 级；②高度大于等于
60m 小于 100m 的建筑，其保温材料的燃烧性能不应低于 B2 级，当采用 B2 级保温材料时，
每层应设置水平防火隔离带；③高度大于等于 24m 小于 60m 的建筑，其保温材料的燃烧性
能不应低于 B2 级，当采用 B2 级保温材料时，每两层应设置水平防火隔离带；④高度小于
24m 的建筑，其保温材料的燃烧性能不应低于 B2 级，其中，当采用 B2 级保温材料时，每
三层应设置水平防火隔离带。对于其他民用建筑，提出：①高度大于等于 50m 的建筑，其
保温材料的燃烧性能应为 A 级；②高度大于等于 24m 小于 50m 的建筑，其保温材料的燃烧
性能应为 A 级或 B1 级，其中，当采用 B1 级保温材料时，每两层应设置水平防火隔离带；
③高度小于 24m 的建筑，其保温材料的燃烧性能不应低于 B2 级，其中，当采用 B2 级保温
材料时，每层应设置水平防火隔离带。

2012 年 11 月 1 日，中华人民共和国住房和城乡建设部发布了第 1517 号公告，批准 JGJ
289—2012《建筑外墙外保温防火隔离带技术规程》行业标准自 2013 年 3 月 1 日起实施。

2012 年 12 月 31 日，国家质量监督检验检疫总局、国家标准化管理委员会批准国家标
准 GB/T 29416—2012《建筑外墙外保温系统的防火性能试验方法》于 2013 年 10 月 1 日起

实行，为评价外保温系统的防火性能提供了统一的试验方法。

　　《建筑设计防火规范》（GB 50016—2006）及《高层民用建筑设计防……（GB 50045—
95）整合修订版《建筑设计防火规范》（GB 50016—2014）中补充了建筑……的防火要
求，较全面地规定了外保温防火的具体技术内容。

参 考 文 献

[1] 韩永奇. 2007 年我国墙材产业发展的七大关键词 [J]. 砖瓦. 2007 (2)：13-16.

[2] 于建南，李英顺. 节能墙体在建筑工程中的应用 [J]. 低温建筑技术，2006 (2)：133-135.

[3] 李雅美. 浅析建筑节能技术措施 [J]. 常州工学院学报，2005，18 (4)：55-58.

[4] 王立雄. 建筑节能 [M]. 北京：中国建筑工业出版社，2004.

[5] 侯平兰，薛永武，张宣关. 外墙保温的墙体节能方法 [J]. 陕西建筑，2006，134 (8)：23-26.

[6] 刘素萍. 建筑节能与围护结构 [J]. 工业建筑，2001 (7)：6-7.

[7] 聂玉强. 国内外建筑节能技术现状与发展趋势 [J]. 建设科技，2002 (7)：39-40.

[8] 曹万智，闫丽丰，杨永恒. 使用加气混凝土应注意的几个问题 [J]. 新型墙体材料，2003 (3)：20-22.

[9] 马睿章，董斌. 结构设计中蒸压加气混凝土砌块应用实践 [J]. 设计与施工，2004 (2)：43-46.

[10] 马宏. 保温墙体施工中应该注意的问题 [J]. 山西建筑，2006，32 (21)：238-240.

[11] 任俊，吴纪昌，徐同英. 墙体岩棉外保温技术研究 [J]. 保温材料与建筑节能，2003 (1)：27-31.

[12] 李德荣，吴小明，徐爽. 外墙岩棉外保温技术和试点工程总结 [J]. 保温材料与节能技术，2000 (4)：13-17.

[13] 熊少波. 岩棉板外墙外保温系统施工工艺 [J]. 保温材料和节能技术，2007 (1)：5-9.

[14] 石玉强，崔玉栋. 新型岩棉复合墙体——外保温岩棉复合墙体施工 [J]. 建筑工程，2000 (2)：148.

[15] 王佳庆. 岩棉外墙外保温技术研究 [J]. 保温材料与节能技术，2007 (3)：11-15.

[16] 宋长友，黄振利等. 岩棉外墙外保温系统技术研究与应用 [J]. 建筑科学，2008，24 (2)：73，84-92.

[17] 孙成建. 岩棉外墙外保温构造与施工 [J]. 墙体革新与建筑节能，2007 (7)：40-42.

[18] 孙桂芳，林燕成，朱青. 喷涂硬泡聚氨酯外墙外保温系统施工工艺 [J]. 设计与施工，2006 (11)：49-51.

[19] 张晓华，周蕾，罗桂秋. 聚氨酯外墙外保温节能技术 [J]. 油气田地面工程，2006 (6)：21-41.

[20] 尹强，陈全良，黄振利，刘朝晖. 聚氨酯硬质泡沫塑料喷涂外墙外保温系统研究 (1) [J]. 施工技术，2006 (1)：89-90.

[21] 尹强，陈全良，黄振利，刘朝晖. 聚氨酯硬质泡沫塑料喷涂外墙外保温系统研究 (2) [J]. 施工技术，2006 (2)：80-83.

[22] 尹强，陈全良，黄振利，刘朝晖. 聚氨酯硬质泡沫塑料喷涂外墙外保温系统研究 (3) [J]. 施工技术，2006 (3)：98-100.

[23] 尹强，陈全良，黄振利，刘朝晖. 聚氨酯硬质泡沫塑料喷涂外墙外保温系统研究 (4) [J]. 施工技术，2006 (4)：96-98.

[24] 尹强，陈全良，黄振利，刘朝晖. 聚氨酯硬质泡沫塑料喷涂外墙外保温系统研究 (5) [J]. 施工技术，2006 (5)：58-60.

[25] 张卫兵. 聚苯乙烯泡沫塑料在工程中的应用 [J]. 工程塑料应用，2002 (7)：39-42.

[26] 魏晓红聚苯乙烯泡沫塑料板墙体外保温技术 [J]. 应用能源技术，2006 (4)：18-20.

[27] JG 623—1996. 钢丝网架水泥聚苯乙烯夹心板.

[28] JGJ 144—2004. 外墙外保温工程技术规程.

[29] JG 149—2003. 膨胀聚苯板薄抹灰外墙外保温系统.

[30] JG 158—2004. 胶粉聚苯颗粒外墙外保温系统.

[31] 王旭东，魏学艳. 挤塑聚苯乙烯泡沫板在外墙外保温中的应用研究 [J]. 建筑节能，2007 (11)：32-35，63.

[32] 方禹生，朱吕民等. 聚氨酯泡沫塑料 [M]. 第 2 版. 北京：化学工业出版社，1994.

[33] 平玉珠，刘美丽，吴一红. 浅谈聚氨酯泡沫在外墙上的应用 [J]. 聚氨酯工业，2000 (1)：25.

[34] JC/T 988—2006. 喷涂聚氨酯硬泡体保温材料.

[35] 郑宁来. 聚氨酯在建材中的应用 [J]. 塑料，2006 (5)：98.

[36] 傅明源. 聚氨酯弹性体及其应用 [M]. 北京：化学工业出版社，1999.

[37] 金关泰，程琚. 酚醛树脂合成工艺 [J]. 酚醛通讯，1992 (1)：1.

[38] 梁明莉，金关泰，祝军等．聚氨酯改型酚醛泡沫塑料 [J]．北京化工大学学报，2002 (1)：47-50.

[39] 朱永茂，殷荣忠，刘勇，刘义红等．2004～2005 年国外酚醛树脂及塑料工业进展 [J]．热固性树脂，2006 (5)：29-35.

[40] 王富鑫．酚醛泡沫塑料应用及制备 [J]．热固性树脂，2002 (7)：36-39.

[41] 王军晓，刘新民，潘炯玺．酚醛泡沫塑料的研究进展 [J]．现代塑料加工应用，2005 (1)：54-56.

[42] 杜聘，杨军．聚苯乙烯的特性及应用分析 [J]．东南大学学报，2001 (30)：139.

[43] 徐永生，许嘉龙，祝恩茂等．绝热用聚苯乙烯泡沫塑料 EPS 与 XPS 产品性能综合分析 [J]．墙改墙材，2004 (3)：7-8.

[44] 李焉，张玉川．发展 EPS 泡沫塑料的新机遇——EPS 泡沫塑料在建筑上应用的调研．化学建材（特辑），2001 (4)：28.

[45] 蔡丽朋，孙艳．用聚苯乙烯泡沫塑料生产混凝土保温砌块的研制 [J]．建筑施工，2005 (3)：56-58.

[46] GB/T 11835．绝热用岩棉、矿渣棉及其制品．

[47] 王岚．玄武岩微纤维的生产技术和发展前景 [J]．保温材料与节能技术，2002 (1)：21-23，28.

[48] 宋世林．岩棉与矿渣棉性能差异研究 [J]．非金属矿，2001 (1)：11-12，14.

[49] 顾明奎．岩（矿）棉工业的发展探析 [J]．保温材料与节能技术，2001 (6)：22，25.

[50] 张玉祥．积极稳妥发展我国的玻璃棉工业 [J]．中国建材，1994 (4)：11-12.

[51] 周俊昌．超细玻璃棉的应用与发展 [J]．上海建材，2000 (6)：12-13.

[52] 毕道义．国内外矿棉、玻璃棉、耐高温棉的发展现状及在节能领域的作用 [J]．区域供热，1988 (01)：32-37.

[53] 谈万州．新型膨胀珍珠岩绝热制品的研制 [J]．江苏建材．2003 (1)：7-10.

[54] 闻质红，陈彬．膨胀珍珠岩绝热保温制品的性能分析 [J]．中原工学院学报，2005，16 (8)：51-54.

[55] 陆凯安．建筑市场适用的膨胀珍珠岩及其制品 [J]．保温材料与建筑节能，1999 (2)：27-28.

[56] 余祖球，梁爱莲．新型膨胀珍珠岩保温材料的研究 [J]．陶瓷科学与艺术，2002 (4)：28.

[57] 王坚，赵健．水玻璃膨胀蛭石保温绝热制品的研究 [J]．新型建筑材料，2005 (3)：56-59.

[58] 王坚．膨胀蛭石保温干粉砂浆 [J]．建筑技术，2003 (10)：758-759.

[59] 王坚，赵健．膨胀蛭石性能与生产工艺的关系 [J]．非金属矿，2005 (3)：29-31.

[60] 蒋冬青等．蛭石产品在建筑工业中的应用 [J]．建材工业信息，2002 (1)：8-9.

[61] 屈培元．泡沫玻璃在外墙保温技术上的应用 [J]．建设科技，2007 (8)：54-55.

[62] 张雄，曾珍．泡沫玻璃在工程上的应用现状 [J]．建筑材料学报，2006 (4)：177-183.

[63] 徐锦新．开拓应用领域发展泡沫玻璃 [J]．上海建材，1992 (2)：18，19.

[64] 田英良，顾闻周，李文彪等．泡沫玻璃在建筑节能中的应用 [J]．保温材料与建筑节能，2002 (6)：41-43.

[65] 桑国臣．节能环保型保温材料的研制 [D]．西安：西安建筑科技大学材料学系，2004.

[66] 罗淑湘，郑自立等．建筑节能保温材料的发展现状及方向探讨 [J]．硅酸盐通报，2001 (增刊)：155-157.

[67] 中国绝热隔音材料协会．绝热材料与绝热工程实用手册 [M]．北京：中国建材工业出版社，1998.

[68] 谢文丁．新型复合高效节能保温隔热材料 [J]．砖瓦，2000 (增刊)：17.

[69] 党朝旭．我国保温材料工业的现状与发展 [J]．建材技术与应用，2003 (3)：5-8.

[70] 朱春玲．我国外墙外保温防火技术研究进展 [J]．墙体革新与建筑节能，2014 (1)：53-56.

[71] 黄振利主编．外保温技术理论与应用 [M]．北京，中国建筑工业出版社，2011.

[72] JGJ 289—2012．建筑外墙外保温防火隔离带技术规程．

[73] GB/T 29416—2012．建筑外墙外保温系统的防火性能试验方法．

Chapter 3

第三章 节能建筑门窗与节能材料

建筑门窗和建筑幕墙是建筑围护结构的组成部分，是建筑物热交换、热传导最活跃、最敏感的部位，其热损失是墙体热损失的 5～6 倍。

目前我国实际建筑的热工指标与国家标准的规定值有很大差距，与国际先进水平相比差距更大。对于门窗节能，其发展经历了不同的阶段。①单层窗阶段，最初的玻璃门窗都是单层玻璃，尽管透明且防风，但保温性能与金属一样差。其散热率很高，可以很快地以红外线形式吸收和辐射热量。在寒冷的天气时，室内外的温差不大。②双层玻璃阶段，双层玻璃窗也叫保温玻璃窗，是利用两块玻璃之间的空气间层有效阻隔了热的传导，增加了窗的热阻，达到保温隔热的效果。③镀膜玻璃阶段，这种窗采用低散射镀膜，镀于密闭的空气接触的内层玻璃表面上。这种镀膜可使向外散射的热量反射回屋里，从而达到保温隔热的目的。④目前最先进的是超级节能门窗，这种门窗是在低散射窗的基础上发展起来的，即在低散射窗的两层玻璃间抽真空，或者用透明绝热材料填充，这可以使门窗的热阻大大提高，这种超级节能门窗还可以成为一种热源，白天吸收阳光的能量，没有阳光时就可以成为提供能源的供热装置。也就是说，保温墙体只能被动地防止散热，而超级节能门窗可以从阳光中获得能量。

本章主要介绍建筑节能门窗体系设计及相关标准、建筑节能遮阳体系及其节能技术和建筑节能门窗相关材料。

第一节　节能建筑门窗体系设计及相关标准

节能门窗的设计和应用，应根据各个地区的气候特点、建筑物的功能要求、门窗安装位置和方向等，结合影响门窗热损失的因素，从门窗材料、窗型选择、遮阳措施等方面进行优化，同时还需考虑门窗的耐久性、隔声性能、抗风压性能、装饰性、经济性等综合性能。

一、门窗传热与影响节能因素

（一）门窗传热

传热主要有辐射传热、对流传热和导热。辐射传热是指热量以电磁波的形式从一个物体转向另一个物体的现象；对流换热是指具有热能的气体或液体在移动的同时所进行的热交换现象；导热是指物体内部的热由高温侧向低温侧传递的过程。窗的传热是上述三种传热共同作用的结果。

在夏天，由于太阳光和太阳辐射的原因，室外温度比室内高，窗把室外的热量传递到室内，使室内温度不断升高，直到室内外温度相同。同样，出于太阳辐射和空气的对流的作用也使热量不断从高温一侧的室外传到室内。室内外存在温差时，热量的传递就不断进行（图 3.1）。晚上空气温度下降得比较快，当室内温度比室外高时，室内热量也会通过窗的传导和空气的对流以及辐射等形式传递到室外。

在冬天，室内的温度要比室外高，室内热量通过辐射、空气对流和导热等方式传递到室外，同时也因为窗的开启和空气渗漏使室内热量流失到室外，而使室内温度下降（图 3.2）。要减少热量损失，有效提高窗的节能效果，就要减少热量的损失，提高窗的热阻。

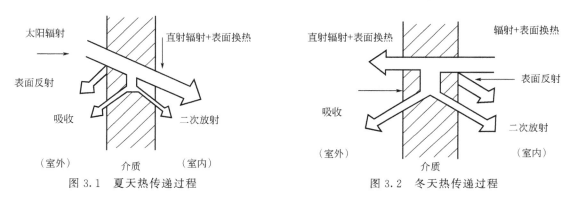

图 3.1　夏天热传递过程　　　　　图 3.2　冬天热传递过程

（二）影响节能因素

门窗作为建筑围护结构的组成部分，影响门窗热量损耗的因素很多，主要有以下几方面。

1. 通过门窗框扇材料及玻璃传导的热损失

任何一种热的导体，两端温度不同，即存在温差时，就要从高温端向低温端导热，导热的快慢与材料本身的热导率和材料的导热面积有关。就钢铝窗而言，框扇材料的导热面积虽不大，但其热导率较大，所以其传导热损失仍为整个窗户热损失的一大部分。前面所说窗户的传导热损失占整个窗户损失的 23.7%，主要指通过窗户框扇材料的传导热损失。其中当然也含有玻璃的传导热损失，即使玻璃的传热面积很大，而玻璃的热导率仍很小，仅 2.9J/(m·h·K)，相当于钢材的 1.4%，因此在全部传导热损失中玻璃所占的热损失很小。

2. 门窗框扇材料与玻璃的辐射热损失

当室内外存在温差时，门窗框扇材料及玻璃就会从高温侧吸热，蓄积热量后便向低温侧面辐射热量，因为框扇材料与室内外空气接触的面积较小，所以辐射热损失很少，而玻璃的面积较大，所产生的辐射热损失很大。为了减少玻璃的辐射热损失，通常以加大玻璃厚度和采用双层及多层玻璃的办法，即可取得明显效果，同样的玻璃面积和厚度，双层玻璃比单层玻璃可减少辐射热损失约 50%。

3. 门窗缝隙造成的空气对流热损失

有调查表明：单层铝窗 37cm 厚砖墙的多层住宅建筑，其空气渗透热损失占建筑物全部热损失的 49.8%，损失的途径包括门窗框扇搭接缝隙、建筑缝隙及玻璃缝隙等。其中门窗框扇搭接缝隙产生的渗透热损失占主要部分，因此把气密性作为门窗性能的主要指标来考核。门窗的气密性是在门窗关闭状态下，阻止空气渗透的能力。门窗气密性等级的高低，对热量的损失影响极大，室外风力变化会对室温产生不利的影响，气密性等级越高，则热量损失就越少，对室温的影响也越小。国家标准《建筑外门窗气密、水密、抗风压性能分级及检测方法》（GB/T 7106—2008）中对外窗气密性的分级见表 3.1。

表 3.1　外窗气密性的分级

分级	1	2	3	4	5	6	7	8
单位缝长分级指标值 q_1/[m³/(m·h)]	$4.0 \geqslant q_1 > 3.5$	$3.5 \geqslant q_1 > 3$	$3 \geqslant q_1 > 2.5$	$2.5 \geqslant q_1 > 2$	$2 \geqslant q_1 > 1.5$	$1.5 \geqslant q_1 > 1$	$1 \geqslant q_1 > 0.5$	$q_1 \leqslant 0.5$
单位面积分级指标值 q_2/[m³/(m·h)]	$12 \geqslant q_2 > 10.5$	$10.5 \geqslant q_2 > 9$	$9 \geqslant q_2 > 7.5$	$7.5 \geqslant q_2 > 6$	$6 \geqslant q_2 > 4.5$	$4.5 \geqslant q_2 > 3$	$3 \geqslant q_2 > 1.5$	$q_1 \leqslant 1.5$

4. 窗墙比与朝向

对于一般建筑物而言，在围护结构中外门窗的传热系数要比外墙的传热系数大，所以在允许范围内尽量缩小外窗的面积，有利于减少热量的损失，也就是说外窗的面积与外墙面积之比——窗墙面积比越小，热量损耗就越小。热量损耗还与外窗的朝向有关，行业标准《严寒和寒冷地区居住建筑节能设计标准》（JGJ 26—2010）中规定，窗户面积不宜过大，严寒和寒冷地区的窗墙、面积比分别是：北面不宜超过 0.25 和 0.30，东西面不宜超过 0.3 和 0.35，南面不宜超过 0.45 和 0.50。行业标准《夏热冬冷地区居住建筑节能设计标准》（JGJ 134—2010）中对各朝向房间的窗墙面积比的限制：北面 0.40，东西面 0.35，南面 0.45。行业标准《夏热冬暖地区居住建筑节能设计标准》（JGJ 75—2012）则规定窗墙面积比南北面不应大于 0.40，东西面不应大于 0.30。

综上所述，门窗失热的主要原因可归纳为四点，即框扇材料的传导热损失、玻璃的辐射热损失、框扇间隙的空气对流热损失和窗墙比与朝向。因此必须针对以上四点采取相应措施，争取减少热损失，提高门窗的节能效果。

二、节能门窗的设计原则

① 外门窗设计要保证房屋具有围护、采光、通风等功能要求；不能以降低室内环境的舒适性来换取节能效果。

② 在设计节能门窗时，不可片面强调节能，脱离实际应用情况，不受经济条件限制来选材、设计；而应在满足节能功能的前提下，尽可能降低门窗的造价；要充分考虑材料性质，保证生产制造工艺、安装技术的可行性。

③ 不能以牺牲室内空气质量为代价获取节能效果。

④ 门窗节能设计依靠科学技术，提高建筑热工性能和采暖空调设备的能源利用效率，不断提高建筑热环境质量，降低建筑能耗。

⑤ 不能损害居住环境城市环境和可持续发展的生态环境。

三、节能门窗性能要求与相关标准

（一）节能要求

门窗节能性能的优劣最主要的表现在对室内外热流和气流的控制能力上，其主要节能指

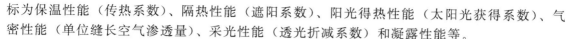

标为保温性能（传热系数）、隔热性能（遮阳系数）、阳光得热性能（太阳光获得系数）、气密性能（单位缝长空气渗透量）、采光性能（透光折减系数）和凝露性能等。

① 对于寒冷严寒地区，保温是主要问题。在该地区的门窗，主要的功能是在获得足够采光性能条件下，控制门窗在没有太阳照射时减少热量流失。而在有太阳光照射时合理得到热量，即要求门窗有低的传热系数和高的太阳光获得系数。

② 对于夏热冬暖地区。室内空调负荷主要来自太阳辐射。主要能耗也来自太阳辐射。隔热是主要问题。在该地区的门窗，主要的功能是在获得足够采光性能条件下，减少门窗阳光的得热量，即要求门窗有低的遮阳系数和低的太阳光获得系数。

③ 夏热冬冷地区既要满足冬季保温又要考虑夏季的隔热。该地区的门窗既要求有低的传热系数，又要求有低的遮阳系数。

④ 寒冷严寒地区冬季建筑保温能耗中由门窗缝隙冷空气渗透造成的能耗约占门窗能耗的一半，并且影响居住舒适度和容易结露；夏热冬暖地区门窗的气密性能主要影响空调降温能耗。

（二）安全要求

门窗的安全性能主要表现为抗风压、水密和可靠性能等方面。

① 对于窗体而言，一是框扇在正常使用情况下不失效；二是雨水不渗漏；三是窗体的锁闭应安全可靠。

② 对于玻璃而言，一是玻璃在正常使用情况下不破坏；二是如果玻璃在正常使用情况下破坏或意外损坏，应不对人体造成伤害或伤害最小。

（三）节能门窗设计和性能检测相关标准

每类门窗均有高、中、低不同档次，其区分主要表现在型材及五金配件的档次、组装加工的精密程度、物理性能的等级、型材表面的处理等。建筑外窗的抗风压、水密、保温、隔声及采光五大性能分级指标见表3.2～表3.6。气密性能检测按 GB 71006 规定进行；保温性能检测按 GB/T 8484 规定进行；窗玻璃可见光透射比检测按 GB/T 2680 规定进行；窗玻璃遮蔽系数 S_e 检测按 GB/T 2680 规定进行。

表 3.2　建筑外窗抗风压性能分级表（GB/T 7106—2008）

分级代号	1	2	3	4	5	6	7	8	9
p_3/kPa	$1.0 \leqslant$ $p_3 < 1.5$	$1.5 \leqslant$ $p_3 < 2.0$	$2.0 \leqslant$ $p_3 < 2.5$	$2.5 \leqslant$ $p_3 < 3.0$	$3.0 \leqslant$ $p_3 < 3.5$	$3.5 \leqslant$ $p_3 < 4.0$	$4.0 \leqslant$ $p_3 < 4.5$	$4.5 \leqslant$ $p_3 < 5.0$	$p_3 \geqslant 5.0$

注：第9级应在分级后同时注明具体检测压力值。

表 3.3　建筑外窗水密性能分级表（GB/T 7106—2008）

分级代号	1	2	3	4	5	6
Δp/Pa	$100 \leqslant \Delta p < 150$	$150 \leqslant \Delta p < 250$	$250 \leqslant \Delta p < 350$	$350 \leqslant \Delta p < 500$	$500 \leqslant \Delta p < 700$	$\Delta p \geqslant 700$

注：第6级应在分级后同时注明具体检测压力差值。

表 3.4　建筑外窗保温性能分级表（GB/T 8484—2008）

分级代号	1	2	3	4	5	6	7	8	9	10
K 值 /[W/(m²·K)]	$K \geqslant 5.0$	$4.0 \leqslant$ $K < 5.0$	$3.5 \leqslant$ $K < 4.0$	$3.0 \leqslant$ $K < 3.5$	$2.5 \leqslant$ $K < 3.0$	$2.0 \leqslant$ $K < 2.5$	$1.6 \leqslant$ $K < 2.0$	$1.3 \leqslant$ $K < 1.6$	$1.1 \leqslant$ $K < 1.3$	$K < 1.1$

表 3.5　建筑门窗空气隔声性能分级表（GB/T 8485—2008）

分级	外门、外窗的分级指标值/dB	内门、内窗的分级指标值/dB
1	$20 \leqslant R_w + C_{tr} < 25$	$20 \leqslant R_w + C < 25$
2	$25 \leqslant R_w + C_{tr} < 30$	$25 \leqslant R_w + C < 30$
3	$30 \leqslant R_w + C_{tr} < 35$	$30 \leqslant R_w + C < 35$
4	$35 \leqslant R_w + C_{tr} < 40$	$35 \leqslant R_w + C < 40$
5	$40 \leqslant R_w + C_{tr} < 45$	$40 \leqslant R_w + C < 45$
6	$R_w + C_{tr} \geqslant 45$	$R_w + C \geqslant 45$

注：用于对建筑内机器设备噪声源隔声的建筑内门窗，对中低频噪声宜用外门窗的指标值进行分级；对中高频噪声仍可采用内门窗的指标值进行分级。

表 3.6　建筑外窗采光性能分级表（GB/T 11976—2002）

分级代号	1	2	3	4	5
T_r	$0.20 \leqslant T_r < 0.30$	$0.30 \leqslant T_r < 0.40$	$0.40 \leqslant T_r < 0.50$	$0.50 \leqslant T_r < 0.60$	$T_r \geqslant 0.60$①

①表示 T_r（透射光折减系数）值大于 0.60 时，应给出具体数值。

按《民用建筑节能设计标准》（JGJ 26—2010），严寒和寒冷地区各个气候地区的建筑外窗传热系数必须满足表 3.7 中的要求，按《夏热冬冷地区居住建筑节能设计标准》（JGJ 134—2010），建筑外窗必须满足表 3.8 中的要求。

表 3.7　严寒和寒冷地区居住建筑外窗传热系数 K 的限值　单位：$W/(m^2 \cdot K)$

地区类型		建筑类型		
		≤3 层建筑	4~8 层建筑	≥9 层建筑
严寒 A 区	窗墙面积比≤0.2	2.0	2.5	2.5
	0.2<窗墙面积比≤0.3	1.8	2.0	2.2
	0.3<窗墙面积比≤0.4	1.6	1.8	2.0
	0.4<窗墙面积比≤0.45	1.5	1.6	1.8
严寒 B 区	窗墙面积比≤0.2	2.0	2.5	2.5
	0.2<窗墙面积比≤0.3	1.8	2.0	2.2
	0.3<窗墙面积比≤0.4	1.6	1.8	2.0
	0.4<窗墙面积比≤0.45	1.5	1.6	1.8
严寒 C 区	窗墙面积比≤0.2	2.0	2.5	2.5
	0.2<窗墙面积比≤0.3	1.8	2.2	2.2
	0.3<窗墙面积比≤0.4	1.6	2.0	2.0
	0.4<窗墙面积比≤0.45	1.5	1.8	1.8
寒冷 A 区	窗墙面积比≤0.2	2.8	3.1	3.1
	0.2<窗墙面积比≤0.3	2.5	2.8	2.8
	0.3<窗墙面积比≤0.4	2.0	2.5	2.5
	0.4<窗墙面积比≤0.45	1.8	2.0	2.3
寒冷 B 区	窗墙面积比≤0.2	2.8	3.1	3.1
	0.2<窗墙面积比≤0.3	2.5	2.8	2.8
	0.3<窗墙面积比≤0.4	2.0	2.5	2.5
	0.4<窗墙面积比≤0.45	1.8	2.0	2.3

表 3.8　夏热冬冷地区居住建筑建筑外窗传热系数 K 的限值

单位：W/(m² · K)

窗墙面积比范围	体型系数 S	
	≤0.4	> 0.4
窗墙面积比≤0.2	4.7	4.0
0.2<窗墙面积比≤0.3	4.0	3.8
0.3<窗墙面积比≤0.4	3.8	3.2
0.4<窗墙面积比≤0.45	2.8	2.5
0.45<窗墙面积比≤0.60	2.5	2.0

四、节能门窗的设计技术

从上面的分析我们知道，大量的能量是双向通过窗户的。白天，南面窗户通常以辐射形式获得太阳能，而在夜晚通过对流、辐射和传导会流失能量；北面窗户通常是通过对流和传导流失能量；东面和西面窗在加热的季节往往是不确定的，然而在夏季，西面窗是纯粹获得能量，引起过热。

我们通过合理配置门窗组成，可以提高门窗的隔热节能特性，这些措施包括：根据不同的使用地点和用途，选好窗框型材材料和断面形式、合理选用镶嵌玻璃、通过玻璃镀膜提高玻璃质量、选用低传导间隔层、提高门窗的密闭性能、设置"温度阻尼区"、控制窗墙面积比、合理的窗型设计和窗框比及进行遮阳设计等，具体分析如下。

（一）选好窗框型材材料和断面形式

窗框型材材料和断面形式是影响门窗保温性能的重要因素之一。门窗型材有金属型材、非金属型材和复合型材。金属与非金属型材的热工特性差别很大，铝、钢、PVC 塑料、木材和玻璃钢型材的热导率分别为 203W/(m · K)、580W/(m · K)、14W/(m · K)、0.20～0.28W/(m · K) 和 0.4～0.5W/(m · K)。型材断面最好设计为多腔型材，腔壁垂直于热流方向分布。因为型材内的多道腔壁对通过的热流起到多重阻隔作用，腔内传热（对流、辐射和导热）相应被削弱。特别是辐射传热强度随腔数量增加而成倍减少。对于金属型材（如铝型材），虽然也是多腔，保温性能的提高并不理想，为了减少金属框的传热，可用非金属材料做断热桥进行断热处理，或者将带腔的金属和非金属型材复合构成复合型材。这里需要指出的是断热桥应有足够的长度（指金属断开的距离），才能保证断热桥有足够大的热阻。对于复合型材，非金属型材应有足够厚度，才能保证它有足够大的热阻。我国目前采用的铝合金断热桥长度一般为 5mm，由于长度偏小导致铝合金断热窗保温性能不理想（断热桥一般不宜小于 5mm）。另外，铝合金断热平开窗保温性能不理想的另一个原因，是使用了与铝合金断热型材不配套的五金配件，使被断热桥断开的铝型材又被里外连通。选用平开窗时，应解决五金件及安装上存在的问题。

窗框材料是整个窗户中另外一个弱的链环，整个窗户中约 1/4 面积是窗框材料，高性能的装配较传统的窗框材料具有更好的隔热性能。窗框是不同材料的组合，选择热导率最小的框扇材料，减少传导热损失。

传热基本方程式：

$$Q = K \Delta t F$$

式中　Q——传热量；

K——传热系数；

Δt——室内外温差；

F——传热面积。

分析上式，传热量的多少取决于传热面积、室内外温差和传热系数。如果温差相同，则取决于传热面积和传热系数。窗户在保证结构强度和构件刚度的同时，还要保证一定的透光率，因此各种材料制作的窗户，传热面积相差无几，所以传热量多少的关键是传热系数，门窗材料的热导率直接影响门窗的传热系数。因此窗框材料应该选择最低传导热损失的材料，这是窗框材料选择的基本条件。以目前应用较多的中空玻璃窗为例，窗框材料对中空玻璃的性能影响较大，门窗的 U 值一般是由三部分的值经过加权平均计算出来的，这三部分分别为窗框材料面积的 U 值、玻璃边部的 U 值及玻璃中央的 U 值组成。如果选用的窗框材料不同，那么整个门窗的 U 值的数值也不同，而且差别较大。表 3.9 中的数值是通常情况下不同窗框材料配中空白玻璃的传热系数。

表 3.9 不同窗框材料配中空白玻璃的传热系数

窗框材料	铝合金	热隔断铝合金	PVC 塑料
U 值/ [W/(m² · K)]	4.49	3.63	2.78

从数值上来看，窗框材料的隔热性能好，那么整个窗的 U 值就低，如果使用 PVC 窗而选用不同的开启形式，整个门窗 U 值也不相同。

从上述数据可以看出，不是一提到玻璃 U 值的大小或者选用的窗框材料的隔热性能好坏就断定门窗整体保温性能的好坏，而是要根据门窗的形式及综合配置而定。同样需要注意，窗框材料对阳光的获得具有重要影响，一般强度大的材料可以制成窄的框、扇面积，如断桥铝合金和玻璃钢材料，这样可以允许更多面积的玻璃获得阳光，这种型材被称为低断面型材，一般金属型材的设计要更多地考虑这个因素。

（二）合理选用镶嵌玻璃，提高玻璃质量

玻璃是非金属材料，虽然它的热导率仅为 $0.8\sim1.0W/(m \cdot K)$，但由于窗玻璃厚度很薄，一般为 $3\sim6mm$，所以热阻非常小。玻璃面积占窗户面积的 $70\%\sim90\%$，因此，提高窗玻璃热工质量是改善窗户保温性能的重要途径之一。通常有如下几条途径。

1. 增加玻璃层数

窗户玻璃由单层变为双层（或中空玻璃）或三层（或两层玻璃加膜），其保温性能会明显提高。

2. 玻璃镀膜

通过在玻璃上镀一层厚度为 $10\sim100\mu m$ 的特殊连续金属或金属氧化物膜，可使玻璃对太阳光中的可见光部分保持较高的透射率，对太阳光中的红外线有较高的反射率，这样，在白天保持室内有足够的亮度，又不致使透过玻璃的热辐射过多；另外，它对阳光中的紫外线有很高的吸收率，从而减少紫外线对室内人员和物品的损害。如果在玻璃表面镀上一层低辐射膜（隔热膜），就可对远红外辐射有较高的反射率，既减少室内热量散失，保持室内温度，又保持良好的透光性能。用一层低辐射玻璃和一层无色玻璃制成的中空玻璃，在采暖季节要比用两层无色玻璃制成的中空玻璃有更好的节能效果。在南方地区，如果在中空玻璃的外层玻璃上镀热反射膜，内层玻璃上镀低辐射膜，就能将照射在玻璃上的太阳辐射热的 $85\%\sim90\%$ 反射回去，对夏季降低建筑物内的空调负荷有重要作用。

在选择镀膜玻璃时，应该根据不同的地区适当选用。如阳光照射强的地区，选用低透过的镀膜玻璃或吸热玻璃作为原片玻璃，控制阳光进入室内；而较寒冷地区，选择高透过的白玻璃或镀膜玻璃，尤其是 Low-E 玻璃做原片，防止室内热量流失，从而提高中空玻璃的使用效果。

3. 使用薄膜材料

相对于其他门窗节能措施，薄膜材料可以用在新建建筑的玻璃门窗上或既有建筑玻璃门窗上，其操作简单，只要直接装贴于门窗的玻璃上，让人容易接受，推广建筑门窗节能薄膜材料对于节能来说事半功倍。

4. 根据综合地区气候特点选用镶嵌玻璃

以上海地区为例，采用铝合金断桥门窗，U 值为 $3.43 \mathrm{W/(m^2 \cdot K)}$，选取冬季室内温度为 18℃，室外平均温度为 5℃，最低温度天数为 56 天，冬季阳光照度为 $135 \mathrm{W/m^2}$；夏季室内温度为 26℃，室外平均温度 30℃，最高温度的天数为 180 天，阳光照度为 $580 \mathrm{W/m^2}$。一栋 $4000 \mathrm{m^2}$ 的住宅，采用阳光遮蔽系数为 0.30 的玻璃，取暖消耗费用为 99963 元/年，制冷消耗费用为 150058 元/年；而选用阳光遮蔽系数为 0.50 的原片玻璃，取暖消耗费用为 93358 元/年，制冷消耗费用为 217168 元/年。两者比较，取暖消耗费用相差 6605 元/年，而制冷消耗费用相差 67110 元/年，两者综合，选用低遮蔽系数的玻璃较高遮蔽系数的玻璃可以节省电费 60506 元/年。由数据可以看出，南方地区，适合使用带颜色的中空玻璃，因为虽然改变了玻璃的颜色，但是中空玻璃的 U 值是没有变化的，仅仅是改变了玻璃的遮阳系数，也就是说，使用颜色玻璃仅仅起到控制阳光的作用。

而在我国北方地区，考虑的多数是冬季采暖问题，对于控制阳光进入室内是不可取的，应该选择高透过率的原片玻璃。以哈尔滨地区为例，选取铝合金断桥门窗，U 值为 $3.43 \mathrm{W/(m^2 \cdot K)}$，选取冬季室内温度为 18℃，室外平均温度为 -10℃，最低温度天数为 179 天，冬季阳光照度为 $120 \mathrm{W/m^2}$；夏季室内温度为 26℃，室外平均温度 28℃，最高温度的天数为 30 天，阳光照度为 $620 \mathrm{W/m^2}$。一栋 $4000 \mathrm{m^2}$ 的住宅，采用阳光遮蔽系数为 0.30 的玻璃，取暖消耗费用为 383296 元/年，制冷消耗费用为 22051 元/年；而选用阳光遮蔽系数为 0.50 的原片玻璃，取暖消耗费用为 373419 元/年，制冷消耗费用为 34007 元/年。两者比较，取暖消耗费用相差 9877 元/年，而制冷消耗费用相差 11956 元/年，两者综合，选用低遮蔽系数的玻璃较高遮蔽系数的玻璃每年可以节省电费 2079 元/年。虽然在北方地区，选用低遮蔽系数的玻璃同样节省电费，但是在冬季取暖期内，低遮蔽系数的玻璃较高遮蔽系数的玻璃费用高，所以建议在取暖为主的地区，一般选取较高遮蔽系数的玻璃。

使用 Low-E 镀膜玻璃通常会损失一些太阳光，略微减少阳光热获得，但是通过夜晚优异的隔热性能改进，这些损失可以大大地得到补偿。另外使用 Low-E 镀膜玻璃还可以减少紫外线的通过，可以减少室内物品褪色的可能。

门窗及中空玻璃技术的另一个改进是中空玻璃内部充入气体，充入气体的条件是具有化学稳定性，氩气和氪气是普遍的选择。氩气很普通而且便宜，在两层玻璃之间充入氩气能够起到两个作用：①可以减少热传导损失，因为氩气比空气具有低的传导率；②减少对流损失，因为氩气比空气重，在玻璃层之间不流动。氪气的性能较氩气稍微好一些，而且在小的间隔层内使用（约 8mm），效果较好，但是氪气价格较贵。相对窄的间隔层需要的气体量少，而且多层窄的间隔层可以减小压力破碎的可能。一般来讲，在中空玻璃间隔层内充入足够比例（约90%）的氩气，可以降低 U 值约 5%，这样，上述在哈尔滨地区例子中，选用充入氩气的中空玻璃，每年取暖期可以节省电费约 18600 元。

（三）　选用低传导间隔层

在 Low-E 镀膜减少辐射损失、充气减少对流和传导损失时，窗户玻璃周边的间隔条成为弱的热连接。大多数间隔条使用的是传统的铝管，虽然重量轻，但这样的金属具有很好的热传导性能。从能量效率观点出发，低传导间隔条是主要的改进方法。

市场上出现很多不同的方法和材料，相应改进了性能。一般来说，将传统铝条更换成暖边 Swiggle（美国实唯高胶条，是一种挤压成型的连续带状材料）胶条做中空玻璃密封，可以提高近 5% 的隔热性能，而在充入氩气或者采用 Low-E 的中空玻璃上改变密封方式，可以提高 15%~20% 的隔热性能，相应节省 20000 元/年的费用。而且这些暖边密封间隔条也能够提高内部玻璃表面周边的温度并减少热应力，减少玻璃炸裂，在冬天可以减少 80% 结露的可能。表 3.10 是各种不同边部密封材料的热导率。

表 3.10　不同边部密封材料的热导率

密封形式	双封铝条	热熔丁基/U 形	Swiggle/铝隔带	不锈钢 Swiggle
热导率/[W/(m·℃)]	10.8	4.43	3.06	1.36

（四）　提高门窗的密闭性能，减少对流热损失

对流换热的基本定律——牛顿公式：

$$Q = a \Delta t F$$

式中　Q——换热热量，kcal/h（1kcal=4.18kJ）；

　　　a——换热系数；

　　　Δt——温差，℃；

　　　F——换热面积，m^2。

说明在同等温差下，换热量取决于换热面积和换热系数。根据流体自由运动状况换热系数准则计算，在同一气候条件下门窗换热系数的大小只取决于定形尺寸，也就是门窗缝隙尺寸。

从门窗缝隙空气渗透量的角度来解释，也可得到同样结论。同样由空气渗透量计算公式证明，在同样的压差下，空气渗透量的大小即失热量的大小，取决于门窗缝隙的宽度、深度和几何形状。空气渗透量随缝隙宽度增大而增加，缝宽超过 1mm 时，渗透量几乎与缝宽成正比增加；渗透量随缝隙深度增大而减少，当缝深小于 15mm 时，渗透量迅速增加。在相同的缝宽、缝深情况下，渗透量的大小取决于缝隙形状，几何形状越简单，渗透量越大。

因各种窗户型材几何尺寸不同，形成的泄压腔尺寸和形状有很大差别。根据测试统计，无密封条的钢窗气密性一般在 5m³/(m·h) 以上；有密封条的钢窗气密性在 2.5m³/(m·h) 左右；铝塑窗都没有密封条，气密性均可达到 1.5m³/(m·h) 以下。单玻璃钢窗的传热系数在 6W/(m²·K) 左右，双玻璃钢窗的传热系数在 3.5W/(m²·K) 左右，而双玻璃塑料窗的传热系数可达 3W/(m²·K) 以下。

设置密封条是达到气密、隔声要求的必要措施之一。采用这种措施时，如果密封条的质量低劣、断面尺寸不准确、性能不稳定，橡胶质量达不到要求，窗户型材断面小、刚度不够等，往往达不到较佳效果。因此，在制作窗户时一定要注意采用质量符合要求的密封条和型材。

（五）　设置"温度阻尼区"

所谓"温度阻尼区"就是在室内与室外之间设一个中间层，这个中间层可阻止室外冷风

的直接渗透，减少外墙、外窗的热耗损。在住宅中，用密封阳台将北阳台的外门、窗全部封闭起来，外门设防风门斗防止冷风倒灌，楼梯间设计成封闭式，对屋顶上的入孔进行封闭处理等措施，均能收到良好的节能效果。

（六）控制窗墙面积比

窗墙面积比是指窗户洞口面积与房间立面单元面积（即建筑物高与开间定位线围成的面积）的比值。通常，窗户的传热系数大于同朝向墙体的传热系数，因此，建筑物的冷、热能耗随着窗墙面积比的增加而增加。单纯从节约能耗来讲，窗墙面积比越小越好，但其值太小，又会影响窗户的正常采光、通风，并在利用太阳能问题上不利。因此必须控制窗墙面积比，应根据夏热冬冷地区的气候条件，在满足采光和通风的条件下，考虑节能需要，确定适宜的窗墙比。一般而言，不同气候带、不同朝向的太阳辐射强度和日照率不同，窗户所获得的太阳能也不同。根据气候特点，北、东、西向窗墙比应小些，南向可大些。

（七）窗框比

窗型设计不仅关系到整窗的抗风压性能，而且影响窗户的保温性能。玻璃的分割越小，整窗的玻璃边长就越大。由于双层玻璃的边缘传热量大于中间部分，所以玻璃的边长增加，整窗的传热量也就增加；同时窗的分割越碎，窗框所占的面积比就越大，使很小面积的玻璃获得太阳能（图 3.3）。与此形成对照的是，如果减少窗框或使用薄的窗框材料以及一个大的玻璃，具有较大的玻璃比例，将允许较多的太阳光进入室内。

(a) 玻璃面积1.0m²　(b) 玻璃面积1.3m²

图 3.3　窗的分割与玻璃面积

窗框比如何选择要同时考虑窗框材料和填充的玻璃材料，以金属窗框和 PVC 塑料窗框为例，由于金属框（扇）传热系数大，金属窗的窗框（扇）所占面积越小则对整个窗户保温性能越有利。而 PVC 塑料窗框（扇）的传热系数小，PVC 塑料窗的窗框（扇）所占的面积越大则对整个窗户保温性能越有利。

（八）窗型

建筑中常用的窗型，一般为推拉窗、平开窗和固定窗。

① 推拉窗是由日本早期的推拉门发展而来的，两个窗扇在窗框上下滑轨中开启和关闭，开窗面积为窗框的一半。热、冷气对流的大小和窗扇上下空隙大小成正比，因使用时间的延长，密封毛条表面毛体磨损，窗上下空隙加大，对流也加大，能量消耗更为严重。不论是铝合金或塑钢材料制成的推拉窗，其节能效果都不理想。可以说，推拉窗的结构决定了它不是理想的节能窗。

② 平开窗分为内平开窗和外平开窗。正规的铝合金平开窗，其窗扇和窗扇、窗扇和窗框间一般均用良好的橡胶做密封压条。窗扇关闭后，密封橡胶压条压得很紧，密封性能很好，很难形成对流。这种窗型的热量流失主要是玻璃和窗框、窗扇型材的热传导及辐射。如果能解决这个问题，平开窗的节能效果会得到有力的保证。从结构上讲，平开窗要比推拉窗有明显的优势。平开窗可称为真正的节能窗。

③ 固定窗的窗框嵌在墙体内，玻璃直接安在窗框上，用密封胶把玻璃和窗框接触的四边密封。正常情况下，有良好的水密性和气密性，空气很难通过密封胶形成对流，因此对流热损失极少。玻璃和窗框的热传导是热损失的源泉。固定窗是节能效果最理想的窗型。

为了满足窗户的节能要求和自然通风要求，还应该：

① 将固定窗和平（悬）开窗复合使用，合理控制窗户开启部分与固定部分的比例；

② 开发呼吸窗、换气窗等新型窗型。

在不同地区、按不同要求对窗型的选择见表 3.11。

表 3.11　窗型结构选用表

序号	项目	固定窗	平(悬)开窗	推(提)拉窗
1	保温要求	●	▲	■
2	隔热要求	●	●	●
3	气密要求	●	▲	■
4	水密要求	●	▲	■
5	自然通风		●	▲
6	严寒地区	●	▲	■
7	炎热地区		●	▲

注：选择次序●、▲、■。

现在还有平开带内翻转、各种上下滑动窗以及各种类型外开、内开等窗型，但均在推拉、平开和固定三种窗型之内变化。

五、节能门窗设计案例

（一）　节能门窗的设计要点

① 节能外窗（包括外门的透明部分）的类型、外门不透明部分的保温措施，应根据建筑物所在地区的气候、周围环境以及建筑物高度、体型系数等因素进行个体工程设计。

② 在选择各种节能门窗时，应充分考虑所选用门窗材料的特点、性能和适用范围，以及所在地区的具体情况。

③ 根据当地采暖期的室外平均温度，选择传热系数小的外窗类型，例如选用热导率小的塑钢窗框，以及采用单框中空玻璃窗或单框双玻窗等。

④ 对窗框进行断热处理，可选用冷热断桥型窗框，即利用型材特有的材性和多腔断面形式，用高效保温材料镶嵌于金属窗框空腔之间进行隔断，以控制热导率的大小。

⑤ 根据当地采暖期室外气温及要求，开启窗要求应考虑通风设置及防止空气渗漏，以及紧急出口设置，平开窗可以较推拉窗获得高的通风能力，但是开启形式设计需要考虑风压作用。按照国家标准《建筑外门窗气密、水密、抗风压性能分级及检测方法》（GB/T 7106—2008）选定符合气密性等级的外窗。

⑥ 设计合理的窗墙面积比及外窗朝向。近年来住宅建筑外窗的面积越来越大，而窗墙面积比既影响建筑能耗，又影响日照采光和自然通风。在《严寒和寒冷地区居住建筑节能设计标准》（JGJ 26—2010）中，虽然对窗墙面积比和朝向做了有选择性的规定，但还应结合各地的具体情况进行适当调整。如某省在地方标准《居住建筑节能设计标准》（DBJ 04-242—2006）中提出：考虑到起居室在北向时的采光需要，北向的窗墙面积比可取 0.3；考虑到目前一些塔式住宅的情况，东、西向的窗墙面积比可取 0.35；考虑到南向出现落地窗、凸窗的机会较多，南向的窗墙面积比可取 0.45。这样虽然增大了南向外窗的面积，但可充分利用太阳能的辐射热降低采暖能耗，达到既有宽敞明亮的视野，又不浪费能源的目的。

⑦ 户门、阳台门可采用夹层内填充保温材料或在门芯板上加贴保温材料。

⑧ 楼梯间及公共空间的外门应设计有随时关闭的功能。

（二）铝合金断热窗优化设计案例

目前，市场上普遍采用的标准系列断热窗（节点详图如图 3.4 所示）主要存在四个方面的问题：一是玻璃扣条处的气密性差；二是胶条与窗扇料连接处的热传导；三是窗扇易下坠；四是框窗比较大，这些问题在一定程度上影响了断热窗的正常使用和热工性能，下面结合图 3.4 分别对这些问题进行分析并提出改进相应的措施。

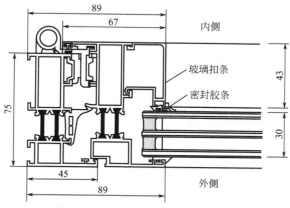

图 3.4　断热窗节点（单位：mm）

1. 存在的问题

（1）玻璃扣条处的气密性差　扇料与玻璃扣条形成的空腔处的气密性较差是断热窗存在的一个普遍问题，由于玻璃扣条是在安装好玻璃后再扣上去的，与扇料的配合难免存在缝隙，而玻璃与扇料间通常采用胶条密封，一旦胶条与玻璃存在缝隙，在室内外温差的作用下将产生热流，从而在此处造成能量的损失，最明显的现象就是在保温性能检测过程中玻璃扣条位置易产生结露，详见图 3.5。在实际工程中，通常需在玻璃端头与窗扇料处填充保温材料以阻止热流的形成。

（2）胶条与窗扇料连接处的传导热损失　断热窗存在的另一个较普遍的问题是胶条与窗扇料连接处产生的传导热损失。在断热窗产品设计过程中，设计人员往往只是注意采用胶条密封，形成前后两个空腔，却忽视了胶条与窗扇料搭接不足，存在一定的空隙，从而在整个窗扇的周围有一圈外露部分，使外腔内的冷空气直接与窗扇料内侧接触，造成断热不彻底，窗扇内侧可能产生结露，详见图 3.6。

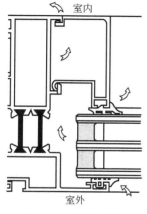

图 3.5　玻璃扣条处

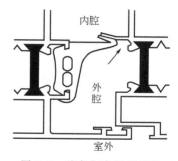

图 3.6　胶条与扇料连接处

（3）框窗比较大　普通单玻铝合金窗的框宽比一般为 25%～27%，而断热窗的框窗比一般为 35%～40%，增加了 40% 以上。框窗比增大，造成采光面积减少，将会增加室内照明能耗，同时增加了感热面和放热面的表面积，影响窗的整体热工性能。

（4）窗扇易下坠　由于玻璃用铝合金扣条固定，玻璃镶嵌在型材槽口内，与型材槽口仅通过胶条进行固定，同时扇料本身刚性较差，造成玻璃与扇料组成的窗扇整体性较差，易产生平行四边形变形，加上中空玻璃自重较大，从而发生下坠现象，影响窗体整体外观和窗扇的正常关闭，严重时还直接影响到整窗的水密性和气密性。

2. 优化设计

针对断热窗存在的问题，对原型材进行了逐项改进，重新设计窗节点，具体详见图 3.7，主要改进如下。

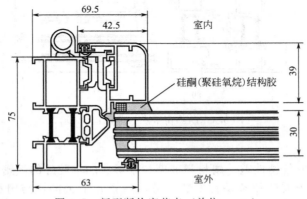

图 3.7　新型断热窗节点（单位：mm）

① 取消玻璃扣条。由于玻璃与扇料没有空隙，玻璃阻隔了热流的产生，提高了窗的气密性能。

② 将窗扇料的"I"字形断热条改为"T"字形或"丁"字形，中间的密封胶条与断热条的挑出部分完全搭接，避免扇料型材外露，既解决了此处断热不彻底，又保证了前后腔断开。将扇料与密封胶条的搭接位后移至胶条内侧。避免了扇料外露，使扇料的搭接位不与外腔直接接触，防止能量从搭接处损失。

③ 取消扇料外露部分。充分利用中空玻璃密闭空气层良好的热绝缘系数，将玻璃伸入框内组成外侧空腔，避免窗扇料与室外直接接触，从而提高了窗的整体热工性能，同时，增加了玻璃的采光面积，减小了框窗比，经计算，框窗比约为 28%，接近单层铝窗的框窗比。

④ 改变玻璃的固定方式。将原窗玻璃扣条压紧固定方式改为打胶固定方式，用硅酮（聚硅氧烷）结构胶将玻璃与扇料粘接成整体，极大地提高了窗扇的整体性，窗扇的下坠现象得到了有效的解决。

六、节能门窗施工要求及相关标准

节能门窗安装除符合一般门窗安装的技术规定外，尚应注意以下几点。

① 节能门窗的品种、型号、规格、性能、开启方向及门窗的密封处理等必须符合设计要求。

② 节能门窗安装必须采用预留洞口的方法，严禁边安装边砌口或先安装后砌口。

③ 节能门窗的安装应根据不同的材料情况，采用焊接、膨胀螺栓或射钉等方法固定，但砖墙上严禁用射钉固定。不论采用何种固定方法，门窗安装均必须牢固。

④ 增加窗户开启缝隙的搭接量，减小开启缝的宽度。

⑤ 按所用材料、断面形状、装置部位，采用各种密封条进行密封，以提高外窗的气密性水平。

⑥ 节能门窗上压缝条、密封条的安装应顺直，与门窗结合应牢固、严密。

⑦ 当采用塑料门窗时，与塑料型材紧密接触的各种五金件、紧固件、密封条、间隔条、垫块、密封材料和保温材料等，在性能上应与 PVC 材性相容；由于塑料门窗对温度比较敏感，故门窗进入现场后应在 50℃ 以下的库房（棚）内存放，并远离热源。要注意塑料门窗及玻璃的安装，应避免在低温下进行施工。

⑧ 对金属框的窗，在保证有足够空间的条件下，用塑料、橡胶、尼龙隔热条等材料进行断桥处理，断桥的宽度不宜小于 15mm，长度应与框相等，且在安装五金件和安装窗时不得破坏断桥结构。

⑨ 外门窗四周侧面与墙体之间的缝隙应采用聚苯板（EPS）或聚氨酯等高效保温材料嵌填，不得采用水泥砂浆嵌填；外门窗框内、外两侧面与墙体面层之间应预留 5～8mm 深的槽口，用密封材料嵌填。

⑩ 在房间的气密性显著提高的情况下，从符合卫生要求的角度出发，应设置可以调节的换气设施，如在窗户上设换气孔等。

对于各类材料建筑外门窗的质量要求，应严格执行国家标准《建筑装饰装修工程质量验收规范》（GB 50210—2011）中的"主控项目"和"一般项目"。但从节能的角度考虑，还必须对外门窗中的热量损失有关部位进行重点质量控制，主要有以下几方面。

① 门窗框与墙体连接必须牢固，门窗框与墙体间的缝隙按设计要求用高级保温材料嵌填饱满。

② 门窗框四周与墙体接缝的表面用密封材料严密封闭，无脱落或缝隙。

③ 密封条与玻璃及槽口接触紧密、平整、不露框外，无卷边、脱槽等现象。

④ 门窗关闭时，扇与框间无明显缝隙，密封面上的密封条处于均匀的压缩状态。

⑤ 玻璃安装应平整、牢固，垫块设置应正确、牢固，不应有松动现象。夹层玻璃内不得有灰尘和水汽。双玻璃间隔条设置应符合设计要求。单面镀膜玻璃应在最外层，镀膜层应在夹层中。

⑥ 带密封条的玻璃压条，必须与玻璃全部贴紧，压条与型材接触处无明显缝隙，接头处缝隙应小于 1mm。

⑦ 节能门窗关闭严密，缝隙均匀，开关灵活，无阻滞现象。

第二节　节能建筑遮阳体系及其节能技术

随着现代建筑设计和建筑材料的发展，以及玻璃幕墙的广泛应用，窗户遮阳的方式也越来越多，各种遮阳系统不断地被广泛应用，下面将对各种遮阳系统进行详细的分析。

遮阳系统的传统作用是通过降低过热和眩光来提高室内热舒适性和视觉舒适性，并且还能提高隔绝性——独处而不受干扰。遮阳设施可以发挥一个方面或所有三个方面的作用。20 世纪初空调的出现，使得传统自然降温技术的使用大大降低。一段时期内传统的自然降温技术被完全地忽略，直到 20 世纪 70 年代早期的能源危机才推动了传统技术的复苏。仅仅在

20 世纪 90 年代，传统技术才重新应用到公共建筑领域中。

遮阳设施可以被设计成通过遮蔽不透明或透明表面来限制直射太阳辐射进入室内，另外可以限制散射辐射和反射辐射进入室内。

太阳辐射是由在光谱中可见光和不可见光等比例的电磁辐射组成的。不可见光部分包括紫外线和红外线。光谱中的可见光部分大概占太阳能的 50%，一般用光通量、照度、发光强度、亮度等参数来描述。到达一个表面的太阳辐射可能来自三个部分：太阳直射辐射（短波辐射），天空散射辐射，来自周围表面和建筑的反射辐射。外遮阳设施能阻挡直接辐射部分，降低散射辐射和反射辐射的影响，但是也能影响日光、眩光、视觉和通风。气候条件和建筑类型、使用等参数将影响这些因素的相对重要性。直射辐射得热对于居住建筑在供热季节是好的、有利的，但是对于医院，无论什么气候条件，直射辐射任何时候都是不利的。

常用的遮阳系统有以下几种。

一、固定遮阳系统

固定遮阳设施通常作为外遮阳，并且具有很好的外观可视性，为建筑师提供更多的设计手段。典型的设施有水平式遮阳板、垂直式遮阳板或板条格形天花板等（图 3.8）。隐藏式窗户也是一种固定遮阳设施。它们相对来说比较简单和便宜，并且在阻挡直射阳光上很有效，但是在阻挡散射和反射光方面不是很有效。

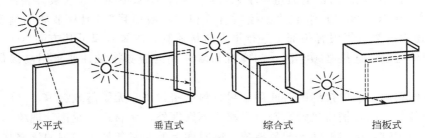

水平式   垂直式   综合式   挡板式

图 3.8 几种固定遮阳系统

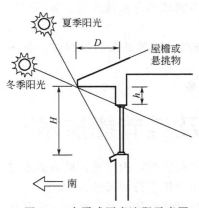

图 3.9 水平式固定遮阳示意图

水平式遮阳板是一种最常见的固定遮阳设施，并且是用于控制太阳高度角比较大的直射太阳辐射的最简单的设施。在北半球，它主要被用在南向立面上，根据建筑所处的地理纬度、经度，以及遮阳时的太阳高度角、方位角等因素确定 H、D 与 h（图 3.9）三者的关系，以确保夏季遮阳和冬季被动采暖。在比较低的纬度上，它倾向于被用在东向和西向的立面上。在比较温暖的气候下，如地中海式气候，制冷是必要的，遮阳板经常被做成百叶来使空气能够自由通过立面。几种水平遮阳板示意图如图 3.10 所示。

综合式遮阳板是综合式遮阳，实际上是水平遮阳和垂直遮阳的组合，可据窗口朝向的方位而定，设计成对称或不对称的，能有效遮挡太阳高度角中等的直射太阳光，以及从窗口前方斜射下来的阳光，遮阳效果均匀，主要适用于东南或西南向窗口遮阳，其次也适用于东北或西北向窗口遮阳。

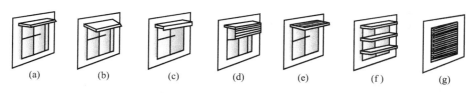

图 3.10　几种水平遮阳板示意图

（a）标准水平遮阳板；（b）、（c）分别以倾斜、边缘下垂来减少遮阳板的挑出；（d）在（c）的基础上将下垂的挡板代以百叶；（e）以百叶代替（a）的遮阳板，遮阳的同时增加漫射采光，且有利通风；（f）通过增加遮阳板数目而减少其挑出长度；（g）以百叶完全代之，无需挑出

挡板式遮阳板特别利于遮挡平射过来的阳光，适用于东向、西向或接近该朝向的窗户。

立面花格式遮阳结构，有时可以作为很好的建筑墙体元素，而成为建筑立面的活跃因素。白角套方、六角菱形、长方形等，仿佛花墙洞、漏窗一般，既可装饰又可遮阳。

在固定遮阳设施设计中，洞口的朝向是主要的决定因素。在南向立面上完好设计的水平式遮阳板能在盛夏时提供好的遮阳，同时在冬季时允许太阳辐射进入。为了使遮阳板能够在早上和下午比较低的太阳高度角时也能有效，应该在窗口两侧延长遮阳板的长度。遮阳板的长度应该取决于洞口的宽度和纬度。挑出宽度取决于纬度、窗高和窗户到遮阳板的竖向距离。

固定遮阳设施在低角度的早上和下午不能有效地阻挡太阳辐射热，尤其是在东向和西向立面上。固定垂直式遮阳板能在这方面提供一些保护，但是同时也降低了室内照度。仔细布置的植物或是活动式外遮阳设施能够在比较低的太阳高度角的时候同样提供比较好的控制。

二、可调节遮阳系统

可调节或活动遮阳设施能安装在室外、室内或两层或三层玻璃窗之间。可调节遮阳设施经常被使用在室内，在室内它很容易被控制而且还很便宜。然而，它也能应用于室外遮阳设施。可调节的外遮阳设施能够阻挡阳光的同时，需要时也能允许阳光进入。尤其在处理低角度的直射、散射和反射光时非常有效。不像固定遮阳设施，它能够使室内照度不过多地降低。能适应大部分地区的气候。然而，它的成功取决于坚固的结构和正确的使用，假如是自动的话，它可能是昂贵的。

可调节遮阳系统根据调节主体的不同，又可分为手控（或遥控）可调遮阳和自控可调遮阳。

手控可调遮阳的优点是造价较低，设备简单；缺点是需要工作人员不停地根据室外环境参数去调节，使室内环境处于最优。往往会由于人为操作的失误而降低其效率，尤其是在住宅中往往会由于白天无人控制而使大量热量进入室内，起不到应有的节能效果。所以，对于可调节式遮阳措施的管理手段是一个值得研究的问题。另外需要注意的是电动式可调节式遮阳的制动装置设计不应该过于复杂，以免造成操作和维修上的困难。

自动可调遮阳系统常用于公共建筑，对于办公建筑之类公建的百叶调节主要是使室内照度分布均匀及避免产生眩光，因此自控可调遮阳控制机一般是光控。它的优点是能自动根据室外日照情况自动调节遮阳板的角度甚至遮阳的收缩，使室内具有良好的光环境，对节约照明能耗也有着重大的意义。缺点是造价高，而且一旦出现故障，修理比较困难，遮阳调节功能可能长时间丧失。

目前，可调节遮阳系统兼顾建筑节能与舒适性相结合的优点，受到欧美等发达国家的推崇，在实际应用方面更是结合遮阳材料与建筑立面，相比传统建筑，效果层出不穷，视觉冲击强大。按照其调节活动构造方式可分为以下四类。

1. 推拉型

采用铝合金等槽型构件固定需要遮阳门窗的上下侧，将遮阳板或是遮阳百叶置于可滑动的槽内，需要时拉动即可达到普通的遮阳目的（图3.11）。推拉型的遮阳方式优点明显：遮阳构件构造及安装相对简单，所以产品可以预制，安装后使用操作方便。从这个意义上来说，推拉型的遮阳也用于老建筑的改造，在不对原有建筑结构及门窗进行大的改动的原则之下，只需要增加一些附加构件，经济节约，简单易用，既可以提高建筑的隔热性能，又能为老建筑的外立面改造增加活跃元素。因此，该遮阳方案很适合我国现存大量无任何遮阳措施的20世纪80年代以后建成的建筑的基本国情。另外，推拉型的遮阳也存在明显的缺点，由于灵活性有限（只能置于滑槽之上），在不使用时，往往会遮挡住一定比例的窗户，从而影响建筑室内的采光、通风及视线，也为日常生活带来不便。

2. 收回型

收回型遮阳通常在门窗上部有回收盒子，可根据需要将遮阳构件收置于上端的盒子之中，从而达到调剂遮阳的目的（图3.12）。构造上与普通的卷帘门相似，常见有两种形式：一种是以帘布为遮阳构件，通过类似窗帘的结构可卷起上下帘布，调节遮阳的面积，简单有效；另一种主要遮阳构件以百叶形式存在，通过收拉将叶片少数或全部集中于回收盒之中，也可控制窗户的实际遮阳面积，又兼具百叶窗的通风、照明及视线等优点。

图3.11　欧洲某小区建筑

图3.12　收回型遮阳

与推拉型百叶相比较，回收型遮阳所占空间更小，可实现遮阳覆盖面积更大范围的调节控制，适合夏热冬冷地区的使用与推广。但是缺点也相当明显，由于构造相对复杂，容易引起使用故障，因此使用中要注意保养与维护。

图3.13　折叠型遮阳

3. 折叠型

将大面积的遮阳构件分割成小块，通过五金构件或者固定槽将每块合并和分开，从而控制其遮挡面积。通常有水平或者垂直两种折叠方向（图3.13）。

这种百叶的优点为：增加了遮阳百叶的控制灵活性，由于用户在使用中的不同性与随意性，小块构件则会随即呈现开启与关闭状态，建筑界面在虚实之间来回变化，形成有趣味的建筑外表与机理，丰富了里面效果，避免大量设置百叶的传统建筑立面的呆板、枯燥、乏味。因此，很大程度上迎合了当今建筑设计中的多元化设计思潮，近些年来被大量应用于建筑外表的设计之中。但是，设计中也要充分考虑小块百叶在使用中带的不便，如由于热胀冷缩引起的构件变形导致无法正常折叠使用等问题。

4. 旋转型

与折叠型遮阳构件相似，以小块构件的组合来进行遮阳，不同之处在于每一构件都有自己的旋转轴，通过自身旋转的角度来控制遮阳面积，让适宜的光线进入室内，构件之间不进行相互的移动与合并（图3.14）。显而易见，这种遮阳方式操作起来更为单一，便于掌握，同时也兼具丰富虚实的立面效果；不足之处在于单个构件不能太小，且都需要足够的自转空间，如用于住宅等遮阳面较小的建筑时较为浪费，不易形成整体的立面效果，因此比较适用于大型公共建筑。

(a)　　　　　　　　　　　　　(b)

图3.14　旋转型遮阳

三、可收缩遮阳系统

可收缩遮阳设施可以被收缩到窗口的顶部或是窗口的一侧，甚至完全撤掉。内遮阳的百叶帘和窗帘都属于这一类；外遮阳，如布篷、软百叶帘和百叶窗也属于这一类。这类遮阳设施不用考虑在设计上兼顾夏季遮阳和冬季得热两方面的要求，而且在遮阳的同时，它还能够满足通风的要求。

1. 可折叠布篷

装于铁架可折叠的布篷，用时放下，不用时折起，并可调整。

2. 内置活动软百叶板、帘

大多装置于室内，一种为合金铝片或硬木薄片，成横式或竖式上下留空穿叠，同时随太阳射入情况可全放全遮，或局部放下，不用时全部折叠于窗顶。而且百叶角度可调整，既可以遮阳，又利于通风。另一种为帘幕织物窗帘，它可以使光亮表面的眩光及反射光线大幅度减小，紫外线照射减弱，营造清雅舒适的室内环境，同时大大节省能源。而且手调弹簧控制系统、手调链条控制系统或电动控制系统也方便了控制。此种形式遮阳唯一的缺点是由于内遮阳悬于室内，故仍有太阳辐射余热进入室内，易于在玻璃窗内引起温室效应，不可避免地使室内热量积聚，效率较之外遮阳要低。

3. 外遮阳卷帘

如上所述，外遮阳卷帘在遮阳效率上远高于内遮阳。在欧洲被广泛应用，其不仅优于室内遮阳效果，美观大方，而且兼具防护功能，是国内建筑外遮阳防护的新潮流。

四、植物遮阳系统

在建筑附近或上面种植树木、攀爬植物、灌木和一些建筑结构（如藤架、梁），再结合城市形状，能够帮助调节微气候。合适地使用以上措施，对于内遮阳和外遮阳的需求就会减少。选择性的种植不仅可以遮挡窗口、其他洞口，还可以遮挡整个立面和屋顶，继而降低热传导和热辐射得热。

落叶树木可以在夏季提供遮阳，常青树可以整年提供遮阳。植物还能通过蒸发周围的空气降低地面的反射。常青的灌木和草坪对于降低地面反射及建筑反射很有用。常青的植物对于挡风也很有效。

图 3.15　植物遮阳

植物的遮阳效果主要取决于植物的类型、品种和年龄（图 3.15），这些因素决定了树叶的类型和植被的密度。如果是落叶树木，树叶的密度随着季节的变化而变化，有专家指出植物会以下面几种方式影响室内温度和室内负荷。

① 高的树木和藤架位于距离墙及窗口较近的地方时，将能提供很好的遮阳，同时不会降低通风。

② 墙上的攀爬植物和离墙近的灌木不仅提供遮阳，而且可降低墙附近的风速。

③ 外墙表面附近的空气温度降低，也降低了传导和渗风得热。

④ 建筑周边的草坪植物降低了反射辐射和长波辐射，从而降低了太阳辐射得热和长波辐射得热。

⑤ 空调冷却器附近的植物降低了周边的温度，因而提高了系统的 COP，以至于减少了用于制冷使用的电能。

建筑东、西两侧的植物能够在夏季有效地阻挡太阳得热。在夏季最热的时候，由树木或灌木遮挡的墙体表面的温度可以降低高达 15℃，攀爬植物可以降低达 12℃。Givoni 的研究也发现，植物的隔热性能也可能在某些情况下降低其遮阳功能的效果。由于墙体的长波损失也被降低了，所以通过植物遮挡墙体可能达不到预期的效果。墙体的颜色和植物与墙体的距离都是非常重要的影响因素。

第三节　节能建筑门窗材料

节能门窗体系通常由窗框材料、镶嵌材料、节能薄膜材料、密封材料构成，本节分别进行阐述。

一、窗框材料

目前，我国常用的窗框材料有木材、钢材、铝合金、塑料。表 3.12 中列出了上述四种窗框材料的导热系数值。从表 3.12 中可以看出：木材、塑料的隔热保温性能优于钢材、铝合金。但钢材、铝合金经热处理后，如果进行喷塑处理，与 PVC 塑料或木材复合，则可以显著降低其导热系数，这些新型的复合材料是目前常用的品种。

表 3.12 常用门窗框材料特性比较

材料	阻热性	刚性	耐火性	耐腐蚀性	形成复杂断面型材的难易程度	组成刚性框架的难易程度	外观效果	密度 $\rho /(kg/m^3)$	传热系数 $\lambda /[W/(m^2 \cdot K)]$
木材	优	良	差	差	难	易	差	500～710	0.14～0.35
塑料（PVC）	优	差	差	优	易	难	良	1400	0.10～0.25
钢	差	优	优	差	难	易	差	7850	58.2
铝合金	差	良	良	优	易	较难	优	2700	174.4

（一）木门窗

木材是传统的窗框材料，因为它易于取材且便于加工。虽然木材本质上不耐久、易腐烂，但是质量与保养良好的木窗可以有很长的使用寿命，其外表面必须上漆加以保护，因此也可根据需要改变颜色。木窗框在热工方面表现很好，由于木材的热导率低，所以木材门窗框具有十分优异的隔热保温性能。同时，木材的装饰性好，在我国的建筑发展中，木材有着特殊的地位，早期在建筑中使用的都是木窗（包括窗框和镶嵌材料都使用木材）。所以在我国木门窗也得到了很大的发展。

当今各种高档装修中最为流行的要数纯木门窗的应用，天然木材独具的温馨感和出色的耐用程度是人们喜爱它最重要的理由。为了保证木门窗不开裂，木材要经过周期式强制循环蒸汽干燥处理，这种干燥方法虽然成本较高，但是室内气体循环均匀，质量好，能满足高质量的干燥要求。

经过层层特殊处理的纯木门窗品质非常好，耐候、抗变形，更不用担心遭虫咬、被腐蚀，且强度也大大增加。纯木门窗表面采用高级门窗专用漆，经过传统的手工打磨和七遍以上自然阴干，使油漆的附着力极强，完全可以作为外窗使用。

木门窗是我国目前主要品种之一。但由于其耗用木材较多，易变性引起气密性不良，同时容易引起火患，所以现在很少作为节能门窗的材料。近些年来，木窗框的一个新变化就是在室外表面外包铝合金（图 3.16）作为保护材料。

"内柔外刚"是铝合金包木门窗的主要特色，室外完全采用铝合金、五金件安装牢固，防水、防尘性能好，不需要烦琐的保养；而室内则采用经过特殊工艺加工的高档优质木材（图 3.17）。这种窗框既满足了建筑内外侧对窗框材料的不同要求，又保留了木窗的特性和功能，而且易于保养。铝包木门综合了木质框架的隔热性好以及铝合金强度高的优点，让室内色泽与装饰相配，而室外保留了建筑物的整体风格。这样在满足建筑物内外侧的不同要求的同时，既保留了纯木门窗的特性和功能，外层的铝合金又起到了保护作用，提高了门窗的使用寿命。它分为德式和意式两种。

图 3.16 铝包木窗剖面图

(a) 铝包木门内景   (b) 德式铝包木窗

图 3.17 铝合金包木门窗实物图

新型铝合金包木保温窗具有保温铝合金窗与木窗的两方面优点。铝合金包木节能门窗的性能见表 3.13。

表 3.13 铝合金包木节能门窗的性能

项目 门窗型号		玻璃配置 (白玻璃)	抗风压性能 p/kPa	水密性能 Δp/Pa	气密性能		保温性能	隔声性能 /dB
					q_1 / [m³/(m·h)]	q_2 / [m³/(m·h)]	传热系数 / [W/(m²·K)]	
J 型	60 系列 平开窗	5+12A+5	3.5	≥500	≤0.5		2.7	32

注：依据北京东亚有限公司检测资料编制。

木塑门窗的结构是采用木芯外覆塑料保护层。采用 PVC 塑料，将加热的聚氯乙烯挤压包覆在木芯型材上形成极为牢固、耐久的保护层，不起皮、不需喷涂、抗老化、清洁美观、免维修。PVC 外壳保护层有很好的防腐性（能耐酸、碱、盐等），对沿海地区和高温地区更为适宜；阻燃性能好，其抗氧指数、水平燃烧和垂直燃烧指标都很好。木塑门窗结构中的木芯经过去浆、干燥处理后加工成型，在外覆料的接口处经过焊接或胶封，保证材质既具有良好的刚度、强度，又不变形。窗扇与窗框之间可采用类似飞机座舱密封的形式，窗扇与玻璃之间采用类似汽车风挡玻璃密封形式，有良好的气密性，优良的防尘、防水性能。这种节能木塑门窗的玻璃可采用中空玻璃（两层玻璃中间抽真空后，充入某种惰性气体），既保证冬季不起雾、不上霜，又保证良好的隔热、隔声性能，冬季可提高室温 3～5℃。

GB 50210—2011《建筑装饰装修工程质量验收规范》对木材质量、木门窗含水率有具体的要求；GB 18581—2009《室内装饰装修材料 溶剂型木器涂料中有害物质限量》规定了室内装修用硝基漆类、聚氨酯漆类和醇酸类木器漆中对人体有害物质允许限值。

（二）塑料门窗

它是一种具有良好隔热性能的通用型塑料。此种材料做窗框时内加钢衬，通常称为塑钢或 PVC 塑料窗。就热工性能来说，PVC 塑料窗可与木窗媲美。PVC 塑料窗不需要上漆，没有表面涂层会被破坏或是随着时间而消退，颜色可以保持至终，因此表面无需养护。它也可进行表面处理，如外压薄板或覆涂层，增加颜色和外观的选择。近年来的技术更是提高了其结构稳定性，以及抵抗由阳光和温度急剧变化引起的老化的能力。

塑料框材的传热性能差，保温隔热性能十分优良，节能效果突出，同时气密性、装饰性也好。塑料窗及塑料门的传热系数见表 3.14 和表 3.15。

表 3.14　塑料窗的传热系数

窗户类型		空气层厚度/mm	窗框窗洞面比/%	传热系数/[W/(m²·K)]
单框单玻璃		—	30～40	4.7
单框双玻璃		6～12		2.7～3.1
		16～20		2.6～2.9
双层窗		100～140		2.2～2.4
单框中空玻璃窗	双层	6		2.5～2.6
		9～12		2.3～2.5
	三层	9+9,12+12		1.8～2.0
单框单玻璃+单框双玻璃		100～140		1.9～2.1
单框低辐射空玻璃窗		12		1.7～2.0

表 3.15　塑料门的传热系数

门框材料	类型	玻璃比例/%	传热系数/[W/(m²·K)]
塑(木)类	单层板门	—	3.5
	夹板门、夹心门	—	2.5
	双层玻璃门	不限制	2.5
	单层玻璃门	＜30	4.5
	单层玻璃门	30～60	5.0

由于塑料（PVC）窗框自身的强度不高且刚性差，与金属材料窗比较，其抗风压性能较差，因此，以前很少使用单纯的塑料窗框。随着科技的发展，现在也出现很多很好的塑料窗。由于塑料本身的抗风压性能差，所以目前塑料窗都加强了抗风压性能，其方法主要是在型材内腔增加金属增强筋，或加工成塑钢复合型材，这样可明显提高其抗风压性能，适应一般气候条件（风速）的要求。但具体设计时，特别是在风速大的地区或高层建筑中，必须按照国标 GB 7106 进行计算，确定型材选择、加强筋尺寸等有关参数，这样能保证其抗风压性能符合要求。

硬质聚氯乙烯塑料（PVC）型材内部使用钢衬增强的塑钢型材，主要有如下特点。

① PVC 塑料具有低的传热系数，因而塑钢窗体具有很好的保温性能，但由于 PVC 型材内部有钢衬，因而在一定程度上会降低塑钢窗体的保温性能。

② PVC 塑料具有较好的耐腐蚀性，适用环境范围一般不受限制。

③ PVC 塑料线膨胀系数很高，窗体尺寸很不稳定，必然影响到门窗的气密性能。

④ PVC 塑料特有的冷脆性和耐高温性能差，使得塑钢门窗在严寒和高温地区使用受到限制。

⑤ PVC 型材弯曲弹性模量低，刚性差，不适宜大尺寸窗或高风压场合使用。

GB/T 8814—2014《门、窗用未增塑聚氯乙烯（PVC-U）型材》规定了以聚氯乙烯树脂为主要原料，经挤出成型的门、窗框用型材的技术要求、试验方法、检验规则、标志、包装、运输、贮存。该标准按是否暴露于建筑物外分为 A 类（室外）和 B 类（室内）。除尺寸、质量偏差外，对表 3.16 所示的力学性能提出技术要求。

表 3.16 PVC 型材力学性能指标

序号	项 目			指标	
1	硬度（HRR）		≥	85	
2	拉伸屈服强度/MPa		≥	37	
3	断裂伸长率/%		≥	100	
4	弯曲弹性模量/MPa		≥	1960	
5	低温落锤冲击（破裂个数）/个		≤	1	
6	维卡软化点/℃		≥	83	
7	加热后的状态			无气泡、裂痕、麻点	
8	加热后尺寸变化率/%			±2.5	
9	氧指数/%		≥	38	
10	高低温反复尺寸变化率/%			±0.2	
11	简支梁冲击强度 /（kJ/m²） ≥			A 类	B 类
		23℃±2℃		40	32
		−10℃±1℃		15	12
12	耐候性	简支梁冲击强度 /（kJ/m²） ≥		A 类	B 类
				28	22
		颜色变化/级 ≥		3	

（三）金属门窗

金属门窗主要是指钢型与铝合金型，在钢和铝合金的性能上有一定的相似性。因为它们传热性能都较好，所以其保温隔热性能都较差。当然经过特殊加工（断热处理）后，可明显提高其保温隔热性能。金属门和钢窗的传热系数见表 3.17 及表 3.18。

表 3.17 金属门的传热系数

门框材料	类型	玻璃比例/%	传热系数/ [W/(m²·K)]
金属	单层板门	—	6.5
	单层玻璃门	不限制	6.5
	单框双玻璃门	<30	5.0
	单框双玻璃门	30～70	4.5
无框	单层玻璃门	100	6.5

表 3.18 钢窗的传热系数

窗框材料	窗户类型	空气层厚度 /mm	窗框窗洞面积比 /%	传热系数 / [W/(m²·K)]
普通钢窗	单框双玻璃	6～12	12～30	3.9～4.5
		16～20		3.6～3.8
	双层窗	100～140		2.9～3.0
	单框中空玻璃窗	6		3.6～3.7
		9～12		3.4～3.5
	单框双玻璃	100～140		2.4～2.6

窗框材料	窗户类型	空气层厚度 /mm	窗框窗洞面积比 /%	传热系数 / [W/(m²·K)]
彩板钢窗	单框双玻璃	6~12	12~30	3.4~4.0
		16~20		3.3~3.6
	双层窗	100~140		2.5~2.7
	单框中空玻璃窗	6		3.1~3.3
		9~12		2.9~3.0
	单框单玻璃＋单框双玻窗	100~140		2.3~2.4

　　铝合金窗框轻质、耐用，容易根据窗户部件的需要挤塑成复杂的形状。铝合金的表面耐久性好且易于保养。与钢门窗比较，铝合金门窗框有更大的优点，并且又具有良好的耐久性和装饰性，故在门窗框使用上很受欢迎。同时铝合金门窗框的抗风压性也较好。

　　但是铝合金窗框的最大缺点在于它的高导热性，大大增加了窗户整体的传热系数。在炎热天气，由于太阳辐射的热往往比热传导严重得多，因此提高窗框的隔热值比采用高性能的玻璃系统显得次要；但在寒冷天气，普通的铝合金窗极易在窗框室内表面产生结露，结露问题甚至比热损失问题更加促使了铝合金窗框的改进。

　　对铝合金窗框的导热问题最常见的解决方法是设置"热隔断"，就是将窗框组件分割为内外两部分，再以不导热材料连接。这种隔热技术可大幅度降低铝合金窗框的传热系数。因此，这种隔热铝合金型材是由铝合金型材和低传热系数材料复合而成的，其主要特点如下。

　　① 低传热系数材料将铝合金型材隔断，形成冷桥，从而在一定程度上降低窗体的传热系数，因而隔热铝合金窗体具有较好的保温性能。

　　② 铝合金型材弯曲弹性模量高，刚性好，适宜大尺寸窗或高风压场合使用，但需注意的是，隔热铝合金型材由于存在断桥，其刚性有一定程度的降低。

　　③ 铝合金耐严寒和高温性能好，使得铝合金窗可以广泛使用在严寒和高温地区。

　　④ 铝合金型材线膨胀系数较高，窗体尺寸不稳定，对窗户的气密性能有一定影响。

　　⑤ 铝合金型材耐腐蚀性能差，使用环境范围受到限制。

　　铝合金窗的传热系数见表3.19。

表 3.19　铝合金窗的传热系数

窗框材料	窗户类型	空气层厚度 /mm	窗框窗洞面积比 /%	传热系数 / [W/(m²·K)]
普通铝合金	单框双玻璃	6~12	20~30	3.9~4.5
		16~20		3.6~3.8
	双层窗	100~140		2.9~3.0
	单框中空玻璃窗	6		3.6~3.7
		9~12		3.4~3.5
	单框单玻璃＋单框双玻璃	100~140		2.4~2.6
中空断热	单框双玻璃	6~12		3.1~3.3
		16~20		2.7~3.1
	单框中空玻璃窗	6		2.7~2.9
		9~12		2.5~2.6

用于铝合金门窗的铝合金型材需符合相应的国家标准：GB 5237.1—2008《铝合金建筑型材　第 1 部分：基材》《铝合金建筑型材　第 2 部分：阳极氧化型材》《铝合金建筑型材　第 3 部分：电泳涂漆型材》《铝合金建筑型材　第 4 部分：粉末喷涂型材》《铝合金建筑型材　第 5 部分：氟碳漆喷涂型材》《铝合金建筑型材　第 6 部分：隔热型材》。

断热冷桥型材有两种形式：穿条工艺和浇注工艺。穿条工艺是由两个隔热条将铝型材内外两部分连接起来，从而阻止铝型材内外热量的传导，达到节能的目的。它是来源于欧洲的技术，在市场上较为常见，据不完全统计数据表明：国内采用进口穿条生产设备和国产穿条生产设备的公司有近百家，正常生产的不到总数量的一半。

浇注工艺隔热节能技术起源于美国，1937 年 10 月，第一个描述铝合金材料如何进行隔热处理的专利诞生了。它的主要思想是将一种类似密封蜡的混合物浇注到门窗用铝材的中间进行隔热。与此同时，有关聚氨酯的专利在德国出现了。1952 年，另一个专利被公开发布。该专利的发明者的想法是用黏结或机械力压紧的方法将某种未成型的高分子绝热聚合物固定在铝合金型材专用的断热槽中。然后，就像今天大家看到的那样，将铝合金型材槽底连接部分切除，这种方法就是今天浇注工艺技术的雏形。目前，国内有不少厂家引进了浇注设备，其中包括进口和国产的，这些厂家大多是有穿条式设备的同时引进浇注式设备的。

（四）玻璃钢型材门窗

玻璃钢门窗是以玻璃纤维及其制品为增强材料，以不饱和聚酯树脂为基体材料，通过拉挤工艺生产出空腹型材，经过切割、组装、喷涂等工序制成门窗框，再装配上毛条、橡胶条及五金件制成的门窗。玻璃钢型材是类似于钢筋混凝土的一种复合结构体，是一种轻质高强材料，它同时具有铝合金型材的刚度和 PVC 型材较低的热传导性，是继木结构门窗、钢结构门窗、铝结构门窗及塑钢（PVC＋钢衬）门窗之后的一种具有绿色节能环保性能的新型节能窗框材料，其主要特点如下。

① 玻璃钢型材具有低的线膨胀系数，且和玻璃及建筑主体的线膨胀系数相近，窗体尺寸稳定，尤其在冷热差变化较大环境下，避免了热胀冷缩造成的窗户框与扇之间、窗体与玻璃和建筑物之间的缝隙，门窗的气密性能好。

② 玻璃钢型材具有较低的传热系数，因而玻璃钢窗体具有好的保温性能。

③ 玻璃钢型材对热辐射和太阳辐射具有隔断性，故玻璃钢窗体具有好的隔热性能。

④ 玻璃钢型材具有很好的耐腐蚀性，适用环境范围广泛。

⑤ 玻璃钢型材弯曲弹性模量较高，刚性较好，适宜较大尺寸窗或较高风压场合使用。

⑥ 玻璃钢型材耐严寒和高温性能好，使得玻璃钢门窗可以广泛使用在严寒和高温地区。

⑦ 由于玻璃钢型材内部树脂和纤维的结构特点，使其更具有微观弹性，有利于吸收声波，从而使玻璃钢窗体达到良好的隔音性能。

从表 3.20 可以看出，玻璃钢窗与铝合金窗、塑钢窗相比具有以下优势。

表 3.20　铝合金、塑钢、玻璃刚型材性能比较

项目	铝合金型材	PVC 塑料型材	玻璃钢型材
材质牌号	6063-T5：高温（500℃）挤压成型后快速冷却及人工时效，再经阳极氧化、电泳漆、喷涂等表面处理	硬聚氯乙烯：以 PVC 树脂为主要原料，与其他 15 种助剂和填料混合（185℃），经挤出机挤出成型	玻璃纤维增强塑料（FRP）：玻璃纤维浸透树脂后在牵引机牵引下通过加热模具高温固化成型
密度/（g/cm³）	2.7	1.4	1.9

续表

项目	铝合金型材	PVC 塑料型材	玻璃钢型材
抗拉强度/MPa	≥15.39	≥4.9	≥41.16
屈服强度/MPa	≥10.58	≥3.63	≥21.66
热膨胀系数/×10^{-6}℃$^{-1}$	21	85	8
热导率/[W/(m·K)]	203.5	0.43	0.3
抗老化性	优	良	优
耐热性	不变软	维卡软化温度≥83℃	不变软
耐冷性	无低温脆性	脆化温度为－40℃	无低温脆性
吸水性	不吸水	0.8%(100℃,24h)	不吸水
导电性	良导性	电绝缘体	电绝缘体
燃烧性	不燃	可燃	难燃
耐腐蚀性	耐大气腐蚀性好,但应避免直接与某些其他金属接触时的电化学腐蚀	耐潮湿、盐雾、酸雨,但应避免与发烟硫酸、硝酸、丙酮、二氯乙烷、四氯化碳及甲苯等直接接触	耐潮湿、盐雾、酸雨
抗风压/Pa	2500~3500(Ⅲ~Ⅰ级)	1500~2500(Ⅴ~Ⅲ级)	3500Ⅰ级
水密性/Pa	150~350(Ⅳ~Ⅱ级)	50~150(Ⅴ~Ⅳ级)	150~350(Ⅳ~Ⅱ级)
气密性/[m³/(m·h)]	Ⅲ级	Ⅰ级	Ⅰ级
隔声性	良	优	优
使用寿命/年	20	15	30
防火性	防火性能好	防火性差,燃烧后释放氯(毒)气	防火性能好
装饰性	多种质感色彩,装饰性好	单一白色,装饰性较差	多种质感色彩,装饰性好
耐久性	无机材料高度稳定,不老化	有机分子材料会老化	复合材料高度稳定,不老化
稳定性	尺寸稳定性好	易变形,尺寸稳定性差	尺寸稳定性好
保温效果	差	好	好

① 轻质高强　玻璃钢型材的密度在 1.9g/cm³ 左右,约为铝密度的 2/3,比塑钢型材略大,属轻质材料。而玻璃钢型材抗拉强度大约是 41.16MPa,拉伸强度与普通碳钢接近,弯曲强度及弯曲弹性模量是塑钢型材的 8 倍左右,是铝合金的 2~3 倍。而抗风压能力达到国标 GB/T 7106 Ⅰ级水平,与铝合金窗相当,比塑钢窗高约两个等级。

② 密封性好　在密封性方面,玻璃钢窗在组装过程中角部处理采用胶粘加螺接工艺,同时全部缝隙均采用橡胶条和毛条密封,玻璃钢型材为空腹结构,因此密封性能好。其气密性达国标 GB/T 7106 Ⅰ级水平。塑钢窗的气密性与其相当,铝合金窗则要差一些。在水密性方面,塑钢窗由于材质强度和刚性低,水密性要比玻璃钢窗和铝合金窗低两个等级。

③ 隔热保温、节能　玻璃钢型材热导率低,室温下为 0.3~0.4W/(m·K),与塑钢窗相当,远远低于铝合金型材,是优良的绝热材料。玻璃钢型材的热膨胀系数为 8×10^{-6}℃$^{-1}$,与墙材、玻璃的线膨胀系数相当,在冷热差变化较大的环境下,不易与建筑物及玻璃之间产生缝隙,更提高了其密封性,加之玻璃钢型材为空腹结构,所有的缝隙均有胶条、毛条密封,因此隔热保温效果显著。保温性达国标 GB 8482 Ⅱ级水平。对于冬季比较

寒冷的北方、夏季比较炎热的南方（装空调），玻璃钢门窗都是最好的选择，其保温、节能性能与塑钢窗大致相当，好于铝合金窗。

④ 尺寸稳定　玻璃钢窗的热胀系数为 $21 \times 10^{-6} ℃^{-1}$，约是铝合金 1/3，塑钢的 1/10，不会因昼夜或冬夏温差变化而产生挤压变形问题。在耐热性、耐冷性、吸水性方面，玻璃钢型材和铝合金型材相当，遇热不变形，无低温冷脆性，不吸水，窗框尺寸及形状的稳定性好。而塑钢窗易受热变形、遇冷变脆及形状稳定性差，往往需要利用玻璃的刚性来防止窗框的变形。

⑤ 耐腐蚀、耐老化　在耐腐蚀方面，玻璃钢窗是优良的耐腐蚀材料，对酸、碱、盐、大部分有机物、海水以及潮湿都有较好的抵抗力，对于微生的作用也有抵抗的性能，适合用于多雨、潮湿和沿海地区以及化工场所。铝合金窗耐大气腐蚀性好，但应避免直接与某些其他金属接触时的电化学腐蚀，塑钢窗耐潮湿、盐雾、酸雨，但应避免与发烟硫酸、硝酸、丙酮、二氯乙烷、四氯化碳及甲苯等有机溶剂直接接触。在耐老化方面，玻璃钢型材为复合材料，铝合金型材是高度稳定的无机材料，两者的耐老化性能优良，而塑钢型材为有机分子材料，在紫外线作用下，大分子链断裂，使材料表面失去光泽，变色粉化，型材的力学性能下降。

⑥ 装饰性好　玻璃钢和铝合金型材硬度高，经砂光后表面光滑、细腻，易涂装。可涂装各种涂料，颜色丰富，耐擦洗、不褪色，观感舒适。而塑钢窗作为建筑外窗，只能以白色为主。因为白色或浅灰色塑钢型材耐候性和光照稳定性较好，不宜吸热。着色上各种颜色的塑钢型材耐热性、耐候性大大降低，只适于室内使用。

⑦ 防火性好　相比而言，玻璃钢窗加入了无机阻燃物质，属难燃材料，铝合金窗完全不燃，而塑钢窗的防火性与两者相比是差的，在火灾作用下，遇到明火后可进行缓慢地燃烧，并且在燃烧时释放氯气（毒气）。

⑧ 使用寿命长　在正常使用条件下，玻璃钢窗的使用寿命达 30 年，与铝合金窗的 20 年、塑钢窗的 15 年使用寿命相比较是长的，大大减少了更换门窗的费用和麻烦。玻璃钢节能门窗性能见表 3.21。

表 3.21　玻璃钢节能门窗性能

门窗型号		玻璃配置 （白玻璃）	抗风压 性能 p /kPa	水密 性能 Δp/Pa	气密性能		保温性能	隔声 性能 /dB
					q_1 / [m³/(m·h)]	q_2 / [m³/(m²·h)]	传热系数 / [W/(m²·K)]	
G 型	50 系列 平开窗	4+9A+5	3.5	250	0.10	0.3	2.2	35
	58 系列 平开窗	5+12A+ 5Low-E	5.3	250	0.46	1.20	2.2	36
	58 系列 平开窗	5+9A+4+ 6A+5	5.3	250	0.46	1.20	1.8	39
	58 系列 平开窗	5Low-E+12A+ 4+9A+5	5.3	250	0.46	1.20	1.3	39
	58 系列 平开窗	4+V(真空)+4 +9A+5	5.3	250	0.46	1.20	1.0	36

注：依据北京房云盛玻璃钢有限公司检测资料编制。

（五）复合型门窗

复合型门窗框主要由两种或两种以上单一材料构成，是一类综合性能很好的新型门窗。从表3.19可进一步看出金属材料钢、铝合金和非金属材料呈现明显的互补性，其中钢、塑料尤为明显，互相弥补了各自性能的不足。因此，如果能够制成金属与非金属相互复合的门窗框架，其门窗性能一定会得到全面优化。由于塑料的可塑性，可以充分利用塑料型材制成复杂断面的性能，从而为安装封条和镶嵌条提供最佳断面，以大幅度地提高门窗制品的气密性和水密性。在具体的门窗设计中，可以将金属框材面向室外，将塑料框朝向室内。这一方面可满足建筑外观要求，另一方面还可以使室内侧免于暴露金属表面，有利于防止结露和触摸时冰凉的不适感。塑料框材布置在室内可避免阳光直射，减少老化，延长寿命。此外，塑料型材可制成多种颜色，由于无阳光直射之虞，可充分满足室内装饰要求。另外，金属框架的设计可以充分考虑其刚性，发挥其防盗、防火的优越性，从而弥补全塑料门窗框在这方面的不足。当然两种型材相互复合工艺随金属材料的不同而改变，一般钢塑型材复合多采用机械和化学综合方法，而铝塑型材复合多以插接压锁工艺为主。复合型材要求连接缝隙严密防水，在受力时又能起共同抗弯作用，效果良好。钢塑窗的综合性能见表3.22，铝塑节能门窗的性能见表3.23。

表3.22　钢塑窗的综合性能

窗型	抗风强度/kPa	保温性/[W/(m²·K)]	气密性/[m³/(m·h)]	水密性/Pa	防火性	防盗性
高保温窗型（三玻璃或两玻璃一膜）	>3.5（Ⅰ级）	2.3（Ⅰ～Ⅱ级）	<0.5（Ⅰ级）	Ⅱ～Ⅲ级	优	优
中保温窗型（双玻璃）	>3.5（Ⅰ级）	3.0（Ⅱ级）	<0.5（Ⅰ级）	Ⅱ级	优	优
低保温窗型（双玻璃）	>3.0（Ⅱ级）	3.3（Ⅱ级）	1.40（Ⅱ级）	Ⅱ～Ⅲ级	优	优

表3.23　铝塑节能门窗的性能

门窗型号		玻璃配置（白玻璃）	抗风压性能 p /kPa	水密性能 Δp/Pa	气密性能		保温性能	隔声性能/dB
					q_1 /[m³/(m·h)]	q_2 /[m³/(m²·h)]	传热系数/[W/(m²·K)]	
H型	50系列平开窗	5+9A+5	≥4.5	≥350	≤1.5	≤4.5	2.7～2.9	≥30
		5+12A+5	≥4.5	≥350	≤1.5	≤4.5	2.3～2.6	≥32
		5+12A+5Low-E	≥4.5	≥350	≤1.5	≤4.5	1.8～2.0	≥32
		5+12A+5+12A+5	≥4.5	≥350	≤1.5	≤4.5	1.6～1.9	≥35
		5+12A+5+12A+5 Low-E	≥4.5	≥350	≤1.5	≤4.5	1.2～1.5	≥35

研究表明，复合型门窗框能有效起到节能的作用。而其中钢塑复合门窗已有高、中、低三个档次系列。在不同地区的热工实测证明性能稳定，保温节能效果良好。同时研究不同复合型门窗框已取得理想的效果，复合型门窗框已得到更进一步的推广。

目前，在门窗框的选用上，木材、塑料、钢、铝合金、玻璃钢门窗产品性能均受到其框材性能的制约，性能方面都存在不同的缺点。从建筑节能的角度看，注重门窗的保温隔热性能固然十分重要，但也要考虑其他性能，根据工程的实际情况来选择综合性能相适宜的门窗类型。在有利于节能的门窗框材发展中，多采用复合材料，这样既能发挥各种材料的优点，又能弥补自身的不足，在门窗的设计中应当提倡材料的多样互补性。现在形成了钢塑组合、铝塑组合、合金与塑料组合等多种复合材料的门窗框。根据经济性和节能效果来说，复合型门窗是现在推广节能项目中很好的材料。

二、镶嵌材料

目前，玻璃及其制品是常用的镶嵌材料，由于窗户的功能性要求，镶嵌材料需要很好的透光性，玻璃及其相应的透过材料是很好的选择。

现代建筑不但对建筑物美观性和适用性提出要求，而且对建筑物的采光节能性能提出更多的要求。在采用大面积玻璃门窗时，应对节能性能应给予足够的重视。从节能的要求考虑，门窗玻璃应能够控制太阳辐射和黑体辐射。太阳辐射分为紫外光、可见光、近红外光，其能量主要集中在 $0.4\sim0.7\mu m$ 的可见光和 $0.7\sim2.5\mu m$ 的近红外光，分别占总太阳辐射能量的 43% 和 41%。这里所提的黑体辐射，通常讲的就是温度较高的物体散发的热，如冬季暖气设备发出的热、温热的墙壁发出的热等。温度越高的物体发出的热量越大。也就是黑体辐射强度越高。在讨论门窗玻璃的节能问题时，最大的黑体辐射源是取暖设备，另外还有周围环境物体散发的热量。黑体散发的热除了称作黑体辐射外，还称作热辐射、远红外辐射，三者的含义相同。对与玻璃有关的光学热工参数名词介绍如下。

① 玻璃表面辐射率：也称为 E 值。从 Low-E 玻璃开始这一词汇就频繁地被使用，它是判断是否为 Low-E 玻璃的标准，也是表征节能特性的重要指标，直接影响着玻璃传热系数的大小。定义为玻璃表面单位面积辐射的热量同单位面积黑体在相同温度、相同条件下辐射热量之比，数据范围为 $0\sim1$。辐射率越低，玻璃吸收热量的能力越低，反射热量能力越强。

② 可见光透射比（light transmittance）：简写为 Tvis，是最早被普及使用的玻璃光学性能参数。这一指标不仅影响着建筑的通透效果，还直接影响着室内的照明能耗，所以在《公共建筑节能设计标准》中提出了"当窗墙比小于 0.4 时，玻璃的可见光透射比不应小于0.4"的限制要求。

③ 可见光反射比（light reflectance）：可简写为 Rvis，主要用于限制玻璃幕墙的反射"光污染"现象。在《玻璃幕墙光学性能》标准中做了如下限定："玻璃幕墙应采用反射比不大于 0.30 的幕墙玻璃"，"主干道、立交桥、高架路两侧建筑物高 20m 以下部分、其余路段高 10m 以下部分如使用玻璃幕墙，应采用反射比不大于 0.16 的玻璃"。

④ 太阳光直接透射比（solar direct transmittance）：缩写为 Tsol，指在太阳光谱（300～2500nm）范围内，直接透过玻璃的太阳能强度与入射太阳能强度的比值。它包括了紫外、可见和近红外能量的透射程度，但不包括玻璃吸收直接入射的太阳光能量后向外界的二次传递的能量部分。

⑤ 太阳光直接反射比（solar direct reflectance）：缩写为 Rsol，指在太阳光谱（300～2500nm）范围内，玻璃反射的太阳能强度与入射太阳能强度的比值。在实际使用中，此项指标控制的是玻璃幕墙所形成的反射"热污染"，因为太阳光中的可见光和近红外光都能形成热量，尤其是在外形具有凹面结构的玻璃幕墙上，会形成一个"太阳灶"的效果，将热量汇集于一小块区域，该区域及附近的环境就会受到严重的加热影响。

⑥ 紫外线透射比（UV-transmittance）：通常缩写为 Tuv，指在紫外线光谱（280～

380nm）范围内，透过玻璃的紫外线光强度与入射光强度的百分比。由于太阳光中的紫外线对皮肤和家具油漆表面有损害，所以在设计大面积窗户和采光顶时，对此指标要予以限制，普通6mm白玻璃的紫外线透过率在60%左右，降低紫外线透过率的最好办法是用PVB胶片做夹胶玻璃，用两片3mm白玻璃中间加上PVB胶片能够把Tuv降低到5%。

⑦ 太阳能总透射比（total solar energy transmittance）：也称为太阳得热系数（SHGC）、得热因子、g值等，是通过门窗或幕墙构件的室内得热量的太阳辐射与投射到门窗或幕墙构件上的太阳辐射的比值。太阳能总透射比包括太阳光直接透射比（Tsol）和被玻璃及构件吸收的太阳辐射再经传热进入室内的得热量。这一指标是建筑节能计算中的重要参考因素，直接影响着室内的采暖能耗和制冷能耗。但是人们在选购玻璃时习惯上使用遮阳系数数据来体现太阳光总透射比的高低。

⑧ 遮阳系数（shading coefficient）：缩写为SC，在GB/T 2680中称为遮蔽系数（缩写为Se）。遮阳系数是在建筑节能设计标准中对玻璃的重要限制指标，指太阳辐射能量透过窗玻璃的量与透过相同面积3mm透明玻璃的量之比。SC通过样品玻璃太阳能总透射比除以标准3mm白玻璃的太阳能总透射比（GB/T 2680中理论值取0.889，国际标准中取0.87）进行计算，即SC＝SHGC÷0.87（或0.889）。遮阳系数越小，阻挡阳光热量向室内辐射的性能越好。但只在炎热气候地区和大窗墙比时，低遮阳系数的玻璃才有利于节能，在寒冷地区和小窗墙比时，高遮阳系数的玻璃更有利于利用太阳热量降低采暖能耗而实现节能。

⑨ 相对增热量：是指综合考虑温差传热和太阳辐射对室内的影响，通过玻璃获得和散失的热量之和。相对增热量＝（室外温度－室内温度）×传热系数K＋太阳照射强度×遮阳系数SC×0.87。该值大于0时，表示室内获得的热量越来越多；小于0时，表示室内向外散失的热量越来越多。天气炎热时室外温度高，公式第一项为正值，向室内传热，此时K值和SC越小，玻璃相对增热量越小，有利于降低制冷能耗。天气寒冷时室外温度低，公式第一项为负值，向室外传热，第二项表示太阳辐射向室内传热，则SC越大，太阳辐射进入的热量越有利于弥补向室外散失的热量。所以在寒冷气候时，玻璃的SC值越高，越能减少采暖能耗。

⑩ 传热系数：简称为K值或U值（对于玻璃而言，两者仅是简称不同而已）。传热系数是建筑节能设计标准对玻璃的重要限定值，指在稳定传热条件下，玻璃两侧空气温差为1℃时，单位时间内，通过$1m^2$玻璃的传热量，以$W/(m^2 \cdot K)$或$W/(m^2 \cdot ℃)$表示。国外的U值以英制单位表示为$Btu/(h \cdot ft^2 \cdot ℉)$，英制单位$U$值乘以5.678的转换系数得到公制单位$U$值。传热系数越低，说明玻璃的保温隔热性能越好。单片普通玻璃的传热系数约为$5.8W/(m^2 \cdot K)$，单片耀华Low-E的传热系数约为$3.6W/(m^2 \cdot K)$；普通6＋12＋6中空玻璃的传热系数约为$2.9W/(m^2 \cdot K)$，相同配置的Low-E中空玻璃传热系数在$1.9W/(m^2 \cdot K)$以下。

目前在建筑门窗上使用着各种各样的玻璃，主要种类的构成与特性如下。

（一）平板玻璃

常用的平板玻璃制造方法有浮法和引上法，其中利用浮法工艺生产出来的平板玻璃称为浮法玻璃。生产方法是以海砂、硅砂、石英砂岩粉、纯碱、白云石等为原料，在熔窑里经过1500～1570℃高温熔化后，将玻璃液引成板状进入锡槽，再经过纯锡液面上延伸入退火窑，逐渐降温退火，切割而成。平板玻璃具有表面平整光洁、厚度均匀、极小的光学畸变的特点。

GB 11614—2009《平板玻璃》将平板玻璃按颜色属性分为无色透明平板玻璃和本体着色平板玻璃。按外观质量分为合格品、一等品和优等品。

平板玻璃要求与试验方法见表 3.24，其中对尺寸偏差、对角线差、厚度偏差、厚薄差、外观质量和弯曲度要求为强制性的。

表 3.24 平板玻璃要求与试验方法

要求项目		质量要求	
尺寸偏差		平板玻璃应切裁成矩形,其长度和宽度尺寸偏差不超过 GB 11614—2009 中表 2 的要求	
对角线差		对角线差应不大于其平均长度的 0.2%	
厚度偏差		见 GB 11614—2009 中表 3	
厚薄差		见 GB 11614—2009 中表 3	
外观质量	点状缺陷	见 GB 11614—2009 中表 4	
	点状缺陷密集度	尺寸大于 0.5mm 的点状缺陷最小间距不小于 300mm,直径为 100mm 圆内尺寸≥0.3mm 的点状缺陷不超过 3 个	
	线道、裂纹	不允许	
	划伤	宽度≤0.5mm,长度≤60mm,允许条数 3S①	
光学变形	公称厚度	无色透明平板玻璃	本体着色平板玻璃
	2mm	≥40°	≥40°
	3mm	≥45°	≥40°
	≥4mm	≥50°	≥45°
表面缺陷		公称厚度不超过 8mm 时,不超过玻璃板的厚度;8mm 以上时,不超过 8mm	

①S 为以平方米为单位的玻璃板面积数。保留小数点后两位,气泡、夹杂物的个数及划伤条数允许范围为各系数与 S 相乘所得的数值,应按 GB/T 8170 修约至整数。

（二）吸热玻璃

能吸收大量红外线辐射能而又保持良好可见光透过率的平板玻璃称为吸热玻璃。它是在普通钠硅酸盐玻璃中引入有着色作用的氧化物，如氧化铁、氧化镍、氧化钴以及硒等，使玻璃着色而具有较高的吸热性能；或在玻璃表面喷涂氧化锡、氧化锑、氧化铁、氧化钴等着色氧化膜而制成。根据玻璃的设计、厚度不同有不一样的传热系数。吸热玻璃在建筑工程中应用广泛，凡是既需采光又需隔热之处，均可采用。吸热玻璃的性能特点如下。

① 吸收太阳的辐射热。吸热玻璃的颜色和厚度不同，对太阳的辐射热吸收程度也不同。可根据不同地区日照条件选择使用不同颜色的吸热玻璃。如 6mm 蓝色吸热玻璃能挡住 50% 左右的太阳能辐射。

② 吸收太阳大部分的可见光。如 6mm 厚的普通玻璃能透过 78% 的太阳可见光，同样厚度的古铜色镀膜玻璃仅能透过 26% 的太阳可见光。

③ 吸收太阳的紫外线。除了能吸收红外线外，还可以显著减少紫外线的透射，降低对人体与物体的损害。

④ 具有一定的透明度，能清晰地观察室外景物。

⑤ 色泽经久不变。

吸热玻璃的光学性能用可见光透射比和太阳光直接透射比来表述，两者的数值换算成为 5mm 标准厚度的值后，需符合表 3.25 的要求。

表 3.25 吸热玻璃的光学性质

颜 色	可见光透射比/% ≥	太阳光直接透射比/% ≤
茶色	42	60
灰色	30	60
蓝色	45	70

（三）钢化玻璃

在钢化炉中将普通平板玻璃、浮法玻璃、磨光玻璃、吸热玻璃等，加热至接近软化点时，用高速吹风骤冷而制成钢化玻璃，其具有较高的抗弯强度、抗机械冲击和抗热震性能。破碎后，碎片不带尖棱角，可以减少对人的伤害。钢化玻璃不能进行机械切割、钻孔等加工。可适用于建筑物的门窗中、隔墙与幕墙。

钢化玻璃按生产工艺分为垂直法钢化玻璃（在钢化过程中采取夹钳吊挂的方式生产出来的钢化玻璃）和水平法钢化玻璃（在钢化过程中采取水平辊支撑的方式生产出来的钢化玻璃）。

钢化玻璃的各项性能及其试验方法应符合 GB 15763.2—2009《建筑用安全玻璃 第 2 部分：钢化玻璃》相应条款的规定，其中安全性能要求为强制性要求。

（四）夹层玻璃

夹层玻璃是将两片或多片普通平板玻璃、浮法玻璃、磨光玻璃、吸热及热反射玻璃或钢化玻璃等之间嵌夹聚乙烯醇缩丁醛塑料薄膜，经过加热、加压黏合成平形或弯形的复合玻璃制品。中间层是介于玻璃之间或玻璃与塑料材料之间起黏结和隔离作用的材料，使夹层玻璃具有抗冲击、阳光控制、隔音等性能。

夹层玻璃透明性好，抗冲击机械强度要比普通平板玻璃高出几倍。当玻璃被击碎后，由于中间有塑料衬片的黏合作用，仅产生辐射状的裂纹，而不落碎片。夹层玻璃还有耐光、耐热、耐湿、耐寒等特点。

夹层玻璃的有关技术要求及其试验方法参照 GB 15763.3—2009《建筑用安全玻璃 第 3 部分：夹层玻璃》。

（五）压花玻璃

压花玻璃又称花纹玻璃或滚花玻璃，是由双辊压延机连续压制出的一面平整、一面有凹凸花纹的半透明玻璃。它具有透光、不透明的特点，可使室内光线柔和悦目，在灯光照耀下，显得格外晶莹，具有良好的装饰效果。压花玻璃主要用于室内的间壁、窗门、会客室、浴室、洗脸间等需要透光装饰又需遮断视线的场所。

（六）夹丝玻璃

夹丝玻璃是在连续压延法生产时，将六角拧花金属网丝板从玻璃熔窑流液口下送入到引出的玻璃带上，经过对辊压制使其平行地嵌入玻璃板中间而制成。夹丝玻璃具有均匀的内应力和一定的抗冲击强度及耐火性能，当受外力作用超过本身强度，而引起破裂时，碎片仍连在一起，不致伤人，具有一定的安全作用。夹丝玻璃的透光率大于 60%。

（七）磨砂玻璃

磨砂玻璃又称毛玻璃，采用普通平板玻璃经研磨、抛光加工制成，有双面磨砂和单面磨砂之分，具有透光而不透明的特点。由于光线通过磨砂玻璃后形成漫射，具有避免炫目的优点。

（八）中空玻璃

中空玻璃是指将两片或多片玻璃有效支撑，均匀隔开，并周边粘接密封，使玻璃层间形成有干燥气体空间的制品。

可以根据要求选用各种不同性能的玻璃原片，如透明浮法玻璃、压花玻璃、彩色玻璃、镜面反射玻璃、钢化玻璃等与边框（铝框或玻璃条等）经胶接、焊接或熔结而制成，具有良好的保温、隔热、隔声等性能。如在玻璃之间充以各种漫射光材料或电介质材料等，则可以获得更好的声控、光控、隔热等效果。中空玻璃主要用于需要采暖、空调、防止噪声、结露及需要无直射阳光和特殊光的建筑上，广泛用于住宅、饭店、宾馆、办公楼、学校、医院、商店等需要室内空调的场合，也可用于火车、汽车、轮船的门窗等处。典型中空玻璃如图3.18和图3.19所示。

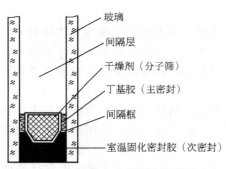

图3.18　中空玻璃构造示意图　　　　　　　图3.19　中空玻璃示意图

中空玻璃的有关技术性能指标如外观质量、平面中空玻璃的最大允许叠差、水汽密封耐久性、露点要求、充气中空玻璃初始气体含量、耐紫外线辐照性能、充气中空玻璃气体密封耐久性等见国家标准GB/T 11944—2012《中空玻璃》。该标准还同时规定了相应的试验方法。

（九）热镜中空玻璃

热镜中空玻璃堪称是目前世界上最为节省能源的玻璃产品，由美国韶华科技公司（Southwall Technologies）于1970年引用太空科技开发研制。超级热镜中空玻璃的U值可达0.91，是目前最兼具冬暖夏凉功效的节能玻璃产品。自1981年起，全球已经有超过1000万平方米的热镜中空玻璃被使用在世界各大著名建筑物上。如今这种性能优异、节能的玻璃产品已来到中国。

热镜中空玻璃由两层玻璃与一张特殊的热镜薄膜组合，并由双层特种隔离条分隔形成一种特殊的双中空结构，并采用双层硅胶密封。如有特殊需要，则采用中间隔热层充以氢气或氩气。另外，热镜中空玻璃采用特种隔离条，此种间隔条的传热系数仅为0.43W/(m² · K)，仅为铝制间隔条传热系数的1/5，可以更为有效地阻隔热量传导。热镜中空玻璃构造如图3.20所示。

热镜中空玻璃的优异特性表现如下。

① 高透光率热镜中空玻璃的透明度与一般中空玻璃无异，一般在线 Low-E 玻璃的可见光透射率为 60%，离线双中空 Low-E 玻璃的可见光透射率为 65%，热镜的可见光透射率为 70%。

② 防止结露热镜优异的保温性能使温差保持在中空层的两侧，从而减少内片玻璃的热量散失或积累。热镜中空玻璃的内部温度与室内温度接近，从而可达到防止结露的效果。

③ 阳光控制热镜中空玻璃产品可以运用各种可见光透过率的光谱选择性反射薄膜，以满足不同的采光和阳光遮蔽设计要求。

④ 隔热保温。由于热镜中空玻璃独特的双中空结构有效地防止通过热传导的能量损失，使其成为高温差条

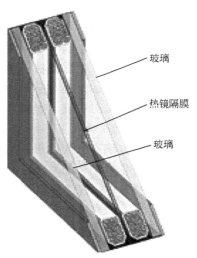

图 3.20　热镜中空玻璃构造

件下隔热保温玻璃的最佳选择。隔热保温效果大大优于普通中空玻璃。据测试，同样的 24mm 的一般中空玻璃与热镜中空玻璃，在 250W 的红外线灯照射下，10s 后，普通中空玻璃背温达到 51℃，热镜背温为 23℃；60s 后，前者达到 74℃，后者仅为 25℃。薄膜双中空玻璃（SC75）的 U 值可达到 1.24；超级热镜中空玻璃（TC88）的 U 值可达到 0.91。

⑤ 高效屏蔽紫外线热镜中空玻璃产品可以选择各种可见光透过率的光谱选择性反射薄膜，薄膜中集成了高效紫外吸收剂，可以屏蔽 99.5% 有害的紫外线辐射入室。

⑥ 高效隔音消除一般中空玻璃共振共鸣的缺点，至少增加 5dB 值的隔音性能，据测试，普通中空玻璃可隔绝 29dB 左右的噪声，而热镜可隔绝 34.5dB 左右的噪声。

⑦ 有效节省能源。热镜中空玻璃的可见光透射率为 70%，可减少室内照明；其良好的隔热保温效能又可有效降低夏季空调与冬季暖气的庞大电费和能源支出。

不仅如此，热镜中空玻璃用于斜面采光顶也有非常明显的优势，因为普通中空玻璃安装在垂直面的幕墙上与安装在斜面或平面的采光天窗上，其热传透率（K 值）均会流失 30% 以上，但热镜中空玻璃仅在 3% 以下。而且在斜面的采光天窗上，其热控制性能尤其出色。

在竖直安装的中空玻璃中，由于气体分子的上下运动路径远长于横向运动，垂直于玻璃方向的对流热传导较少。

当中空玻璃倾斜时，由于上下方向的分子运动路径缩短，垂直于玻璃方向的对流热传导增加。

在热镜结构中，由于热镜薄膜阻挡了气体分子上下运动的路径，垂直于玻璃方向的对流热传导显著降低。例如，使用 HM66 的中空玻璃从竖直到 27°斜置，隔热系数只降低 3%；而中空玻璃在同样情况下隔热系数降低了 31%，多达 5 倍。

而且，热镜中空玻璃还具有优异的翻新重建的操作性能。热镜中空玻璃具有与普通中空玻璃相似的重量、厚度和力学性能。同时完全适应建筑环保要求，除中间镀层需焚化处理外，其余组成部分均可回收利用。

热镜中空玻璃的适用范围广泛。热镜中空玻璃拥有极优的冬日保温、夏日隔热功效，适于全球各气候带的区域使用。广泛应用于建筑门窗、玻璃幕墙、斜面采光部位等一切商用及民用建筑，如游泳馆、室内滑冰场，或对温度控制及防止结露、节能环保有很高要求的地方，如高级超市陈列柜、医疗用冷冻冷藏设备。

（十）镀膜玻璃

镀膜玻璃是在玻璃表面上镀以金、银、铝、铬、镍、铁等金属或金属氧化薄膜或非金属氧化物薄膜；或采用电浮法、等离子交换法，向玻璃表面层渗入金属离子以置换玻璃表面层原有的离子而形成。具有突出的光、热效果，其品种主要有热反射玻璃（又称为阳光控制镀膜玻璃）和低辐射玻璃，我国目前均能生产。

1. 热反射玻璃

低辐射玻璃有较高的可见光透过率和良好的热阻性能，可让80％左右的可见光直射入室内而获得很好的采光效果，并对阳光中的长波部分（350～1800nm）有良好的反射作用，同时又能将90％左右的室内物体的红外辐射热保留在室内，起到保温作用。此外，它还能阻隔紫外线，避免室内物体褪色、老化。目前该产品在美国、德国等发达国家应用较多。

热反射玻璃对太阳辐射有较高的反射能力，热反射率达30％左右，并具有单向透像的特性。由于其面金属层极薄，使它在迎光面具有镜子的特性，而在背光面则又如窗玻璃那样透明。对建筑物内部起遮蔽及帷幕的作用，建筑物内可不设窗帘。但当进入内部，人们看到的是内部装饰与外部景色融合在一起，形成一个无限开阔的空间。

GB/T 18915.1—2013《镀膜玻璃　第1部分：阳光控制镀膜玻璃》对热反射玻璃的外观、光学性能、耐酸碱、耐磨、颜色均匀性能等均作了规定。

2. 低辐射镀膜玻璃（Low-E玻璃）

（1）Low-E玻璃的定义　低辐射镀膜玻璃又称Low-E玻璃，是指表面镀上拥有极低表面辐射率的金属或其他化合物组成的多层膜层的特种玻璃。Low-E玻璃具有两个显著特点：一是极低的表面辐射率；二是极高的远红外（热辐射）反射率。Low-E玻璃既可阻挡玻璃吸热升温后以辐射形式从膜面向外散热，也可直接反射远红外热辐射。

（2）Low-E玻璃的基本原理　太阳辐射能量的97％集中在波长为$0.3\sim2.5\mu m$范围内，这部分能量来自室外；100℃以下物体的辐射能量集中在$2.5\mu m$以上的长波段，这部分能量主要来自室内。

若以室窗为界的话，冬季或在高纬度地区我们希望室外的辐射能量进来，而室内的辐射能量不要外泄。若以辐射的波长为界的话，室内、室外辐射能的分界点就在$2.5\mu m$这个波长处。3mm厚的普通浮法白玻璃对太阳辐射能具有87％的透过率，白天来自室外的辐射能量可大部分透过；但夜晚或阴雨天气，来自室内物体热辐射能量的89％被其吸收，使玻璃温度升高，然后再通过向室内、外辐射和对流交换散发其热量，故无法有效地阻挡室内热量泄向室外。因此，选择具有一定功能的室窗就成为关键。

辐射率是指某物体的单位面积辐射的热量与单位面积黑体在相同温度、相同条件下辐射热量之比。辐射率定义是某物体吸收或反射热量的能力。理论上完全黑体对所有波长具有100％的吸收，即反射率为零，因此黑体辐射率为1.0。普通玻璃的表面辐射率在0.84左右，Low-E玻璃的表面辐射率为0.08～0.15。

Low-E玻璃的低辐射膜层厚度不到头发丝的1/100，但其对远红外热辐射的反射率却很高，能将80％以上的远红外热辐射反射回去，而普通透明浮法玻璃、吸热玻璃的远红外反射率仅在12％左右，所以Low-E玻璃具有良好的阻隔热辐射透过的作用。冬季，它对室内暖气及室内物体散发的热辐射，可以像一面热反射镜一样，将绝大部分热量反射回室内，保证室内热量不向室外散失，从而节约取暖费用。夏季，它可以阻止室外地面、建筑物发出的热辐射进入室内，节约空调制冷费用。Low-E玻璃的可见光反射率一般在11％以下，与普通白玻璃相近，低于普通阳光控制镀膜玻璃的可见光反射率，可避免造成反射光污染。正是由于 Low-E 玻璃的这些优良特性，所以称其为绿色、节能、环保的建材产品。

Low-E 玻璃对阳光中的红外热辐射部分有较高的反射率，对可见光部分则有较高的透过率。与热反射镀膜玻璃相比，当两者具有相同遮阳作用时（SC 相等），Low-E 玻璃可获得较高的可见光透过率和较低的反射率，可避免室内白天无谓的人工照明和室外所谓的"光污染"。换句话说，当两者可见光透过率相等时，Low-E 玻璃比热反射镀膜玻璃有更好的遮阳效果（SC 低 30％左右）。

通过对膜层的适当调整，可制作出分别适用于北方寒冷地区或南方温热地区，或具有不同颜色，或具有不同光学参数的多种类型的 Low-E 玻璃。

适用于北方地区使用的 Low-E 玻璃具有较高的阳光透过率，为的是在冬季白天让更多的阳光直接进入室内。同时，它仍具有很低的表面辐射率和极高的远红外反射率。

适用于南方地区使用的 Low-E 玻璃具有较多的阳光遮挡效果（以遮阳系数 SC 表示）。与热反射镀膜玻璃一样，Low-E 玻璃的阳光遮挡效果也有多种选择，而且在同样可见光透过率情况下，它比热反射镀膜玻璃多阻隔太阳热辐射 30％以上。

Low-E 中空玻璃不论在冬夏、有无阳光照射都能起到良好的隔热作用，故是目前世界上公认最理想的窗玻璃材料。Low-E 膜的以上两个特性与中空玻璃对热的对流传导的阻隔作用相配合，便构成了绝热性极好的 Low-E 中空玻璃。它可阻隔热量从热的一端向冷的一端传递。即冬季阻挡室内的热量泻向室外，夏季阻挡室外热辐射进入室内。Low-E 中空玻璃对 $0.3\sim2.5\mu m$ 的太阳能辐射具有 60％以上的透过率，白天来自室外辐射能量可大部分透过，但夜晚和阴雨天气，来自室内物体的热辐射约有 50％以上被其反射回室内，仅有少于 15％的热辐射被其吸收后通过再辐射和对流交换散失，故可有效地阻止室内的热量泄向室外。Low-E 玻璃的这一特性，使其具有控制热能单向流向室内的作用。太阳光短波透过窗玻璃后，照射到室内的物品上。这些物品被加热后，将以长波的形式再次辐射。这些长波被 Low-E 窗玻璃阻挡，返回到室内，极大地改善了窗玻璃的绝热性能。

Low-E 玻璃保温隔热原理示意图如图 3.21 所示。

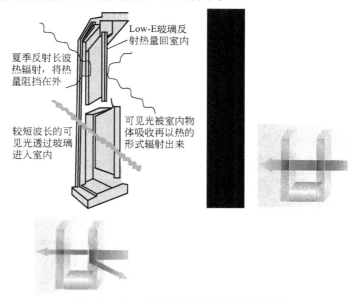

图 3.21　Low-E 玻璃保温隔热原理示意图

（3）Low-E 玻璃生产方法

① 在线高温热解沉积法　在线高温热解沉积法 Low-E 玻璃在美国有多家公司的产品。如 PPG 公司的 Surgate200、福特公司的 Sunglas H. R"P"。这些产品是在浮法玻璃冷却工艺过程中生产的。液体金属或金属粉末直接喷射到热玻璃表面上，随着玻璃的冷却，金属膜层成为玻璃的一部分。因此，该膜层坚硬耐用。这种方法生产的 Low-E 玻璃具有许多优点：它可以热弯，钢化，不必在中空状态下使用，可以长期储存。它的缺点是热学性能比较差。除非膜层非常厚，否则其 U 值只是溅射法 Low-E 镀膜玻璃的一半。如果想通过增加膜厚来改善其热学性能，那么其透明性则非常差。

② 离线真空溅射法　用溅射法可以生产 Low-E 玻璃的厂家及产品有北美英特佩公司的 Lnplus Netetral R、PPG 公司的 Sungate100、福特公司的 Sunglas HRS 等。和高温热解沉积法不同，溅射法采用的是离线方式，且根据玻璃传输位置的不同有水平及垂直之分。

溅射法工艺生产 Low-E 玻璃，需一层纯银薄膜作为功能膜。纯银膜在两层金属氧化物膜之间。金属氧化物膜对纯银膜提供保护，且作为膜层之间的中间层增加颜色的纯度及光透射度。

在垂直式生产工艺中，玻璃垂直放置在架子上，送入大的真空室内。真空室内的压力将随之减小。垂直安装的阴极靶溅射出金属原子，沉积到玻璃基片上，形成膜层。为了形成均匀一致的膜层，阴极靶靠近玻璃表面来回移动。为了取得多层膜。必须使用多个阴极，每一个阴极均在玻璃表面来回移动，形成一定的膜厚。

水平法在很大程度上是和垂直法相似的。主要区别在玻璃的放置，玻璃由水平排列的轮子传输，通过阴极，玻璃通过一系列销定阀门之后，真空度也随之变化。当玻璃到达主溅射室时，镀膜压力达到，金属阴极靶固定，玻璃移动。在玻璃通过阴极过程中，膜层形成。溅射法生产 Low-E 玻璃具有如下特点。

由于有多种金属靶材选择以及多种金属靶材组合，因此，溅射法生产 Low-E 玻璃可有多种配置。在颜色及纯度方面，溅射镀也优于热喷镀，而且，由于是离线法，在新产品开发方面也较灵活。最主要的优点在于溅射法生产的 Low-E 中空玻璃其 U 值优于热解法产品的 U 值，但是它的缺点是氧化银膜层非常脆弱，所以它不可能像普通玻璃一样使用。它必须要做成中空玻璃，且在未做成中空产品以前，也不适宜长途运输。

（4）有关标准　GB/T 18915.2—2013《镀膜玻璃　第 2 部分：低辐射镀膜玻璃》对 Low-E 玻璃的外观、光学性能、耐酸碱、耐磨、颜色均匀性等均作了规定。其中光学性能包括紫外线透射比、可见光透射比、可见光反射比、太阳光直接透射比、太阳光直接反射比和太阳能总透射比。

（十一）真空玻璃

真空玻璃是指将两层玻璃之间抽成"真空"，基本上可以说已无气体，和家里用的保温瓶原理一样，由于没有气体传热，保温性好。真空玻璃的保温性能比中空好 2～3 倍，比单片玻璃好 6 倍以上，所以在建筑节能中可以大显身手。由于保温性能好，真空玻璃防结露、结雾性能也更好。真空玻璃隔声性能也比中空玻璃好，一般中空玻璃隔声量在 25dB 上下，真空玻璃一般在 35dB 左右，组合真空玻璃已达 42dB，达到国标 9 级，离国标最高级只差 3dB。

真空玻璃的上述优点已被事实证明。大工程如北京东直门"天恒大厦"，已完成两年，共用组合真空玻璃幕墙和门窗近 10000m²，是世界首个全真空玻璃大厦。据专家估算"天恒大厦"在真空玻璃上的超额投入可在 2～3 年内回收。每年节约电费上百万元，节约标准煤上千吨，还减少了上千吨 CO_2 等有害气体排放。

1. 真空玻璃的种类

（1）多功能镀膜复合真空玻璃　以热反射膜玻璃作为外侧，可减少太阳辐射约 53%，夏季可减轻空调负荷；真空传热系数小，适合冬季保温，减少结露。

（2）真空复合中空玻璃　把真空玻璃作为一片玻璃，再与另一片玻璃组合成中空玻璃。组合的另一片玻璃可以是普通白玻璃或者镀膜玻璃，也可以是真空玻璃。保温真空玻璃的传热系数最低可达 $0.8W/(m^2 \cdot K)$。

（3）多层真空玻璃　即玻璃有两个或两个以上的真空层，如由三片玻璃组成两个真空层（图3.22）。玻璃可以是白玻璃，也可以是镀膜玻璃。多层真空玻璃的传热系数可达 $0.68W/(m^2 \cdot K)$。

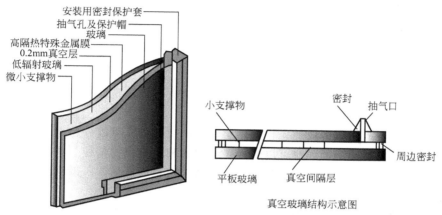

图3.22　真空玻璃结构示意图

2. 真空和中空玻璃的识别

中空玻璃和真空玻璃很容易区分：一是真空玻璃很薄，两片玻璃间距很小；二是真空玻璃抽真空后为了在大气压力下保持间距，两片玻璃之间有规则排列的小支柱，支柱很小，直径只有 $0.5mm$，间距约为 $25mm$，近看时可看出小黑点，远看看不清楚；三是每块真空玻璃的角落上有一个小抽气口保护帽，看起来又像是一个突出的商标。

3. 真空玻璃发展前景

目前国产真空玻璃产品最大尺寸为 $2000mm \times 1200mm$，最小尺寸为 $600mm \times 400mm$，均落后于日本，尚有待于各方面的协同攻关和突破。真空玻璃价格比较高，消费领域主要是中、高档建筑物和特需建筑（如达不到节能标准的办公楼、别墅和噪声严重的住宅办公楼等）。消费者应注意到一次性较高的投入带来今后能耗的节约。真空玻璃还处于初露头角的阶段，但由于其比中空玻璃具有很强的综合性能优势，发展前景十分光明。随着生产规模扩大和工艺进步，价格也会大幅下降。可以说真空玻璃若干年后将有可能替代中空玻璃成为节能玻璃的主流产品。

（十二）　变色玻璃

在适当波长光的辐照下改变其颜色，而移去光源时则恢复其原来颜色的玻璃称为变色玻璃，又称光致变色玻璃或光色玻璃。变色玻璃是在玻璃原料中加入光色材料而制成的。此材料具有两种不同的分子或电子结构状态，在可见光区有两种不同的吸收系数，在光的作用下，可从一种结构转变为另一种结构，导致颜色的可逆变化。常见的含卤化银变色玻璃，是在钠铝硼酸盐玻璃中加入少量卤化银（AgX）作感光剂，再加入微量铜、镉离子作增感剂，熔制成玻璃后，经适当温度热处理，使卤化银聚成微粒状而制得。当它受紫外线或可见光短波照射时，银离子还原为银原子，若干银原子聚集成胶体则使玻璃显色；光照停止后，在热辐射或长波光（红光或红外）照射下，银原子变成银离子而褪色。卤化银变色玻璃的特点是不容易疲劳，经历 30 万次以上明暗变化后，依然不失效，是制作变色眼镜常用的材料。变色玻璃还可用于信息存储与显示、图像转换、光强控制和调节等方面。

三、节能薄膜材料

膜结构既是一种古老的结构形式，也是一种代表当今建筑技术和材料科学发展水平的新型结构形式。20 世纪 60 年代，美国的杜邦公司合成了 TEDLAR 品牌的氟素材料，如 PTFE、PVDF、PVF 等。紧接着美国和日本的厂家直接开发出了 PTFE 涂层的膜材。另外，为了配合 PTFE 涂层，人们进一步开发出玻璃纤维作为 PTFE 的基材，从而使 PTFE 膜材也得到了广泛应用。

（一）膜材料的分类

膜结构研究和应用的关键是材料问题。膜的材料分为织物膜材和箔片两大类。高强度箔片近几年才开始应用于结构。

织物是通过平织或曲织生成的；根据涂层情况，织物膜材可以分为涂层膜材和非涂层膜材两种；根据材料类型，织物膜材可以分为聚酯织物和玻璃织物两种。通过单边或双边涂层可以保护织物免受机械损伤、大气影响以及动植物作用等的损伤，所以目前涂层膜材是膜结构的主流材料。

结构工程中的箔片都是由氟塑料制造的，它的优点在于有很高的透光性和出色的防老化性。单层的箔片可以如同膜材一样施加预拉力，但它常常被做成夹层，内部充有永久空气压力以稳定箔面。跨度较大时，箔片常被压制成正交膜片。由于极高的自洁性能，氟塑料不仅被制成箔片，还常常被直接用做涂层，如玻璃织物上的 PTFE 涂层以及用于涂层织物的表面细化，如聚酯织物加 PVC 涂层的 PVDF 表面。而 ETFE 膜材没有织物或玻璃纤维基层，但是仍把它归到膜材这一类中。

空间膜结构所采用的膜材为高强度复合材料，由交叉编织的基材和涂层组成。工程中广泛应用的织物膜材的构造以及基材结构如图 3.23 所示。

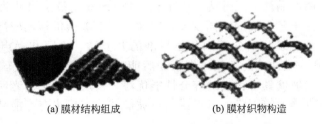

(a) 膜材结构组成　　　　　　(b) 膜材织物构造

图 3.23　膜材的结构及织物构造

（二）膜材料的力学性能

以玻璃纤维织物为基材涂覆 PTFE 的膜材质量较好，强度较高且蠕变小，其接缝可达到与基本膜材同等的强度。膜材耐久性能较好，在大气环境中不会发黄、霉变和产生裂纹，也不会因受紫外线的作用而变质。PTFE 膜材是非燃材料，具有卓越的耐火性能，它不仅防水性能好，且防水汽渗透的能力也很强。此外这种膜材的自洁性能极佳，但它的价格比较昂贵，膜材比较刚硬，施工操作时柔顺性稍差，因而精确的设计和下料显得尤其重要。PTFE膜材的性能见表 3.26。

表 3.26　PTFE 膜材的性能

项目	类　别			
	I	II	III	IV
自重/(g/m²)	800	1050	1250	1500
抗拉强度（经/纬）/(N/5cm)	3500/3000	5000/4400	6900/5900	7300/6500
抗撕裂强度（经/纬）/N	300/300	300/300	400/400	500/500
破坏时的伸张率/%	3~12	3~12	3~12	3~12
透光度（白色）	15±3	15±3	15±3	15±3

涂覆 PVC 的聚酯纤维膜材要便宜得多，这种膜材强度稍高于前一类膜材，且具有一定的蠕变性能，膜材具有较好的拉伸性，易于制作，对剪裁中的误差有较好的适应性。这种膜材的耐久性和自洁性较差，易老化和变质。为了改进这种膜材的性能，目前常在涂层外再加一层面层，聚氟乙烯（PVF）或聚偏氟乙烯（PVDF）比加了面层的 PVC 膜材的耐久性和自洁性大为改善，价格稍贵，不过仍远比 PTFE 膜材便宜。PVC 膜材的性能见表 3.27。

表 3.27　PVC 膜材的性能

项目	类　别				
	I	II	III	IV	V
自重/(g/m²)	700~800	900	1050	1300	1450
抗拉强度（经/纬）/(N/5cm)	3500/900	4200/4000	5700/5200	7300/6300	9800/8300
抗撕裂强度（经/纬）/N	300/310	520/510	880/900	1150/1300	1600/1800
破坏时的伸张率/%	15~20	15~20	15~25	15~25	15~25
透光度（白色）	13	9.5	8	5	3.5

ETFE 是乙烯-四氟乙烯共聚物，既具有类似聚四氟乙烯的优良性能，又具有类似聚乙烯的易加工性能，还有耐溶剂和耐辐射性能。

用于膜结构上的 ETFE 膜材是由其生料加工而成的薄膜，厚度通常为 0.05~0.25mm，非常坚固、耐用，并具有极高的透光性，表面具有高抗污、易清洗的特点。0.2mm 的ETFE 膜材的密度约为 350g/m²，且抗拉强度大于 40MPa。ETFE 膜材的性能见表 3.28。

表 3.28　ETFE 膜材的性能

项目	类别		
	I	II	III
抗拉强度/(kg/cm²)	350~450	300~500	300~500
伸长率/%	300~400	300~400	300~400
耐折/次	2000~10000	1000~20000	4000~30000

北京国家水上运动中心（Beijing National Aquatics Center，水立方）（图 3.24）的墙面和屋顶使用了 4000 块 ETFE 充气板，是目前使用这种材料最大的工程，也是世界上最节能的建筑物之一。它由总部设在悉尼的 PTW Architects 建筑事务所设计。

图 3.24   北京国家水上运动中心

北京国家体育场（Beijing National Stadium）（图 3.25）由赫尔佐格-德梅隆建筑事务所设计。这幢建筑物由盘绕的钢铁骨架和 ETFE "垫子" 构成。ETFE "垫子" 填充钢铁骨架之间的空间，帮助遮风避雨。

图 3.25   北京国家体育场

德国安联球场（Allianz-Arena）（图 3.26）位于德国慕尼黑，建成于 2005 年。由赫尔佐格-德梅隆建筑事务所设计。安联球场的绰号叫 "充气船"，这来源于它与众不同的形状和它表面 2800 多块 ETFE 材料充气板。与巴塞尔运动场一样，这个足球场的 "皮肤" 在夜间能够发光，根据比赛的球队不同而呈现红色、白色或蓝色。

图 3.26   德国安联球场

四、密封材料

门窗的缝隙有三种：其一是门窗与墙之间的缝隙，一般宽 10mm，可用岩棉、聚苯等保温材料填塞，两侧用砂浆封严，待砂浆硬化后，用密封胶和密封砂浆收缩张开的缝隙；其二是玻璃与门窗框之间的缝隙；其三是开启扇和门窗之间的缝隙。平开扇和上悬扇应在窗框嵌入弹性好、耐老化的空腔式橡胶条，关窗后挤压密封；推拉窗是用条刷状密封条（俗称毛条）密封的。目前门窗密封材料主要有密封膏和密封条两类。

（一）密封膏

1. 单组分有机硅建筑密封膏

以有机硅氧烷聚合物为主剂，加入硫化剂、硫化促进剂、增强填料和颜料等成分制成，具有使用寿命长，便于施工等特点。

2. 双组分聚硫密封膏

它是以混炼研磨等工序配成聚硫橡胶基基料和硫化剂两组分，灌装于同一个塑料注射筒中的一种密封膏。按颜色分，有白色、驼色、孔雀蓝、铁丸、浅灰、黑色等多种颜色。另外以液体聚硫橡胶为基料配制成的双组分室温硫化建筑密封膏，具有良好的耐候性、耐燃性、耐湿性和耐低温等性能。工艺性能良好，材料黏度低，两种组分容易混合均匀，施工方便。

3. 水乳丙烯酸密封膏

以丙烯酸酯乳为基料，加入增塑剂、防冻剂、稳定剂、颜料等经搅拌研磨而成。水乳丙烯酸密封膏具有良好的弹性，低温柔性，耐老化性，延伸率大，施工方便等特点，并且有各种色彩，可与密封基层配色。

4. 橡胶改性聚醋酸密封膏

以聚醋酸乙烯酯为基料，配以丁腈橡胶及其他助剂制成的单组分建筑用密封膏。其特点是快干，粘接强度高，溶剂型，不受季节、温度变化的影响，不用打底，不用保护，在同类产品中价格较低。

5. 单组分硫化聚乙烯密封膏

以硫化聚乙烯为主要原料，加入适量的增塑剂、促进剂、硫化剂和填充剂等，经过塑炼、配料、混炼等工序制成的建筑密封材料。硫化后能形成具有橡胶状的弹性坚韧密封条，耐老化性能好，适应接缝的伸缩变形，在高温下均保持柔韧性和弹性。

（二）密封条

1. 铝合金门窗橡胶密封条

以氯丁、顺丁和天然橡胶为基料，利用剪刀机头冷喂料挤出连续硫化生产线制成的橡胶密封条。规格多样（有 50 多个规格），均匀一致，强力高，耐老化性能优越。

2. 丁腈胶-PVC 门窗密封条

以丁腈橡胶和聚氯乙烯树脂为基料，通过一次挤出成型工艺生产的门窗密封条。具有较高的强度和弹性，适当的硬度，优良的耐老化性能。规格有塔形、U 形、掩窗形等系列，还可根据要求加工各种特殊规格和用途的密封条。

3. 彩色自黏性密封条

以丁基橡胶和三元乙丙橡胶为基料制成的彩色自黏性密封条，具有较优越的耐久性、气密性、粘接力及延伸力。

密封材料对于现代节能型门窗有着非常重要的作用，要发挥节能型门窗的功效，优良的密封材料是不可缺少的。

参 考 文 献

[1]　杨子江．门窗节能——建筑节能的关键［J］．实用技术，2004（4）：52-54.

[2]　陈九．建筑节能中的门窗节能技术［J］．工程论坛，2005（6）：140.

[3] 张珑，陈福庆，阎晋建．建筑节能与门窗的发展［J］．中国建筑金属结构，2005（8）：8-12.

[4] 卢文英．提高建筑外窗节能效果的对策与措施［J］．福建建设科技，2005（3）：57-58.

[5] 郎四维．窗户性能指标体系与建筑节能［J］．中国建材，2006（1）：69-71.

[6] 杨丽．浅议建筑围护结构的保温问题［J］．林业科技情报，2004，36（3）：23，25.

[7] 刘济武．改善住宅窗口节能的措施［J］．住宅科技，2006（6）：29-30.

[8] 刘忠伟．建筑门窗热工性能计算方法［J］．中国建材科技，2004，13（1）：24-31.

[9] 陈青槐．节能新宠：建筑玻璃隔热膜——隔热玻璃膜在建筑玻璃上的节能应用［J］．广东建设信息：建设工程选材指南，2006（6）：1-3.

[10] 唐建正．真空玻璃在幕墙上的应用［J］．中国建筑装饰装修，2006（8）：174-177.

[11] 马一平，王金前．常温温致透光率可逆变化材料研究［J］．建筑材料学报，2005，8（2）：164-168.

[12] 石新勇．节能玻璃的品种与性能［J］．建设科技，2005（22）：58-59.

[13] 玻璃窗节能特性比较与分析．http：//www.topenergy.org/bbs/archiver/？fid-122.html.

[14] 节能门窗的设计及其适用性研究．http：//www.topenergy.org/bbs/archiver/？fid-122.html.

[15] 节能玻璃性能分析及应用．http：//www.topenergy.org/bbs/archiver/？fid-122.html.

[16] 茅艳，刘加平．寒冷地区住宅窗户节能技术［J］．工业建筑，2006，36（1）：11-13.

[17] 崔新明，廖春波．外遮阳系统在夏热冬冷地区住宅建筑中的应用［J］．住宅科技，2006，（4）：42-46.

[18] 外遮阳——在锋尚国际公寓中心运用．http：//www.topenergy.org/bbs/archiver/？fid-122.html.

[19] 夏麟，李峥嵘．遮阳技术的应用与研究［J］．上海节能，2005（4）：42-49.

[20] 高塈，李彤，王义君．玻璃幕墙的遮阳节能技术［J］．建筑设计管理，2005（6）：35-37.

[21] 陈亚芹，王苏颖，狄洪发．住宅窗户的节能研究［J］．太阳能学报，2006，27（1）：101-105.

[22] 马宁平．建筑设计中的节能措施［J］．安徽科技，2005（10）：48-49.

[23] 张欢，杨斌，由世俊．遮阳板在建筑节能中的应用研究［J］．太阳能学报，2005，26（3）：308-312.

[24] 刘军．高效节能窗系统与建筑节能［J］．墙材革新与建筑节能，2005（8）：35-38.

[25] GB/T 7106—2008．建筑外门窗气密、水密、抗风压性能分级及检测方法．

[26] JGJ 26—2010．严寒和寒冷地区居住建筑节能设计标准．

[27] GB/T 8484—2008．建筑外门窗保温性能分级及检测方法．

[28] GB/T 8485—2008．建筑外门窗空气声隔声性能分级及检测方法．

[29] GB/T 11976—2002．建筑外窗采光性能．

[30] DBJ 04-242—2006．居住建筑节能设计标准．

[31] GB 50210—2011．建筑装饰装修工程质量验收规范．

[32] GB 11614—2009．平板玻璃．

[33] GB 15763.2—2009．建筑用安全玻璃 第2部分：钢化玻璃．

[34] GB 15763.3—2009．建筑用安全玻璃 第3部分：夹层玻璃．

[35] GB/T 11944—2012．中空玻璃．

[36] GB/T 18915.1—2013．镀膜玻璃 第1部分：阳光控制镀膜玻璃．

[37] GB/T 18915.2—2013．镀膜玻璃 第2部分：低辐射镀膜玻璃．

[38] JGJ 134—2010．夏热冬冷地区居住建筑节能设计标准．

[39] JGJ 75—2012．夏热冬暖地区居住建筑节能设计标准．

Chapter 4

第四章 节能建筑屋面与节能材料

屋顶是建筑的重要组成部分，又是表现建筑体型和外观形象的重要元素，对建筑整体效果具有较大影响，因此，屋顶又被称为建筑的"第五立面"。

屋顶是房屋建筑最上层覆盖的外围护结构，其基本功能是抵御自然界的一切不利因素，使下部空间有一个良好的使用环境。现在的屋顶功能不断增加，如节能、美化城市环境及屋顶花园等一系列新的功能不断涌现。

本章主要介绍建筑节能屋面相关技术、目前广泛采用的几类节能建筑屋面体系以及相关的材料。

第一节 节能建筑屋面技术要求

一、屋面保温技术的发展

据有关资料介绍，对于有采暖要求的一般居住建筑，屋面热损耗占整个建筑热量损耗的20％左右。

为减少屋面的热量损耗，我国北方地区在屋面保温工程设计方面大约经历了三个发展阶段。

第一阶段：即20世纪50～60年代，当时屋面保温方法主要是干铺炉渣、焦渣或水淬矿渣，在现浇保温层方面主要采用石灰炉渣，在块状保温材料方面，仅少量采用了泡沫混凝土预制块。

第二阶段：即20世纪70～80年代，随着建材生产的发展，出现了膨胀珍珠岩、膨胀蛭石等轻质材料，于是屋面保温层出现了现浇水泥膨胀珍珠岩、现浇水泥膨胀蛭石保温层，以及沥青或水泥作为胶结与膨胀珍珠岩、膨胀蛭石制成的预制块及岩棉板等保温材料。

第三阶段：20世纪80年代以后，随着我国化学工业的蓬勃发展，开发出了重量轻、热导率小的聚苯乙烯泡沫塑料板、泡沫玻璃块材等屋面保温材料；近年来又推广使用重量轻、抗压强度高、整体性能好、施工方便的现喷硬质聚氨酯泡沫塑料保温层，为屋面工程的节能提供了物质基础。

表 4.1　不同发展时期屋面保温材料的技术性能和特点

阶段	保温材料名称	主要技术性能			特　点
		干密度 /(kg/m³)	热导率 / [W/(m・K)]	抗压强度 /kPa	
一	干铺炉渣、焦渣	10	0.29		利用工业废料，材料易得，价格低廉，但压缩变形大，保温效果差
	白灰焦渣	10	0.25		保温层含水率高，易导致防水层起鼓，保温效果差
	泡沫混凝土	4~6	0.19~0.22		
	石灰锯末	3	0.11		易腐烂，压实后保温性能将大大降低
二	水泥膨胀珍珠岩	2.5~3.5	0.06~0.087	300~500	整体现浇的此类保温层由于要加水进行拌和，其中的水分不易排出，不仅造成防水层鼓泡，而且加大热导率，现已不准使用此种方法，但可预制成块状保温材料使用
	水泥膨胀蛭石	3.5~5.5	0.090~0.142	≥400	
	岩棉板	0.8~2.0	0.047~0.058		重量轻，热导率小，但抗压强度低，要限制使用条件
	加气混凝土	5	0.19	≥400	干密度中等，抗压强度高，但热导率较大，保温效果较差
三	EPS	0.15~0.30	0.041	≥200	重量轻，热导率小，是比较理想的屋面保温材料，但此类保温材料不能接触有机溶剂，以免腐蚀
	XPS	0.25~0.32	0.030		
	现喷硬质聚氨酯泡沫塑料	>0.3	≤0.027	>400	此种保温材料除具有重量轻、热导率极小的优点外，由于可以现喷施工，更合适于体型复杂的屋面保温工程
	泡沫玻璃	1.5	0.058	500	是无机保温材料，耐化学腐蚀，抗压强度高，变形小，耐久性好

由表 4.1 可以看出，我国在屋面保温工程的发展变化情况可总结如下：

① 选用保温材料的热导率由较大逐渐向小发展；

② 屋面保温材料由较高的干密度向较低的干密度发展；

③ 保温层做法由松散材料保温层逐步向块状材料保温层发展。

二、屋面节能设计指标及其构造

（一）屋面节能设计指标

按照建筑节能的要求，根据当地气候条件，确定建筑物屋面的构造型式。在正确进行屋面热工计算的基础上，经过技术经济比较，进行合理的屋面保温层设计。在进行屋面保温层设计时，首先要通过综合比较，选定保温材料，确定保温层厚度。

我国民用建筑节能设计标准（JGJ 26—2010）对严寒和寒冷地区居住建筑屋顶的传热系数有明确规定（表 4.2）。夏热冬冷地区居住建筑节能设计标准（JGJ 134—2010）规定屋面的传热系数 K 与热惰性指标 D 需满足限值：当体形系数 $S \leq 0.4$ 时，$D \leq 2.5$、$K \leq 0.8W/(m^2 \cdot K)$ 和 $D > 2.5$、$K \leq 1.0W/(m^2 \cdot K)$；当体形系数 $S > 0.4$ 时，$D \leq 2.5$、$K \leq 0.5W/(m^2 \cdot K)$ 和 $D > 2.5$、$K \leq 0.6W/(m^2 \cdot K)$；夏热冬暖地区居住建筑节能设计标准（JGJ 75—2012）规定 $D \geq 2.5$ 时，$0.4W/(m^2 \cdot K) < K \leq 0.9W/(m^2 \cdot K)$。$D < 2.5$ 时的轻质屋面还应满足国家标准《民用建筑热工设计规范》所规定的隔热要求。

表 4.2 严寒和寒冷居住建筑屋顶传热系数 K 限值 单位：W/（m² · K)

地区类型	建筑类型		
	≤ 3 层建筑	4～8 层建筑	≥ 9 层建筑
严寒 A 区	0.20	0.25	0.25
严寒 B 区	0.25	0.30	0.30
严寒 C 区	0.30	0.40	0.40
寒冷 A 区	0.35	0.45	0.45
寒冷 B 区	0.35	0.45	0.45

（二）传统屋面节能设计构造

我国目前使用的无机类保温材料有水泥膨胀珍珠岩板、水泥膨胀蛭石板以及加气混凝土、岩棉板等；有机类保温材料有模塑聚苯板（EPS）、挤塑聚苯板（XPS）、硬质聚氨酯泡沫塑料等。

以常见的屋面构造做法为例，即室内白灰砂浆面层（20mm 厚）→现浇钢筋混凝土板（100mm 厚）→白灰焦渣找坡层（平均 70mm 厚）→保温层→水泥砂浆找平层（20mm 厚）→防水层。

当选用无机类保温材料时，保温层厚度和屋面总热阻 R_0、传热系数 K_0 的关系见表 4.3。

表 4.3 无机保温材料屋面热工计算指标

保温层厚度 /mm	水泥膨胀珍珠岩板		水泥膨胀蛭石板	
	总热阻 R_0 /(m² · K/W)	传热系数 K_0 / [W/(m² · K)]	总热阻 R_0 /(m² · K/W)	传热系数 K_0 / [W/(m² · K)]
80	1.290	0.775	—	—
95	1.428	0.700	—	—
110	1.565	0.639	—	—
125	1.703	0.587	1.258	0.795
160	2.205	0.494	1.455	0.687
200	—	—	1.681	0.595
220	2.577	0.388	—	—
260	—	—	2.019	0.495

当选用有机类保温材料时，保温层厚度和屋面总热阻 R_0、传热系数 K_0 的关系见表 4.4。

表 4.4 有机类保温材料热工材料热工计算指标

保温层厚度 /mm	EPS		XPS		硬质聚氨酯泡沫塑料	
	总热阻 R_0 /(m² · K/W)	传热系数 K_0 / [W/(m² · K)]	总热阻 R_0 /(m² · K/W)	传热系数 K_0 / [W/(m² · K)]	总热阻 R_0 /(m² · K/W)	传热系数 K_0 / [W/(m² · K)]
25	—	—	1.312	0.762	1.326	0.754
30	—	—	1.463	0.683	1.480	0.676
35	1.265	0.790	1.615	0.619	1.634	0.612
40	—	—	1.766	0.566	1.789	0.559

续表

保温层厚度 /mm	EPS		XPS		硬质聚氨酯泡沫塑料	
	总热阻 R_0 /(m²·K/W)	传热系数 K_0 / [W/(m²·K)]	总热阻 R_0 /(m²·K/W)	传热系数 K_0 / [W/(m²·K)]	总热阻 R_0 /(m²·K/W)	传热系数 K_0 / [W/(m²·K)]
45	1.469	0.681	1.918	0.521	1.943	0.515
50、	1.570	0.637	2.069	0.483	2.097	0.477
55	1.672	0.598	2.221	0.450	2.252	0.444
65	1.872	0.533	2.524	0.396	2.560	0.391
75	2.078	0.481	—	—	2.869	0.349
80	2.090	0.478	2.987	0.336	—	—

（三）屋面节能措施

降低屋面热量的损耗，是降低建筑总体热量损耗的一个主要环节。要真正实现建筑节能达到 50%，并逐步过渡到 65% 的要求，除了对墙体和外门窗必须采取有效的保温措施外，对于屋面工程则应采取以下针对性的措施。

① 选用热导率小、重量轻、强度高的新型保温材料。如选用现喷硬质聚氨酯泡沫塑料，这种新型的保温材料不仅重量轻，热导率极小，保温效果好，施工方便，而且适用于形状比较复杂的屋面。另外，这种保温材料是闭孔的材料，不仅吸水率非常小，而且在一定程度上还具有防水的功能。所以在进行屋面保温工程设计时，在综合考虑经济发展水平的情况下，应优先采用热导率小、重量轻、吸水率低、抗压强度高的新型保温材料。

② 增加保温层的厚度。要使建筑物整体达到节能 50%、65% 的目标，应根据建筑物耗热量指标及所选用保温材料的品种、屋面相关层次的构成以及当地的室外计算温度，在确保室内温度的条件下，通过计算增加保温层的厚度，以降低热量的损失。

③ 淘汰现浇水泥膨胀珍珠岩保温层和现浇水泥膨胀蛭石保温层。在 20 世纪 70～80 年代，很多屋面保温层采用了现浇水泥膨胀珍珠岩保温层和现浇水泥膨胀蛭石保温层，但此类保温层在施工过程中要加入大量的水来进行拌和。调查表明，这类保温层中的水分很难排出，有的甚至完工三四年后去检查，保温层还是处于较潮湿的状态。由于保温层中存在大量的水分，使热导率增大，降低了保温效果，所以在进行屋面保温工程设计时，应淘汰此类做法。

④ 做好防水层，降低保温层内的含水率。渗漏水是屋面工程的质量通病。虽然《屋面工程技术规范》《屋面工程质量验收规范》相继出台，大大改善了屋面渗漏水的状况，但是仍有不少的屋面渗漏水、雨水通过防水层进入保温层，使保温层内的含水量大为提高。有试验表明含水量每增加 1%，保温材料的热导率就要增大 5%，从而降低了保温效果。所以要降低热量损耗就必须做好屋面防水层，以确保保温层的含水率相当于当地自然风干状态下的平衡含水率。

⑤ 采用吸水率低的保温材料。保温层所用材料的热导率与其含水率的大小有密切关系，一些保温材料如水泥膨胀珍珠岩、加气混凝土板等保温材料，由于吸水率很高，容易使保温层的热导率增大。故在进行屋面保温工程设计时，宜选用一些吸水率低的保温材料，如沥青膨胀珍珠岩、聚苯乙烯板等。

⑥ 设置排汽屋面。设置排汽屋面的目的就是要将保温层内的水分逐步排入大气中，以降低保温层的含水率，使保温层能达到当地自然风干状态下的平衡含水率，从而减少屋面部

分的热量损耗，确保保温效果。

　　⑦ 采用生态型的节能屋面。利用屋顶植草栽花，甚至种植灌木或蔬菜，使屋顶上形成植被，成为屋顶花园，起到了良好的隔热保温作用。种植屋面又分为覆土种植屋面和无土种植屋面两种：覆土种植屋面是在屋顶上覆盖种植土壤，厚度在 200mm 左右，有显著的隔热保温效果；无土种植屋面是用水渣、蛭石等代替土壤作为种植层，不仅减轻了屋面荷载，而且大大提高了屋面的隔热保温效果，降低了能源的消耗。

第二节　节能建筑屋面施工

　　屋面工程包括屋面结构层以上的屋面找平层、隔汽层、防水层、保温隔热层、保护层和使用面层，是房屋建筑的一项重要分部工程。其施工质量的优劣，直接关系到建筑物的使用寿命。

一、节能建筑屋面施工技术

　　以聚苯板保温屋面施工为例说明，保温隔热系统的施工工序和要求如下。

（一）施工准备

　　审查图纸，详细掌握图纸中的细部构造和有关的技术要求。然后编制施工方案，针对不同的工程特点和保温隔热材料的特性做出合理的施工方案，并得到相关单位的批准。对施工人员进行安全、技术交底，培训技术人员，使其掌握施工的关键技术，熟悉施工工序。

　　保温材料要具有出厂的合格证书，并对现场材料进行抽样复查，做出报告。保证聚苯板的厚度、质量、规格以及技术性能（如表观密度、热导率、抗压强度、尺寸变化率、吸水率等）符合设计要求。

　　施工时整平基层。保持基层干燥、干净，现场施工时要严禁吸烟、使用明火。配备消防器材，以防止易燃材料的燃火灾害。

（二）操作要点

　　施工的工艺流程大致可以分为基层处理、弹线、保温层铺设、质量验收。

　　基层处理时，将屋面板清理干净，清除灰浆、杂物等，保持基层的干燥。使用强度等级大于 C20 的细石混凝土将装配式的钢筋混凝土面板缝填密实。当板缝过大时要在其中放置构造钢筋，并用细石混凝土填充后振捣密实，再弹线。当屋面没有隔汽层时可以直接在结构上弹线，铺设保温层。

　　弹线的方向按照坡度和流失的方向确定，设置合适的保温层厚度范围。当屋面具有隔汽层时，先对隔汽层进行施工，随后铺设保温层。隔汽层施工时要保证满刷、厚度均匀，采用卷材，使用单层卷材铺筑，对搭接缝进行粘接。采用封闭式保温层时，在屋面和墙的连接处，要沿墙向上连续铺设隔汽层，并高出保温层上表面不小于 150mm。

　　保温层铺设。干铺时聚苯胺板可以直接在结构层上进行铺设，并靠紧需要保温的表面，铺平、垫稳。分层铺设时，错开上下的两层板，使相邻的板边厚度保持一致。缝隙填充时要使用同一种材料密实填充。采用粘贴法进行保温层施工时，要保证粘接材料平粘在屋面基层上，在板缝间或者缺棱处要使用聚苯胺碎屑或者粘接材料搅拌均匀，补填严密。一般采用的胶黏剂是高分子乳液。不能使用溶剂型胶黏剂，否则会使聚苯胺板溶化，降低其保温性能。

（三） 质量要求

确保保温层贴近基层，铺平垫稳，拼缝严密，使上下缝错开，并填充密实。保温层的厚度要达到设计的要求。厚度的偏差保持在 4mm 以下。抽检时要严格按照检测要求进行。没处检测数量不能小于 3 处。

（四） 成品安全及安全注意事项

施工过程中和施工后要及时进行保护。运输材料时要在已经铺好的地面铺设脚手板，不能损坏保温层。保温层施工完成并经检验合格后要及时用水泥砂浆进行找平，保证保温层的使用效果。聚苯胺是易燃物品，在施工过程中要注意防火，现场要严禁明火，并配备消防灭火器材。材料在搬运过程中要轻拿轻放，避免损伤材料，保证材料的外形完整性。干铺施工时可以在零下温度施工，采用粘贴法时必须在 5℃ 以上的条件下操作施工。在雨天、雪天、5 级风以上的天气时停止施工。

二、传统节能建筑屋面不足

聚苯乙烯泡沫塑料、膨胀珍珠岩、膨胀蛭石是我国现有的经常使用的屋面保温材料；改性沥青防水卷材、防水涂料和高分子防水卷材等则是我国时常使用的防水材料。这两大材料在施工过程中有两大缺点：一是保温材料和防水材料之间互溶性不佳，施工使用过程较麻烦且造价高；二是高分子材料抗老化能力差而导致寿命较短。在光照以及蒸发共同作用下，保温层中的水分蒸发为水蒸气，水蒸气受到保温层的阻隔无法马上散开，于是保温层中便形成高压，造成两个结果：一是水蒸气向屋面保温层的薄弱处汇集并产生冲击力使保温层产生裂缝，水蒸气从裂缝中向室内外泄，遇冷便凝结成水珠，在屋内形成滴漏，这便造成无论下雨或是天晴都有滴漏的怪现象，晴天的滴漏反而比雨天多的现象；二是保温层厚度大，蒸汽无法排泄，进而导致保温层、防水层表层拱起，使防水层拉裂，造成更大渗漏。此种情况的屋面渗漏修补起来异常艰难。因为整个保温层含水，真正的室内的渗漏点可能并没有发生渗漏，并且防水层的渗漏处的水只渗入保温层，这个渗漏点的屋面并不一定渗漏，所以渗漏点很难确定。修补时要对整个保温层进行一次翻修并再建一层防水层，浪费巨大的人力、财力、物力才能最终解决渗漏问题。还应注意到，构成找坡层的陶粒（或其他轻质材料，如水泥珍珠岩等）也是吸水、吸湿、藏水的构造层。

第三节　新型节能建筑屋面

一、倒置式保温屋面

倒置式保温屋面于 20 世纪 60 年代开始在德国和美国被采用，其特点是保温层做在防水层之上，对防水层起到一个屏蔽和防护的作用，使其不受阳光和气候变化的影响而温度变形较小，也不易受到来自外界的机械损伤，是一种值得推广的保温屋面。

倒置式屋面与普通保温屋面相比较，主要有如下优点：

① 构造简单，避免浪费；

② 不必设置屋面排汽系统；

③ 防水层受到保护，避免热应力、紫外线以及其他因素对防水层的破坏；

④ 出色的抗湿性能使其具有长期稳定的保温隔热性能与抗压强度；

⑤ 如采用挤塑聚苯乙烯保温板能保持较长久的保温隔热功能，持久性与建筑物的寿命等同；

⑥ 憎水性保温材料可以用电热丝或其他常规工具切割加工，施工快捷简便；

⑦ 日后屋面检修不损伤材料，方便简单；

⑧ 采用了高效保温材料，符合建筑节能技术发展方向。

与传统保温屋面相比，倒置式屋面虽然造价较贵，但优越性显而易见。

（一）倒置式屋面常用构造层次及做法

倒置屋面的结构如图 4.1 所示，基本构造层次由下至上为结构层、找平层、结合层、防水层、保温层、保护层等，其做法有如下几种类型。

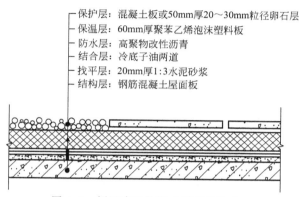

保护层：混凝土板或50mm厚20～30mm粒径卵石层
保温层：60mm厚聚苯乙烯泡沫塑料板
防水层：高聚物改性沥青
结合层：冷底子油两道
找平层：20mm厚1:3水泥砂浆
结构层：钢筋混凝土屋面板

图 4.1　倒置式柔性防水屋面做法之一

第一种是采用保温板直接铺设于防水层，再敷设一层纤维织物，上铺卵石或天然石块或预制混凝土块等做保护层。优点是施工简便，经久耐用，方便维修。

第二种是采用发泡聚苯乙烯水泥隔热砖，用水泥砂浆直接粘贴于防水层上。优点是构造简单，造价低，目前大量住宅小区已试用，效果很好。缺点是使用过程中会有自然损坏，维修时需要凿开，且易损坏防水层。发泡聚苯乙烯虽然密度，传热系数和吸水率均较小，且价格便宜，但使用寿命相对有限，不能与建筑物寿命同步。聚苯乙烯泡沫塑料是以聚苯乙烯树脂为主体，加入发泡剂等其他助剂制得的，是由表皮层和中心层构成的蜂窝状结构。表皮层无气孔，而中心层含大量微细封闭气孔，通常其孔隙率可达 90% 以上。由于这种特殊的结构，聚苯乙烯泡沫塑料具有质轻、保温、吸水性小和耐温性好等特点，并具有很好的恢复变形的能力，是很好的建筑屋面保温隔热材料。

第三种是采用挤塑聚苯乙烯保温隔热板（以下简称保温板）直接铺设于防水层上，做配筋细石混凝土，如需美观，还可再做水泥砂浆粉光、粘贴缸砖或广场砖等。挤塑聚苯乙烯保温板（简称 XPS）是以聚苯乙烯树脂加上其他原辅料与聚合物，加热混合时注入发泡剂，然后挤塑成型的硬质泡沫塑料板。它具有完美的封闭孔蜂窝结构，极低的吸水性、低热导率、高抗压性、抗老化性，是一种理想的绝热保温材料，也是传统的保温绝热板材即可发性聚苯乙烯保温板（EPS板）的替代品。这种做法适用于上人屋面，经久耐用，缺点是不便维修。

第四种是指对于坡屋顶建筑，屋顶采用瓦屋面，保温层设于防水层与瓦材之间，防水及保温效果均较好。

如图 4.2 所示是坡屋顶倒置柔性屋面构造示意图。

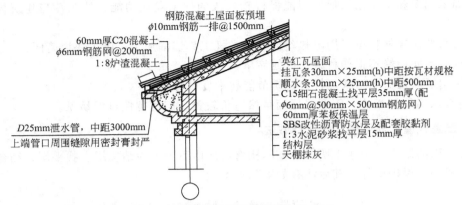

图 4.2 倒置式柔性防水屋面做法之二

（二）倒置式屋面关键技术

倒置式屋面依构造层次自下而上有如下几个关键技术问题。

① 屋面坡度宜优先采用结构起坡 3%，以便减轻自重，省却找坡层。但若建筑平面和结构布置较复杂，且屋面排水坡也较复杂时，只能采用材料找坡，坡度为 2%。一般情况使用煤渣混凝土作保温层并找坡，也可采用加气混凝土砌块碎料做保温层并找坡，价廉物美。

② 防水层宜选用两种防水材料复合使用。工程中常用的防水卷材是一种用来铺贴在屋面或地下防水结构上的防水材料。目前我国常用的防水卷材有纸胎沥青油毡和油纸。随着国民经济的发展及适应大规模基本建设的需要，又生产了沥青玻璃布油毡、再生胶沥青油毡、沥青矿棉纸油毡及麻布油毡等。近年来，又研制成功了玻璃纤维毡片、三元乙丙橡胶防水卷材等高档防水材料。

③ 防水层与保温层之间可设置一层滤水层，一方面可使防水层与保温层之间产生一个隔离层；另一方面可同时造成一个集水和结冻的空间。滤水层可采用干净的卵石或排水组合。

④ 如因上人屋面需要，保温板上可整浇厚 40mm 的 C20 细石混凝土，内部可配置双向筋，表面可粘贴广场砖等。如是仅供检修或消防避难用屋面，则可排铺天然石块或预制混凝土块，如屋面上无其他上人要求，则可散铺卵石，卵石粒径一般为 20~40mm，这种做法在欧美较为常见，保护层厚度一般可按 49~78kg/m² 控制。保护层与保温板之间还应覆盖一层耐穿刺、耐腐蚀的纤维织物。

（三）倒置式保温防水屋面设计与施工

1. 保温材料厚度的计算

保温材料厚度的计算：

$$\delta_x = \lambda_x (R_{o,min} - R_i - R - R_e)$$

式中 δ_x——保温层设计厚度，m；

λ_x——保温材料修正后的热导率，W/(m·K)；

$R_{o,min}$——屋盖系统的最小传热热绝缘系数，m²·K/W；

R_i——内表面换热热绝缘系数，取 0.11m²·K/W；

R——除保温层外，屋盖系统材料层热绝缘系数，m²·K/W；

R_e——外表面换热热绝缘系数，取 0.04m²·K/W。

2. 导热系数计算

保温材料修正后的导热系数按下式计算。

$$\lambda_x = \lambda a a_1 a_2$$

式中　λ——保温材料的热导率，W/(m·K)，按 GB 50176—93《民用建筑热工设计规范》附表 4.1 取值；

a——热导率 λ 的修正系数，按 GB 50176—93 附表 4.2 取值；

a_1——雨水或融化雪水浸透保温层引起热损失的补偿系数，开敞式保温屋面（有可能进入雨水、雪水的）$a_1 = 1.1$，封闭式保温屋面 $a_1 = 1.0$；

a_2——保温材料因吸水引起性能下降的补偿系数［保温层密封状态：$a_2 = 1.0$。保温层开敞状态：硬质发泡聚氨酯 $a_2 = 1.3$；聚苯乙烯板（熔珠型）$a_2 = 1.0$；聚苯乙烯板（挤塑型）$a_2 = 1.1$；泡沫玻璃 $a_2 = 1.0$；聚苯乙烯板 $a_2 = 1.0$］。

除外保温层外，屋面各层材料热绝缘系数之和 R 按下式计算。

$$R = \frac{\delta_1}{\lambda_1} + \frac{\delta_2}{\lambda_2} + \cdots + \frac{\delta_n}{\lambda_n}$$

式中　　　R——除保温层外，屋盖系统材料层的热绝缘系数，$m^2 \cdot K/W$；

$\delta_1, \delta_2 \cdots \delta_n$——各层材料的厚度，m；

$\lambda_1, \lambda_2 \cdots \lambda_n$——各层材料的热导率，W/(m·K)。

3. 屋盖系统最小传热热绝缘系数计算

屋盖系统最小传热热绝缘系数按下式计算。

$$R_{o,min} = (t_i - t_e) n \frac{R_i}{\Delta t}$$

式中　t_i——冬季室内计算温度，℃，一般建筑取 18℃；

t_e——围护结构冬季室外计算温度，℃，按 GB 50176—93 规范的附表 3.1 取值；

n——温差修正系数，按 GB 50176—93 规范的附表 4.1.1-1 取值；

Δt——室内空气与围护结构内表面之间的允许温差，℃，应按 GB 50176—93 规范的附表 4.1.1-2 取值。

4. 屋顶隔热设计要求

在房间自然通风的情况下，建筑物屋顶的内表面最高温度，应满足下式要求。

$$\theta_{i \cdot max} \leqslant t_{e \cdot max}$$

式中　$\theta_{i \cdot max}$——围护结构表面最高温度，℃；

$t_{e \cdot max}$——夏季室外计算温度最高值，℃，按 GB 50176—93 规范的附表 3.2 取值。

5. 节点设计

天沟泛水等保温材料无法覆盖的防水部位，应选用耐老化性能好的防水材料，或用多道设防提高防水层耐久性。水落口、出屋面管道等形状复杂节点，宜采用合成高分子防水涂料进行多道密封处理（图 4.3～图 4.5）。

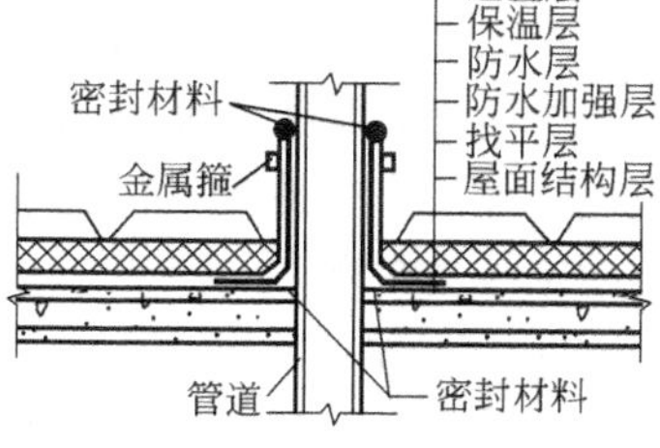

6. 施工准备

（1）技术准备　进行防水保温工程施工时应编制专项施工方案或技术措施，掌握施工图中的细部构造及有关技术要求，并根据施工方案进行技术交底，详细交代施工部位、构造做法、细部构造、技术要求、安全措施、质量要求和检验方法等。

图 4.3　出屋面管道防水节点构造

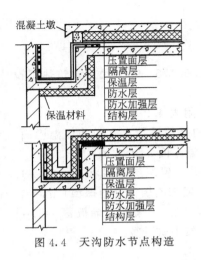

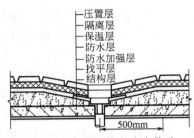

图 4.4 天沟防水节点构造　　　　图 4.5 水落口节点防水构造

（2）材料准备　屋面工程负责人应根据设计要求，按面积计算各种材料的总用量，防水材料应抽检合格后方允许使用。

现场应准备足够的高压吹风机、平铲、扫帚、滚刷、压辊、剪刀、墙纸刀、卷尺、粉线包及灭火器等施工机具或设施，并保证完好。

（3）结构基层　防水层施工前，基层必须干净、干燥，表面不得有酥松、起皮、起砂现象。

7. 施工工艺

（1）工艺流程（图 4.6）

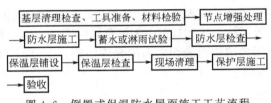

图 4.6　倒置式保温防水屋面施工工艺流程

（2）防水层施工　根据不同的材料，采用相应的施工工法和工艺进行施工、检验。

（3）保温层施工　保温材料可以直接干铺或用专用粘接剂粘贴，聚苯板不得选用溶剂型胶黏剂粘贴。

保温材料接缝处可以是平缝，也可以是企口缝，接缝处可以灌入密封材料以连成整体。块状保温材料的施工应采用斜缝排列，以利于排水。

当采用现喷硬泡聚氨酯保温材料时，要在成型的保温层面进行分格处理，以减少收缩开裂。大风天气和雨天不得施工，同时注意喷施人员的劳动保护。

（4）面层施工

① 上人屋面

a. 采用 40～50mm 厚钢筋细石混凝土作面层时，应按刚性防水层的设计要求进行分格缝的节点处理。

b. 采用混凝土块材作上人屋面保护层时，应用水泥砂浆座浆平铺，板缝用砂浆勾缝处理。

② 不上人屋面

a. 当屋面是非功能性上人屋面时，可采用平铺预制混凝土板的方法进行压埋，预制板要有一定强度，厚度也应小于30mm。

b. 选用卵石或砂砾作保护层时，其直径应为20～60mm，铺埋前，应先铺设250g/m² 的聚酯纤维无纺布或油毡等隔离，再铺埋卵石，并要注意雨水口的畅通。压置物的质量应保证最大风力时保温板不被刮起和保证保温层在积水状态下不浮起。

c. 聚苯乙烯保温层不能直接接受太阳照射，以防紫外线照射导致老化，还应避免与溶剂接触和在高温环境下（80℃以上）使用。

8. 工程质量验收

屋面防水保温工程检查验收应符合GB 50207—2002《屋面工程质量验收规范》，或根据相应质量评定标准执行。

工程验收时，应提交下列技术资料并归档：

① 工程设计图和屋面设计工程变更单；

② 工程施工方案的技术交底记录；

③ 防水材料、保温材料等材料出厂质量证明文件和复试报告；

④ 施工检验记录、试水记录、隐蔽工程验收记录。

（四）倒置式屋面大面积推广需解决的问题

倒置式屋面的定义中，特别强调了"憎水性"保温材料，工程中常用的保温材料如水泥膨胀珍珠岩、水泥蛭石、矿棉岩棉等都是非憎水性的，这类保温材料如果吸湿后，其热导率将陡增，所以才出现了普通保温屋面中需在保温层上做防水层，在保温层下做隔汽层，从而增加了造价，使构造复杂化。

施工中因受天气、工期等影响，很难做到其含水率相当于自然风干状态下的含水率，如因保温层和找平层干燥困难而采用排汽屋面的话，则由于屋面上伸出大量排汽孔，不仅影响屋面使用和观瞻，而且人为地破坏了防水层的整体性，排汽孔上防雨盖又常常容易碰踢脱落，反而使雨水灌入孔内。即使是按规范设排汽道、排汽孔，有时还会出现防水层起泡现象。

二、种植屋面

现有的种植屋面，在南方是用种植"土"屋和植被代替屋面的保温层或隔热层，在北方考虑到冬季气候比较寒冷，种植"土"层和植被应在二毡三油上。因种植荷载大于普通隔热保温荷载，而必须增加空心板或钢筋混凝土板配筋。

（一）种植屋面的构造

种植屋面的构造为：种植土、过滤层、排（蓄）水层、保护层、耐根穿刺防水层、普通防水层、找平层（找坡层）、保温层、结构层（图4.7）。种植屋面的四周应设挡墙，挡墙下部应设泄水孔。

以上8层不是层层必有，根据气候、地域、建筑形式可以减少某一层次。例如：地下建筑顶板种植，当种植土厚达80cm以上时一般不做保温层，尤其是南方；当顶板上种植土与周边大地相连时，不设排

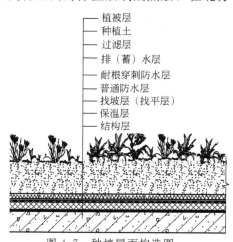

图4.7　种植屋面构造图

植被层
种植土
过滤层
排（蓄）水层
耐根穿刺防水层
普通防水层
找坡层（找平层）
保温层
结构层

水层；江南地区屋面种植，一般不设保温层；在少雨的西北高原，可以不设排水层；坡屋顶种植一般不设排水层，因降雨不待渗下去，就已经在土表径流而下。

（二）种植屋面注意事项

根据我国《种植屋面技术规程》（以下简称《规程》），有以下应该注意的内容。

① 种植屋面防水很关键，一旦渗漏，返修造成损失大，必须拔树、毁草、翻土、修补后再铺土、植草、种树。

② 防水层是永久性防水，长期在有水或很潮湿的状态下工作，耐水性应很强，和间歇性防水不同，适用于地下工程防水的材料不一定适用于种植屋面。

③ 防水寿命15年，两道防水设防。防水层厚度均以单层的最大厚度为准，不得因复合而折减。

④ 许多植物根对防水层的穿刺力很强，两道防水层的上道防水层应是耐根穿刺防水层，下道防水层是普通防水层。虽然许多须根植物对防水层没有伤害，但也有飞来草木种子，自生自长，根系发达，有害于防水层。故规定都应考虑一道耐根穿刺防水层。

《规程》列举10种耐根穿刺防水材料。其中4种经德国种植测试机构验证，获得耐根穿刺证书。其余6种防水材料已用于种植屋面3年以上，未发现问题，暂认为有耐根穿刺的能力。将来我国种植测试机构正式启用后，再予以认定。细石混凝土不能作为耐根穿刺防水层，因为细石混凝土会产生裂缝，植物根能钻入裂缝，使裂缝逐渐扩大而失去防水能力。

⑤ 倒置式做法不能进行屋面种植，因为所有保温材料都是吸水的，尽管硬泡聚氨酯和挤出聚苯板吸水很少，但长年浸水吸水增加，降低保温性能。保温材料的特点是多孔、松软、无能力抵抗植物根穿刺，如果保温材料被根系穿得千疮百孔，保温层视为完全破坏，所以种植屋面不推荐倒置式做法。

⑥ 排水层　排水层有凹凸塑料排水板和卵石、陶粒。《规程》推荐凹凸塑料排水板，因为重量很轻仅 $1kg/m^2$，排水效果好。不推荐陶粒和卵石，因为种植土很重，又是不可缺少的，为了减轻屋面荷载，降低结构的造价，尽量减少其他层次的重量。卵石 $2500kg/m^3$，如铺筑厚度为10cm，也要 $250kg/m^2$，相当于种植土20cm厚。

⑦ 荷载。种植屋面的荷载大小悬殊，为 $2\sim20kN$。荷载又受植被的制约，地被植物种植土为20cm厚，种植乔木至少需80cm厚的土。荷载大小左右承载结构的造价。新建种植屋面的结构计算，按照种植层次的荷载确定梁板柱的厚薄尺寸和配筋。如果对既有建筑屋面改造进行种植，必须先核算结构的承载力，然后确定种植土厚度和植物，杜绝危及人身安全的事故发生。

⑧ 植被和建筑。高层建筑屋顶（现以10层以上为高层）风大，不宜种植乔木，皆因种植土不能太厚，植物根系发展受约束，难以抗拒大风。另外，种植土容重大，楼房越高，吸收地震力越大，结构抗震加强，用于抗震的造价提高。所以高层建筑屋顶应以种植地被植物和小型灌木为主。而且，高层建筑屋顶种植乔木易招雷电伤害，尽管做避雷装置，也无法绝对避免遭受雷击。坡屋顶做种植屋面，对改善环境很有利，但也有许多困难。第一，坡屋顶绿化不能作为人的散步休闲地；第二，不能种植乔木和灌木；第三，种植土和保温材料防滑措施构造困难；第四，维护管理不方便；第五，坡度大、排雨水快、土层易干燥，要保证植物生长需常浇水，浪费水资源。地下室顶板种植，可以种植各种植物和园林小品以及蔬菜、农作物，是非常理想的屋顶田园，不必设保温层和排水层，构造简单，管理方便。办公楼和宾馆的雨篷面积很大，一般为 $50\sim100m^2$，其位置是重要的出入口，如果进行屋顶绿化，更

能增加出入口的美观，还可降低日晒的气温。

⑨ 坡屋顶的种植形式。坡屋顶种植有许多难点，理应不推荐。但坡度较小时也可种植，种植形式有 3 种：坡度在 20% 以下，不考虑防止种植土、保温层的滑动，可以满铺种植土；坡度＞20% 的坡屋顶，在结构板上设挡墙，呈阶梯式种植，也可设挡板防滑装置（图 4.10）；屋顶坡度＞20% 时，可做台阶式形式种植。台阶式形式有如数块平屋顶组成的屋面，如图 4.8～图 4.10 所示。

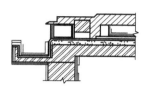

图 4.8　种植屋面挡墙构造

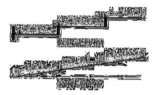

图 4.9　坡屋顶种植形式

图 4.10　坡屋面种植檐口构造

⑩ 植物分为 5 种：地被植物，高度在 20cm 以下；小灌木，高度约为 110cm；大灌木，高约 210cm；小乔木，高约 310cm；大乔木，高 3m 以上。植物又可分为两类：观赏植物，如花、草、无果实树木；经济植物，如药材、蔬菜、农作物和果树。经济植物必将是发展种植屋面的首选。

植物有地区性，有喜湿热的植物，用于南方多雨地区绿化；有耐干旱的植物，用于西北少雨地区。选用当地植物为最好。

⑪ 地下建筑种植屋面和容器种植。地下建筑顶板种植是屋顶的一种种植形式。当地下建筑顶板高出周界土地时，其种植构造与楼房屋顶相同，顶板找坡，设排水层；当地下建筑顶板低于周界土地并与周界土地相连时，顶板上不找坡，也不设排水层；当种植土厚度大于 80cm 时，北方地区可以不设保温层。地下建筑顶板可视为一道刚性自防水层，此外增加一道耐根穿刺防水层。

容器种植是屋面绿化的一种形式，包括大小花盆、花缸、花槽、花盘，一般种植花卉和盆景小灌木，多用于旧房改造。因满铺土，种植荷载太大，承重结构承受不了，如果加固楼板梁柱，困难大，只能采用容器种植。容器种植不必设耐根穿刺防水层，屋面防水层必须有坚固耐久的保护层。容器种植不能用于坡屋顶，也不得在女儿墙上放置容器。大型容器应放在承重柱或外墙的垂直上方。

⑫ 既有建筑改造为种植屋面。既有建筑改造为种植屋面，最关键的是承重问题。原设计只考虑超载系数和活荷载，如果改为种植屋面，荷载相应增加很多，所以必须进行结构承载力核算，在允许的范围内考虑铺土厚度或采用容器种植。既有建筑屋面绿化以草坪地被植物为主，不宜种植灌木，覆土厚度一般为 10cm。既有建筑上人屋面，可以拆去铺装层，用铺装层置换作为种植土。如果保温层容重在 300kg/m³ 以上，应当拆换保温层，改为 100kg/m³ 以下的材料。既有建筑的防水层已经老化，应重作防水层，并且必须设一道耐根穿刺防水层。

（三）屋顶绿化方式

屋顶花园按高度分为低层建筑屋顶花园和高层建筑屋顶花园两种；按空间组织状况可分为开敞式、封闭式和半封闭式三种；无论哪一种屋顶花园，其设计手法都与地面庭院大致相同。从使用功能来看，可以划分为花圃苗圃型、棚架型、庭院型、草坪地毯型、立体多层型、花园型、经济开发型等几种主要类型。

目前屋顶绿化方式主要有三种。

1. 针对承载力较弱、事前没有绿化设计的轻型屋面

采用适合少量种植土生长的草种密集种植的地毯式绿化，地毯式绿化可种植各类地被植物，若采用图案化则效果更佳。如上海市农业科学院研究成功的适用于轻型平屋顶绿化的"屋顶绿化一次成坪技术"，该项技术已获国家知识产权专利，并通过了上海市高新技术转化项目认证，已在上海和北京均有 5 万平方米以上的应用面积，是上海和北京屋顶绿化面积最大的一个推广项目。此技术选用景天科的佛甲草，其特性为肉质、矮小、匍匐生长、节上生枝、自生自繁、极耐旱、抗寒、耐瘠薄，冬季绿色减淡而不死，春来又返绿，节水、省工，几乎不用管理。用 2～3cm 厚的基质材料在基地培植的草坪块，能在屋顶一次铺植成坪。与刷涂料、铺塑板（垫）、平改坡等屋顶治理方法比较，成本较低。专家和媒体称这种景天科植物为目前屋顶绿化的最佳植物。

2. 针对承载力较强的屋面

种植乔灌木树种的花园式绿化适用于面积较大的屋顶，多用于高级酒店、宾馆和高层建筑，使屋顶空间变化多，产生层次丰富、色彩斑斓的效果。如杭州武林广场东侧某屋顶花园建在由拱桥相连的两座 3 层楼顶上面，有足球场大，园内栽有 50 多种花木，四季如春，在它的四周是高出几层的居民楼，住户只要打开门窗就如同置身于花园一般。

3. 组合式屋面，即自由摆放

主要在屋顶四角和承重墙边用缸栽盆栽方式布置屋顶绿化，这种方式比较灵活。选用何种方式要根据屋顶的荷载量、载重墙的位置、人流量、周边环境、用途等来确定。棚架式绿化用于种植藤本植物，如葡萄、猕猴桃等，由于栽培基质和棚架立柱可集中安放在承重墙上，所以棚架和植物荷载较小。这种绿化方式对屋顶所加载荷较小，一般的屋顶结构均可承受，特别适用于高层建筑前低矮裙房的屋顶。对于花圃苗圃型，如重庆一些楼房屋顶种起了红薯、辣椒及花卉；成都一些屋顶不仅种花，还建起苗圃、药圃、瓜园，其屋顶绿化面积已超过 10 万平方米，屋顶花园已达数百座，较大的花园面积达 2000m²。

（四）屋顶绿化设计注意事项

屋顶绿化是以建筑物顶部平台为依托，进行蓄水、覆土并栽种植物的一种绿化形式。种植区在屋顶防水层以上，包括排水层、过滤层、种植基质层三部分。种植基质用人造轻质土，配置的基质需要具备以下特性：质轻、保水、透气、保肥、低成本，不易被雨水冲走。可用腐叶土、锯木屑、珍珠岩、蛭石、泥煤、粉煤灰、草碳等材料按比例混合而成，容重约为 900kg/m³，或用专业工厂生产的人造轻质土。基质层厚度根据栽培植物不同，一般在10～75cm 之间，一般栽植草皮的厚度需 10～15cm，栽植低矮的草花需 20～30cm，灌木土深 40～50cm，小乔木土深 60～75cm。过滤层的作用是防止种植基质随雨水或灌溉流失堵塞排水管道，可用玻璃纤维、尼龙布、金属丝网、无纺布等。防水层的作用是排去多余雨水和灌溉水分，可用陶粒、碎石、泡沫块、蛭石、塑料粒等。为充分利用雨水，减少灌溉，可将排水层下部作为蓄水层来储存水分。排水层厚度一般为 5～20cm，如果设计蓄水功能，排水层厚度不能低于 10cm，设计蓄水高度占排水层厚度的 1/2～3/4，设置完整的排水系统。除溢水孔、天沟外，还应设置出水口、排水管道等，满足日常排水及暴雨时泄洪的需要。另外，在严寒地区种植屋面的边墙，要考虑种植土冻胀对边墙的推力。花台床埂严禁使用女儿墙作为其边缘之一，并应在床埂与女儿墙间留出净宽符合要求的天沟。

植物根有很强的穿刺能力，特别是树根，年代越久，扎得越深，并且分泌一种腐蚀力强的液汁，许多防水材料经受不住它的腐蚀。科学合理地设计好保护层、防水层、隔离层等，尤为关键。保护层用来保护防水层，它处在防水层和排水层之间。其作用有两个：一是防止铺作排水层的卵石伤害防水层；二是防止植物根扎伤防水层。迄今尚未找到最有效、最耐久的保护层材料，目前一般选用铝箔面沥青油毡、聚乙烯卷材或中密聚乙烯土工布。防水层：种植屋面应为二级建筑设防，至少作两道防水。如用合成高分子卷材和涂料，上层为 1.5cm 厚的 P 型宽幅聚乙烯卷材，或 1cm 厚的高密度聚乙烯，下层为 2cm 厚的聚氨酯涂膜或硅橡胶涂膜；或上层为高密度聚乙烯卷材，下层为硅橡胶和聚氨基涂膜。如用沥育基卷材，可采用叠层，均为聚酯胎 SBS、APP 改性沥育卷材，厚度为 4～5cm，满粘法黏结，覆面材料为金属箔。在屋顶绿化实施过程中，无论是否加砌花台、水池及安装水、电管线等，均不得打开或破坏屋面的防水层或保护层，宜在建筑物设计时同步设计绿化屋顶，预置管线和亭、台、架、立柱等设施位置。隔离层：有时候出现耐根穿刺层和防水层不相容的现象，为此中间加一道隔离层。隔离层采用聚乙烯膜、纤维布、无纺布或抹一道水泥砂浆均可。

（五）屋顶绿化中采用的材料

1. 防水材料

（1）SBS 改性沥青防水卷材　SBS 是以聚酯无纺布或玻纤毡为胎基，苯乙烯-丁二烯-苯乙烯（SBS）热塑性弹性体作为改性剂，表面覆以聚乙烯（SBS）热塑弹性体作为改性，表面覆以聚乙烯膜、铝箔膜、砂粒、彩沙、页岩片所制成的建筑防水卷材。SBS 等高聚物被彻底分散成强化网状结构，赋予改性沥青防水卷材优异的性能，且具有纵横向拉力大、延伸率好、韧性强、耐低温、耐老化、耐紫外线、耐温差变化、自愈力黏合等优良性能，耐用年限可达 25 年以上。

（2）APP 改性沥青防水卷材属塑性体　由热塑性 APAO 聚丙烯 APP 改性沥青等浸渍胎基，表面撒以细砂、矿物粒（片）料或覆盖聚乙烯膜，是一种高档次的防水卷材，具有耐热、耐寒、耐腐蚀、抗老化、热塑性好、抗拉力大、延伸率高、抗撕裂性强等优点，集防水、粘接、密封于一身，是一种用途广泛、性能优异的防水材料，既可单层应用，也可复层；既可热熔施工，也可冷粘。

（3）水不漏（堵漏灵）　这是粉末状高效能无机多功能刚性防水堵漏材料。可带水作业，在潮湿或渗水的基层上施工，背水面、迎水面效果一样。不宜老化，不燃烧，无异味，无毒，防腐透气，不污染环境。能与混凝土、砖、石等结构结合成牢固的整体，黏合力强。能瞬间止水，立即止漏，且凝固时间可调。抗渗压高，防水、粘接一次完成；与基层合成整体，不老化，耐水性好。

（4）DF 聚乙烯复合防水材料　抗渗能力强，抗拉强度高，低温柔性好，无毒，造价低，适用于屋面防水、地下防水、室内防潮、堤坝、池库和渠道防渗，也适用于冶金化工防渗、防污染，该卷材可用水泥胶直接黏合，常温施工，操作十分方便，经工程实践证明，其防水、防渗综合技术性能良好，适应温度范围宽，耐老化，使用寿命长，是理想的环保型防水材料。

（5）弹性体氯化聚乙烯　弹性体氯化聚乙烯的特点是分子结构中不含双键，含氯原子，所以其耐寒性、耐臭氧性、阻燃性、耐低化学腐蚀性、耐水性等综合防水性能优异，温度可适应 40～85℃ 的范围，同时具有伸长率、撕裂强度高、使用寿命长等特点，是国内新型防水材料中性能优异的一种新型中、高档防水材料，已被建设部列为推广产品。

2．过滤材料

短纤针刺非织造土工布是一种常用的过滤材料，铺设在介质层和透水板之间的由涤纶、丙纶原料制造，经针刺、精梳、布中心加机织布夹层，再经双道梳理，气流成网针刺复合而成的短纤针刺非织造土工布。保持水分和防止颗粒流失，使泥沙及杂质充分过滤，确保种植层水土不流失及种植土中的养分尽量不被水冲走，也确保架空层下面流水畅通无阻，更能确保不会因泥沙流失造成弄脏屋面和外墙。

表面光滑，剥离性好，稳定性高，不易变形，过滤效率高，不易阻塞，质量高，专业性强，耐酸碱腐蚀、抗老化，使用寿命长，具备遇压自冲洗功能，又有防止白蚁、鼠类及害虫破坏的功能。

3．架空材料

（1）塑料疏水板　型号为 H-203040 等的产品，以高抗冲的 PS、PE、PVC 等材料制成。自然形成纵横交错的排水沟，适用于不需要蓄水的建筑物屋顶、地下工程顶面的绿化；避免通道阻塞，使孔道排水保持畅通，省时、省力，又节能、节省投资，以及降低建筑物的荷载。对土建的施工周期及构筑物的正常使用和寿命具有重要的作用。与无纺布也组成一个排水系统，从而形成一个具有渗水、贮水和排水功能的系统。

（2）生态架空体　YJB 蜂窝式带腿架空下水层，优点是有利于通风隔热、耐腐蚀、抗老化，不容易堵塞下水部分，在种植层与屋面之间形成真空层。避免屋面因风吹日晒造成的裂缝、渗水等问题。易维修屋面，质量轻（50kg/m²），强度大，每平方米可直接承受压力 1t 左右，可根据屋面大小设计安装 YJB 产品。如屋面宽度在 15m 以下，可设计规格为长 330mm×宽 330mm×高 90mm 的产品；屋面宽度在 15m 以上，25m 以下，可设计规格为长 400mm×宽 400mm×高 150mm 的产品；屋面宽度在 25m 以上，可设计规格为长 500mm×宽 500mm×高 210mm 的产品。

YJB 蜂窝式带腿架空下水层，使整个屋面通风散热快，下水流水顺畅无阻，种植层也不易塌陷，始终能保持着平衡状态。这种 YJB 产品主要优点：强度大、重量轻、价格低、寿命长、通风散热、摆放方便、拆装容易。

（3）架空网　绿化屋顶常用的架空网，以聚丙烯高分子聚合物为主，并填加疏水性、亲水性、阻燃性、耐热性、抗冻性、抗老化性等不同助剂，加热熔融后形成由丝条相互熔接成型的多孔网状整体结构型。排水均匀、及时，透气性好，水分贮存及调节功能良好。重量轻，大大降低了建筑物的承重压力；耐负荷及耐久性好。搬运方便，裁切、拼装简便，施工、维护容易，工期短，减少施工成本。

三、其他节能屋面

（一）蓄水屋面

蓄水屋面就是在刚性防水屋面上蓄一层水，其目的是利用水蒸发时，带走大量水层中的热量，大量消耗晒到屋面的太阳辐射热，从而有效地减弱了屋面的传热量和降低屋面温度。这是一种较好的隔热措施，是改善屋面热工性能的有效途径。

在相同的条件下，蓄水屋面比非蓄水屋面使屋顶内表面的温度输出和热流响应要降低得更多，且受室外扰动的干扰较小，具有很好的隔热和节能效果。对于蓄水屋面，由于一般是在混凝土刚性防水层上蓄水，这既可利用水层隔热降温，又改善了混凝土的使用条件：避免了直接暴晒和冰雪雨水引起的急剧伸缩；长期浸泡在水中有利于混凝土后期强度的增长；又由于混凝土有的成分在水中继续水化产生湿胀，因而水中的混凝土有更好的防渗水性能，同时蓄水的蒸发和流动能及时地将热量带走，减缓了整个屋面的温度变化；另外，由于在屋面上蓄上一定厚度的水，增大了整个屋面的热阻和温度的衰减倍数，从而降低了屋面内表面的最高温度。但是，防水是其应注意的问题。

1. 蓄水屋面的构造

蓄水屋面简图如图 4.11 所示。

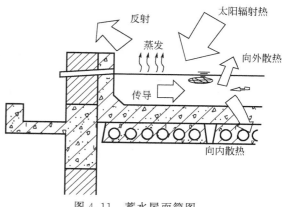

在工程应用中，依据蓄水的深浅分为深蓄水与浅蓄水两种：前者蓄水深度在 600mm 以上；后者为 150～200mm。要求屋面全年蓄水，水源应以天然雨水为主，补充少量自来水。从理论上讲，50mm 深的水层即可满足降温与保护防水层的要求，但实际比较适宜的水层深度为 150～200mm。水层太浅易蒸发，需经常补充自来水，造成管理麻烦。为避免水层成为蚊蝇滋生地，需在水中饲养浅水鱼及种植浅水水生植物，这就要

图 4.11 蓄水屋面简图

求水层应有一定深度。但水层过深，将会过多地增加结构荷载。因此，综合上述因素，一般选用 200mm 左右的深度为宜。为了保证屋面蓄水深度的均匀，蓄水屋面的坡度不宜大于 0.5%。

2. 防水层的做法

蓄水屋面除了增加结构的荷载外，如果防水处理不当，还可能漏水、渗水。采用刚性防水层时应按规定做好分格缝，防水层做好后应及时养护，蓄水后不得断水。采用卷材防水层时，应注意避免在潮湿条件下施工。例如，可设置一层细石混凝土防水层，但同时也可在细石混凝土中掺入占水泥质量 0.05% 的三乙醇胺或 1% 的氧化铁，使其成为防水混凝土，以提高混凝土的抗渗能力，防止屋面渗漏。蓄水屋面一般不设排水坡度，若为了清扫屋面方便，也可在浇注防水层时，使其略有微坡。蓄水屋面构造如图 4.12 所示。

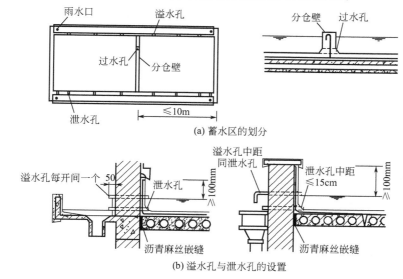

(a) 蓄水区的划分

(b) 溢水孔与泄水孔的设置

图 4.12 蓄水屋面构造

为避免大风时引起波浪和便于分区段检修及清扫屋面，可根据蓄水屋面面积划分若干个蓄水区段，每个区段长不宜超过 10m，且用混凝土分仓壁隔开。为使每个蓄水区段的水体连通，可在分仓壁的根部设过水孔。遇到屋面有变形缝时，可根据变形区段设计成互不连通的蓄水池。每区段蓄水池外壁的根部，应设 1～2 个泄水孔，便于检修或清扫屋面时将水排干。在蓄水池外壁上，还应根据水层的设计深度，设置直径不大于 150mm 的溢水孔，以便排除过多的雨水。对于屋面面积较大或降雨较多地区，溢水孔间距宜为 3～4m，而且在檐部应设檐沟，使过多的雨水先流入檐沟，再排至雨水管。也可将多余的雨水通过溢水孔直接排入雨水管，此时溢水孔位置应同雨水口相对应。蓄水屋面泛水高度应比水面高出 250～300mm，即从防水层面算起，为水层深度与 100mm 之和。另外，蓄水屋面不仅有排水管，一般还应设给水管，以保证水源的稳定。所有的给排水管、溢水管、泄水管均应在做防水层之前安装好，并用油膏等防水材料妥善嵌填接缝。

综上所述，蓄水屋面与普通平屋顶防水屋面不同的就是增加了一壁三孔：所谓一壁是指蓄水池的仓壁；三孔是指溢水孔、泄水孔、过水孔。一壁三孔概括了蓄水屋面的构造特征。

（二）架空屋面

夏季，南方地区太阳辐射值多在 950～1150W/m²，全年日照时数 1900～2400h，云量 2～5，且多为高云，加上南方纬度较低，其太阳高度角大，因而水平屋面的防热问题便成为防热设计的重点。

目前屋面防热构造形式多样，在南方多采用架空预制隔热板，但其隔热效果不尽人意，经计算机模拟分析，层间空气不能流动的原因，有女儿墙的遮挡、屋面的跨度、支撑的砖墩过大等多种因素。由于屋面被晒过热并加上延迟效应，虽午后辐射减弱，但层间热空气仍然不易散去。因此，其热力作用非但未能减少，反而延长作用时间，致使室内长时间处于过热状况。有鉴于此，有研究者根据流体热力学原理，提出开口倾斜的隔热架空层的构想，并取夏季气温高、云量少的天数进行实测验证，结果表明，开口倾斜架空屋面具有良好的隔热效果，可显著降低房屋的层间温度。

如图 4.13 所示为架空屋面的剖视图。

架空屋面的架空隔热层高度宜为 180～300mm，架空板和女儿墙的距离不宜小于 250mm（图 4.14）。

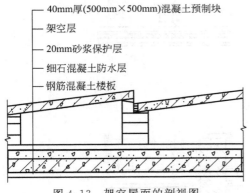

图 4.13　架空屋面的剖视图

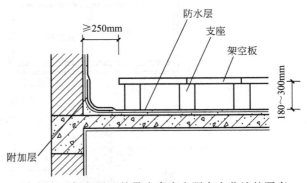

图 4.14　架空屋面的最小高度和距离女儿墙的距离

（三）浅色坡屋面

目前，大多数住宅仍采用平屋顶，在太阳辐射最强的中午时间，太阳光线对于坡屋面是斜射的，而对于平屋面是正射的，深暗色的平屋面仅反射不到 30% 的日照，而非金属浅暗色的坡屋面至少反射 65% 的日照，反射率高的屋面可节省 20%～30% 的能源消耗。研究表明，使用聚氯乙烯膜或其他单层材料制成的反光屋面，确实能减少至少 50% 的空调能源消耗；在夏季高温酷暑季节则能减少 10%～15% 的能源消耗。因此，若将平屋面改为坡屋面，并内置保温隔热材料，不仅可提高屋面的热工性能，还可提供新的使用空间（顶层面积可增加约 60%），也有利于防水，并有检修维护费用低、耐久的优点。特别是随着建筑材料技术的发展，用于坡屋面的坡瓦材料形式多，色彩选择广，对改变建筑千篇一律的平屋面单调风格，丰富建筑艺术造型，点缀建筑空间，有很好的装饰作用。它在中小型建筑如居住、别墅及城市大量平改坡屋面中被广泛应用。但坡屋面若设计构造不合理、施工质量不好，也可能出现渗漏现象。因此坡屋面的设计必须做好屋面细部构造设计以及保温层的热工设计，使其能真正达到防水、节能的要求。

（四）压顶屋面

美国单层屋面协会（SPRI）和橡树岭国家实验室（ORNL）正在合作进行一项关于压顶屋面热功能的研究。据介绍，压顶屋面系统将吸收的热能贮存在屋顶表面作压顶用的岩石里，因而在白天能源消耗的高峰时段防止将热传到建筑物内。这些贮存的热量最终又辐射到大气中。这也是减少热量传入建筑物内的一种方法。

该项研究的目的是定量地探索这种屋面的热量的变化。为此，ORNL 在东田纳西州湿热条件下建造了 6 块小型试验屋面以收集相关数据。所有的试验屋面都采用钢屋面板和 3.8cm 厚的纤维保温板。其中 2 块试验屋面有 1 块面层铺黑色 EPDM，另 1 块铺白色 TPO，不加压顶材料，作对比用。另外 3 块上面都有压顶材料，但用量各不相同，在 48.8～114.7kg/cm^2 之间。第 6 块表面铺混凝土面砖，用量为 114.7kg/cm^2。屋面的不同部位设置热电偶，可以连续地监测屋面板、屋面卷材和室外空气温度以及热流，采用小时平均值跟踪和比较温度的变化。研究结果表明：增加压顶的屋面具有明显的阻止热量进入的作用。

（五）金属屋面

与当今市场上许多其他屋面产品相比，金属屋面在节能方面的效果更佳。美国一些地方的能源、环保部门正不断提高反映屋面节能效果标准的门槛，如反射率和辐射率。为此，金属屋面制造商与其涂料供应商正努力寻求各种途径提高每一种颜色的反射率和辐射率水平。涂料只是构成金属屋面有效性的一个因素。高反射屋面涂料可以使屋面处于"冷"状态。为了使节能效果最大化，这些材料不仅要有高的太阳反射率和高的红外辐射率，还必须能在若干年内保持这些高性能，而后者应当是选材的关键，特别是在受气候因素和尘土积聚严重影响的情况下。热岛效应研究小组的研究已经表明，经过 1 年的气候因素作用反射率平均降低 0.15。降低的范围在 0.04～0.23。经过 2 年、4 年和 6 年后大多数试验屋面由于尘土的作用使反射率的降低十分接近，这就表明尘土积聚的影响主要发生在头 1 年。积尘直接与屋面的形状、构造有关。老化、尘土、空中悬浮污染物、积水以及生物因素均可使屋面颜色发生变化，均会降低非金属屋面的功能。维护或清洗对于维持非金属屋面系统高反射"冷"表面是决定性的。

例如，平屋面易于吸尘并粘住尘土；相反，用于金属坡屋面的新的 Kynar 500 低光涂料是不黏的含氟聚合物，摩擦系数极低，有良好的耐磨性和耐化学性，因而这种表面几乎不会积聚尘土、杂物，反射率降低极少甚至不降低。用清洗的办法可以使大多数屋面的反射率几乎恢复到其初始值。尽管如此，热岛小组的试验表明，若权衡清洗屋面的劳务费用和因此获得的节能效益，则实际的效益几乎可以忽略。

在制定可能会影响到屋面材料选用的强制性法规或奖励政策时有许多因素应当加以考虑，例如，再生材料用量、可再生率、可持续性以及耐久性。这些是任何一个建筑规范或奖励政策都必须加以统筹考虑的因素，否则，不可再生的屋面材料尽管是"冷"的，但使用寿命不长，也只好放弃。金属屋面是可持续的，并且在使用寿命终了时可以100%回收利用，非常耐久，寿命周期费用低，防火性能优异，可以设计得能经受大风的考验。对于重铺屋面项目，金属屋面常常可以直接做在原屋面上，节约了昂贵的拆除和处置费用。

（六）太阳能屋面

屋顶太阳能光电产品的光电技术分为两类：薄膜技术和晶体技术，前者比较便宜，但产生的功率不及晶体技术的一半。因而，在空间有限的屋顶上使用晶体技术比较适宜。三洋太阳能光电板采用单晶和多晶技术将太阳能转换成直流电。每8块光电板串联成一排，然后穿过边上的线槽连到含有504个熔断器的电箱内，在那里将直流电转换成208V交流电，再升到所需的480V。在一些低坡屋面和平屋面上采用由两层玻璃夹硅片组成的太阳能板，用托架或支架予以支撑。美国开发出一种质轻又柔软的易成卷的超薄无定形硅光电板，可以直接粘贴到屋面上，不再需要支撑。另外一家公司的太阳能屋面系统由12块光电板组成，在工厂里与PVC卷材层压形成3.05～12.2m的柔性太阳能板，施工时将其与耐渗的屋面卷材热焊在一起，并与构筑物的电器系统相连。

石油和煤是当前主要的能源，属于非再生资源，资源枯竭状况日益严重。积极开发新的可再生能源是摆在我们面前的一项十分紧迫的任务。我国利用太阳能技术还处于起步阶段，产品的使用量相对较少，因而价格较高，屋面太阳能光电技术基本上是空白，没有政府的鼓励和支持，太阳能的利用将是一个十分艰巨的过程。我国政府应参考日本、美国等国家的经验，推出有利于屋面太阳能利用的鼓励政策，制定发展规划，对安装太阳能发电系统的建筑屋面工程给予必要的资助。另外，引导和推动有实力的大型企业和大专院校、研究机构尽快开发出具有自主知识产权的屋顶太阳能光电产品，为大面积推广打下物质基础。当前政府机构和大型国有企业可利用国外现成产品建几个安有太阳能光电产品的示范性建筑屋顶，以引起社会各界的兴趣和关注，推动这一节能技术的快速发展。

（七）冷屋面

在美国，"冷"屋面正在快速崛起，成为主流屋面系统，尤其是在炎热地区。在较冷的地区这种概念也出乎意料地正受到人们热烈的欢迎。这是因为人人都想为环境做贡献，人人都想节能，人人都想把费用降下来。近来，在加利福尼亚和其他一些地方出台的节能法规使冷屋面的信任度和普及率有了进一步的提高。对于反射屋面的需求不断增长，这种需求大部分来自业主，因为他们要控制能源支出。承包商在准备投标文件时必须将业主对于节能的要求考虑在内，这一点已经得到普遍认可。承包商在标书中专门有一页标明所选屋面系统每年以及整个使用期间的节能效果。

2003年，屋面涂料制造商协会成立了白色涂料委员会，专门评估为冷屋面设计的产品，并于2014年正式实施。目的是通过对产品的挑选和白色涂料的促销，确保承包商不犯错误。

保持"冷"屋面足够清洁以确保一定的反射率是建筑物节能的关键因素。有一种称为Chem Guard的卷材含有丁腈橡胶和其他改性剂的共聚物合金配方，可以抵抗饭店或其他行业产生的脂肪酸、油和碱的积聚。

>不

"冷"屋面发展到今天成为主流屋面，主要是加利福尼亚 24 号能效法规推动的结果。该法规要求新建和更新低坡工业屋面时，初始太阳反射率应不小于 70%，热辐射不小于 75%，数据需经冷屋面评估委员会（CRRC）测定。

第四节　建筑节能屋面保温隔热材料

一、屋面保温隔热材料的选择原则

在设计建筑节能屋面工程中要选择保温隔热材料，应按下述项目进行比较和选择。

（一）根据使用温度范围来选择保温隔热材料

每一种保温隔热材料都有它的最高使用温度，在建筑绝热工程中一般都是在常温或低温下使用。所以选用保温隔热材料时一定要使所选用的保温隔热材料满足设计的使用工况条件，保证达到设计保温隔热效果和设计使用寿命。相同温度范围内有不同材料可选择时，应选用热导率小、密度小、造价低、易于施工的材料制品，同时应进行综合比较，其经济效益高者应优先选用。

（二）选用高效绝热材料

为确保建筑绝热工程的节能效果，务必选用高效优质的保温隔热材料。一般将热导率小于或等于 0.05W/(m·K) 的材料称为高效保温隔热材料。在这个范围内的材料有岩棉矿渣及制品、玻璃棉及制品、聚苯乙烯泡沫塑料（EPS、XPS）、硬质聚氨酯泡沫塑料、酚醛树脂塑料、聚乙烯泡沫塑料、柔性橡胶海绵保温材料、太空反射涂料等。

（三）确保保温隔热材料具有一定密度

保温隔热材料的密度要满足建筑绝热工程的要求。保温隔热材料与屋面结构复合后要承受一定的荷载（风、雪、施工人员），或承受设备压力或外力撞击，所以在这种情况下，要求保温隔热材料要有一定的密度，以承受或缓解外力的作用。

（四）保温隔热材料的使用年限

保温隔热材料的使用年限要与被保温隔热主体的正常维修期基本相适应。

（五）保温隔热材料的防火性

应首选不燃或难燃的保温隔热材料；在防火要求不高或有良好的防护隔离层时也可以选用阻燃好的保温隔热材料。不应选用易燃、不燃或燃烧过程中产生有毒物质的保温隔热材料。

（六）保温隔热材料的防水性

保温隔热材料应选用吸水率小的材料。首选不吸水的保温隔热材料，其次选用防水或憎水保温隔热材料。若选用易吸水、易受潮的保温隔热材料，一定要采取有效可靠的防水、防潮的措施。保温隔热材料在施工安装时应方便易行，既操作简单，又易于保证绝热工程质量。

二、屋面保温材料的分类

建筑保温层按铺设形式的不同，分为松散材料保温层、板状材料保温层和现浇保温层三种，如图 4.15 所示。

- 建筑保温层
  - 松散材料保温层
    - 干铺炉渣
    - 钙化锯屑
    - 水渣
    - 矿棉
    - 膨胀蛭石
  - 板状材料保温层
    - 泡沫混凝土板
    - 加气混凝土板
    - 水泥蛭石板
    - 沥青蛭石板
    - 水泥膨胀珍珠岩板
    - 沥青膨胀珍珠岩板
    - 甘蔗板
    - 木丝板
    - 塑料板
  - 整体保温层
    - 现浇水泥蛭石
    - 现浇水泥膨胀珍珠岩
    - 白灰矿渣

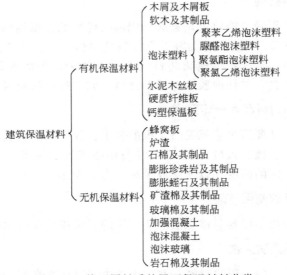

图 4.15　按不同铺设形式的屋面保温材料分类

建筑保温材料按材质可分为有机保温材料和无机保温材料两大类，如图 4.16 所示。

- 建筑保温材料
  - 有机保温材料
    - 木屑及木屑板
    - 软木及其制品
    - 泡沫塑料
      - 聚苯乙烯泡沫塑料
      - 脲醛泡沫塑料
      - 聚氨酯泡沫塑料
      - 聚氯乙烯泡沫塑料
    - 水泥木丝板
    - 硬质纤维板
    - 钙塑保温板
  - 无机保温材料
    - 蜂窝板
    - 炉渣
    - 石棉及其制品
    - 膨胀珍珠岩及其制品
    - 膨胀蛭石及其制品
    - 矿渣棉及其制品
    - 玻璃棉及其制品
    - 加强混凝土
    - 泡沫混凝土
    - 泡沫玻璃
    - 岩石棉及其制品

图 4.16　按不同材质的屋面保温材料分类

三、常用建筑屋面保温隔热材料

保温隔热材料通常是指热导率小于 0.14W/(m·K) 的材料，而一般应用于建筑屋面和围护结构的绝热材料多指热导率小于 0.23W/(m·K) 的建筑材料。有些保温隔热材料已经在第二章有详细介绍，此处不再重复。本节主要介绍一些专门用于屋面节能保温的材料或制品。

（一）水泥膨胀珍珠岩及制品

水泥膨胀珍珠岩是以膨胀珍珠岩（黑曜岩、松脂岩）为集料，以水泥、石膏等为胶结料，掺入适量的外加剂和水搅拌而成。多年以来，屋面一直采用水泥膨胀珍珠岩作保温层，但是，此种材料已被许多工程实践所证明并不是一种理想的保温材料，这也是许多建筑师们的共识。但限于国情和经济水平，现仍保留，并在国内大量使用。

采用水泥膨胀珍珠岩保温层最重要的问题，是如何排尽其中的水分，而常规做法是采用排汽孔法。排汽孔不解决好，将会导致防水层开裂报废。但施工单位大都没有清醒地认识到这一点。排汽道应贯通，并要用松散大孔隙炉渣填充，而目前许多排汽道严重堵塞，使排汽道与排汽孔形同虚设。有些施工单位由于没有买到炉渣，就将排汽道用导热性高的碎石填充，低温季节蒸汽易在表面冷凝成水，不利于蒸汽的及时散发。另外排汽孔数量不够，排汽孔构造存在问题，雨水容易飘入，造成更多的积水。而水泥珍珠岩保温层再铺上水泥砂浆找平层，其开裂也与水泥珍珠岩有密切的关系。这些容易吸水的多孔保温材料，在受热时水分蒸发，使找平层的水泥砂浆开裂，即便采取了排汽措施时，开裂仍可能产生，致使防水卷材起鼓，使用寿命大大缩短，无形中增加屋面防水的成本。施工用水量很大，含水率往往达到饱和状态，基本是在未来得及蒸发的情况下进行下一道分项工程的施工。因此，排汽道的通畅、排汽道材料的使用以及排汽孔的数量和构造，都会影响到防水的成功。何况，水泥珍珠岩保温层内的水分不容易排除，至少短期内无法排除。最终结果，保温层内的水蒸气顶起防水层，使其开裂漏雨。防水层一旦破裂，雨水即会侵入保温材料中，并将水分积存于保温材料中，沿着混凝土层的裂缝及其他缺陷造成的缝隙（例如预制层面板的板缝），雨水又会渗透侵入到室内，这种渗漏在实际工程中随处可见。

（二）加气混凝土屋面板

加气混凝土屋面板在建筑上应用非常普遍，该种制品是加气混凝土板材中产量最大、应用技术较为成熟、深受建筑设计、施工人员欢迎的一种屋面板。

其主要优点是：重量轻、保温、隔热、隔声、施工简便，经济效益较好。

加气混凝土屋面板的重量仅为一般钢筋混凝土预应力圆孔板的1/3；加气混凝土屋面板兼有保温和承重的双重功能，而且可在屋面板上直接铺油毡等防水卷材，基本上避免了湿作业；施工方法简单；由于本身重量轻，故可以一次吊装五六块板，加快了施工速度。加气混凝土屋面板的规格见表4.5。

表 4.5 加气混凝土屋面板的规格　　　　　　　　　　　　　单位：mm

品种	产品标志尺寸			产品制作尺寸				
	长度 L	宽度 B	厚度 D	长度 L_1	宽度 B_1	厚度 D_1	槽	
							高度 h	宽度 d
屋面板	1800～6000（以300进位）	600	150	$L-20$	$B-2$	D	40	15(20)（指一面有槽时的槽宽度）
			175					
			180					
			200					
			240					
			250					

（三）陶粒混凝土复合保温条板

目前国内外采用超轻陶粒（人造轻骨料）生产的混凝土板材主要是陶粒混凝土复合保温板（又称夹层板），用于屋面保温的为陶粒混凝土复合保温条板。其主要特点是表观密度小，相应强度高，隔热保温、隔音、防火、防渗、耐久性能好等，因此在欧洲和北美地区大量生产和应用。自1988年起我国北京、天津、沈阳、抚顺等地也开始研发、生产和应用。

1. 陶粒混凝土复合保温条板组成

陶粒混凝土复合保温板的品种较多，生产工艺有别，但构造大致相同，上层和底层均是砂浆混凝土，平均表观密度约为 1550kg/m³，集料是陶砂和黄砂，上层厚度为 20～30mm，底层厚度为 30～40mm，其构造如图 4.17 所示，基本配方见表 4.6。

图 4.17　陶粒混凝土复合保温板构造

表 4.6　上层和底层每立方米砂浆混凝土基本配方

陶砂(粒径 0～4mm)	黄砂(粒径 0～4mm)	52.5 级硅酸盐水泥	水
0.55m³	680kg	414kg	178kg

中间层一般为全轻陶粒混凝土或无砂大孔陶粒混凝土，平均表观密度为 600～850kg/m³，抗压强度≥35MPa。厚度根据实际需要而变，最小为 50mm，最大为 250mm。复合保温条板的厚度一般为 100～300mm，宽度为 0.6m，长度为 2.6～7.4m。基本配方见表 4.7。

表 4.7　中间层全轻陶粒混凝土和无砂大孔陶粒混凝土基本配方

每立方米全轻陶粒混凝土 (丹麦)				每立方米无砂大孔陶粒混凝土 (中国)		
陶粒 (粒径 4～12mm)	陶砂 (粒径 0～4mm)	52.5 级 硅酸盐水泥	水	陶粒 (粒径 0～16mm)	42.5 级 硅酸盐水泥	净用水量
1m³	0.25～0.3m³	140kg	48.3kg	1m³	280kg	100kg

注：选用 52.5 级快硬水泥，水泥用量为 100～110kg，陶粒中 ϕ<5mm 的陶砂含量为 4%～5%。

复合保温板的上层、底层与中间层之间都配有钢筋，钢筋的规格和配置随板的种类及规格计算而定：以厚×宽×长=200mm×0.6m×5.0m 的复合保温条板为例，上层与中间层之间配置的钢筋有别，上层与中间层之间应配有 3 根 ϕ6mm 钢筋，下层与中间层之间应配有 1 根 ϕ6mm 和 2 根 ϕ8mm 的钢筋。

2. 陶粒混凝土复合保温条板制备技术

(1) 制备工艺　陶粒、陶砂在配料前必须进行预湿，陶粒混凝土和砂浆混凝土混合料均采用行星式高效搅拌机混合搅拌。此类搅拌机的特点是：三种旋转高效搅拌，匀质性好，磨损率低；搅拌机底盘上设有多个测水传感器，经电子信息自动调整配水量，以确保混合料的最佳额定水灰比（0.34～0.35）。原材料配料、搅拌和混凝土混合料浇灌机输送等均由电子计算机自动控制。

复合保温板的成型工序：在长线台座成型平台上按板的构造要求配置好侧模和支端等；由浇灌机将砂浆定量、均匀地浇入成型平台模具内，经成型平台振捣器和振动滚压机振实、抹平、压实，厚度为 30～40mm；在砂浆层面上按设计要求铺设钢筋网；由浇灌机将陶粒混凝土定量、均匀地浇在砂浆面层的钢筋网上，如需要可预埋管线等，经成型平台振捣器和振动滚压机振实、抹平、压实，厚度为 50～250mm；在陶粒混凝土层面上按设计要求铺设钢筋网；再由浇灌机将砂浆定量、均匀地浇在陶粒混凝土面层的钢筋网上，经成型平台振捣器和振动滚压机振动、抹平、压实，厚度为 20～30mm；按设计要求插埋吊运板材用的吊钩。

（2）养护　复合保温条板加热养护：成型工序完成后，在复合保温板的表面覆盖塑料薄膜，平台底模开始通热水（或蒸汽、热油）养护。养护制度：温度 20℃→80℃，1.5～2.5h；80℃±5℃，约 10h；80℃→20℃，1～2h。如生产任务不紧，为节约能耗，覆盖塑料薄膜后自然养护（湿热）48～72h，也能达到加热养护的同等要求。加热养护完成后，启动液压装置将平台翻转倾斜至 80°，由单梁起重机将复合保温板吊运至轨道式板材运输车，送入成品堆场，由门式起重机按板材种类和生产日期进行有序堆放，并覆盖塑料薄膜，防止雨水、日晒等对成品的影响。根据用户要求，可对部分板材面层进行装饰后堆放。成品堆场：复合保温板的室外自然养护期为 28d（欧洲为 14d，采用波特兰水泥），成品堆场的存贮量应 ≥30d 的产量；配有门式起重机或汽车吊，用于复合保温板的堆放、装车等。

该板材的热导率与陶粒的密度等级和中间层陶粒混凝土的种类（全轻陶粒混凝土或无砂大孔陶粒混凝土）及厚度有关（表 4.8），一般为 0.25～0.32W/(m·K)。

表 4.8　陶粒堆积密度为 400kg/m³ 时板厚与表观密度的关系

板厚/mm	160	200	240
表观密度/(kg/m³)	890	840	800

参 考 文 献

[1]　中国能源发展报告委员会. 中国能源发展报告 [M]. 北京：中国计量出版社，2001.
[2]　中国科学院可持续发展研究组. 2002 中国可持续发展战略报告 [M]. 北京：科学出版社，2002.
[3]　蔡君馥. 住宅节能设计 [M]. 北京：中国建筑工业出版社，1991.
[4]　中国建筑业协会建筑节能专业委员会. 建筑节能技术 [M]. 北京：中国计划出版社，1996.
[5]　夏云等. 生态与可持续建筑 [M]. 北京：中国计划出版社，1999.
[6]　龙惟定. 国内建筑合理用能的现状及展望 [J]. 能源工程，2001（2）：1-61.
[7]　吴雅君. 倒置式保温屋面构造设计的分析与研究 [J]. 辽宁工程技术大学学报，2005，4：552-554.
[8]　杨廷旭. 浅谈我省的住宅建筑节能设计 [J]. 今日科苑，2006（5）：76.
[9]　苏州非金属矿工业设计研究院防水材料设计研究所，建筑材料工业技术监督研究中心，中国标准出版社第五编辑室编. 建筑节能保温材料标准及施工规范汇编 [M]. 北京：中国标准出版社，2008.
[10]　蔡文剑等编著. 建筑节能技术与工程基础 [M]. 北京：机械工业出版社，2008.
[11]　罗艺，刘忠伟主编. 建筑节能技术与应用 [M]. 北京：化学工业出版社，2007.
[12]　韩喜林编著. 新型建筑绝热保温材料应用·设计·施工 [M]. 北京：中国建材工业出版社，2005.
[13]　钟亚平，张志宏，陈建伟. 屋面保温隔热工程施工技术 [J]. 科技向导，2012（20）：413-414.
[14]　李洪刚，李智光. 建筑物屋面防水保温层新施工方法的分析 [J]. 黑龙江科技信息，2009（19）：112-115.

第五章 建筑地面节能技术

地板和地面的保温是容易被人们忽视的问题。实践证明，在严寒和寒冷地区的采暖建筑中，接触室外空气的地板，以及不采暖地下室上面的地板如不加保温，则不仅增加采暖能耗，而且因地面温度过低，严重影响居民健康；在严寒地区、直接接触土壤的周边地面如不加保温，则接近墙脚的周边地面因温度过低，不仅可能出现结露，而且可能出现结霜，严重影响居民使用。

第一节 地板与地面节能保温

一、地面分类

地面按其是否直接接触土壤分为两类。

① 不直接接触土壤的地面，又称地板。其中又分为接触室外空气的地板和不采暖地下室上部的地板，以及底部架空的地板等。

② 直接接触土壤的地面。《民用建筑热工设计规范》（GB 50176—1993）从卫生要求（即避免人脚着凉）出发，对地面的热工性能分类及适用的建筑类型作出了规定，见表5.1。

表 5.1　地面热工性能分类

类别	吸热指数 B 值/ $[W/(m^2 \cdot h^{-\frac{1}{2}} \cdot K)]$	适用的建筑类型
Ⅰ	<17	高级居住建筑，托幼、医疗建筑等
Ⅱ	17～23	一般居住建筑，办公、学校建筑等
Ⅲ	>23	临时逗留及室温高于23℃的采暖房间

表5.1中 B 值是反映楼地面从人体脚部吸热多少和速度的一个指标值，是防止冬季人脚着凉的最低卫生要求。地面的吸热指数 B 按下式计算。

$$B = b = \sqrt{\lambda c \rho}$$

式中　b——热渗透系数；

　　　λ——热导率（即导热系数）；

　　　ρ——材料密度；

　　　c——比热容。

据此规定，起居室和卧室不得采用花岗石、大理石、水磨石、陶瓷地砖、水泥砂浆等高密度、大热导率、高比热容面层材料的楼地面（此类楼地面仅适用于楼梯、走廊、厨卫等人员不长期逗留的部位），而宜选用低密度、小热导率、低比热容面层材料的楼地面。

厚度为 3～4mm 的面层材料的热渗透系数对 B 值的影响最大，故面层宜选择密度低和小热导率材料较为有利。

几种地面吸热指数 B 值及热工性能类别见表 5.2。

表 5.2　几种地面吸热指数 B 值及热工性能类别

名称	地面构造		B 值 /[W/(m²·h$^{-\frac{1}{2}}$·K)]	热工性能类别
硬木地面		1. 硬木地板 2. 粘贴层 3. 水泥砂浆 4. 素混凝土	9.1	I
厚层塑料地面		1. 聚氯乙烯地板 2. 粘贴层 3. 水泥砂浆 4. 素混凝土	8.6	I
薄层塑料地面		1. 聚氯乙烯地面 2. 粘贴层 3. 水泥砂浆 4. 素混凝土	18.2	II
轻集料混凝土垫层水泥砂浆地面		1. 水泥砂浆地面 2. 轻集料混凝土（$\rho_0 <$ 1500kg/m³）	20.5	II
水泥砂浆地面		1. 水泥砂浆地面 2. 素混凝土	23.3	III
水磨石地面		1. 水磨石地面 2. 水泥砂浆 3. 素混凝土	24.3	III

二、地面的保温要求及其构造设计

地面的保温有两个含意：一是使地面吸热量少，即使其 B 值越小越好；二是使地表面的温度越高越好。吸热计算，实际上是保温设计的一个方面。保温设计的另一方面，是提高地面的表面温度。为什么地面的表面温度也是衡量地面热性能的标志呢？应用"人造脚"进行实测时发现，温度低于 18℃ 的木地面（暖性地面）的吸热量大于温度为 23℃ 普通水泥地面（凉性地面）的吸热量。

因此，地面温度是其热工质量的又一项指标。而一般我国采暖居住建筑地面的表面温度较低，特别是靠近外墙部分的地表温度常常低于露点温度。由于地面表面温度低，结露较严重，致使室内潮湿、物品生霉较严重，从而恶化了室内环境。一般认为，地表面温度为 15～16℃ 虽然并非热舒适标准，但目前可为大多数人所接受。

为提高采暖建筑地面的保温水平并有效节能，严寒地区及寒冷地区应铺设保温层。对于周边无采暖管沟的采暖建筑地面，沿外墙内 0.5～1.5m 范围内应加铺保温带，保温材料层的热阻不得低于外墙的热阻；对于直接接触土壤的周边地面（即从外墙内侧算起 2.0m 范围内的地面），应采取保温措施，如采用碎砖灌浆保温时厚度应为 100～150mm。

　　地面的保温要求应满足现行建筑节能标准。对于接触室外空气的地板（如过街楼的地板），以及不采暖地下室上部的地板等，应采取保温措施，使地板的传热系数小于或等于节能标准规定值：满足传热系数小于或等于 $0.30W/(m^2 \cdot K)$；对于直接接触土壤的非周边地面，一般不需做保温处理。

　　几种保温地板的热工性能指标见表 5.3。

表 5.3　几种保温地板的热工性能指标

编号	地板构造	保温层厚度 δ/mm	地板总厚度 /mm	热绝缘系数 M/(m²·K)/W	传热系数 K/[W/(m²·K)]
1	水泥砂浆 钢筋混凝土圆孔板 粘接层 聚苯板($\rho_o=20, \lambda_c=0.05$) 纤维增强层	60	230	1.44	0.63
		70	240	1.64	0.56
		80	250	1.84	0.50
		90	260	2.04	0.46
		100	270	2.24	0.42
		120	290	2.64	0.36
		140	310	3.04	0.31
		160	330	3.44	0.28
2	构造同1 地板为180mm厚钢筋混凝土圆孔板	60	280	1.49	0.61
		70	290	1.69	0.54
		80	300	1.89	0.49
		90	310	2.09	0.45
		100	320	2.29	0.41
		120	340	2.69	0.35
		140	360	3.09	0.31
		160	380	3.49	0.27
3	构造同1 地板为110mm厚钢筋混凝土板	60	210	1.39	0.65
		70	220	1.59	0.57
		80	230	1.79	0.52
		90	240	1.99	0.47
		100	250	2.19	0.43
		120	270	2.59	0.36
		140	290	2.99	0.32
		160	310	3.39	0.28

　　注：表中密度 ρ_o 的单位为 kg/m^3；热导率 λ_c 的单位为 $W/(m \cdot K)$，下同。

　　如图 5.1 所示为我国北方地区地面保温构造示意图。如图 5.2 所示为英国几种典型的地面保温构造。

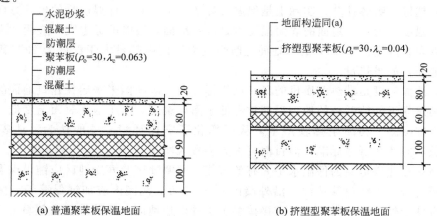

(a) 普通聚苯板保温地面　　　　(b) 挤塑型聚苯板保温地面

图 5.1　满足传热系数小于或等于 $0.30W/(m^2 \cdot K)$ 的地面保温构造

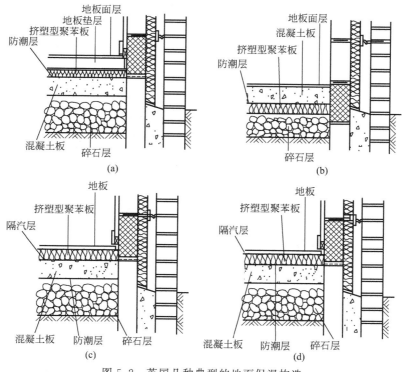

图 5.2　英国几种典型的地面保温构造

第二节　低温地板辐射采暖技术

低温式热水地板式采暖是近几年来比较流行的一种新型采暖施工工艺。目前，常用的低温热水地板采暖一般是以低温水（一般≤60℃，最高80℃）为加热热媒，加热盘管采用塑料管，预埋在地面混凝土垫层内。低温采暖在建筑美感与人体舒适感方面都比较好，但表面温度受到一定限制。

随着居住条件的不断改善，人们对室内采暖的要求也逐步提高，许多新建住宅小区使用了低温地板辐射采暖系统来代替前几年使用较多的散热器采暖。传统散热器采暖系统的主要缺点是耗能大、舒适性差、难于分户计量，而地板式采暖克服了以上缺点，因此，逐渐取代了散热器采暖方式，近几年逐渐流行起来。我国有些工程已采用，并取得良好效果。

一、低温地板辐射采暖系统

（一）低温地板辐射采暖的工作原理

低温地板辐射采暖的工作原理是使加热的低温热水流经铺设在地板层中的管道，并通过管壁的热传导对其周围的混凝土地板加热。低温地板以辐射方式向室内传热，从而达到舒适的采暖效果。

（二）辐射地板构造

辐射地板一般由供暖埋管和覆盖混凝土层构成，如图 5.3 所示。基层为钢筋混凝土楼板，上层铺高效保温材料隔热层，隔热层上敷设塑铝复合管，塑铝复合管上铺钢筋加强网，其上为混凝土地面和装修层。

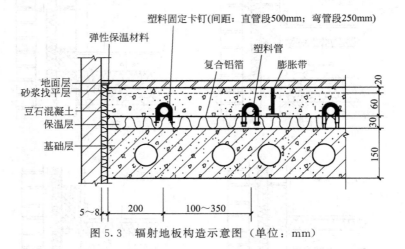

图 5.3　辐射地板构造示意图（单位：mm）

（三）采暖系统

低温地板辐射采暖系统如图 5.4 所示。该系统由四部分构成：热源、分水器、采暖管道和集水器。

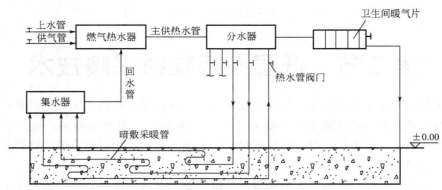

图 5.4　低温地板辐射采暖系统图

1. 热源

可以用天然气或电为燃料，通过燃气或电热水器产生不高于 65℃ 的热水或地热水。供暖回水、余热水等经主供水管进入分水器。目前尚处于研发阶段的还有利用新型高效的集热器收集到的太阳辐射热，辅以电（或燃气）热水器和蓄热装置用于建筑物采暖的热源。

2. 分水器

热水经供水主管进入分水器，再经过分水器进入各环路采暖管道。分水器起到均匀分水的作用。

3. 采暖管道

热水经分水器进入环路采暖管道，加热房间。

4. 集水器

热水从各环路采暖管道进入集水器，再由回水主管道回到燃气热水器。

供暖方式由低压微型泵将低于 60℃ 的热水，通过交联管循环，加热地表面层，以辐射的方式向室内传热，从而达到舒适的采暖效果。

由辐射地板构造和采暖系统图可知，影响采暖效果的主要因素如下。

① 塑铝复合管在房间中单位平方米敷设的长度。

② 覆盖在塑铝复合管上的混凝土层的厚度及其上的介质材料性能。

③ 塑铝复合管下的隔热介质材料性质。

④ 塑铝管的布管形式及管径的大小。

（四）低温地板辐射采暖的特点

1. 高效节能

其一，该系统可利用余热水；其二，辐射采暖方式较对流采暖方式热效率高，若设计按 16℃ 参数选用，可达 20℃ 的供暖效果；其三，低温传送，在输送热媒过程中热量损失小。

2. 使用寿命长，安全可靠，不易渗漏

交联管经过长期静水压试验，连续使用寿命可达 50 年以上，同时在施工中采用整根管铺设，地下不留接口，消除渗漏隐患。

3. 解决了大跨度和矮窗式建筑物的供暖需求

如在宾馆大厅、影剧院、体育馆、育苗（种）等场所应有用，效果十分理想，也为设计者开拓了设计思路，增加了设计手段。

4. 采暖十分舒适

实践证明，在相同舒适感的情况下，地板采暖比暖气片采暖的室内温度低，减少了采暖热负荷；另外，地板采暖设计水温低，可利用其他采暖系统或空调系统的回水、余热水、地热水等低品位能源；热媒温度低，在输送过程中热量损失小。室内地面温度均匀，梯度合理。由于室内温度由下而上逐渐递减，地面温度高于呼吸线温度给人以脚暖头凉的良好感觉。

5. 室内卫生条件得以改善。

由于采用辐射散热方式，不使污浊空气对流。

6. 不占用使用面积

由于低温地板辐射采暖适应住宅商品化需要，提高住宅的品质和档次。这不仅节省为装饰散热器及管道设备所花的费用，同时增加了居室的有效利用面积 1%～3%。室内卫生、美观。

7. 热容量大，热稳定性好

低温地板辐射采暖在间歇供暖的条件下温度变化缓慢。

8. 维护运行费用低，管理操作运行简便，安全可靠

在系统运行期间，只需定期检查过滤器，其运行费仅为系统微型泵的电力消耗。

9. 供暖系统易调节和控制，便于实现单户计量

按北欧经验，用热计量取热费代替按面积收取热费的方法可以节约能源 20%～30%，采用地板辐射采暖时，由于单户自成采暖系统，只要在分配器处加上热计量装置，即可实现单户计算。

（五）发展前景

"以塑代钢"技术的发展，加速了低温地板辐射采暖技术的发展。低温地板辐射采暖技术从 20 世纪 30 年代开始在一些发达国家应用，我国 20 世纪 50 年代末，已将该技术应用于

一些工程中，由于当时技术条件和材料工业的限制，只能采用钢管（或铜管）。由于管材成本高、接口多、易渗漏、电化学腐蚀以及易引起地面龟裂等问题，地板辐射采暖技术的应用受到了极大的限制。目前，我国引进国外技术和进口原料生产的 XLPF 管（交联聚乙烯管）、PP-C（改性聚丙烯）、聚丁烯管均符合有关国际标准，作为低温地板辐射采暖的加热管，完全符合要求，而且具有一般金属管材所没有的耐腐蚀、阻力小、寿命长的优点，目前已广泛用于实际工程中。

（六）低温地板辐射采暖在住宅中应用存在的问题

由于目前地板采暖的通水管，国产化过程中存在着国产原料供应断档、生产设备投资大等因素的限制，致使短期内通水管等关键部件尚需依赖进口，因此价位较高，应用范围受到一定限制。

从技术角度看，地板采暖在住宅中的应用最小占 60mm 的标高，所以建筑物每层需增加层高 60～100mm。

地板采暖属于隐蔽工程，可维修性较差，一旦通水渗漏维修难度较大，需要专业人员用专用设备查漏和修复。

二、低温地板辐射采暖应用技术

（一）采暖系统的布置

采暖系统多为单元独立的自采暖方式，取消了传统的小区锅炉供暖所需满足的设施。低温地板采暖系统出水温度为 65℃，回水温度为 40～50℃，并可以由调温阀自调。温度控制的方法有：调节分水器上的热水管道阀门，控制热水流量，或调节控制燃气热水器上的火焰大小。

影响采暖效果的主要因素已如前述。采暖系统的布置则是重要的环节。

1. 布管形式

布管形式分为单回路、双回路和多回路等，如图 5.5 所示。

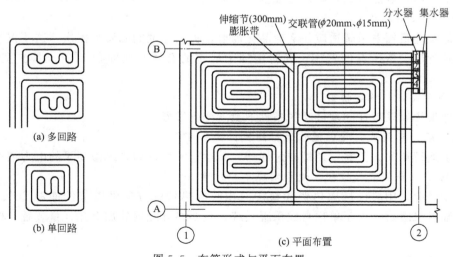

图 5.5 布管形式与平面布置

为减小水嘴及弯管处的损耗，其弯曲半径应大于等于 5D（D 为管直径），由于家具一般贴墙布置，所以距墙 350～400mm 布置管道为宜。若房间面积较大，计算后所需暗敷管长若超过 100m，应采用暗敷双回路或多回路布置。工程设计要求暗敷管道不应有接头，以防接头处渗漏，难于维修。市场上管道长度为 100m/盘或 50m/盘，可满足双回路或多回路布置要求。

2. 房间内单位平方米所需管长的计算

以 1620 型号管计算管道阻力与散热量。此管内径为 16mm，壁厚为 2mm，最大流速为 3.7m/s，由沿程摩阻力损失表查出，每 100m 沿程阻力 F_1 为 0.91MPa，每 50m 沿程局部阻力现场仪器检测值 F_2 为 0.46MPa，则单位管道长的阻力 F 为 $F_1+F_2＝0.91/100MPa＋0.46/50MPa＝0.0183MPa$。

若某板热导率为 0.45W/(m·K)，供回水温差为 20℃，居室温度为 16～18℃，沿外墙带保温的居室面积每平方米供暖 35W，则该居室每平方米需管道长度为：35/(20×4.5)m＝3.9m。

某 18m² 居室所需管道总长就为 18×3.9m＝70.2m。按 70.2m 管长计算管道阻力，则阻力值应为 0.0183MPa/m×70.2m＝1.318MPa。需暗敷管道可取 4m/m²。可满足居室室温 16～18℃的供暖要求。

该居室所需暗敷管道为 72m，未超过 100m，故可采用单回管布置方式。

（二）管道最佳混凝土覆盖层的厚度

塑铝复合管上的混凝土层越薄，传热效率越好，但会导致混凝土层的损坏。为此，应寻求最佳混凝土层的厚度。经理论分析和对混凝土层及聚苯板隔热层的承重试验表明，聚苯板隔热层的变形主要受楼板结构层的变形影响，混凝土覆盖层的厚度则主要受混凝土强度等级的影响。一般取混凝土强度等级为 C15 或 C20，混凝土覆盖层的厚度取 30mm 以上，即能满足要求。

（三）辐射地板混凝土层防裂的措施

荷载作用引起的混凝土层的开裂：在最不利荷载组合下，对 20mm 厚苯板的加载试验可知，由混凝土板传给苯板的应力值仅为 0.058MPa，当苯板在允许变形值范围时，其应力值为 0.15MPa。表明苯板满足允许变形的要求。因此，除混凝土层及苯板保温层对楼板结构层产生过大变形时可能引起混凝土层开裂外，不会因荷载作用产生过大裂缝。

由于温度和收缩应力产生的混凝土裂缝：为防止混凝土的温度和收缩裂缝可采用放置钢筋网片和在混凝土中掺加防裂胶或采用聚合物混凝土等措施加以解决。

（四）装饰地面构造做法

为使地面不开裂、装修效果好且传热效果好，对常用的装饰地面做法进行分析比较如下。

1. 水磨石和彩色水泥地面

该类地面传热效果好，装饰效果一般，缺点是墙边踢脚处易开裂。

2. 瓷砖和大理石地面

该类地面装饰效果好，墙边不易开裂，传热效果好。

3. 带龙骨木地板和密实木地板地面

该类地面装饰效果好、不易开裂，但传热效果差。

（五）阻热介质材料的选用

为了防止热量向下层房间的传导，在暗敷塑铝复合管下面要铺设一层阻热介质材料。阻热介质材料的选用，主要依据阻热性能和抗压强度选择。阻热介质材料的搭配及其性能对比见表 5.4。

表 5.4 阻热介质材料的搭配及其性能对比

材料	热导率 /[W/(m·K)]	抗压强度 /MPa	材料组合	适用温度 /℃	施工成本综合分析
苯板	0.0233~0.0348	0.15	苯板+铝箔	−80~75	铺设简单,造价高,施工条件要求高,效果好
水泥膨胀珍珠岩	0.0587~0.087	0.58~0.8	水泥+膨胀珍珠岩+防火漆	≤600	浇筑施工,造价低,效果略差
水泥蛭石	0.0791~0.1105	>0.25	水泥+蛭石+防火漆	−30~1000	浇筑施工,造价低,效果略差
玻璃棉毡	0.0349~0.0523		玻璃棉毡+胶	−100~300	铺设简单,造价高,效果好

根据技术经济分析和施工难易的综合考虑,设计单位可根据房间面积、使用功能要求与建设单位协商,进行阻热介质材料的选择,选用适当的介质材料,以求合理降低造价和确定优化的施工方案。

三、低温辐射地板的施工

(一) 施工工艺流程

低温辐射地板的施工工艺流程如下:清理楼板→结构层找平→敷设保温隔热层→敷设塑铝复合管→敷设钢筋网→管道试压(风吹、水洗)→打混凝土毛地面→二次管道试压冲洗→完成地面装修。

(二) 施工技术要点

1. 施工前要做好准备工作

施工前准备工作包括:施工人员上岗前的技术培训;塑铝复合的管材准备,敷设时弯径大于或等于 5D,不准有接头;清理楼板;结构层找平,可用厚 20mm 水泥砂浆找平。

2. 敷设保温隔热层

在低温辐射地板与结构层交界处铺设阻热隔层,以免热量沿结构向外传导,特别是通过外墙的遗失。

3. 敷设塑铝复合管

暗敷中不应有接头,并应避免铁器对外管壁的损伤。

4. 塑铝复合管试压

在塑铝复合管敷设完毕后,浇筑混凝土前必须进行试压。

试压方法:将塑铝复合管两端分别与分、集水管相连接,每户一组。将所有的管道全部连接完毕后,对管道逐根进行试压冲洗,其目的,一是检漏,二是逐根清洗。吹压应不小于 0.25MPa,若为冷水介质试压要求达到 0.6MPa,5min 后降压不应大于 0.05MPa。系统运行时,热水管压力为 0.2~0.3MPa,其轴向和径向拉伸量与 0.6MPa 冷水压力情况下基本相同。浇筑混凝土毛地面时要带压进行,待管道完全定位在混凝土层内后,在置换具有 0.2~0.3MPa 压力的热水时,管道拉伸量不会有太大变化,从而避免混凝土层的开裂,并可保证 50 年不用维修。

第三节　太阳能超导地热采暖技术

一、工作原理

太阳能超导地热是太阳能集热装置把超导介质加热，低温（只需30℃即可）传递热能到室内地面下铺设的管道，采暖通过管道内介质循环将地面加热到一定温度，再由地面均匀地向室内辐射热量，同时在冷热空气的密度差作用下，产生了空气的自然对流现象，从而创造出具有理想温度分布的室内热微气候，使室内环境达到人体感官最舒适的状态。

新型太阳能超导地热采暖系统结合了国际、国内同类产品的各项优点，设计科学、热效率高、功能齐全，是有效利用太阳能的理想产品。借助太阳能实现光热转换，是太阳能利用的一个重大突破，代表能源综合利用的发展方向，一次投资；长期受益；高效节能；环保清洁；产品前瞻性强；领导消费新潮流；朴实中含智慧；能源取之不尽，用之不竭。不仅适用于冬季供暖，而且采暖期前后一年四季皆可供暖。还能同时满足厨房、浴室、卫生间等多处热水需求，真正实现热水、洗浴、供暖三位一体，为城乡家居生活提供新便利，市场潜力无限。

二、使用寿命与产品特点

由于是房间地面地温辐射，所以对系统温度的要求十分低，20min即可将整个房间加热到20℃以上（温度可自控），节省能源，使用寿命可长达50年。

没有任何污染，取之不尽，用之不竭，还可以保障人体代谢率，改善室内热湿环境，大大提高人体热舒适性，有利于人体健康。

三、技术优势

该项技术主要有如下几个优势。

① 利用太阳能的免费源；高效、节能、运行费用低。

② 传热速度快，循环不用水，而是利用超导介质循环导热。超导介质具有优良的吸热、换热性能，是传统取暖所不及的；同样环境温度，比水升温速度快57%，是传统水循环方式的换代产品，符合德国TL-VW774、美国ASTMD 3306标准。

③ 凝点、沸点：不受地区的温度限制，超导介质的最低凝点可达$-60℃$以下，沸点可达180℃以上，以适应太阳能系统的需要；同时，根据不同的需要，还可制成各种标号的超导介质。高、低温沸点、凝点及运动黏度优异，符合系统的自循环和强制循环的技术要求。

④ 不腐蚀：太阳能循环系统是采用各类金属制成的密闭循环系统；其中大部分采用的是PVC和铝塑管，钢管作为传导的管路；针对这种情况，本品特别对铜、焊锡、铝、镁合金、不锈钢、铸铁、45#钢、PVC、铝塑管等管材采用了特殊的缓蚀技术，可确保系统不腐蚀；整个系统可靠运行20年以上不用更换。

⑤ 地面辐射供暖方式较对流供暖方式热效率高，热量集中在人体受益的高度内，室内设定温度即使比对流式采暖方式低2～5℃，也能使人们有同样的温暖感觉，所以温差传热损失会大大减小。

⑥ 热媒低温传送，在传送过程中热量损失小，热效率高。

⑦ 与其他采暖方式相比，节能幅度约为90%，如采用分区温控装置，节能幅度可达

到 95％。

⑧ 技术成熟，安全、可靠，使用方便，价格便宜。

⑨ 免维修、免噪声：太阳能超导地热采暖技术成熟，安全、可靠，使用方便，价格便宜。由于太阳能超导地热采暖盘管全部暗埋在楼板中，几乎不存在维修的问题。而且增加了保温层，具有非常好的隔音效果，工作过程中寂静无声，室内环境清静，没有噪声。

参 考 文 献

[1] 严琦，斯颖华，陈赓伟等. 低温热水辐射供暖地坪施工技术 [J]. 浙江建筑，2006，23（8）：53-55.

[2] 王凌凌. 夏热冬冷地区住宅地板采暖的适用条件研究 [D]. 上海：同济大学，2005.

[3] 王雅箴，罗清海. 地板采暖系统节能性探讨 [J]. 低温建筑技术，2004（4）：79-80.

[4] 郭卫国，盛晓文，刘莉娜. 低温热水地板辐射采暖的实用性研究 [J]. 低温建筑技术，2004（6）：79-81.

[5] 王洪泉，张恒奎. 室内低温地板辐射采暖技术 [J]. 鞍山科技大学学报，2003（5）：35-348.

[6] 刘立平，阙炎振. 太阳能热泵低温地板辐射供暖系统的研究与展望 [J]. 节能技术，2007（6）：550-553.

[7] 地面保温. http：//www. topenergy. org/bbs.

[8] 李国建，冯国会，朱能等. 新型相变储能电热地板采暖系统 [J]. 沈阳建筑大学学报，2006，22（2）：294-298.

[9] 胡军. 太阳能低温地板辐射采暖系统应用研究 [D]. 青岛：青岛建筑工程学院，2004.

[10] GB/T 7106—2008. 建筑外门窗气密、水密、抗风压性能分级及检测方法.

[11] http：//www. topenergy. org/bbs/forum-48-1. html.

[12] 冬季地板采暖技术节能. http：//house. 163. com/news/080130/102283-1. shtml.

[13] 太阳能超导地热采暖. http：//www. baike. baidu. com/2014-10-08.

第六章 节能建筑地源热泵技术

地源热泵类似于普通的制冷空调和热泵装置与系统，只是取代空气源而利用地热浅层作热源为建筑物提供所需要的能量。该技术利用大地表层中恒定的温度以及贮存于地下土壤层中近乎无限的可再生低品位热能，通过输入少量的高品位能源（如电能），实现了低温热源向高温热源的转移，地表土壤浅层（包括地下水）分别在冬季和夏季作为低温热源和高温冷源，能量在一定程度上得到循环回用，符合节能建筑的基本要求和发展方向，是最有希望在住宅、商业和其他公用建筑供热制冷空调领域发挥重要作用的新技术。

到目前为止，有关地源热泵的名称术语有很多。在国外，如 geothemal heat pumps，ground-source systems，ground-coupled heat pumps，earth-coupled heat pumps，GeoExchange，ground-water source heat pumps，well water heat pumps，solar energy heat pumps，water-source heat pumps；在国内，如土壤热源热泵、大地耦合式热泵、地热热泵、地热热泵、地下水热泵、地源热泵、地热源热泵等。美国制冷空调工程师协会 ASHRAE 在 1997 年将地源热泵（ground source heat pump，GSHP）定为统一的标准术语。

第一节 地源热泵的优势

地源热泵的生命力在于它的如下几个优点。

一、一次能源利用率高

燃烧煤炭等矿物燃料通常可产生 1500～1800℃的高温，是高品位的热能，而建筑供热最终需要的是 20％～25％的低品位的热能。通常通过直接燃烧矿物燃料（煤、石油、天然气）产生热量，并通过若干个传热环节最终为建筑供热，锅炉及供热管线的热损失比较大，一次能源利用率比较低。如果利用燃烧燃料产生的高温热能发电，用电能驱动热泵从周围环境中吸收低品位的热能，适当提高温度再向建筑供热，就可以充分利用高品位的能量，大大降低用于供热的一次能源消耗。地源热泵要比电锅炉加热节省 60％以上的电能，比燃料锅炉节省 50％以上的能量，比空气源热泵系统节省 40％以上能源。

二、能效比高

风冷换热器与水冷换热器的换热环境均为大气，故不可避免地受到环境条件变化的影响，会明显降低换热效率；而地源热泵换热器是和大地换热，大地初始温度大约等于年平均温度，基本不受外界环境的影响。夏季高温差的散热和冬季低温差的取热，使得地源热泵系统的换热效率很高，其耗电量仅为普通系统的 40%～60%。热泵机组的供暖效率通过运行系数 COP 来表示，在制冷模式下用能量效率比（EER）来表示，它是输出能量与输入能量（电能）之比，目前设备的 COP 基本在 3～6 之间。如 COP 为 4，则意味着输入每个单位的电能可以产生 4 个单位的热能。经过对比，空气源热泵（空调）的 COP 大约为 2，取决于高峰供暖和制冷需要的备用电能。

三、环保、无污染

地源热泵可以利用大地的蓄热能力，把夏季多余的排入大地的热能在冬季取用，把冬季多余的冷能在夏季取用，以达到冬夏两季室内的供暖供冷。相比之下，普通空调对环境的影响是很严重的，由于夏季将废热排入大气，冬季吸收大气中的热量而使大气、住宅周围的环境更加恶劣。与空气源热泵相比，相当于减少 40% 以上排放量，与电供暖相比，相当于减少 70% 以上排放量。地源热泵系统在夏季制冷和冬季采暖时，仅需少量电能，无需锅炉，无燃烧产物排放，有利于保护环境。虽然也使用制冷剂，但比常规空调装置减少 25% 的充灌量，属自含式系统，即该装置能在工厂车间内事先整装密封好，因此，制冷剂泄漏概率大为减少，不会把热量、水蒸气及细菌等排入大气环境，造成对环境的损害。

传统空调系统的冷却塔或室外机有噪声，扰民，而地源热泵没有此噪声。该装置的运行几乎没有任何污染，可以建造在居民区内，没有燃烧，没有排烟，也没有废弃物，不需要堆放燃料废物的场地，且不用远距离输送。

四、低运行费用

在初投资方面，地源热泵系统可一机多用，兼顾夏季空调制冷和冬季采暖，代替原来的锅炉加制冷机两套装置或系统，实现对建筑物的供热和制冷，虽然其投资略高于锅炉系统，但省去了锅炉房和冷却塔，减少初投资。但由于地源热泵的钻井费昂贵，从总体初投资来看，地源热泵系统比传统空调系统高。但地源热泵系统的高效节能特点，决定了它的低运行费用。地源热泵比电锅炉加热节省 60% 以上的电能，比燃料锅炉节省 50% 以上的能量，比空气源热泵系统节省 40% 以上能源。由于地源热泵的能源温度全年较为稳定，一般为 10～25℃，供热用热泵的性能系数，即供热量与消耗的电能之比可达 3～4，与传统的空气源热泵相比，要高出 40% 左右。天然气、轻柴油价格比电贵，再加上利用率低，致使传统空调的燃料费用比地源热泵系统高。从供暖成本分析，以地源热泵为基准比较供暖成本，天然气锅炉要高 40%，油锅炉要高 70%。地源热泵系统的运行费要比传统空调低，其运行费用为普通中央空调的 50%～60%。

五、低维护费用

地源热泵系统不带有室外安装的设备，不设冷却塔和屋顶风机，且压缩机的工作稳定。地源热泵无需除霜，维修量极少，自动化程度高，无需专业人员操控。普通空调寿命一般在 15 年左右，而地源热泵的地下换热器由于采用高强度惰性材料，埋地寿命至少 20 年。地源热泵运行灵活，系统可靠性强，每台机组可独立供冷或供暖，个别机组故障不影响整个系统的运行，机组的运行工况稳定。几乎不受环境、温度变化的影响。

地源热泵节省占地空间，无其他系统的集中占地现象，所产生的间接效益是不容忽视的。由于锅炉及配套设备所占用土地、燃料运输、存渣、排放烟气及灰尘处理等，在计算成本时受多种主、客观因素所限，很难以统一尺度进行衡量，被视为间接效益。与热泵供热相比，燃煤锅炉要留有储煤、存渣场地及运输通道，占地面积相当于5座地热站。燃油锅炉要有配套的贮油罐，除了要占用一部分空间以外，还增加了安全管理上的难度。虽然燃气锅炉清洁，占地面积小，但在输气管道不宜地埋和高架的地区，难以进入区域内各供热点。另外，由于管道建网费用高，燃气价格较高且有上升趋势，燃（天然）气锅炉供热系统的投资成本及运行成本都是很高的。传统的空调系统无论是水冷还是风冷，由于它的换热器必须置于暴露的空气中，因此会对建筑造型造成不好的影响，破坏建筑的外观；而地源热泵把换热器埋于地下，且远离主建筑物，故不会对其造型产生影响。

　　地源热泵空调系统的经济性取决于多种因素。不同地区、不同地质条件、不同能源结构及价格等将直接影响到其经济性，根据国外的经验，由于地源热泵运行费用低，增加的初投资可在3～7年内收回。地源热泵系统在整个服务周期内的平均费用将低于传统的空调。

第二节　地源热泵工作的原理和分类

一、地源热泵工作的原理

　　地表浅层地热资源可以称为地能（earth energy），是指地表土壤、地下水或河流、湖泊中吸收太阳能、地热能而蕴藏的低温位热能。地表浅层是一个巨大的太阳能集热器，收集了47％的太阳能量，是人类每年利用能量的500多倍。它不受地域、资源等限制，真正是量大面广、无处不在。这种贮存于地表浅层近乎无限的可再生能源，使得地能成为清洁的可再生能源的一种形式，也为地源热泵的应用提供了前提。

　　地源热泵利用地球表面浅层地热资源（通常小于400m深）作为冷热源，能够充分利用可再生能源进行能量转换，是一项可持续发展的供暖空调系统。在地源热泵这个概念中，所谓的"源"确切的应该指热泵中低位热源的来源（如土壤、水源等）。热泵空调系统与非热泵空调系统的主要差别就在于非热泵空调系统消耗的能量只有一个来源，就是完全消耗高品位能，而热泵空调系统消耗的能量则有两个来源，除了消耗一定的高品位能之外，还利用了低位热源（如空气、土壤、地热水、地下水、海水、地表水、河川水等）的能量。但由于低位热源的能量不能直接应用于热泵系统中，所以必须以输入少部分高品位能为代价，将低位热源的低品位能转换为高品位能来为热泵系统所利用，这样一来，就可以使低位热源中的能量得到利用，从而达到节省高位能的效果。地源热泵的工作过程遵循逆卡诺原理，即从外部供给热泵较小的耗功W，同时从低温环境T_L中吸收大量的低温热能Q_L，热泵就可以输出温度高得多的热能Q_H，并送到高温环境T_H中去，从而将不能直接利用的低温热回收利用起来。现有地源热泵技术是利用地下的土壤、地表水、地下水温相对稳定的特性，通过消耗电能，在冬天把低位热源中的热量转移到需要供热或加温的地方，在夏天将室内的余热转移到低位热源中，达到降温或制冷的目的。地源热泵不需要人工的冷热源，可以取代锅炉或市政管网等传统的供暖方式和中央空调系统。冬季代替锅炉从土壤、地下水或者地表水中取热，向建筑物供暖；夏季代替普通空调向土壤、地下水或者地表水放热，对建筑物供冷；同时，它还可供应生活用水，可谓一举三得。

　　地源热泵可兼顾夏季空调制冷和冬季采暖，一机多用。图6.1说明了地源热泵的基本原理。

制冷时，压缩机不断地从蒸发器中抽出工作介质（水和防冻剂混合物）蒸汽，经过压缩机压缩，工作介质由低温低压蒸汽转变为高温高压蒸汽。高温高压工作介质蒸汽在冷凝器内冷凝，放出大量的热被地表土壤或地下水吸收，冷凝器冷凝的高压液体工作介质经热力膨胀阀节流、降压，转变为低压工作介质液体。低压工作介质在蒸发器内蒸发，从冷媒水中吸收大量热量，从而降低了冷媒水的温度，达到制冷的目的。低压工作介质蒸汽被压缩机抽取，从而形成一个制冷循环。供暖时，工作过程正好相反，只是将蒸发器连接到地下水管线上，工作介质从地表吸热；将冷凝器连接到冷媒水上，由工作介质放热给空调水。冷凝器和蒸发器同为换热器，只是因季节不同而功能不同。它们之间功能的转换由图6.1中的调节阀控制。压缩机不断地从蒸发器中抽出工作介质蒸汽，经过压缩机压缩，工作介质由低温低压蒸汽转变成高温高压蒸汽。高温高压工作介质蒸汽在冷凝器内冷凝，放出大量的热被地表吸收，从而达到制热的目的。被冷凝器冷凝的高压液体工作介质经热力膨胀阀节流、降压，转变为低压工作介质液体，低压工作介质在蒸发器内蒸发，从地下水中吸收大量热量，从而降低地下水的温度。低压工作介质蒸汽被压缩机抽取，从而形成一个制热循环。

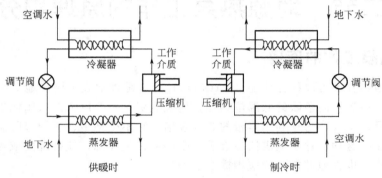

图 6.1   地源热泵供暖/制冷示意图

二、地源热泵的分类

根据地源热泵系统室外换热方式的不同，其系统形式分为闭环式系统和开放式系统两种。根据低位热源来源的不同，即根据地源热泵所利用的低位热源的形式不同，可以将地源热泵分为水源热泵（water-source heat pump，WSHP）和土壤源热泵（ground-coupled heat pump，GCHP）。此外，地源热泵还可根据输送冷热量的方式，分为集中系统、分散系统和混合系统。地源热泵的分类如图6.2所示。以下按低位热源来源的不同分类介绍。

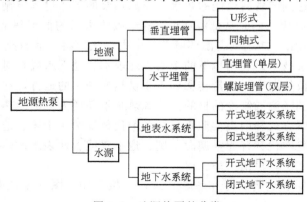

图 6.2   地源热泵的分类

（一）土壤源热泵

1. 基本原理

土壤源特性、土壤的温度分布与土壤中的热量得失密切相关。土壤中可获得的热量来源有太阳辐射、地球内部产生的热、土壤中生物过程释放的热、化学过程产生的热。其中太阳辐射是表层土壤热能的主要来源。土壤获得太阳辐射能后，又以多种方式向外输出，其中包括对流、地表辐射、地面蒸发、生物蒸腾作用消耗的热能以及向地层深处传导的热量。不难看出，大气温度的变化，通过影响这些输出方式对土壤表面温度产生影响。土壤温度随深度变化而变化。不同深度处的土壤温度的变化幅度是不同的。由于受大气环境温度以及土壤自身性质诸多因素的影响，不同地区的同深度土壤热能的温度水平具有较大的差异。通常土壤的持续吸热率（能量密度）为 20～40W/m²，一般在 25W/m² 左右。

土壤源（GCHP）热泵是利用地下岩土中热量的闭路循环的地源热泵系统，又称大地耦合式热泵（ground-coupled heat pump，GCHP），区别于水源热泵系统，通常均为闭环式。它通过循环液（水或以水为主要成分的防冻液）在封闭地下埋管中的流动，实现系统与大地之间的传热。土壤源热泵系统在结构上的特点是有一个由地下埋管组成的地热换热器（geo-thermal heat exchanger 或 ground heat exchanger）。地热换热器以导热好、抗腐蚀、强度高且可挠曲的材料制成地耦管埋入地下，形成闭式环路。管内的导热流体（水或防冻剂）与土壤不接触，热量的排放和抽取是通过埋在土壤里管路系统内的流体热交换循环来完成的。流体在循环泵的驱动下，在高密度聚乙烯塑料管中循环，通过管壁同土壤直接换热后，进入地源热泵机组的热交换器，向机组提供热量或带走热量，实现供暖和制冷。

2. 分类

（1）按埋管敷设方式　根据地下埋管的敷设方式，土壤源热泵系统分为水平埋管和垂直埋管等。

水平埋管形式是在地面开 1～2m 深的沟，每个沟中埋设 2 根、4 根或 6 根塑料管。垂直埋管的形式是在地层中钻直径为 0.1～0.15m 的钻孔，在钻孔中设置 1 组（2 根）或 2 组（4 根）U 形管并用灌井材料填实。钻孔的深度通常为 40～200m。埋管方式的选择主要取决于场地大小、当地土壤类型以及挖掘成本等，如果场地足够大且无坚硬岩石，浅层岩土体的温度及热物性受气候、雨水、埋设深度影响较小时，则水平式较经济。水平式埋管近年来在加拿大、美国应用相对广泛，日本在北海道地区应用较多；如果场地面积有限，则采用垂直式布置，很多场合下这是唯一的选择。竖直埋管的地热换热器可以比水平埋管节省很多土地面积，因此更适合中国地少人多的国情。埋管换热器的连接方式有并联和串联两种。并联管路热交换器同一环路集管连接的所有竖井的传热量是相同的，而串联管路热交换器每个竖井的传热量是不同的。采用串联或并联管路取决于成本的大小，对于垂直式系统来说，并联管路热交换器与串联管路热交换器相比，U 形管的管径可以更小，从而可以降低管路费用、防冻液费用，由于较小的管路更容易制作，人工费用也可能减少。如果 U 形管管径的减小使竖井直径也相应变小，那么钻孔费用也能相应降低，另外并联管路还能自动满足各个环路压力平衡问题。地下埋管的布置形式如图 6.3 所示。

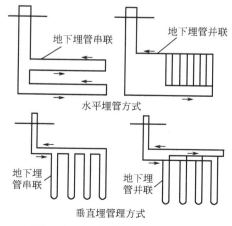

图 6.3　地下埋管的布置形式

　　垂直钻孔系统的地下换热器的典型构造是由一个或几十个垂直钻孔内有热交换流体循环的 U 形管组成。典型的 U 形管直径范围为 19～38mm，并且每个钻孔为 30.5～91.4m 深，直径在 76～127mm 之间。钻孔的内壁四周用一种能防止地下水被污染的材料回填，如膨润土。管沟或竖井中的热交换器成并联连接，再通过集管进入建筑中与建筑物内的水环路相连接。

　　垂直地埋管的换热器类型除了选择 U 形管外，还可选择套管式，它的换热效率较 U 形管高，但套管式的内、外管中流体热交换时存在冷、热损失；套管直径和钻孔直径较大，下管难度大；套管顶部与内管连接处不好处理，易漏水。内管直径为 15～25mm，外管直径为 100～200mm。适用于≤30m 的竖直浅埋管。

　　(2) 按换热形式　土壤源热泵根据其蒸发器端与大地换热的形式不同，可分为通过热泵工质——水换热器的间接式系统和采用热泵工质在埋于地下的盘管中直接蒸发的直接式系统，如图 6.4 所示。

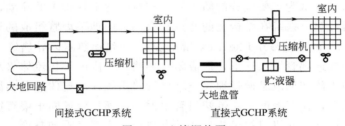

图 6.4　土壤源热泵

　　在间接式系统中，载冷剂或盐水溶液被用来在热源和蒸发器间传递热量，它与直接蒸发系统相比可以减少制冷剂的充灌量，这在当前是令人感兴趣的，在将来也会变得更为重要；它还增加了热泵系统的灵活性；同时它减免了制冷管路的安装并使现场工程量降至最低。其缺点在于引入带有热交换器的额外流体环路，增加了初投资，带来额外的温降。为了把这些不利之处降至最低，重要的是针对运行工况尽可能地优化设计盐水回路，此外用作载冷剂的流体性质也十分重要。直接蒸发系统中将蒸发器盘管直接埋入地下，可以有效地减少投资额，尤其适用于小型家居热泵系统。某种程度上这种系统已经被成功推向市场。

　　热泵的热交换效果与沙土类型、含湿量、成分、密度和是否均匀地紧贴换热面等有关。管子材料和当地沙土及地下水的腐蚀作用会影响传热效果与使用寿命。

（二）水源热泵

　　1. 基本原理

　　水源热泵就是利用地球表面浅层水如地下水、地热水、地表水、海水及湖泊中吸收的太阳能和地热能而形成的低位热能资源，并采用热泵原理，通过少量的高位电能输入，实现低位热能向高位热能转化的装置。

　　2. 构造

　　常规地下水热泵系统（ground water heat pump，GWHP）使用的多为深 50m 以内的浅井，并可分为井-沟渠型和井-井两种类型。井-沟渠型只有一口抽水井，从井中抽出的地下水流经蒸发器（或冷凝器）放出（或吸收）热量后，直接排入沟渠或另作他用，不再灌回地下。但是如果大量取用地下水，会造成地面下沉和水源枯竭，因此以深井水作为热源时，应与"深井回灌"相结合，即采用"夏灌冬用"和"冬灌夏用"等蓄热（冷）措施，严禁采用直接取水无回灌的"抽水空调"，这时就要使用井-井型热泵系统，它包括一口抽水井和一口回灌井，从抽水井抽出的地下水使用后，经回灌井灌回地下，通常将抽水井置于回灌井下游并保持一定距离。如图 6.5 所示为常见井-井型地下水热泵系统的原理示意图。

3. 分类

（1）根据水的来源 水源热泵根据水的来源的不同（如：地热水、地下水、海水、地表水、河川水等），可以进一步分为地热水水源热泵、地下水（深井水）水源热泵、海水水源热泵、地表水水源热泵、河川水水源热泵等。

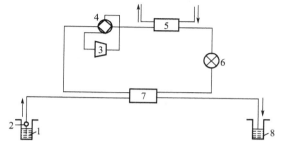

图 6.5 地下水源热泵井-井型系统原理图
1—抽水井；2—抽水泵；3—压缩机；4—四通阀；
5—蒸发器/冷凝器；6—膨胀阀；
7—冷凝器/蒸发器；8—回水井

① 地表水水源热泵 地表水水源热泵是一种典型的使用从水井、湖泊或河流中抽取的水为热源（或冷源）的热泵系统。作为热源（或冷源）的水的温度与周围气候环境密切相关，通常深水井的温度在 7.2～23.9℃ 这一范围内。它由潜在水面以下的多重并联的塑料管组成的地下水热交换器取代了土壤热交换器，与土壤源热泵一样，将它们连接到建筑物中。一般情况下，只要地表水冬季不结冰，均可作为低温热源使用。

地表水相对于室外空气是温度较高的热源，且不存在结霜问题，冬季温度也比较稳定。一般来说，利用地表水作为热泵的低温热源，要附设取水和水处理设施，如清除浮游生物和垃圾，防止泥沙等进入系统，影响换热设备的传热效率或堵塞系统，而且应考虑设备和管路系统的腐蚀问题。

② 地下水水源热泵 地下水水源热泵利用位于较深的地层地下水中的热能资源。由于地层的隔热作用，地下水温度随季节的波动很小，特别是深井水的温度常年基本不变，对热泵的运行十分有利，是一种很好的低温热源。另外，同环境空气、土壤和江河湖水等其他热源相比，地下水资源丰富，温度水平高，且很少受气候变化影响，冬季使用时既不会像环境空气那样易结霜，也不会像地表水那样易结冰；而且与土壤热源不同，既适用于中小型建筑，又可用于大型建筑，因此，相对于其他热源而言，地下水是最适合热泵使用的热源。

目前国外大型建筑所用的热泵，有相当一部分是采用地下水和地表水作热源的，其中使用地表水作热泵的热源时，在冬季仍需考虑采用辅助加热装置。

地下水资源在开采利用时必须采取可靠的回灌措施，确保置换冷量或热量后的地下水全部回灌到同一含水层，不得对地下水资源造成浪费及污染。

③ 河川水水源热泵 对于地表水，河川水水源热泵的利用在取水结构和处理方面要进行很多研究并花费一定的投资；地表水、河川水、海水等经升温或降温后再排回水源中去，对自然界生态可能会有影响；目前国内地下水回灌技术还不成熟，在很多地质条件下回灌的难度大大大于抽水的难度，从地下抽出来的水经过换热器后很难再被全部回灌到含水层，回灌之后也难免有污染，造成资源浪费。在水资源紧张的情况下，水源热泵应用也逐渐减少。一般来说，地下水地源热泵系统换热效果最好，但受地下水资源使用条件的限制。地表水地源热泵系统换热效果较好，但受地域限制很大，应用不广泛。对于海水源热泵，在我国的应用和研究还不是很多，在我国黄海之滨的青岛东部开发区和高科技工业园区正规划采用大型海水热源热泵站供热的方案。

（2）按温热源利用的循环形式分 水源热泵按其对低温热源利用的循环形式可分开放式、闭环式和混合式（土壤源热泵系统 GSHP 均为闭环式系统）。

① 闭式地下水地源热泵系统 在闭式地下水地源热泵系统中，采用板式换热器把地下水和建筑物内的循环水环路隔开，系统包括带潜水泵的出水井和回水井，地下水由单个或供水井群提供，经换热器换热后排入地下回灌。它的地下换热器是封闭式循环。

② 开式地下水地源热泵系统 开式地下水地源热泵系统是将来自湖泊、河流或者垂井之中的水直接供应到每台热泵机组，之后将井水回灌地下。由于可能导致管路阻塞，更重要的是可能导致腐蚀发生，通常不建议应用。如果采用开式系统，地下水应具备以下几个条件：水量充足，水质好，具有较高的稳定水位，建筑物高度低（降低水泵能耗），内部热回收潜力小等，而且在选用前必须有完整的水质分析资料。

（三）土-气型地源热泵和水-水型地源热泵

目前国际上有两种地源热泵技术路线，也是常用的地源热泵分类方法：土-气型地源热泵技术和水-水型地源热泵技术。土-气型地源热泵技术以美国的技术为代表，水-水型地源热泵技术以北欧的技术为代表。该分类是根据地源热泵系统中低温端与高温端所使用的载热介质的不同，两者的差别是：土气从浅层土壤或地下水中取热或向其排热，通过分散布置于各个房间的地源热泵机组直接转换成热风或冷风为房间供暖或制冷。水-水型地源热泵是从地下水中取热或向其排热，经过热泵机组转换成热水或冷水，然后再经过布置在各个房间的风机盘管转换成热风或冷风给房间供暖或制冷。

水-水地源热泵技术比土-气地源热泵技术早 3 年左右引入中国，是为解决 20 世纪 90 年代我国北方由于燃煤采暖所造成的大气污染问题以市场的方式进入中国的。欧洲地源热泵技术是以市场的方式进入中国的，20 世纪 90 年代为解决我国北方由于燃煤采暖所造成的大气污染问题，清华大学首次将欧洲的水-水型地源热泵技术介绍到国内。特别是为了适应中国的国情，引进者将末端装置改成风机盘管，实现了既能供暖又能制冷的冷暖两用空调系统后，供暖效果有了明显改善。同时，由于水-水型地源热泵系统的室外换热形式主要为地下水式，室内换热形式多为风盘换热，因此系统设计相对简单。从而使其在 20 世纪 90 年代中期在我国华北地区得到了一定规模的推广。但水-水型地源热泵机组的工作温区一般在 10～36℃，该特点决定了其室外换热形式通常仅能通过打井抽取地下水的方式进行，在使用方式上受到了地下水资源状况及使用政策的限制。

土-气型地源热泵技术是通过中美两国政府间的项目合作（1998 年启动）引入中国的。美国的土-气型地源热泵技术，可以不用地下水，采用埋设垂直管、水平管或向地表水抛设管路等多种方式，直接从浅层土壤取热或向其排热，不受地下水开采的限制，推广的范围更大、更灵活。另外由于美国技术减少了地热转换成热水和冷水的过程，其热损失减少，能源效率更高，供暖、制冷运行费用更低，是今后技术的主流。土-气型地源热泵技术是一种完全成熟的技术。美国在 20 世纪 90 年代就已经形成了从设备制造商、工程安装商到培训机构、技术研发机构、专业管理机构等一整套完整的产业体系，该技术的推广工作已完全市场化。

第三节 地源热泵应用技术

20 世纪 70 年代石油危机以后，美国和加拿大开始在建筑物的供热及空调中大量采用地源热泵技术，但此时主要采用水平埋管的方式。自 20 世纪 80 年代以来，在北美也形成了利用地源热泵对建筑物进行冷热联供的研究和工程实践的新一轮高潮，技术逐渐趋于成熟。这一阶段的地源热泵主要采用垂直埋管的换热器，埋管的深度通常达 100～200m，因此占地面积大大减小，应用范围也从单独民居的空调向较大型的公共建筑扩展。

一、地源热泵设计施工技术

（一）地源热泵设计

地源热泵是一种与大地进行能量交换的空调系统，其性能系数受土壤、岩土、原始地温、日照强度、回填材料、埋管形式、循环流量、管间距、管材等因素的影响。

1. 地源热泵性能影响因素

（1）回填材料　有效的回填材料可以防止土壤冻结、收缩、板结等因素对埋管换热器传热效果造成的影响，提高埋管换热器的传热能力，同时也可有效防止地下污染物对埋管的不利影响，因此选择适当的回填材料对地源热泵的性能起重要的作用。回填材料一般为膨润土和细砂（或水泥）的混合浆或其他专用灌浆材料。膨润土的比例宜占 4%～6%。钻孔时取出的泥沙浆凝固后如收缩很小，也可用作灌浆材料。如果地埋管换热器设在非常密实或坚硬的岩土体或岩石下，宜采用水泥基料灌浆，以防止孔隙水因冻结膨胀损坏膨润土灌浆材料而导致管道被挤压截流。

（2）埋管形式　对于地源热泵的埋管形式一般可分为水平埋管和垂直埋管。由于水平埋管通常是浅层埋管，因此相对于垂直埋管而言换热能力小，但初投资少。在实际运用中，垂直埋管式多于水平埋管。对于水平埋管，按照埋设方式不同可分为单层埋管和多层埋管两种类型，按照管型的不同又可分为直管和螺旋管两种。由于大地表层的温度分布曲线在夏季随深度的增加而降低，因此多层埋管形式下层管段处于一个较低的温度场，传热条件优于单层管，也即换热效果要比单层管好。单层管最佳深度为 0.8～1.0m，双层管为 1.2～1.9m，所以在实际运用中，单层和多层可互相搭配。为强化传热，水平埋管可采用螺旋管，其性能系数要优于直管型。螺旋管形式热泵的 COP 系数比直管高 0.2，单位埋管换热量增加近 10W/m。因此，可利用土壤面积较小时，宜采用螺旋形式。

（3）管材热特性　地下埋管换热器与土壤换热量的大小受很多因素的影响，不仅与管材的热导率有关，还应考虑管材的承压能力、抗扭曲能力等。常用管材的热导率如图 6.1 所示。

表 6.1　常用管材的热导率

管　　材	热导率/[W/(m·K)]
高密度聚乙烯(PE)	0.46～0.52
低密度聚乙烯(PE)	0.35
聚丁烯(PB)	0.23
聚丙烯(PP-R)	0.24
铝塑管	0.45

（4）岩土热特性　土壤的基本成分是矿物质、有机质、水分和空气。在土壤组成成分中，空气的热导率最小，矿物质的热导率最大，为空气的 100 倍，水的热导率介于两者之间。地源热泵系统的性能与土壤性能是紧密相关的，而土壤性能又和土壤的含水量有关。根据研究表明，潮湿土壤的地源热泵性能系数 COP 要比干燥土壤的 COP 高 35%。当土壤含水量低于 15% 时，随着含水量的降低，热泵的循环性能系数将迅速下降；土壤含水量在 25% 以上，地源热泵的性能将会得到有效的提高；而当含水量超过 50% 后，热泵循环性能

系数提高的趋势减缓。

岩石孔隙率的大小、孔隙中填充物的导热性以及湿度对岩石热导率有明显影响。一般而言，同一种岩石，孔隙率大的岩石的热导率小，而且，如果孔隙中填充热导率大的物质，则可使岩石热导率增加。含水岩石的热导率大大高于干燥岩石和水的热导率。同地区地下岩土的热物性及含湿量都可能存在或大或小的差异。因此，可采取更稳定的回填介质、添加能降低土壤临界含湿量的介质、采用人工加湿等必要技术措施进行改善。

(5) 地下换热器介质循环流量　地下换热器的介质循环流量越大，单位埋管换热量越大，能效比也越大，但过大的循环流量必然导致埋管系统运行能耗的增加；而循环流量过低，可能会发生结冰现象。因此，适宜的运行参数要通过分析系统的各个组成部分的性能而确定。

(6) 管间距　在 U 形管的埋设中很重要的是要考虑 U 形管之间以及 U 形管本身进出管之间温度场的相互影响。工程上对于 20mm 和 15mm 的小管径，间距取为 3m 左右，而对于 25～32mm 的大管径，间距保持在 5～7m 为宜。一般来说，在相同情况下，管径越大，换热能力越强，水平温度场影响距离越大，因此，水平间距也要大些。

(7) 地温　地源热泵地下换热器的物理尺寸与地下温度场有直接的联系。因为地点不同，纬度及地下岩土材料的不同，相应的地下温度场也有差异，而地下温度场及地下岩石温度又直接决定了地下换热器的物理尺寸。因此，建设地源热泵工程，暖通空调工程师必须对地下温度分布的一般规律和具体地点的特殊规律有相当程度的了解。

2. 地源热泵设计步骤与方法

(1) 确定建筑物的冷热设计负荷　设计负荷是用来确定系统设备的大小和型号的，根据设计负荷设计空气分布系统（送风口、回风口和风管系统），设计负荷的计算必须以当地设计日的标准设计工况为依据。在确定建筑物的最大负荷时，必须逐时计算出每个房间、每个区域所必需的负荷信息，并求出其中的最大值。为了进一步分析地源热泵系统的能耗情况，必须对建筑物进行必要的能耗计算。通常所采用的方法有度日法、温频法和逐时法。

度日法是最简单的计算方法，但通常结果不理想。当系统运行效率取决于室外空气条件时，不能采用度日法计算该系统的能耗，例如地源热泵系统。温频法是将全年温度划分为若干组，分别计算系统在每个温度组内的能耗量。温频法考虑到了室外空气的影响和部分负荷工况的影响，而且该方法可以通过精确划分满足特殊系统的要求。温频法计算能耗对于手算和计算机计算都很方便。逐时法主要用于需要确定大量细节的大型建筑的能耗计算，由于其计算量非常大，通常采用计算机计算。

(2) 热泵系统的选择　对住宅和商业系统来说，设备通常是一个机组模块，一旦选定一个机组，则许多参数都是固定的，调节的余地不大。例如，水源热泵的设计水流量的调节范围也是有限的。因此，系统的其他部分如风机盘管系统或地热换热器以及防冻循环泵等都必须与热泵的制热（冷）量要求相匹配。在大型建筑热泵系统内，一般要采用二次输送系统。在这种系统中，中央机组的确定应满足建筑物的最大负荷。而二次输送系统中的空气处理器的换热能力应满足该区域的当地负荷。

热泵机组必须保证提供满足符合负荷要求的冷量或热量。热泵机组可以选择水-水式热泵或水-空气式热泵。但水-水式热泵机组单机容量比较大，比较适用于公用建筑。对于单户住宅，如采用变频技术等对主机进行容量调节又会增加造价，能效比降低。采用水-空气式热泵的系统有如下两种方式：一是集中处理新空气，再通过风道送入各房间，从而构成全空气系统，这种方式的优点是可以充分考虑对新风的处理，但风道占用的建筑面积大，在住宅中很难被采用；另一种是采用制冷剂通过风机盘管与各房间空气直接换热的水-空气热泵，由于省去了一个换热过程，其能效比将得到提高。但目前国内还没有开发出住宅用一拖多水-空气热泵。总体来说，由于国内目前开发的水源热泵机组冷却水温度偏低，所以选择时要选偏大一些的机组。

① 热泵容量的选择　热力循环原理表明同一热泵不可能同时满足冷热两种负荷。选择热泵容量的依据究竟是热负荷还是冷负荷呢？这个问题的解决首先要考虑人的舒适感。一个选择不合理的系统，其制热（冷）能力不论是偏大还是偏小都不能提供足够的舒适感。当系统的制冷量大于冷负荷时，系统必须频繁地启动，这会造成盘管的平均温度升高，同时又不能去除室内空气中的湿度，频繁的循环还会降低设备的使用寿命，降低运行效率，增加制冷过程的运行费用。设备选得过大也会增加系统的初投资。由于在北方地区热负荷相对较高，而夏季的潜热相对较低，在这种情况下，设备容量的选择应该以冷负荷为依据，并可以适当偏大，但一般不要超过冷负荷的 25%。

② 管井场地规划　由于地源热泵技术具有很强的地域特点，以及其地下换热器数量较多的特点，因此，地源热泵系统施工在一定层面上不具有普遍性，也就是说，不同的地源热泵系统，应根据不同的气候、地理、工程条件的特点进行设计。地源热泵施工的重点是地下埋管换热器的设计与敷设。一台容量为 10kW 的热泵，当 COP 为 3 时，约需占地面积 250m²。场地是地源热泵成本的很大一部分，所以管井场地规划十分重要。地源热泵系统的热交换量较大，须因地制宜地确定管井平面布孔、埋管间距、管井深度、总管井数等。

③ 热泵性能的确定　假定其他变量如空气体积流量、室内空气温度等保持不变，则地源热泵的性能取决于热泵的进水温度，必须确定室外空气和进水温度之间的关系。进水温度与多个因素有关，如一年的运行时间、土壤类型、地热换热器的类型、大小等。当季节变化时，如果系统不频繁运行，进水温度大约和地下土壤的温度相同。

④ 地热换热器的负荷计算　地热换热器的设计需要知道在某一特定阶段内从地下吸取的热量或释放到地下的热量，通常应满足一年中最冷月和最热月的要求。在供冷季节，输入系统的所有能量都必须释放到地下，这些能量包括系统热负荷、系统耗功量和地热换热器循环泵的耗功量。循环泵耗功可近似为泵的耗功量与热泵运行小时数的乘积。在供热季节，从地下吸收的热量等于设备的制热量减去输入的电功。输入的热量包括压缩机耗功量和地热换热器循环泵的耗功量。

⑤ 地热换热器的选型　地热换热器的选型包括型式和结构的选取，对于给定的建筑场地条件应尽量使设计在满足运行需要的同时成本最低。地热换热器的选型主要涉及以下几个方面。

地热换热器的布置型式包括埋管方式和联结方式。埋管方式可分为水平式和垂直式，其选择主要取决于场地大小、当地土壤类型以及挖掘成本。联结方式有串联和并联两种，在串联系统中只有一个流体通道，而并联系统中流体在管路中可有两个以上的流道。采用串联或并联取决于成本的大小。

塑料管的选择，包括材料、管径、长度、循环流体的压头损失。聚乙烯是地热换热器中最常用的管子材料。这种管材的柔韧性好，且可以通过加热熔合形成比管子自身强度更好的连接接头。管径的选择需遵循以下两条原则：其一，管径足够大，使得循环泵的能耗较小；其二，管径足够小，以使管内的流体处于紊流区，使流体和管内壁之间的换热效果好。同时在设计时还要考虑到安装成本的大小问题。管子的长度取决于流体流量和允许的压头损失。一般情况下，流体流过热泵的水换热器的压头损失与流体流过地热换热器以及相关管道的压头损失大小大致相当。

循环泵的选择：选择的循环泵应该能够满足驱动流体持续地流过热泵和地热换热器，而且消耗功率较低。一般在设计中循环泵应能够达到每吨循环液所需的功率为100W的耗能水平。

在空调设计中，通常采用一机一泵的形式，土壤源热泵系统也是如此。冷却水循环泵的流量可参照水冷热泵机组的冷却水量（进出水温差为5℃）进行选择，与目前国际上所测得的最佳能效比流量相当。再通过计算扬程，就可以选择出循环泵。对于循环泵的启停，可由热泵机组的启停控制。

（3）选择室内空气分布系统 地源热泵系统的室内分配系统选择相当灵活，可以采用多种方式。例如风机盘管系统、地板采暖方式、全空气系统等。通常采用风机盘管系统时，空气分布系统的设计主要考虑以下三个方面：

① 选择安装风管的最佳位置；

② 根据室内的得热量/热损失计算来选择并确定空气分布器和回风格栅的位置；

③ 根据热泵的风量和静压力，布置风管的走向，确定风管的尺寸。

室内分配系统一般采用既能供热又能供冷的方式，因此设计时必须两者兼顾。一个不能提供舒适性环境的系统运行时效率必然很低。地源热泵系统通常采用两种类型的送风系统：地板四周下送风系统和吊顶上送风系统。

对于只有一层的建筑来说，热泵系统的送风装置的理想安装位置就是沿房间外墙地板或四周的地板。这种送风方式使处理过的空气形成一股垂直向上分散的气流，这使系统无论在冬季还是在夏季都能保证良好的气流分布和良好的舒适感。地板下送风系统通常采用吊顶回风或上回风方式回风。上回风系统中，顶棚周围的热空气由于虹吸作用被吸入回风管内，当系统开始运行时冷空气从地板下向上流动，并充满整个房间。由于在制冷运行期间，将最热的空气返回系统，故系统的效率较高。

由于经过地源热泵系统处理的空气比空气源热泵处理的空气温度高，但比从锅炉出来的空气温度要低，为了保证能有一个舒适的环境，设计的风管和空气分布器应能向室内送入足够的风量。

（二）地源热泵施工技术

我国对于地源热泵系统的施工技术及工程化应用方面的研究相对较少，改进和完善地热换热器的钻孔技术安装方法，解决复杂地层中钻孔和安装的难度，是提高施工效率，降低施工成本，促进我国地源热泵空调技术推广应用的重要因素之一。不同形式的地源热泵系统采用的施工技术也不相同。

目前采用最多的地热换热器埋管系统的施工技术有如下几项。

1. 换热器埋管技术

闭式地源热泵系统将换热器管埋于地下，埋管形式有水平埋管和竖直埋管两种。水平埋管通常浅层埋设，开挖技术要求不高，初投资低于竖直埋管，但其占地面积大，开挖工程量大。这种形式在地源热泵技术的早期应用较多，现国外工程已很少采用。竖直埋管地源热泵系统占地面积小，受外界的影响极小，恒温效果好；施工完毕后，需要的维护费用极少，用电量小，运行成本大幅度降低。竖直埋管地源热泵系统是国际地热组织（IGSHPA）的推荐形式，它比较适合像我们这样人多地少的国家。如何提高钻孔效率以及降低初投资中的钻孔费用是该领域研究的重点。

如图 6.6 所示，竖直埋管换热器根据埋设的方式不同大体可分为三种：U 型管形式、套管形式和单管形式。

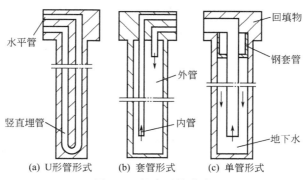

图 6.6 竖直埋管形式

U 形管形式应用较多，管径一般在 50mm 以下，流量不宜太大。U 形管换热器的埋置深度取决于可提供的场地面积以及施工技术，一般为 60～100m。国外 U 形管最深的埋置深度已超过了 180m。套管式换热器外管的直径可达 200mm。由于增大了换热面积，可减少钻孔数和埋深。但内管与外管腔中的液体发生热交换会带来热损失，下管的难度和施工费用也较高。单管型埋设的方式在地下水位以上用钢管作为护套，典型的孔径为 150mm，地下水位以下为自然孔洞，不加任何设施，可以降低安装费和运行费。这种方式受水文地质条件限制，使用有限。

（1）换热器的回路形式 地下埋管系统环路方式包括串联方式和并联方式。在串联方式中，几口井（水平管为管沟）只有一个流通通路；并联方式是一个井（管沟）有一个流通通路，数个井有数个流通通路。

串联系统的优点：有单一的流程和管径；管道有较高的换热性能；系统中的空气和废渣容易排除。串联系统的缺点：需要较大的流体体积和较多的抗冻剂；管道费用和安装费用较高；单位长度的压力降较大，限制了系统能力。

并联系统的优点：管径较小，管道费用较低；抗冻剂用量较少；安装费用较低。并联系统的缺点：一定要排除系统内的空气和废渣；在保证等长度环路下，每个并联路线之间的流量要保持平衡。

（2）换热器管路间距 U 形管或套管式换热器的进出水管之间存在热交换的短路现象，通常可通过增大套管换热器的内管壁的热阻和加大 U 形管间距来减少热短路。为了尽量减小钻孔之间的热影响，应根据可利用土地面积及换热器效能确定埋管的间距。U 形竖埋管钻孔的水平间距通常为 4～6m。

（3）换热管材料选用 换热器管要长期埋于地下工作，首先要求材料耐腐蚀、寿命长；其次要求其热交换效率高；最后要考虑材料易加工及造价低等因素。目前，国内外应用较多的是高密度聚乙烯管（PE）和聚丁烯管。管道直径应以流体压降和传热性能相协调为原则。管道壁厚的选择，要综合考虑地源热泵系统换热要求、换热管数量、埋深与地质条件等。

2. 地下埋管换热器施工技术

（1）钻孔 钻孔是竖埋管换热器施工中最重要的工序。如果施工区的地层是砂层，孔壁容易坍塌，则必须下套管。孔径的大小略大于 U 形管与灌浆管的组件尺寸为宜，根据需要，一般钻头的直径为 100～150mm，钻进深度可达到 150～200m。钻孔总长度由建筑的供热面积大小、负荷的性质以及地层和回填材料的导热性能决定。对于大中型工程应通过设计计算确定，地层的导热性能最好通过实地测量。由于钻孔深度较浅，一般采用常规的泥浆正循环回转钻进。施工钻机可以选用普通的工程勘察钻机或岩心钻机。钻井过程应注意隔阻不良水质或被污染的地下水（包括非开采含水层水）进入取水。钻井成功与否，护壁堵漏也是一项关键技术环节。进行护孔作业前，应准确掌握漏失层或坍塌层的深度、厚度和严重程度，根据护孔要求、地下水活动程度和货源条件，选择合适的护孔材料和方法，确定材料用量。护孔材料及其适用范围参照表6.2。

表6.2 护孔材料及其适用方法

护孔材料	材料要求	适用条件	护孔方法
套管	1. 符合标准 2. 不松扣	1. 松散覆盖层及架空层 2. 严重坍塌漏失地层 3. 较大的溶洞	1. 基岩中应下到完整的坚硬岩石 2. 孔口间隙堵严 3. 反扣套管管口要固定 4. 反扣套管管靴要封固
化学浆液	1. 有一定的抗压强度，能有效固结岩石 2. 可控制固化时间	1. 漏失严重的裂隙地层 2. 破碎坍塌地层 3. 漏失严重的覆盖层、架空层、有流动水的地层	用灌注器送入预定地段固化或泵入法
水泥	1. 高强度等级水泥加速凝剂 2. 地勘水泥加减水剂 3. B1型早强水泥	1. 坍塌严重的破碎带 2. 漏失严重的裂隙地层或覆盖层	1. 浅部干口采取直入法 2. 深部采取泵入法或导管注入法及灌注器送入法
黏土	1. 选用黏性大的黏土 2. 黏土中加纤维物 3. 制成黏土球	1. 钻孔浅部一般漏失 2. 覆盖层浅部一般漏失	1. 黏土球投入到预定位置 2. 用钻具挤压
泥浆或无固相冲洗液	根据地层特性，配置不同性能的泥浆或无固相冲洗液	1. 破碎坍塌、掉块及一般漏失地层 2. 水敏性地层 3. 覆盖层	1. 配置优质泥浆或无固相冲洗液 2. 高黏度堵漏泥浆 3. 全絮凝或胶结堵漏

（2）下管 下管工序是工程的关键。下管的深度取决于取热量的多少，因此必须保证下管的深度。有人工下管和机械下管两种方法。下管前应将U形管与灌浆管捆绑在一起，钻井完成后下U形管之前必要时应首先进行洗井作业，并且洗井应在钻井完成后立刻进行，目的是清洗井内黏度较大的泥浆，以便下管，但应控制好清洗的强度。钻孔后孔洞内有大量积水，由于水的浮力影响，将对放管造成一定的困难；另外，泥沙沉积会减少孔洞的有效深度。为此，每钻完一孔，应及时把U形管放入，并采取防止上浮的固定措施。在安装过程中，应注意保持套管的内外管同轴度和U形管进出水管的间距。对于U形管换热器，可采用专用的弹簧把U形管的两个支管撑开，以减小两支管间的热量回流。下管完毕后要保证U形管露出地面，以便于后续施工。

（3）灌浆封井 灌浆封井即回填工序。在回填之前应对埋管进行试压，确认无泄漏后方可进行回填。正确的回填要达到两个目的：一是要强化埋管与钻孔壁之间的传热；二是要实现密封的作用，避免地下含水层受到地表水等的污染。为了使热交换器具有更好的传热性，国外常选用特殊材料制成的专用灌注材料进行回填，钻孔过程中产生的泥浆也是一种较好的回填材料。回填物中不得有大粒径的颗粒。回填时，要随着灌浆进程将灌浆管逐渐抽出，使混合浆自下而上回灌封井，确保回灌密实，无空腔，减少传热热阻。当上返泥浆密度与灌注材料的密度相等时，回填过程结束。系统安装完毕，应进行清洗、排污，确认管内无杂质后，方可灌水。

（4）换热器安装及管道连接　U形管换热器应尽量采用成卷供应的管材，以利于用单根管制作一个埋管单元，减少连接管件。管道连接的方法有焊接、承插和活接头连接。当埋深不大或场地允许时，应在地面把套管连接好，然后利用钻塔进行放管。承插式连接，一定要注意在活性胶凝固之后才能使用。活接头连接灵活方便，但造价较高。一般的管道和套管中的内管，特别是壁厚小于3.5mm的塑料管，宜采用活接头。

室外连接管主要有集管式和非集管式两种。集管式连接管即采用两个稍大口径的管材将U形管进水支管和出水支管分别连接起来，因此具有分水器和集水器的作用。对于这种情况可采用水平分开的方法，具体做法如下：在每排钻孔两侧1～1.5m外分别开挖1～2m深、0.5m宽的沟，将分水集管和集水集管分别埋于沟中（排与排间采用就近原则，即在两排钻孔间要么都埋分水集管，要么都埋集水集管）；为了利于排出U形埋管中的空气，室外连接管应沿向室内方向有一个向上的坡度。非集管式连接管是指将每个钻孔的进、出水管分别独立引入室内，须设立分水器和集水器，好处是可以方便调节，如能结合水平埋管地下换热器的布置形式，效果更佳。但总体来说，对于这种非集管式连接管，不要集中布置在一个浅埋深的窄沟中，应考虑回水管要深埋，且管之间要留有一定距离。布置好连接管后，则需进行管沟回填。先回填一层50～100m的细河沙，再把开挖的土将沟填实，恢复开挖前的原样。

（5）管路系统布置　对于室内管路系统的管材，选择比较多，当前多使用PP-R管。在集管式连接管室内末端上方要分别设一个排气阀，如果是非集管式连接管，室内应分别设分水器和集水器，并在分水器和集水器上端设排气阀。在分水器进口设一个闸阀，以便系统维修时排水用。

膨胀水箱的位置因为占据着系统的最高点，因此在家用土壤源热泵空调中，应注意机组和膨胀水箱安装高度的布局。

（6）空调系统的调试　空调系统的调试主要有以下几个步骤。第一步是将机组以及管道系统中的排气阀都打开。第二步是打开分水器进口的闸阀，向系统内注水，直至管道系统中的排气阀无空气排除，就关上闸阀和管道系统中的排气阀。第三步是缓慢向膨胀水箱中补水，直至溢水管中有水溢出。第四步是间歇打开管道系统中的排气阀，持续到几乎无空气溢出，关上机组的排气阀。第五步是缓慢向膨胀水箱中补水，直至溢水管中有水溢出。单独开启循环泵，各排气阀间歇开启，持续一定的时间。第六步是关上循环泵及一切排气阀，静置12h。第七步是开启所有的排气阀排气。第八步是按设计负荷，开启空调机组，调节校准循环泵水流量。经过以上八步，如系统无泄漏现象，就可以交付使用了。

3. 注意事项

由于地源热泵系统的运行性能受地域性影响较大，在设计和施工地源热泵时应注意以下几方面的问题。

① 土壤的热物性对热泵运行效率起关键性的作用，因此必须了解各种土壤状况下对不同埋地换热器的换热机理。研究和收集各地区的土壤热物性的相关资料，作为地源热泵设计的参考资料。

② 加强地源热泵系统自动控制技术的研究，以及其在建筑物中的合理布置。对已竣工的地源热泵系统进行归纳、总结，有利于形成一套成熟、可靠的地源热泵设计方法。

③ 探讨地源热泵系统与其他热源系统和辅助设备联合的情况，如地源热泵系统和冷却塔的联合使用、地源热泵系统和太阳能的联合使用或与其他辅助设备的联合使用，来提高系统的运行效率。开发与热泵空调系统相配套的系列管材、管路配件及熔接设备和技术来降低

初投资；研究专门的钻井、下管、封井设备和技术，并用规范化来缩短施工周期，从而降低施工费用。

④ 埋管地下热交换器存在"热短路"问题，会影响传热过程，降低传热效率，因此如何减小热短路，提高埋管的传热效率，尚需作进一步研究。选择适当的管间距、系统间隔运行、管群之间交叉运行或增设辅助设备等措施均可缓解地温的变化程度，保证埋地换热器与周围的土壤有足够的传热温差，从而不影响土壤与系统的换热过程。

⑤ 加强回填材料热物性的分析研究。

⑥ 需要政府的政策引导、对设计和施工人员的培训以及提高公众对地源热泵技术的了解程度。

二、地源热泵相关设备介绍

（一）地源热泵施工机械

1. 钻井机械

推广地源热泵技术，就必须开发与其相配套的系列管材、管路配件以及熔接设备和技术，特别需要有专门的钻井、下管及封井的技术规范及相应的施工设备等。当前，最主要的是如何解决钻孔效率低的问题，因为钻孔所用时间过长，费用就大（钻井费用可能占到整个系统初投资的50%以上）。地源热泵系统工程的施工，钻孔所用的时间长，费用最高（钻井费用约占整个系统初投资的50%以上）。

钻孔主要有螺旋钻孔法、全套管法、回转斗钻孔法、冲击法等。对钻孔质量与效率影响较大的两个方面是排屑与注入物。排屑（渣）的方法主要有正循环法和反循环法。正循环法为泥浆、水或空气从钻杆中心孔中压入孔底，携带切屑从钻杆与孔壁之间溢出到沉淀池。正循环法排渣速度较慢，易造成泥沙包住钻头，增大进钻阻力。反循环法为泥浆、水或空气沿孔壁压入孔底，从钻杆中心孔中吸出到沉淀池的方法。由于流体沿孔壁的流速相对较慢，不易因冲刷孔壁造成塌孔，此法因排渣效率高而应用较多。还有种双管反循环法，循环物质流经独立的进管和出管，这有助于减少塌孔和裂缝，但目前较少采用。

循环物质的选择对钻孔质量与效率也有很大影响，常采用的有水、空气或者泥浆、黏土等。它们的作用一是冷却钻头；二是带走切屑；三是护壁堵漏。对于黏土、亚黏土层一般选择水作为注入物，由本土自行制浆护壁；对于沙土、沙层一般选择注入黏土或泥浆进行护壁。清孔时一般选择清水或清浆。在地下水位较低、较硬的土层和岩层中，经常使用压缩空气或水作为循环物质。

根据上述不同的钻孔方法，形成了不同种类的钻孔机械，主要有以下几大类。

（1）转盘式钻孔机 转盘式钻机是通过转盘或悬挂动力头的旋转带动钻杆，并通过钻杆对钻具施加一定的压力，增加钻进能力，变更钻头型号可满足各种不同土质条件的要求。地源热泵施工中多数采用的岩心钻机和工勘钻机就属于液压进给的转盘式钻机。

转盘式钻孔机（图6.7）的钻孔直径从几毫米至几

图6.7 转盘式钻孔机

米，钻孔深度可大于100m，对地层的适应性强（但不适于松散的卵石层），一般适用于平原和山区作业。

（2）冲击式钻孔机　冲击式钻孔机用于钻孔灌注施工（尤其在卵石、漂石地层条件下的施工）。该机结构简单，造价低，综合施工费用低，适用于土壤、岩层等多种地质条件，施工速度较慢。

（3）潜水式钻孔机　潜水式钻孔机的动力装置与工作装置连成一体，潜入泥水中工作，多采用反循环排渣。这类钻机通过潜水电机旋转带动钻具切土，电机跟随钻具工作，潜入孔底，整个钻具以悬挂方式工作，成孔垂度好，无需撤装钻杆，能连续工作。

潜水式钻孔机设备简单，体积小，移动方便，能连续工作，且成孔速度快。该机经济孔深为50m，若大于50m需采用钢管作为排渣管，钻孔直径一般较大。当出现塌孔时，该机型不易处理。

（4）螺旋式钻孔机　螺旋式钻机的工作原理与麻花钻相似，钻具旋转时钻具下部切削刃切土体。根据钻头形式又分为长螺旋式和短螺旋式。长螺旋式钻机切下的土沿钻杆上的螺旋叶片上升，排到地面，成孔速度很快，适用于直径小的钻孔作业。短螺旋式钻具是被提到地面后进行反转排上的，适用于大直径孔，最大钻孔深度小于80m。

当土壤地质条件不好时，可采用空心钻杆钻孔时，空心螺旋钻杆充当保护套管。钻孔完毕后，将钻杆底部的钻尖击落，从钻杆内部插入埋管，然后将钻杆取出。

（5）全套管钻孔机　该种钻机主要用于大型建筑基础钻孔桩施工，成孔过程是将套管边晃边压入土壤中，并用锤式抓斗在套管中取土。成孔后，再将套管取出。

（6）回转斗式钻机　回转斗式钻孔机主要用于钻孔桩施工，使用传动杆带动的钻斗挖土成孔，钻斗上有切土的刀片和装土的空腔，钻削过程中切土进入钻斗中，装满后停止旋转，提升钻头排土。传动杆是伸缩式或多节连接式，以适应孔深要求。

上述钻机各有其适用面和优势，如何结合地源热泵的施工特点开发出种新型的适用于不同地质条件与施工要求的高效钻机是急需解决的问题。若能将钻孔过程与下管、封井工艺相结合，甚至是同时进行，将极大地推进地源热泵技术的工程化应用。

2. 其他施工设备

（1）侧斜仪　岩土钻探的测斜仪（图6.8）主要是检测竖直钻孔的垂直度是否符合要求，当检测出钻孔发生偏斜时，可以及时调整钻杆或钻机，避免钻孔偏斜过大。

（2）泥浆泵　泥浆泵是指在钻探过程中，向钻孔里输送泥浆或水等冲洗液的机械。泥浆泵是钻探设备的重要组成部分。在常用的正循环钻探中，它是将地表冲洗介质——清水、泥浆或聚合物冲洗液在一定的压力下，经过高压软管、水龙头及钻杆柱中心孔直送钻头的底端，以达到冷却钻头、将切削下来的岩屑清除并输送到地表的目的。常用的泥浆泵是活塞式或柱塞式的，由动力机带动泵的曲轴回转，曲轴通过十字头再带动活塞或柱塞在泵缸中做往复运动。在吸入和排出阀的交替作用下，达到压送与循环冲洗液的目的。

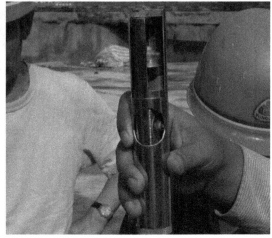

图6.8　侧斜仪

（二） 地源热泵设备

1. 热泵机组

这几年采用热泵的工程，无论在地域上或在建筑功能与规模上都有了很大的突破。热泵机组的品牌、种类的选择空间大为扩大，既有许多进口品牌，又有不少国产品牌；既有活塞压缩式热泵机组，又有螺杆式机组；既有整体式机组，又有模块式热泵机组（图6.9）。单台机组制冷量，应有尽有，而且机组的制冷、制热性能、质量、可靠性等都有明显的提高。目前我国有多家厂商供应性能稳定、规格齐全的地源热泵机组。

图6.9 不同型号的地源热泵用热泵机组

2. 潜水水泵

潜水水泵（图6.10）是水源热泵不可缺少的组成部分，是电机和水泵组装为一体的电力排灌设备，结构简单紧凑，机组潜入水中工作，无需建筑泵房，使用方便，应用广泛。根据水源热泵种类的不同，水泵也可分为海水泵、水井泵、热水泵等。

(a) 热水泵(最高耐高温可达120℃) 　(b) 海水泵(主要采用锡青铜或不锈钢材质，　(c) 深井泵(具有单级扬程高的特点)
　　　　　　　　　　　　　　　　　　　　具有较强的防腐性能)

图6.10 潜水水泵

3. 埋管系统

国内多为高密度聚乙烯管（HPE）。地源热泵专用地埋管如图6.11所示。双U形管件、单U形管件和直接连接管件如图6.12所示。

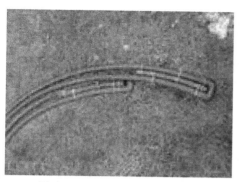

图 6.11 地源热泵专用地埋管

图 6.12 上中为双 U 形管件（也称沉箱），
右下为单 U 形管件，左下为直接连接管件

第四节 新型地源热泵技术和地源热泵应用实例

一、新型地源热泵技术

（一）高温地源热泵技术

高温地源热泵的"高温"是相对于目前占市场主导地位的最高热水出水温度在 55℃ 以下的地源热泵产品而言的，一般指在地（水）源温度为 10~15℃ 时，供热温度在 60℃ 以上的产品，正常运行出水温度范围在 62~72℃，可以满足所有的中央空调和生活热水系统的水温要求。虽然在供热出水温度上只有十几摄氏度的提高，但对于热泵技术来说却是一个极大的突破，一般的地源热泵机组在该工况下，性能会极大衰减甚至无法运行。相对于输出温度在 55℃ 以下的热泵技术，高温地源热泵在不提高低温热源（地源）温度的情况下供热温度达到 60℃ 以上，并保持较高的运行效率和稳定的运行状态，得益于如下几个关键技术。

① 压缩机的选择：目前热泵设备常用压缩机类型主要有螺杆压缩机、全封闭涡旋压缩机与半封闭活塞压缩机等，经过对不同类型压缩机工作特性进行比较研究，目前高温热泵设备一般选用半封闭活塞压缩机。

② 土质的选择：根据高温热泵设备最大工作压力≤25kPa，采用对环境友好的 R134a 作为制冷剂工质，对环境无污染，对臭氧层无破坏作用。

③ 循环系统的设计：采用多路独立制冷循环系统，共用一个水循环系统，降低了设备的冷凝工作温度和压力。

④ 在设备内部增设一个特殊换热装置（经济器），增加设备运行时的稳定性。

⑤ 系统控制的优化：采用平均压缩机运行时间的优化控制模式，保证整体机组的长时间高温稳定运行和使用寿命，并根据地源温度和冬季热源温度，调节高温热泵运行工作状态和条件。

（二）地源热泵辅助系统

针对不同场合合理地设置地源热泵辅助系统，可以额外节约能耗或节省安装费用。常见的有以下三种。

1. 冷却塔补偿系统

地下埋管系统是土源热泵系统安装费用中最大的部分。在以供冷为主要设计目标的南方或热负荷大的商业建筑中，可以通过设置冷却塔补偿来减小闭式地下埋管系统的尺寸。通过一个换热器（通常是板式换热器），冷却塔将地下埋管环路的上游流体预冷，这样就降低了地下埋管系统的负荷。由于减少了地下埋管系统的尺寸，设置冷却塔可以降低整个系统安装费。用这种形式的冷却塔补偿系统已成功运用在国内多个商用建筑中，已经算是一种较为成熟的做法。

2. 太阳能辅助系统

在气候比较寒冷的北方，设计目的主要是供热。如果采用地源热泵供暖，则机组和换热器的初投资比较高，连续运行的效率也较低，夏季运行时机组容量过大，造成浪费。可以利用太阳能换热器作为辅助能源，白天时，依靠地源热泵供暖，夜间利用太阳能集热器贮存的热量，由地热和太阳能共同供暖，这样的方案比单纯用地源热泵供暖更经济节能，也可以减少地下埋管系统的尺寸。设计用来提供热水的太阳能板安装在环路中，直接或通过热交换器太阳能板向传热介质供热。这种太阳能辅助系统的设计可以减少埋管占地面积，提高热泵效率。

由于地源热泵还存在一定的局限性，如土壤热导率较小、热交换强度小、需要较大的换热面积，将受到实际应用场地的限制，投资较大，也增加了施工的难度；特别是热泵长期连续从土壤取热（或蓄热），将会使土壤的温度场长期得不到有效恢复，从而造成土壤温度不断降低（或升高），这不仅降低了热泵机组的 COP 值，同时由于蒸发温度与冷凝温度的变化而使热泵运行工况不稳定。太阳能热泵系统还存在一定的局限性，如太阳辐射受昼夜、季节、纬度和海拔高度等自然条件的限制和阴雨天气等随机因素的影响，存在较大的间歇性及不稳定性。需要的集热器面积较大，且运行不稳定，若要长期运行，必须要靠辅助热源才可以满足。太阳能辅助地源热泵系统的应用两者互补，保持地下温度场稳定，有利于减少热泵机负荷。

3. 热水回收系统

利用热泵提供热水，即在制冷环路中安装热交换器，从过热的制冷剂蒸气获得高温热源。由于效率高，所以这种技术的应用十分经济。热水回收系统可以补充甚至替代传统的热水供应系统。在热泵供冷模式下，热水回取系统提高了系统运行效率并且利用废热提供热水。在供热模式下，与其他系统相比，热泵供热并提供热水仍然具有较高的经济性。

（三）相变材料在太阳能-地源热泵系统中的应用

为了解决太阳能-地源热泵的供热量波动性问题，在系统中设置蓄热装置，利用相变蓄热材料具有蓄、放热的特性，达到调节系统供热量和稳定性的目的。通过对带有蓄热装置的太阳能-地源热泵系统的运行模式及其转换条件的研究，使系统运行处于最佳运行工况。

系统示意图如图 6.13 所示。该系统将太阳能热泵系统、土壤源热泵系统以及相变蓄热系统三者有机地结合在一起，弥补了单个热源系统的不足，一年四季均可运行，提高了装置的利用率和运行效率。在气象条件较好时，太阳能热泵系统为主要供热方式。在太阳能热泵系统不能满足供暖要求

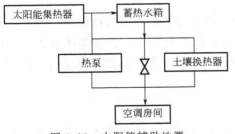

图 6.13　太阳能辅助地源
热泵蓄热系统示意图

时，土壤源热泵系统作为辅助供暖方式或主要供暖方式。相变蓄热系统主要是调节太阳能热泵系统中集热器热量、热泵供热量以及建筑物热负荷之间的平衡，提高集热器的集热效率，增加太阳能热泵的供热时间，从而提高整个系统的供热性能系数。

该系统运行模式主要如下。

模式一：水箱蓄热。当太阳辐射较强，室外温度较高时，建筑物太阳辐射得热量大于建筑物的失热量，室内温度在不供暖的情况下也能维持在所要求的范围内。此时系统停止向建筑物供暖，太阳能集热器收集的太阳能全部贮存在相变蓄热水箱中。

模式二：水箱供暖。在夜晚或阴雨天没有太阳辐射的时候，蓄热水箱在白天蓄存的热量足够多，水箱内的相变材料温度也较高，此时可以利用相变蓄热水箱直接供暖。

模式三：太阳能热泵供暖。白天太阳辐射较弱，且建筑物需供暖，但从太阳集热器出来的载热介质温度达不到直接供暖的要求。此时，集热器出来的载热介质作为热泵的低温热源，用太阳能热泵进行供暖。

模式四：土壤源热泵供暖。在很恶劣的天气，如连续阴天，上述情况都不能满足时，则需启用辅助热源——土壤源热泵进行供暖。

为了实现该系统的性能，相变材料应选择具有合适的相变温度、较大的相变潜热、合适的导热性能，以及相变温度恒定、相变可逆性好的材料。

（四）热响应实验进展

垂直埋管地源热泵的埋管长度和所需维持热泵运转的电力取决于土壤特性，包括温度、湿度、颗粒粒度和形状以及换热系数。正确选择地下集热器的规格是地源热泵设计的关键部分，特别是使盘管中管与管间的间距最小化，这就涉及建筑的负荷、地下管井空间、回填材料和场地特性等方面。考虑到地源热泵的初投资巨大，设计功率过大会带来比传统空调系统更大的耗费。因此，用来实地测定系统热参数的热响应试验近几年来就得到了快速发展。

在热响应试验中（图6.14），将经过事前精确测定的热负载流体泵入系统中，然后测量经过回路循环后的温度变化。在1999年后，这项技术在中欧得到了应用，首先得到可靠的地下热性质的数据，再据此设计垂直埋管热泵的规模。热响应试验于1995年首次在瑞典和美国被提出，现在在多个国家得到应用。由于热响应试验的应用，大规模的、可靠持久的、安全的垂直埋管地源热泵才成为可能。

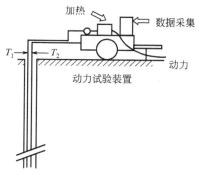

图6.14 热响应试验示意图

（五）高热性能灌浆材料

对于土壤源热泵来说，土壤作为热泵系统的热源，对土壤热物性及土壤热导率的试验研究显得尤为重要。国内有学者采用探针法，通过实验得到了土壤及其与不同比例黄砂混合物的热导率随含水率和密度的变化规律，土砂混合比为1:2时的混合物的热导率最大，为寻找最佳的灌浆材料提供了基础数据。灌浆的主要目的是为了增加土壤和热交换器之间的热接触面积，防止各含水层之间的水的移动。Remund与Lund在1993年提出在膨润土（火山灰分解成的一种黏土）中掺入石英砂作为灌浆料可以提高热导率。Allan与Kavanaugh在1999年分别采用细硅石、矾土、铁屑、石英砂与膨润土混合作为灌浆料进行研究，结果表明热导率可提高至1.7~3.29W/(m·K)，与采用砂浆混凝土作灌浆料相比，钻孔深度可减少

$7\%\sim22\%$。有关实验表明，灌浆物热导率增加可改善热传导性能，但是随着热导率进一步增加，导热的增加率却递减。含有集料的水泥类灌浆材料比膨润土材料在很多方面具有优势，更适合于填充地层与 U 形管之间的空隙，回填材料中使用大颗粒的集料也是提高其热导率的一个有效方法。最近十年，一种热性能得到加强的灌浆材料在美国开发出来，直到现在才在欧洲市场上出现。它的应用能显著降低埋管井的热阻，使管内的热工质和土壤之间的热交换得到有效控制。

二、地源热泵应用实例介绍

（一）北京莫奈花园别墅群地源热泵

北京莫奈花园为欧式别墅群，因位于市郊，普通中央空调方式不能达到其供暖制冷要求，同时为降运行费用，选用地源热泵机组。其机房更改为楼体内部楼梯板下，对设备效果、噪声、外观均要求极为严格。通过本设计及后期的运行效果证明，采用地源热泵中央空调形式及设计十分理想。

该花园别墅群位于北京市顺义区空港城，主要为别墅式住宅，同时还包括娱乐、办公、学校等。其别墅住宅一期共计 80 余套，按甲方要求其原工程设计为冬季燃气锅炉采暖，夏季普通家用空调制冷，经详细比较及计算其运行费用，最后确定其中 42 套为地源热泵机组，共计约 $60000m^2$，冬季采暖、夏季制冷以降低其费用。

1. 设计参数

根据莫奈花园的地理位置，地处北纬 $39°80'$，东经 $116°47'$，天气状况和室外空气计算参数见表 6.3，室内设计参数见表 6.4。

表 6.3　天气状况及室外空气计算参数

夏　季		冬　季	
大气压力/kPa	99.86	大气压力/kPa	102.04
空调室外计算干球温度/℃	33.2	采暖室外计算温度/℃	−10
空调室外计算湿球温度/℃	26.4	空调室外计算温度/℃	−12
空调日平均干球温度/℃	28.4	空调室外计算相对湿度/%	45
平均日较差/℃	8.8	室外平均风速/(m/s)	2.8
室外平均风速/(m/s)	1.9	最大冻土深度/m	0.85

表 6.4　室内设计参数

项目功用	夏　季			冬　季		
	温度/℃	相对湿度/%	风速/(m/s)	温度/℃	相对湿度/%	风速/(m/s)
会客厅	24~28	≤65	≤0.3	18±2	≥30	≤0.3
卧室	25~26	≤40	≤0.2	20±2	≥50	≤0.15
卫生间	24~28	≤40	≤0.5	18±2	≥50	≤0.3
餐厅	25±1	≤65	≤0.4	18±2	≥40	≤0.2
厨房	23~26	50~65	≤0.4	20±2	≥40	≤0.2
书房	27~29	55~65	0.3~0.5	16~18	≥35	≤0.3

2. 设备选用

因北京冬季温度较低，家用空调当温度低于 7℃时其制热量衰减较严重（表 6.5），并存在夏季制冷系数较低等问题，同时根据北京市文件，位于顺义区地下水取用受到严格限制，排除水源热泵机组。因此采用地源热泵机组用以制冷及采暖。因其原有机房面积较小，不能安装，经考虑后，安装于一楼楼梯底，因其位于室内，与会客厅邻近，所以其外观及噪声要求极为严格，最后确定选用宏力公司生产的低噪声数码柔性旋流式地源模块机组。

表 6.5　环境温度与制冷量的关系

环境温度/℃	热泵供热量下降率/%
7	供热量 100%（出水温度 45℃）
5	5~8
3	12~14
0	25~32
−3	45~50
−5	55~65

其建筑单体别墅建筑面积为 366m^2，根据《采暖通风与空气调节设计规范》（GB J19—1987）及《民用建筑暖通空调设计技术措施》，其单位面积冷负荷按 100W/(m^2·h)，单位面积热负荷按 85W/(m^2·h)，总体面冷负荷为 36.6kW/h，总体热负荷为 31.1kW/h，根据总体冷热负荷选用 DM-10Q（R）型地源模块冷热水机组，制冷量为 38kW/h；制热量 32kW/h。

3. 工程施工

考虑莫奈花园地下情况，88m 以下均为岩石，其施工难度较高，同时考虑其施工成本，因此在本工程中地下埋管为双 U 形管，埋管深度为 80m，每套别墅 400m^2，共计 5 孔，孔间距为 5m，每户埋管合计 400m。其地埋管材质为高密度聚乙烯管 PE100，管径为 32mm，壁厚为 2.9mm，钻孔孔径为 150mm。

4. 系统设计

由于别墅单体面积较小，因此室内循环系统采用自来水定压补水，室外埋管系统采用小型补水箱定压补水。考虑其室内空间及节省管材，主管采用异程设计，其水流速按 2m/s 设计，地埋管循环系统水流速按 1.2~2.5m/s 设计。

5. 设备运行效果

机组安装完毕后经调试，当环境温度为 35℃时，地源热泵机组冷媒水进水温度为 12℃，出水温度为 7℃，室内环境温度达到 20~24℃，制冷时热媒水进水温度为 40℃，出水温度为 45℃，室温可达 18~24℃，完全达到空调制冷、制热设计要求。

（二）上海浦东金桥厂区办公楼地源热泵

工程位于上海浦东金桥开发区，是某外资企业厂区办公楼。共上下两层，总建筑面积约 4000m^2，由办公室、会议室、培训室等组成。该建筑靠外墙四周是单独小隔间办公室，中间是敞开式大办公区。

1. 设计参数

上海地区属于"夏热冬冷"地区，近几年最热月平均气温已达 30.2℃，最冷月平均气温为 4.2℃。最冷月与最热月平均相对湿度分别为 75%、83%。高于 35℃ 的酷热天气长达半个月至一个月，日平均温度低于 5℃ 的天数长达两个月以上。因此每年传给土壤的冷热量基本相同，能充分发挥土壤蓄能的作用，适合于地源热泵系统。根据地质钻探，上海地区浅层土是以黏土、亚黏土及粉砂为主的软土，属于第四世纪沉积层，且土壤潮湿，地下水位高，是埋管系统较适合的土壤类型。由于该办公楼前面有一片绿地，提供了该办公楼地源热泵系统布管的土壤面积。该工程室内设计参数见表 6.6。

表6.6　室内空气设计参数

房间类型	夏季		冬季		噪声(NC)
	温度/℃	相对湿度/%	温度/℃	相对湿度/%	
办公室	24~27	<60	20~22	>40	33~35
会议室	25~27	<65	18~20	>30	34~36

2. 系统设计

根据该办公楼格局特点，单独的小办公室采用美意分体式地源热泵机组。该房间可以根据自己的需求单独控制，并且每个小办公室都随时可以制冷、制热、通风、除湿。中间的大开间办公室采用美意J062H、J072H大型地源热泵机组。这样每个小办公室和大办公区域都可以单独控制，并且内外区分隔很明显。在过渡季节，外区向阳的小办公室可能早、晚需要制热，中午需要制冷，而内区办公区域，由于办公设备不断散热，需要一直制冷。地源热泵设备完全能满足以上要求，并且制冷、制热随时可调。根据办公室装潢吊顶特点，气流组织为上送上回，而进门挑空大厅采用下回侧送。下送风口均为散流器，侧送为双层活动百叶风口。地源热泵机组全为吊装式，为了检修方便和控制噪声，主机分散布置，多吊装在走廊和卫生间天花内。该办公楼一层采用两台美意J072H整体式地源热泵机组，二层采用三台美意J052H整体式地源热泵机组作为新风机组。为了达到地源热泵机组的运行工况，新风与回风混合后进入静压箱，再通过该整体式地源热泵机组，整体式机组的进出风口都装有消声静压箱，其风管、风口、静压箱等的设计和常规系统一样。

地下埋管式换热器是地源热泵系统设计的重点。根据上海地下的土壤特性、气候、地质结构等特点，确定该项目采用竖埋的方式。该办公楼的采冷负荷为390kW，采暖负荷为320kW，因为夏季向土壤中排放的热量远大于冬季从土壤中吸取的热量，所以以夏季向土壤排放的热量进行计算。该项目共打60m竖井100个，孔间距3.5m，采用SDRⅡ高聚乙烯PE管。

3. 设备运行效果

该项目于2005年1月17号开始投入使用，运行非常稳定，同时送风均匀，室内最大温差±1.0℃。运行期间并没有出现类似风冷热泵的室外温度太低时机组难以启动、机组名义制热量明显下降等现象。表6.7为运行期间实测的数据。

表6.7　运行实测数据（2月）

进水温度/℃	回水温度/℃	室外环境温度/℃	室内温度/℃	时间
14.5	11.3	2.5	20.8	9:30
14.2	11.0	3.5	21.3	11:30
14.4	11.4	5.5	21.7	13:30
14.2	11.1	4.5	22.2	15:30
14.2	10.8	3.0	22.5	17:30

（三）挪威奥斯陆某别墅地源热泵

该工程为位于挪威奥斯陆的一家私人别墅，当地年均气温在−7~21℃之间。该别墅建筑面积约300m²，由地上两层组成。本工程空调系统采用地板辐射加热，其中只在一层地板装有地板热盘管，二层靠楼板的热传导维持室内温度。

1. 设计参数

由于机组常年运行，为了减少机组运行能耗，同时满足客户对舒适性的要求，设计地板加热盘管进水温度为 40℃，出水温度为 15℃。

2. 系统设计

制冷剂从压缩机出来首先经过生活用热水换热器（在此制冷剂被冷却，同时将生活用热水加热到 60℃左右供生活所用），然后流经空调用热水换热器（在此制冷剂被冷凝并得到一定过冷度，同时将空调用热水加热到 45℃左右供地板加热使用），再流经节流装置节流降压降温，最后流经冷凝器（在此制冷剂蒸发吸热，地下埋管中的冷媒水放热）回到压缩机，完成该系统中的三路水循环。

该工程选用广州密西雷电子有限公司生产的型号为 NBV900 的地源双热水机 1 台，机组额定制热量为 7500W，地源水循环量为 3.0m³/h，空调用热水循环量为 2.4m³/h，生活用热水循环量为 0.4m³/h。由于机组常年全天候运行，所以系统采用大温差小流量，以降低运行费用。鉴于此，选用水泵 Wilo-TOP-S 30/10 一台用于地下埋管水循环，选用 Wilo-Star-Z15 一台用于生活用热水贮能罐与主机之间的水循环，选用 Wilo-Star-RS 25/6 一台用于空调用热水贮能罐与地板加热盘管之间的水循环。该工程采用预先埋在别墅正下的竖直 U 形埋管，埋管深度为 150m，本工程共有两根埋管，一用一备。

3. 设备运行效果

该工程 2005 年 3 月竣工，并调试完毕正常投入使用。系统正常运行 7d 后房间温度达到设计值，以后机组运行除稳定房间温度外，还可以提供生活用热水供全家使用。经过几个月的运行分析，机组运行效果非常良好，运转费用很低。

4. 工程分析

该工程以 7500W 额定制热量的机组满足约 300m² 的房间供暖，并能提供日常生活用热水，要归功于该别墅围护结构采用双层真空保温玻璃门窗和全部经保温处理的墙壁、屋顶和地板，以及地源热泵系统中的辅助设施贮能罐。

该工程的成功实施，为国内北方寒冷地区冬季供暖提供了宝贵经验。由于初投资较常规空调高出很多，因此，在国内市场的全面推广尚有相当的困难。目前国内普遍存在的观念是：牺牲运行费用来降低初投资。而该工程则是通过运行费用的减少来补偿高出的初投资。考虑到我国北方地区冬季需要采暖、夏季又需要制冷的特殊情况，因此，需要选择热泵型主机。冬季使用地板辐射加热采暖，夏季采用地板辐射供冷。

参 考 文 献

[1] ［英］库尔蒂斯 R，［美］伦德 J，［德］桑内尔 B，［瑞士］赖贝奇 L，［瑞典］赫尔斯特鲁姆 G. 徐巍（译）. 当前世界热泵技术的发展 地热热泵——适合于任何地方的地热能源 [J]. 地热能，2006，3；25-32.

[2] 吴艳. 一种新型的环保节能采暖系统——地源热泵空调系统 [J]. 环境保护科学. 2005，31（06）；68-70.

[3] ASHRAE 编. 地源热泵工程技术指南 [M] 徐伟等译. 北京：中国建筑工业出版社，2001.

[4] 徐伟. 中国地源热泵情况调查与分析 [J]. 工程建设与设计. 2006（12）；25-28.

[5] Hopkirk R J，Eugster W，Rybach L. Vertical earth heat probes：measurements and prospects in Switzerland [C] // Conférence internationale sur le stockage de l'énergie pour le chauffage et le refroidissement. 4. 1988；367-371.

[6] Sanner B. Prospects for ground-source heat pumps in Europe [J]. Newsletter IEA Heat Pump Center，1999，17；19-20.

[7] Burkhard Sanner，Constantine Karytsas. Current status of ground source heat pumps and underground thermal energy storage in Europe. Geothermics，2003（32）；579-588.

[8] 曹艺. 地源热泵性能分析 [D]. 太原：太原理工大学市政工程系，2006.

[9] 钱普华.地源热泵系统经济性分析 [D].武汉：华中科技大学供热、供燃气、通风与空调工程系，2003.

[10] 金楠.地源热泵竖直 U 形管传热和土壤温度场数值模拟研究 [D].北京：北京工业大学热能工程系，2004.

[11] 王宇航.地源热泵系统地下埋管换热器的研究 [D].长沙：湖南大学供热、供燃气、通风及空调工程系，2006.

[12] 李凡，仇中柱，于立强.U 型垂直埋管式土壤源热泵埋管周围温度场的理论研究 [J].暖通空调，2002，32（1）：17-20.

[13] 孙海燕.美国地源热泵技术在中国——访中美两国政府地源热泵合作项目组副组长李元普 [J].建设科技，2005（18）：13-15.

[14] 李树云，刘远辉.国外地源热泵应用分析 [J].工程建设与设计，2006，12：5-7，24.

[15] 周晓波.高温地源热泵技术及其在工程中的应用 [J].工程建设与设计，2004（6）：8-10.

[16] 黄奕沄，陈光明，张玲.地源热泵研究与应用现状 [J].制冷空调与电力机械，2003，24（1）.

[17] 王芳，郑茂余，李忠建.相变材料在太阳能-地源热泵系统中的应用 [J].太阳能学报，2006，27.

[18] Kyoungbin Lim，Sanghoon Lee，Changhee Lee. An experimental study on the thermal performance of ground heat exchanger. Experimental Thermal and Fluid Science，2007.

[19] Stephen Kavanaugh P，Marita Allan L. Testing of themally enhanced cement grout heat exchanger grouts. ASHRAE Transactions，1999，CH-99-2-2：446-449.

[20] 于复娇.莫奈花园别墅群地源热泵中央空调设计 [J].工程建设与设计，2006（4）：10-11.

[21] 吴展豪，张波，沈莉华.上海浦东金桥厂区办公楼地源热泵空调系统设计 [J].工程建设与设计，2005（6）.

[22] 李树云，刘远辉，唐维.国外某地源热泵空调系统分析 [J].工程建设与设计，2006（4）：8-9，29.

[23] 徐伟主编.中国地源热泵发展研究报告 [M].北京：中国建筑工业出版社，2013.

Chapter 7

第七章　建筑节能相变材料及其应用技术

相变材料用于建筑围护结构中，具有自调温、削峰平谷、温峰滞后等特点，能够有效缓减能源供求之间在时间和速度上的不匹配。随着对建筑节能问题的日益重视，相变储能建筑材料得到广泛关注，它不但可以有效降低建筑能耗、提高室内热舒适度，而且为太阳能等低成本清洁能源在供暖、空调系统中的应用创造了条件。

本章主要介绍了相变材料的一些基本知识以及建筑节能用相变材料的制备技术和应用技术。

第一节　相变材料

一、相变材料的定义

相变材料（phase change materials，PCM），又称为潜热储能材料（latent thermal energy storage，LTES），是利用物质发生相变时需要吸收（或放出）大量热量的性质来贮存或放出热能，进而调整、控制工作源或材料周围环境温度。相变储能具有储能密度高、体积小巧、温度控制恒定、节能效果显著、相变温度选择范围宽、易于控制等优点，在众多领域具有重要的应用价值和广阔的前景。

二、相变材料的储能特点

从贮热材料的贮热方式看，可分为显热式贮热和潜热式贮热。所谓显热式贮热，就是通过加热贮热介质，使贮热材料的温度升高，吸收热能而贮热，又称为"热容式贮热"。潜热式贮热，则是与相变紧密相连的概念，是指通过加热贮热介质到相变温度，使贮热材料发生相变，吸收大量热能而贮热，又称为"相变式贮热"。物质由固态转变为液态（熔化），由液态转变为气态（气化），或由固态直接转变为气态（升华），都会吸收热能，而进行逆过程时则释放热能。对于固-液相变过程而言，当温度升高时，相变材料吸收热能而熔化，贮存热能；反之，当温度降低时，相变材料释放热能而凝固，放出热能。这就是潜热式贮热所依据的基本原理。材料的相变潜热约为其升高1℃热容的100倍。以冰-水的相变过程为例，对相变材料在相变时所吸收的潜热以及普通加热条件下所吸收的热量作一比较：当冰融解时，吸收 335J/g 的潜热，当水进一步加热，每升高 1℃，它只吸收大约 4J/g 的能量。如图 7.1 所示是 PCM 与其他材料的贮热容量对比。因此，与显热贮热材料相比，相变贮热材料具有贮热密度高、能够在近似恒温下贮存或放出大量热能、贮存或放出热能的过程容易控制等优点。

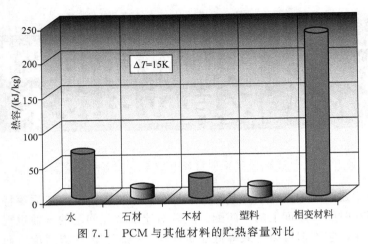

图 7.1　PCM 与其他材料的贮热容量对比

相变材料具有在一定温度范围内改变其物理状态的能力。一种特定的相变材料在相变过程中，所贮存或释放的热能称为其相变潜热。相变所吸收或释放的潜热相当大，由冰到水的相变过程中所吸收的潜热几乎比相变温度范围外加热过程的热吸收高 80 多倍，而且相变过程中材料自身的温度几乎维持不变，产生了一个宽的温度平台，该温度平台的出现体现了恒温时间的延长，并可与显热和绝缘材料区分开来（绝缘材料只提供热温度变化梯度），相变材料在贮存或释放大量的潜热的同时又达到了控温的效果。相变材料的这一特点使其在贮热领域包括建筑的节能中发挥着举足轻重的作用。

三、相变材料的应用

相变材料最早应用于美国载人宇宙飞船中。20 世纪 60 年代美国宇航和太空总署为了载人飞船中的精密仪器和宇航员免受太空高温和低温环境的影响，先后研究了 500 余种 PCM 的性能，首次将相变材料应用于"阿波罗 15"登月飞船中，并与其他调温技术结合，共同实验了"太空空调"。

在建筑节能方面，一方面相变材料可以用于建筑围护结构中，建筑热环境特点是白天温度高，夜晚温度低。只要选用相变温度适宜的相变材料，白天环境温度高于相变温度，将外界热量贮存起来；而到了夜晚，环境温度低于相变温度，又将白天贮存的能量释放出来，如此循环，实现温度的调控，使建筑不需要依赖空调达到温度的调节，从而有效地节省了建筑空调与采暖的能耗。另一方面还可以直接用于空调及采暖系统中，节能降耗。

相变贮热材料适用于热能的供应与需求之间失衡的各种情形与场合，相变材料可用于住宅、办公楼和公共活动场所的取温及保温、太阳能、电力、工业余热、建筑物、纺织品、太空站、军事等领域，而且已进入实用阶段。目前，相变贮热材料已用于绿色建筑、电子通信、计算机、药品和食物贮存。

贮存太阳能的贮热材料常用相变材料。美国管道系统公司（Pipe System Inc.）以 $CaCl_2 \cdot 6H_2O$ 作为相变材料贮存太阳能，美国太阳能公司（Solar Inc.）以 $Na_2SO_4 \cdot 10H_2O$

作为相变材料贮存太阳能，都是应用较成功的实例，该公司称 100 根长 15cm、直径 9cm 的聚乙烯贮热管就能满足一个家庭所有房间的取暖需要。法国 ELF-Union 公司采用 $Na_2SO_4 \cdot 10H_2O$ 作相变贮热材料制成贮热装置，每 1.7t 相变贮热材料可供 $100m^2$ 房间取暖之用。

相变储能材料在农业上的应用主要体现在果蔬大棚的温度调节上。以往我国冬季果树、蔬菜大棚夜间或雨雪天气的加温普遍采用煤、电设备，存在着成本高、易污染、费工费时等缺点，近年来我国的农业科研人员开始把相变贮热材料引入农业生产中，该材料被称为"大棚太阳能自动贮热袋"。

四、相变材料分类

相变材料有多种分类方式，以下分别根据化学成分、相变形式、贮热的温度范围进行分类（图 7.2）。

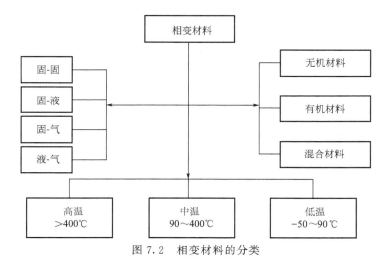

图 7.2　相变材料的分类

相变材料按化学成分的不同可分为无机、有机与混合相变材料三大类。无机相变材料包括结晶水合盐、熔融盐、金属合金等无机物，有机相变材料包括石蜡、羧酸、酯、多元醇等有机物；混合相变材料主要是有机和无机共熔相变材料的混合物。

按相变形式的不同可分为固-固相变、固-液相变、固-气相变和液-气相变材料四大类。固-液相变材料包括水合盐、石蜡等，固-固相变材料并不是发生了相态的变化，而是相变材料的晶型发生了变化，当然在晶型变化过程中也有热量的吸收和放出。固-固相变材料包括高密度聚乙烯、多元醇以及具有"层状钙钛矿"晶体结构的金属有机化合物。由于气体不易封装，占体积很大，易流失，所以在实际应用中以固-液相变及固-固相变材料最实用。

按贮热的温度范围大小不同，相变材料可分为高温、中温和低温三类。高温相变材料主要是一些熔融盐、金属合金；中温相变材料主要是一些水合盐、有机物和高分子材料；低温相变材料主要是冰、水凝胶，应用于蓄冷。

五、相变材料的选用原则

并不是所有可以发生相转变的物质都可以用作热能贮存和温度调控。不同的实际应用领域对 PCM 有不同的要求。总体来说，实际应用中选用的 PCM 必须符合以下特点。

① 必须具有大的储能容量。也就是说，必须有高的相变潜热，而且，还要求以单位质量和单位体积计算的相变潜热都足够大。

② 特定的相变温度必须适合具体应用的要求。例如用作恒温服装的 PCM 的相变温度必须在 25～29℃ 之间，用于电子元件散热的 PCM 的相变温度必须在 40～80℃ 之间等。

③ 适宜的热传导系数。大多数场合要求 PCM 具有快的传热能力，以便迅速吸收和释放热量，有的场合则要求某一特定的热传导系数，不能过高或过低。

④ 相转变过程必须完全可逆，而且正过程和逆过程的方向仅仅以温度决定。

⑤ 相转变过程的可靠性。相转变过程必须不带来任何 PCM 的降解和变化，具有实用价值的 PCM 的使用寿命必须大于 5000 次热循环（每一次正过程和逆过程为一个热循环）。

⑥ 体积的变化。相转变过程的体积变化越小越好，过大的相变体积是许多材料完全没有实用价值的主要原因。

⑦ 压力。在体系运行的温度范围内，PCM 的蒸气压必须足够小，甚至完全没有蒸气压。

⑧ 化学和物理稳定性。PCM 必须无毒，无腐蚀性，无危险性，不可燃，不污染环境。

⑨ 无过冷现象。大多数应用领域要求 PCM 的相转变过程是恒温的，不存在过冷现象，即降温过程的相转变温度不低于升温过程的相变温度。

⑩ 高密度。许多特殊应用场合要求 PCM 有高密度，以减少系统的体积，例如航天领域。

⑪ 生产工艺、成本和材料来源。商业化要求 PCM 的生产工艺不能太复杂，成本不能太高，原材料来源易得。

六、常用相变材料

从现在应用普遍程度来看，相变贮热材料主要使用的是固-液相变贮热材料和固-固相变贮热材料。固-液相变材料的主要优点是价廉易得。但是固-液相变贮热材料存在过冷和相分离现象，会导致贮热性能恶化，易产生泄漏，而且具有污染环境、腐蚀物品、封装容器价格高等缺点。固-固相变材料在发生相变前后固体的晶格结构改变而放热吸热，与固-液相变材料相比，固-固相变材料具有更多优点：可以直接加工成型，不需容器盛放。固-固相变材料膨胀系数较小，不存在过冷和相分离现象，毒性腐蚀性小，无泄漏问题。同时组成稳定，相变可逆性好，使用寿命长，装置简单。固-固相变材料的主要缺点是相变潜热较低，价格较高。

1. 结晶水合盐

常用的无机相变材料主要是结晶水合盐类，通式为 $AB \cdot mH_2O$，相变机理可表示为：

$$AB \cdot mH_2O \xrightleftharpoons[\text{冷却}(T<T_m)]{\text{加热}(T>T_m)} AB + mH_2O - Q$$

$$AB \cdot mH_2O \xrightleftharpoons[\text{冷却}(T<T_m)]{\text{加热}(T>T_m)} AB \cdot pH_2O + (m-p)H_2O - Q$$

式中　T_m——熔融温度；

　　　Q——潜热。

结晶水合盐提供了从几摄氏度至 100 多摄氏度熔点的约 70 种可供选择的 PCM，这类 PCM 通常是中低温 PCM 中重要的一类。许多无机结晶水合盐通常有较大的相变热及固定的熔点（实际是结晶水脱出的温度，脱出的结晶水使盐溶解而吸热；降温时发生逆过程，吸收结晶水放热）。使用较多的主要是碱金属及碱土金属的卤化物、硝酸盐、磷酸盐、碳酸盐、硫酸盐及醋酸盐等水合盐。无机水合盐相变材料通常存在着过冷和相分离两个问题，虽然可以通过一些途径解决，还是影响了无机水合盐的广泛应用。

（1）过冷结晶　水合盐溶液在到达其凝固温度时并不结晶凝固，而是需冷却到凝固温度以下才开始结晶。所有水合盐都有过冷现象，但过冷度与水合盐种类有关，有时为几摄氏度，也可能达到几十摄氏度。为了降低和消除过冷结晶，需在水合盐中加入成核剂或采用冷指法，保留一部分固态 PCM，使其作为成核剂。

（2）相分离　当 AB·mH_2O 型水合盐受热时，通常会转化成含有少量结晶水的另一种类型 AB·pH_2O，而 AB·pH_2O 会部分或全部溶解于剩余的 $(m-p)$mol 水中。加热过程中，一些盐水混合物变为无水盐，并可全部或部分溶解于水中，形成盐水化合物的水量，就是结晶水。若盐的溶解度很高，则当加热到熔融温度以上后，无水盐水混合物可以完全溶解，但若溶解度不高，则即使加热到熔融温度以上，有些盐仍处于非溶解状态，此时，残留的固态物因密度大而沉到容器底部，此种现象称为相分离。目前，防止相分离的手段有：一是向溶液中投入增稠剂、者悬浮液；二是盛装溶液的容器采用薄层结构；三是摇晃或者搅动溶液。常见的无机水合盐相变材料的热物性见表 7.1。

表 7.1　常见的无机水合盐相变材料的热物性

相变材料	熔点/℃	溶解热/(J/g)	防过冷剂	防相分离剂
硫酸钠	32.4	250.8	硼砂	高吸水树脂
醋酸钠	58.2	250.8	$Zn(OAc)_2$,$Pb(OAAc)_2$$Na_2P_2O_7·10H_2O$,$LiTiF_4$	明胶、树胶、阴离子表面活性剂
氯化钙	29.0	180.0	BaS,$CaHPO_4·12H_2O$,$Ca(OH)_2$	二氧化硅膨润土
磷酸氢二钠	35	205.0	$CaCO_3$,$CaSO_4$,硼砂,石墨	聚丙烯酰胺

2. 有机贮热材料

常用的有机贮热材料有高级脂肪烃、醇、羧酸及盐类、某些聚合物，其优点是固体成型好，不易发生相分离及过冷，腐蚀性较小，但与无机贮热材料相比其热导率较小。

（1）石蜡类　石蜡主要由直链烷烃混合而成，可用通式 C_nH_{2n+2} 表示。烷烃的性质见表 7.2。

表 7.2　烷烃的性质

PCM	熔点/℃	相变潜热/(J/g)
十六烷	18.0	225
十七烷	22.5	213
十八烷	28.2	242
十九烷	32.1	171
二十烷	36.8	248
二十一烷	40.4	213
二十二烷	44.2	252
三十烷	65.6	252

选择不同碳原子个数的石蜡类物质，可获得不同相变温度，相变潜热在 160~270J/g 之间。

石蜡作为贮热相变材料的优点是无过冷及析出现象，性能稳定，无毒，无腐蚀性，价格便宜。缺点是热导率小，密度小，单位体积贮热能力差。而且，在相变过程中由固态到液态体积变化较大，凝固过程中有脱离容器壁的趋势，这使传热过程复杂化。

（2）脂肪酸类　脂肪酸类的性能和特点以及应用方法均与石蜡相似。脂肪酸类 PCM 的优点是原料易得，成本低，但脂肪酸性能不稳定，容易挥发和分解。脂肪酸的性质见表 7.3。

表 7.3　脂肪酸的性质

PCM	熔点/℃	相变潜热/(J/g)
辛酸（C_8）	16	149
癸酸（C_{10}）	31.3	163
月桂酸（C_{12}）	42.0	184
肉豆蔻酸（C_{14}）	54.0	199
棕榈酸（C_{16}）	62	211
硬脂酸（C_{18}）	69	199

现已研究与发展的具有技术和经济潜力的固-固相变储能材料主要有三类：多元醇类、无机盐类及高分子类。

就多元醇而言，发生固-固相变时，有较高的相转变焓，可供选择使用的相变温度较多，将两种多元醇按不同比例混合，还可以得到具有不同的较宽相变温度范围的混合贮热材料，以适应对温度有不同要求的应用。但多元醇系相变材料的缺点是不稳定，且成本较高。表 7.4 列出了一些多元醇的热物性。

表 7.4　多元醇的热物性

多元醇	加热时相变温度/℃	相变潜热/(J/g)
NPG	44.1	116.5
AMP	57.0	114.1
PG	81.8	172.6
TAM	133.8	270.3
PE	185.5	209.5

注：NPG 为三羟甲基乙烷、AMP 为 2-氨基-2-甲基-1,3-丙二醇。

七、复合相变材料

固-固相变材料的缺点是价格很高，固-液相变材料最大的缺点则是在液相时容易发生流淌。为了克服单一相变储能材料的缺点，复合相变材料应运而生。它既能有效克服单一的无机物或有机物相变材料存在的缺点，又可以改善相变材料的应用效果以及拓展其应用范围。目前相变储能材料的复合方法有很多种，主要包括微胶囊包封法（包括物理化学法，化学法，物理机械法，溶胶-凝胶法）物理共混法、化学共混法、将相变材料吸附到多孔的基质材料内等。

第二节　建筑节能用相变材料制备技术

一、相变材料筛选与相变蓄热建筑结构

（一）相变材料筛选

PCM 应用于建筑材料的热能贮存始于 1981 年，随着 PCM 与石膏板、灰泥板、混凝土及其他建筑材料的结合，热能贮存已能被应用到建筑结构的轻质材料中。早期的对相变材料

的筛选研究主要集中于便宜易得的无机水合盐上，但由于其严重的过冷与析出问题，相变建筑材料循环使用后储能大大降低，相变温度范围波动很大。尽管在解决过冷和析出方面取得了一定进展，但仍然大大限制了其在建筑材料领域的实际应用。为了避免无机相变材料的上述问题，人们又将研究重点集中到了低挥发性的无水有机物，如聚乙二醇、脂肪酸和石蜡等。尽管它们的价格高于普通水合盐且单位热贮存能力低，但其稳定的物理化学性能、良好的热行为和可调的相变温度都使其有广阔的应用前景。

　　总体来说，国内外应用于建筑节能领域的相变材料主要包括结晶水合盐类无机相变材料，以及石蜡、羧酸、酯、多元醇和高分子聚合物等有机相变材料。结晶水合盐类无机相变材料具有熔化热大、热导率高、相变时体积变化小等优点，同时又具有腐蚀性、相变过程中存在过冷和相分离的缺点。而有机类相变材料具有合适的相变温度、较高的相变焓，且无毒、无腐蚀性，但其热导率较低，相变过程中传热性能差。

　　正烷烃的熔点接近人体舒适温度，其相变焓大，但正烷烃价格较高，且掺入建筑材料中会在材料表面结霜；脂肪酸价格较低，相变焓小，单独使用时需要很大量才能达到调温效果；多元醇是具有固定相变温度和相变焓的固-固相变材料，但其价格高。用于建筑材料中常见相变材料的热物性见表7.5。

表 7.5　用于建筑材料中常见相变材料的热物性

材料名称	分子式或简称	相变温度/℃	相变焓/(J/g)
十水硫酸钠	$Na_2SO_4 \cdot 10H_2O$	32.4	250
六水氯化钙	$CaCl_2 \cdot 6H_2O$	29.0	180
正十六烷	$C_{16}H_{34}$	16.7	236.6
正十八烷	$C_{18}H_{38}$	28.2	242.4
正二十烷	$C_{20}H_{42}$	36.6	246.6
癸酸	$C_{10}H_{20}O_2$	30.1	158
月桂酸	$C_{12}H_{24}O_2$	41.3	179
十四烷酸	$C_{14}H_{28}O_2$	52.1	190
软脂酸	$C_{16}H_{32}O_2$	54.1	183
硬脂酸	$C_{18}H_{36}O_2$	64.5	196
新戊二醇	NPG	43	130
50%季戊四醇＋50%三羟甲基丙醇	50%PE＋50%TMP	48.2	126.4

注：50%PE＋50%TMP 为多元复合相变材料。

理想的建筑储能材料需满足以下条件：

① 相变温度接近人体的舒适度（20～26℃）；

② 具有足够大的相变潜热和热传导性；

③ 相变时膨胀或收缩性要小；

④ 相变的可逆性要好；

⑤ 无毒性、无腐蚀性、无降解、无异味；

⑥ 制作原料廉价易得。

　　针对相变材料的筛选，要考虑到不同的应用实际。Rudd 认为不同的季节依据人体舒适度的不同应使用不同相变温度的相变材料。如在需要空调制冷的夏季，房间的舒适度应选择在 22.2～26.1℃，而在需要加热的寒冷冬季，房间的舒适度则应选择在 18.3～22.2℃。同时也有文献认为，室内底部选择的相变材料温度应高于天花板顶部所选相变温度 1～3℃，这样更能提高相变材料的使用效率。

为了有效克服单一的无机类或有机类相变材料存在的缺点，可以利用低共熔原理将不同的相变材料进行二元或多元复合。

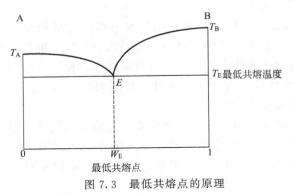

图 7.3　最低共熔点的原理

采用低共熔物的优点是，能够利用相变温度较高的两种材料配制成相变温度较低的混合物，满足实际要求。最低共熔点的原理图如图 7.3 所示。

将熔点为 T_A 的 A 物质和熔点为 T_B 的 B 物质按最低共熔点 W_E 混合，在最低共熔温度 T_E 下 A 和 B 能够同时发生相变，直至相变结束。如果 A 和 B 的混合比例偏离 W_E，在温度变化过程中则会发生两次相变，相变温度不恒定。

P. Kauranen 等制备出羧酸混合物，其熔化温度可按气候的特定要求来调整。这种新方法使羧酸混合物在 20～30℃ 范围内熔化温度可调，并找到了具有等温熔化的低共熔混合物。但是由于混合物仅是离散状态的熔化温度，因此采用非等温熔化的非低共熔混合物来覆盖低共熔点之间的区域。

当前复合的方式主要有两种：一种是将正烷烃与脂肪酸类、多元醇类相变材料混合，制得一定温度下的低共熔混合物，从而以更低的成本得到更有效的复合相变材料；另一种是将两种或三种多元醇或脂肪酸按不同比例混合，形成"共熔合金"，从而对相变温度和相变焓进行调节，开发出具有合适的相变温度与相变焓的复合相变材料。表 7.6 列出了两种复合相变材料的相变温度与相变焓。

表 7.6　两种复合相变材料的相变温度与相变焓

相变材料	相变温度/℃	相变焓/(J/g)
49%硬脂酸丁酯＋48%棕榈酸丁酯	17.0～21.0	138.0
45%癸酸＋55%月桂酸	17.0～21.0	143.0

另外，有学者研究了无水乙酸钠和尿素的共混物，其相变温度为 28～31℃。河南某工厂研制出了相变温度在 17.5～22.5℃ 和 32.5～37.5℃ 的相变储能材料专用蜡。美国 Dayton 大学则主要研究了从石油提炼副产品和聚乙烯生产中所得到的一系列线型烷烃，得到了适合建筑材料储能的相变材料，并认为在 0～100℃ 的固液相变材料中，线型烷烃的性价比要优于其他任何目前已报道的相变材料系统。

Salyer 和 Sircar 提出了一种从石油中精炼的低成本线型烷烃（碳原子数为 18～20）PCM，他们把这些碳原子数不同的烷烃按一定的比例混合，得到了相变温度为 0～80℃、熔解热大于 120J/g 的 PCM，并采用碳原子数更高的高纯烷基烃制得了熔解热达到 200～240J/g 的 PCM。

（二）　相变贮热建筑结构

相变贮热建筑结构有两种：一是相变材料在围护结构中以独立构件的形式存在，与建材间接组合，形成含相变材料独立构件的墙板、地板、顶棚等（具体应用见第三节）；二是相变材料与建材直接结合，可以制备相变砂浆，或者相变石膏板、相变混凝土、相变建筑保温隔热材料、相变砂浆、相变涂料、相变墙板、相变地板等。

以独立构件存在于蓄热建筑结构中的相变材料一般都是采取宏封装形式，即是用体积较大的容器如试管、球体、面板等盛装相变材料，使相变材料与建筑材料阻隔，形成独立构件，这些容器既可直接作为热交换器，也可加入建材中。采用的容器必须满足以下要求：

① 传导性好；

② 能够承受相变材料发生相变时产生的体积变形对容器造成的压力；

③ 封装方便；

④ 价格便宜。

采用宏封装形式的相变独立构件的优点是：

① 制备工艺比较简单；

② 相变材料贮存在密封容器中，相变过程很安全，不会发生泄漏而造成对建筑基体材料的破坏以及对外界环境的污染；

③ 构件的安装也比较方便；

④ 相变材料可以很方便地进行循环回收利用，不会造成浪费。

但其缺点也是不容忽视的，主要表现在相变构件在一定程度上影响建筑材料的传热性能，因为当需要相变材料从液相转变为固相而放出贮存的热量时，体积较大的相变材料外层部分先变为固相，而一般相变材料的热导率都较小，阻碍了热量有效的传递。相变材料微封装后体积很小，则不会发生这种情况，而且使用时直接加入建筑材料中，非常方便。

相变材料与建材基体的直接结合，是指相变材料以一种组分介质均匀地分散在蓄热建筑结构中。

PCM 与建筑材料基体的结合方式对其性能有很大的影响。当前相变储能建筑材料主要采用固-液相变材料，如果结合方式处理不当，PCM 发生相变时，很容易泄漏，同样的有些相变材料如脂肪酸类材料易腐蚀与其接触的碱性水泥基材料，而且还易挥发。发生以上情况，相变材料在循环使用后贮热能力将大大降低，也有可能对环境造成影响。

二、相变材料制备

为了改善相变材料在建筑材料中的应用效果，使相变材料在建筑材料中的应用真正进入实用性阶段，如何将相变材料与建筑基体巧妙地结合在一起，使相变材料得到有效、充分且持久的应用，是急需解决的问题。现有掺入建筑基体材料的方法主要包括三种：浸渍法、直接加入法及封装法。

（一）浸渍法

浸渍法是把建筑材料制品直接浸入熔融的相变材料中，让建筑材料制品中的孔隙直接吸附相变材料。目前的研究主要涉及了石膏墙板和混凝土块，但是潜热储能的原理适用于包括石膏板、木材、多孔墙板、木颗粒板、多孔混凝土、砖在内的任何多孔建筑材料。用浸渍法处理的建筑材料，PCM 为液态时，会由于表面张力被主体材料束缚住，不发生流淌。需要注意的是浸渍法所使用的相变材料的挥发性，特别是脂肪酸（羧酸）作为 PCM 时，需要对基体材料进行包覆，以防泄漏。

1. 相变材料浸渍石膏板

石膏板是 PCM 的理想载体，因为石膏板中大约 41% 的体积是孔隙。早期的研究基于最初的小规模 DSC 测试，选择具有较适合的相变温度（24.9℃）的椰子脂肪酸作为房间范围 PCM 石膏板的材料。迄今，PCM 墙板的研究表明，PCM 能够成功地注入和分散到石膏板，并有明显的贮热效果。石膏板可以兼容多种 PCM，如甲基丙烯酸甲酯，棕榈酸甲酯和硬脂酸甲酯的混合物，短链脂肪酸、葵酸和月桂酸的混合物。

美国 Oak Ridge 国家实验室（ORNL）提出十八烷石蜡应用到被动式太阳能建筑的墙板中，成功地将石膏板直接浸渍石蜡，从小块状试样到整块板材。分析表明，浸渍的方法比在成型时直接加入法制成的石膏板具有更高的贮热能力。

将石膏板用 PCM 浸渍，再用普通的涂料、黏结剂和墙纸包覆，进行几百次 6h 循环的冻融循环测试的结果表明，石膏板中 25%～30% 的 PCM 质量掺量表现出最令人满意的性能，没有明显的气相逃逸，也没有可见的液相渗漏，其挥发性与普通试样没有区别。

2. 相变材料浸渍混凝土块

与石膏板不同，混凝土块与 PCM 的兼容性主要由混凝土内氢氧化钙 [$Ca(OH)_2$] 的存在决定，因为某些有机 PCM 会和氢氧化钙发生反应。

根据使用的混凝土块的型号不同，混凝土最多可以吸收 20%（质量分数）的 PCM。研究发现，浸渍了 PCM 的试样性能比普通的试样要好，由于 PCM 试样有较低的吸水性，因此可以降低冻融循环的破坏力。

对浸渍 PCM 后的混凝土块进行几百次 6h 循环的冻融循环，结果表明循环后 PCM 的损失可以忽略。

浸渍法的优点是工艺简单，易于对已有的建筑材料进行改进。但是相变材料与基体材料的相容性问题始终难以有效解决，因而不能得到实际的推广应用，而且相变材料在墙板中的分布不如直接加入法均匀。

（二）直接加入法

直接加入法指在建筑材料制备过程中将相变材料作为一种组分直接加入。比如为防止大体积混凝土由于水化热产生温度裂缝问题，在生产混凝土时直接加入相变材料使其与混凝土料混合成型。直接加入法比较经济，成品中相变材料的分布也很均匀。

在普通石膏板的制备成型时直接加入 21%～22% 的工业级硬脂酸丁酯（BS），可制成 PCM 储能石膏板。在分散剂的作用下，BS 的加入非常容易。和标准的石膏板相比，PCM 储能石膏板的物理力学性能（如抗折强度，导热系数和容重）相当优异，经过冻融循环后的耐久性也是完全理想的，抗火性能优良，火焰传播稍微比普通墙板大一些。PCM 墙板比普通墙板大约少吸收 1/3 的蒸汽，相对的在潮湿环境中更为耐久。储能墙板表现出 11 倍的热容量增长。表 7.7 表示了各种石膏-PCM 复合材料的热学性能。

表 7.7　各种石膏-PCM 复合材料的热学性能

PCM	熔点/℃	凝点/℃	石膏-PCM 复合材料的平均潜热/(kJ/kg)
45%/55%-葵酸-月桂酸及阻燃剂	17	21	28
硬脂酸丁酯	18	21	30
棕榈酸丙酯	19	16	40
十二醇	20	21	17

用数字模拟一个以 PCM 石膏板（含有 25% 质量分数的 BS）为墙体内衬的户外测试房间，墙体内的瞬时热传递过程，其预测的墙体的温度历史如图 7.4 所示。该 PCM 石膏板能够在白天降低室内温度的最大值为 4℃，在晚上能够明显减轻供热的负荷。

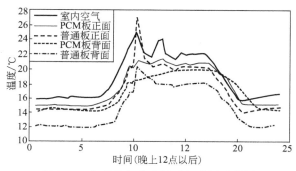

图 7.4　典型的冬季晴朗天气的测试结果

　　直接加入法对工艺的要求也比较简单而且经济，相变材料的量也容易控制，但过多的有机相变材料的加入，在一定程度上会影响建筑材料的工作性以及强度。

（三）封装法

　　封装法与相变独立构件采用的宏封装相区别，是指以一种介质作为相变材料的载体，将相变材料包封在其中，再以新的整体参与建筑材料的制备中。

　　浸渍法与直接加入法虽然有一定的优点，但是由于采用浸渍法相变材料的浸渍量受到建筑基体材料的制约，而采用直接加入法相变材料的加入量也受到建筑材料的工作性及强度的制约，且还有相容性问题，使用周期短，这些都在一定程度上限制了其应用。而封装法克服了固-液相变材料流动性的缺点，将固-液相变材料转化为固-固相变材料，利用封装法制备的复合相变材料又被称为定形相变材料。相变材料的掺量很容易控制，相变材料与建筑基体材料隔离，相变材料的化学性质得到了保护，而且相变材料在相变过程中呈固态，不会对基体材料产生腐蚀破坏。用复杂的凝胶法和喷雾干燥法制备含石蜡 PCM 的微囊小球，根据核与表层比例的不同，贮存和释放的能量达到 $145\sim240\mathrm{J/g}$，同时封装技术将降低产品的亲水性。研究表明：经历 1000 次的热循环仍能保持胶囊的几何外形和能量贮存能力。但是总体来说封装法工艺复杂，不利于大工业生产，还有待于进一步研究。

　　按照封装材料的不同，可将封装法分为三种。

　　一是将小的球形或杆形的颗粒封装在薄的高分子膜中，形成相变胶囊，一般是借助于微胶囊技术和纳米复合技术把相变材料封装成能量微球，从而制备出复合定形相变材料。如用界面聚合法、原位聚合法等微胶囊技术将石蜡类、结晶水合盐类等固-液相变材料制备为微囊型相变材料，也可在相变材料中加入高分子树脂类载体基质，如聚乙烯、聚甲基丙烯酸、聚苯乙烯等，使它们熔融在一起或采用物理共混法和化学反应法将工作物质灌注于载体内制备而得。例如，首先将石蜡 PCM 及高密度聚乙烯（HDPE）在高于它们熔点的温度下共混熔化，然后降温，HDPE 首先凝固，此时仍然呈液态的石蜡则被束缚在凝固 HDPE 所形成的空间网络结构中，由此形成石蜡/高密度聚乙烯复合定形相变材料。

　　将石蜡与一种热塑性体苯乙烯-丁二烯-苯乙烯三嵌段共聚物（SBS）共混制备而成的复合相变材料，在石蜡熔融状态下仍能保持形状稳定，既保持了纯石蜡的相变特性，其相变热熔可高达纯石蜡的 80%，而且复合相变材料的热传导性比纯石蜡好。因此其放热速率比纯石蜡快，但由于 SBS 的引入，其对流传热作用削弱，所以蓄热速率比纯石蜡慢，但是在复合相变材料中加入导热填料膨胀石墨后，其热传导性进一步提高，以传导传热为主的放热过程更快了，放热速率比纯石蜡提高 1.5 倍。而在以对流传热为主的蓄热过程中，由于热传导的加强效应与热对流减弱效应相互抵消，而保持了原来纯石蜡的平均蓄热速率。

采用胶囊化技术制备胶囊型复合相变材料能有效解决相变材料的泄漏、相分离以及腐蚀性等问题，但胶囊体材料大都采用高分子物质，其热导率较低，从而降低了相变材料的贮热密度和热性能，需要添加导热添加剂。此外，寻求工艺简单、成本低以及便于工业化生产的胶囊化工艺也是需要解决的难题。

清华大学发明了一种适于大规模工业生产的高导热定形相变蓄热材料，将相变材料、高分子支撑材料、加工改进剂、导热添加剂混合均匀，在双螺杆挤出机中一次挤出成功。该材料可以很好地解决大规模工业生产的加工工艺问题，并且具有较好的导热性能，非常适用于定形相变蓄热材料在建筑采暖中的大规模应用。

二是将 PCM 包含在多孔集料中。多孔集料即作为相变材料的载体，又以轻集料的形式存在于建材中，这种方法也被称为"两步法"。

利用具有大比表面积微孔结构的无机物作为支撑材料，通过微孔的毛细作用力将液态有机相变贮热材料（高于相变温度条件下）吸入到微孔内，形成有机/无机复合相变贮热材料。在这种复合相变贮热材料中，当相变贮热材料在微孔内发生固-液相变时，由于毛细管吸附力的作用，液态的相变贮热材料很难从微孔中溢出。

单纯地用多孔介质封装始终无法克服相变材料的泄漏，还需要在多孔介质的外表面包覆一层隔离介质，在这方面还有待研究。

同济大学有一项专利，该发明为一种建筑用相变储能复合材料，它以石膏、水泥等气硬性或水硬性胶凝材料为基体，其中分散有膨胀黏土等多孔材料集料，多孔材料集料中贮存有石蜡或硬脂酸丁酯等有机相变材料。该发明先采用真空浸渗法制得相变储能集料，再用建筑材料的通用方法制得相变储能复合材料。该发明材料来源广泛，成本低廉，储能耐久性好，适用范围广。

三是将 PCM 吸入分割好的特殊基质材料中，形成柔软、可以自由流动的干粉末，再与建筑材料混合。例如，现已用于上海生态示范楼中顶棚相变贮热罐，使用的是用插层法制备的有机相变物/膨润土纳米复合相变材料，先采用多孔石墨作为基体材料，再浸渗有机相变材料构成。多孔石墨由天然鳞片石墨经过插层、膨化、压缩制备而成，有机相变材料采用结晶性脂肪酸、烷烃、酯类及其混合物。与现有相变储能复合材料相比，多孔石墨基相变储能复合材料具有导热效率高、储能量大等优点，可有效促进相变储能复合材料在诸多领域的应用。又如用溶胶-凝胶工艺制备有机相变物/二氧化硅纳米复合相变材料，优点是由于二氧化硅的导入，该材料的导热性能良好。

封装法的缺点一是以共混形式制成的复合相变材料，难以克服低熔点相变材料在熔融后通过扩散迁移作用，与载体基质间出现相分离的难题；二是相变材料加入一定的载体后，导致整个材料贮热能力的下降，材料的能量密度较小；三是载体中掺入相变材料后又导致材料力学性能的下降，整个材料的硬度、强度、柔韧性等性能都受到很大的损失，以至于寿命的缩短、易老化而使工作物质泄漏、污染环境。因此，到目前为止相变材料和载体相互之间还存在着难以克服的矛盾。

为了解决相变材料在发生固-液相变后液相的流动泄漏问题，特别是对于无机水合盐类相变材料还存在的腐蚀性问题，人们设想将相变材料包封在能量小球中，制成复合相变材料来改善应用性能。封装的制备工艺主要包括以下六种。

1. 微胶囊包封

微胶囊制备技术起源于 20 世纪 50 年代，美国的 NCR 公司在 1954 年首次向市场投放了利用微胶囊制造的第一代无碳复写纸，开创了微胶囊新技术的时代。60 年代，由于利用相分离技术将物质包囊于高分子材料中，制成了能定时释放药物的微胶囊，推动了微胶囊技术的发展。近 20 年，日本对微胶囊技术的大力开发和微胶囊的独特性能，更使微胶囊技术迅速发展。

微胶囊技术是一种运用成膜材料将固体或液体包覆成具有核壳结构微粒的技术，所得微粒称为微胶囊。微胶囊的粒径通常在 $2 \sim 1000 \mu m$ 范围内，外壳的厚度在 $0.2 \sim 10 \mu m$ 范围内不等。微胶囊的外形多种多样，固体粒子微胶囊的形状几乎与囊内固体一样，而含液体或气体的微胶囊是球形的。另外还可形成椭圆形、腰形、谷粒形、块状与絮状形态，常见的微胶囊结构如图 7.5 所示。

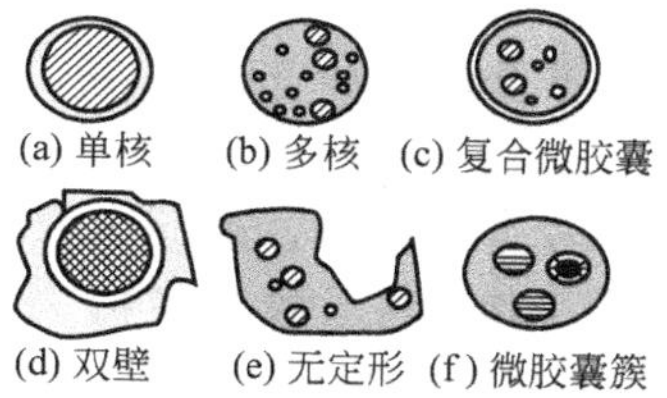

(a) 单核 (b) 多核 (c) 复合微胶囊
(d) 双壁 (e) 无定形 (f) 微胶囊簇

图 7.5 常见的微胶囊结构示意图

微胶囊相变材料（MCPCM）是应用微胶囊技术在固-液相变材料微粒表面包覆一层性能稳定的高分子膜而构成的具有核壳结构的新型复合相变材料。MCPCM 在相变过程中，作为内核的相变材料发生固液相转变，而其外层的高分子膜始终保持为固态，因此该类相变材料在宏观上将一直为固态微粒。

MCPCM 具有如下特性。

① 提高了传统 PCM 的稳定性　如水合无机盐 PCM 稳定性差，易发生过冷和相分离现象。形成微胶囊后，这些不足会随着胶囊微粒的变小而得到改善。

② 强化了传统 PCM 的传热性能　MCPCM 颗粒微小且壁薄（$0.2 \sim 10 \mu m$），提高了 PCM 的热传递和使用效率。

③ 改善了传统 PCM 的加工性能　MCPCM 颗粒微小，粒径均匀，易于与各种材料混合构成性能更加优越的复合相变材料。

但是，相变材料微胶囊在建材中的广泛应用还需要在以下方面发展。

① 进一步提高相变材料微胶囊的热导率。由于大部分相变材料的热导率低，使系统的传热性能变差，储能和释能时间增加，进而降低了系统的整体效率能。研究者们通过加入金属颗粒、碳纤维、膨胀石墨和纳米粒子等方法提高了相变材料的导热性。

② 进一步提高相变材料微胶囊的长期稳定性和寿命，一般建筑材料的寿命在 50 年以上。

③ 进一步解决相变材料微胶囊与建筑材料的相容性问题，如胶囊的破裂致使相变材料的泄漏。

④ 降低相变材料胶囊批量制备工艺的成本。

微胶囊相变材料由内核和外壳两部分构成。

① 内核材料　MCPCM 的内核是固-液相变材料，它是 MCPCM 的核心，将直接影响产品的贮热和温控性能。目前，可作为微胶囊内核的固-液相变材料有结晶水合盐、共晶水合盐、直链烷烃、石蜡类、脂肪酸类、聚乙二醇等。

② 外壳材料　外壳材料可为 PCM 提供稳定的相变空间，主要起到保护和密封 PCM 的作用。外壳材料对微胶囊的性能影响起决定性作用，且不同的应用领域对外壳材料有不同的要求。因此外壳材料的选取至关重要。外壳材料常选用高分子材料，但由于天然高分子和半合成高分子构成的外壳存在力学性能差、弹性差、易水解、不耐高温等缺点，不适合做 MCPCM 的外壳。因此，MCPCM 的外壳必须选用全合成高分子材料，该类材料成膜性好、性能稳定、力学性能好、致密性好、具有良好的弹性和韧性，且原料易得，价格便宜。

外壳材料的选取还必须考虑到内核材料的物理性质和 MCPCM 的应用要求。油溶性内核材料宜选用水溶性外壳材料；水溶性内核材料宜选用油溶性外壳材料。同时，外壳材料还要与内核相变材料相兼容，即彼此无腐蚀、无渗透、无化学反应。此外，外壳材料的熔点要高于内核相变材料的相变温度和应用过程中可能遇到的最高温度。根据以上要求，可选用的外壳材料有聚乙烯、聚苯乙烯、聚脲、聚酰胺、环氧树脂、脲醛树脂、三聚氰胺-甲醛树脂等。但这些材料的共同缺陷是导热性能不好，在许多场合需加入导热剂如铜粉、铝粉等以增强其导热效果。

把相变材料制成微胶囊，不管是从贮热放热效果上，还是从使用的方便程度上，都优于颗粒较大的胶囊。按照微胶囊的制备原理的不同，微胶囊的制备方法可以分为三类：物理化学法、化学法、物理机械法。

(1) 物理化学法制备微胶囊　此法适用于疏水性芯材的微胶囊的制备。该法的共同特点是改变条件使液态的成膜材料从溶液中沉淀，从而把芯材包裹在微胶囊中。本法微囊化在液相中进行，囊心物与囊材在一定条件下形成新相析出，故又称相分离法（phase separation）。其微囊化步骤大体可分为囊心物的分散、囊材的加入、囊材的沉积和囊材的固化四步。

采用的方法主要有复相乳液法、水相分离法、油相分离法、熔融分散冷凝法等。

相分离法又分为复凝聚法、单凝聚法、溶剂-非溶剂法、改变温度法和液中干燥法。

复凝聚法（complex coacervation）指使用两种带相反电荷的高分子材料作为复合囊材，在一定条件下交联且与囊心物凝聚成囊的方法。可作复合囊壁的材料有明胶与阿拉伯胶、海藻酸盐与聚赖氨酸、海藻酸盐与壳聚糖等。

M. N. A. Hawlader 将石蜡与质量分数为 10% 的明胶水溶液混合，35℃ 以上搅拌形成 O/W 型乳液，添加质量分数为 10% 的阿拉伯胶水溶液，以质量分数为 10% 的醋酸溶液调节溶液的 pH=4.5，电荷中和在油相表面形成的凝聚层，冷却到 5℃ 形成凝胶，添加甲醛或戊二醛水溶液，以质量分数为 10% 的 NaOH 溶液调节 pH=9，升温到 50℃，促进硬化，过滤，洗涤，干燥，得到 MicroPCMs，整个制备过程约为 12h。MicroPCMs 的粒径在 50～100um，随加入的石蜡比例不同，MicroPCMs 的 ΔH_m 为 28～86J/g。

单凝聚法（simple coacervation）是相分离法中较常用的一种，它是在高分子囊材（如明胶）溶液中加入凝聚剂，以降低高分子溶解度凝聚成囊的方法。

溶剂-非溶剂法（solvent-nonsolvent）是在囊材溶液中加入一种对囊材不溶的溶剂（非溶剂），引起相分离，而将囊材包裹成囊的方法。

改变温度法（temperature variation）无需加凝聚剂，而通过控制温度成囊。

液中干燥法（in-liquid drying）是指从乳状液中除去挥发性溶剂以制备微囊的方法，也称乳化溶剂挥发法。液中干燥法的干燥工艺包括溶剂萃取过程（两液相之间）和溶剂蒸发过程（液相和气相之间）两个基本过程。按操作，可分为连续干燥法、间歇干燥法和复乳法。

(2) 化学法制备微胶囊　利用在溶液中单体或高分子通过聚合反应或缩合反应，产生囊膜而制成微囊，这种微囊化的方法称为化学法。用化学法制取微胶囊，先把形成壁材的单体加到适当的介质中，同时把芯材加到分散的体系中，然后通过适当的聚合反应形成高分子膜，包裹在芯材外面形成微胶囊。

本法的特点是不加凝聚剂，常先制成 W/O 型乳状液，再利用化学反应或用射线辐照交联。根据其壁材聚合反应原理的不同，微胶囊的化学制备方法主要有界面聚合法、辐射化学法、原位聚合法等。

界面聚合法制备 MCPCM，首先要将两种含有双（多）官能团的单体分别溶解在两种不相混溶的 PCM 乳化体系中，通常采用水-有机溶剂乳化体系。在聚合反应时两种单体分别从分散相（PCM 乳化液滴）和连续相向其界面移动并迅速在界面上聚合，生成的聚合物膜将 PCM 包覆形成微胶囊。在乳化分散过程中，要根据 PCM 的溶解性能选择水相和有机相的相对比例，数量少的一种一般作分散相，数量多的作连续相，PCM 处于分散相乳化液滴中。

有研究者在乳液体系中通过界面聚合法合成了以正十八烷为核、聚脲为壳的微胶囊，所用成壳单体分别为甲苯二异氰酸酯（TDI）和二亚乙基三胺（DETA），乳化剂为 NP-10。他们首先将正十八烷和 TDI 溶入环己烷并将其倾入 NP-10 的水溶液中高速搅拌得到 O/W 型乳液。再将 DETA 的水溶液缓缓加入到上述乳液中，并加热到 60℃，TDI 与 DETA 在水-油界面聚合，经水洗、干燥便得到 MCPCM。结果表明，所得微胶囊产品粒径约为 $1\mu m$，且表面光滑、分布均匀。其相变温度与单纯正十八烷的相变温度相同，但其相变焓却略小于单纯正十八烷的相变焓。

在美国政府报告（NTIS）中，报道了运用界面聚合法合成了以石蜡为核，聚多元酸为壳的 MCPCM，粒径在 $100\sim1000\mu m$。微胶囊产品粒径大小取决于乳化液滴的大小，而乳化液滴的大小则取决于乳化阶段搅拌器的构造、搅拌速度、容器形状、乳化剂种类及其浓度等。

还有研究者研究出一种球形贮热胶囊及其制备方法。先将无机水合盐类相变材料（如三水乙酸钠）与一定量的成核剂和增稠剂混合均匀后，制成直径为 $0.1\sim3mm$ 的球体作为核，然后再在球形相变材料核的外表面涂覆一层憎水性的蜡膜以及 $1\sim3$ 层聚合物膜，最后得到直径在 $0.3\sim10mm$ 之间的胶囊型相变材料。

原位聚合法制备 MCPCM，成壳单体及催化剂全部位于 PCM 乳化液滴的内部或外部，故聚合反应在液滴表面发生，生成的聚合物膜可覆盖液滴全部表面。其前提是：单体是可溶的，而其聚合物是不可溶的。在聚合反应前，PCM 必须被乳化分散成液滴，并在形成的乳化体系中以分散相存在。此时成壳材料可以是水溶性或油溶性单体，可以是几种单体的混合物，也可以是水溶性低分子量聚合物或预聚物。

有学者运用原位聚合法合成了以正十四烷为核、三聚氰胺-甲醛树脂为壳的相变材料微胶囊。他们首先将正十四烷乳化，乳化剂为 SMA，制备出稳定的乳化液。然后将其加入到水溶性三聚氰胺-甲醛预聚体体系中，在 60℃水浴和 600r/min 的机械搅拌下聚合 $3\sim4h$，便得到 MCPCM。乳化阶段的搅拌速度为 8000r/min。所得产品平均粒径为 $4.25\mu m$，相变温度为 7.69℃，相变焓为 291.96kJ/kg，分别在三种泵中经 1000 次循环流动破损率均小于 20%。结果表明，该相变材料适于做热交换介质。

还有一种新型储能复合材料，该材料是由新闻纸纤维和 MCPCM 组成。其中的 MCPCM 是由原位聚合法合成。内核分别为 n-octadecane、n-pentade-cane 和 n-hexacosane，所得微胶囊平均粒径为 $30\sim50\mu m$。原位聚合法是建立在可溶性单体或预聚物聚合反应生成不溶性聚合物的基础上，其关键是形成的聚合物如何沉淀和包覆在内核的表面。

辐射化学法（chemical radiation）利用 ^{60}Co 产生 γ 射线的能量，使聚合物如明胶交联固化，形成微囊。

（3）物理机械法制备微胶囊　根据使用设备和造粒方式的不同，物理机械法制取微胶囊可以采用喷雾法、空气悬浮法、真空镀膜法、静电结合法等。工艺原理主要是借助专门的设备通过机械方式首先把芯材和壁材混合均匀，细化造粒，最后使得壁材凝聚固化在芯材表面而制备微胶囊。

喷雾干燥法（spray drying）又称液滴喷雾干燥法，可用于固态或液态药物的微囊化。该法是先将囊心物分散在囊材的溶液中，再将此混合物喷入惰性热气流使液滴收缩成球形，进而干燥，可得微囊。

M. N. A. Hawlader 以质量分数为 10% 的明胶和阿拉伯胶水溶液为囊壁材料，石蜡熔融后加入明胶溶液中，用高速剪切乳化机以 10000r/min 的速率乳化，乳化过程中滴加阿拉伯胶水溶液，并降低溶液的 pH＝4，乳化过程中乳液温度维持在 65℃。然后在小型喷雾干燥设备中喷雾干燥，离心喷雾头的转速为 25000r/min，进口和出口温度分别为 130℃ 和 80℃，收集到 MicroPCMs。SEM 观测结果表明 MicroPCMs 粒径均匀。MicroPCMs 的热熔在 145J/g 以上。

喷雾冻凝法（spray congealing）是指将囊心物分散于熔融的囊材中，再喷于冷气流中凝聚而成囊的方法。常用的囊材有蜡类、脂肪酸和脂肪醇等。

空气悬浮法（air suspension）也称流化床包衣法（fluidized bed coating），利用垂直强气流使囊心物悬浮在包衣室中，囊材溶液通过喷嘴射洒于囊心物表面，使囊心物悬浮的热气流将溶剂挥发干，囊心物表面便形成囊材薄膜而得微囊。

多孔离心法（multiorifice-centrifugal process）是指利用离心力使囊心物高速穿过囊材的液态膜，再进入固化浴固化制备微囊的方法。它利用圆筒的高速旋转产生离心力，利用导流坝不断溢出囊材溶液形成液态膜，囊心物（液态或固态）高速穿过液态膜形成的微囊，再经过不同方法加以固化（用非溶剂、冻凝或挥去溶剂等），即得微囊。

2. 溶胶-凝胶法

溶胶-凝胶法（Sol-Gel）是近年来发展比较迅速的一种。溶胶-凝胶工艺是将前驱体溶于水或有机溶剂中形成均质溶液，然后通过溶质发生水解反应生成纳米级的粒子并形成溶胶，溶胶经蒸发干燥转变为凝胶来制备纳米复合材料。二氧化硅是理想的多孔母材，能支持细小而分散的相变材料；加入适合的相变材料后，能增进传热、传质，其化学稳定性好，热稳定性好。溶胶-凝胶法与传统共混方法相比较具有一些独特的优势：

① 反应用低黏度的溶液作为原料，无机与有机分子之间混合相当均匀，所制备的材料也相当均匀，这对控制材料的物理性能与化学性能至关重要；

② 可以通过严格控制产物的组成，实行分子设计和剪裁；

③ 工艺过程温度低，易操作；

④ 制备的材料纯度高。

在 PCM 表面包覆金属氧化物或非金属氧化物的凝胶，从而提高了该类相变材料的机械强度和阻燃性。

用二氧化硅作母材，有机酸作相变材料，合成复合相变材材料。有机酸作相变材料克服了无机材料易腐蚀、存在过冷的缺点，而且具有相变潜热大、化学性质稳定的优点。

3. 物理共混

物理共混法是利用物理相互作用把固-液相变材料固定在载体上，包括吸附作用（分子间作用力或氢键力）或包封技术（网状结构）。该类材料在本质上进行固-液相变，宏观上仍能保持稳定的固态形状。在文献上常被称为定形相变材料（shape-stabilized PCM or form-stable PCM）。定形相变材料通常由相变材料和支撑材料组成，在超过相变材料的相变温度时，这种复合相变材料在宏观上仍能保持其固体形态，而在微观上发生固-液相变，是一种不需要封装的相变材料，因此在充热和释热过程中，不存在与容器壁的脱离问题。缺点是相变材料易析出，由于物理作用力相对较小，材料经多次使用时，易发生相变材料与支撑体脱附及渗漏现象。另外此种方法的制备工艺复杂，还需进一步探索适宜的工艺，以获得均匀、稳定、力学性能良好的定形相变材料。

用石蜡作相变物质、多孔石墨作支撑载体的复合相变材料，石蜡的质量分数可达到65%～95%，复合相变材料的热导率相对于纯石蜡类也有很大提高。另有文献报道把固-液相变材料与适当的高分子材料（如高密聚乙烯）在超过载体熔解温度以后，熔融混合，然后冷却成型，冷却时，高熔点的载体先结晶，形成网状结构，低熔点的相变材料后凝固在网状结构中，石蜡则被束缚其中，由此形成定形相变石蜡。

将石蜡与热塑性体苯乙烯-丁二烯-苯乙烯三嵌段共聚物（SBS）复合可制备在石蜡融熔态下仍能保持形状稳定的复合相变材料。复合相变材料保持了纯石蜡的相变特性，其相变热焓可高达纯石蜡的80%，且热传导性比纯石蜡好。在复合相变材料中加入导热填料膨胀石墨后，克服了由于SBS的引入造成的传热作用的削弱。

通过对"钙钛矿型"和"塑性晶型"材料的合成、配方及其与环氧树脂、铝粉和室温固化硅橡胶的共混，得到相变温度为30～40℃、相变焓大于100kJ/kg的固-固相变材料，该材料可用在蓄热系统中，但其相变潜热偏低。

4. 化学共混

聚乙二醇/纤维素共混物也是一种复合固-固相变材料。利用嵌段共聚或接枝共聚等化学方法改性，已成功地得到了主链侧链型的固-固相变材料。该相变材料具有很好的热稳定性。作为固-固相变材料聚乙二醇/纤维素共混物存在两个缺点：一是工艺复杂；二是由于作为基体的纤维素是半刚性分子，与聚乙二醇形成的共混物不具有热塑性，不能进行热加工和热成型。

以锰盐等复合引发剂将分子量为1000～4000的聚乙二醇直接引发接枝于棉花、麻等的纤维素分子链上，或者以树脂整理等后处理方法，将交链聚乙二醇吸附于聚丙烯、聚酯等高分子纤维表面，得到具有"温度调节"功能的纤维材料。聚乙二醇复合PCM纤维的缺点是材料的相转变焓较小，仅为20～30J/g，这是由于纤维表面上聚乙二醇的接枝量（或吸附量）较小所致。

纯聚乙二醇（PEG）的相变为固-液相变，PEG-4000的相变温度为58.5℃，相变焓为187.2J/g。PEG在一定条件下和纤维素共混，即使仅仅5%的极少量纤维素，共混物中的PEG的相转变特性也会发生很大的变化。在远高于熔点的温度下，共混物中的PEG仍不转变为液体而保持为固体。PEG的含量越高，共混物的相变焓越大。

以刚性的二醋酸纤维素链为骨架，接枝上聚乙二醇柔性链段，可得到一种固-固相变性能的储能材料。PEG支链从结晶态到无定形态间的相转变，可以达到储能和释能的目的。通过改变PEG的含量与PEG的分子量，可以得到不同相变焓和不同相变温度的一系列固-固相变材料，可以更好地适应各种不同的应用需要。

5. 将相变材料吸附到多孔基质中

利用具有大比表面积微孔结构的无机物作为支撑材料，通过微孔的毛细作用力将液态的有机物或无机物相变贮热材料（高于相变温度条件下）吸入到微孔内，形成有机/无机或无机/有机复合相变贮热材料。在这种复合相变贮热材料中，当有机或无机相变贮热材料在微孔内发生固-液相变时，由于毛细管吸附力的作用，液态的相变贮热材料很难从微孔中溢出。

多孔介质种类繁多，具有变化丰富的孔空间，是相变物质理想的贮存介质。可供选择的多孔介质包括石膏、膨胀黏土、膨胀珍珠岩、膨胀页岩、多孔混凝土等。采用多孔介质作为相变物质的封装材料可以使复合材料具有结构-功能一体化的优点，在应用上可以节约空间，具有很好的经济性。多孔介质内部的孔隙非常细小，可以借助毛细管效应提高相变物质在多孔介质中的贮存可靠性。多孔介质还将相变物质分散为细小的个体，有效提高其相变过程的换热效率。

6. 插层法

研究得比较多的是膨润土的插层。膨润土的基本结构单元是由一片铝氧八面体夹在两片硅氧四面体之间而形成层状结构，每个片层的厚度约为 1nm，长和宽各约为 100nm，由于天然的膨润土在形成的过程中，一部分位于中心层的 Al^{3+} 被低价的金属离子（如 Fe^{2+}、Cu^{2+} 等）交换，导致各片层出现弱的电负性，因此在片层的表面往往吸附着金属阳离子（如 Na^+、K^+、Ca^{2+}、Mg^{2+}）以维持电中性。

这些金属阳离子被很弱的电场作用力吸附在表面，因此很容易被有机离子型表面活性剂交换出来，这些离子交换剂的作用是利用离子交换的原理进入膨润土片层之间，扩张其片层间距，改善层间的微环境，并且能降低硅酸盐材料的表面能，使得有机物分子或分子链更容易插入膨润土片层之间。目前常用的插层剂有烷基铵盐、季铵盐和其他阳离子表面活性剂等。图 7.6 给出了一个简单的插层处理原理图。

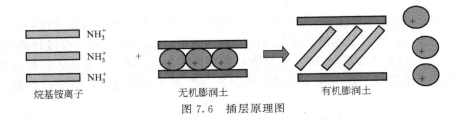

图 7.6　插层原理图

三、相变建筑材料的热性能效果分析

在相变蓄能围护结构贮热效果的研究方面，可以按比例制作模型房屋做现场试验；也可用计算机进行模拟现场试验，计算相变储能墙板厚度对室内温度变化的影响，以及各类构件如屋顶、南墙、北墙和西墙各处热流量的变化。其结果表明：5cm 厚的相变储能墙板的热效果相当于 23cm 厚的混凝土墙板，且相变储能墙板用在南墙效果最好。

有研究用建筑储能模拟来辅助评估 PCM 储能建筑的应用潜力，模拟了建筑结构的热学行为，以比较不同的墙体复合不同量的 PCM 所表现的动力学状态。为了测试的方便，建立的模型的墙体面积是 0.5m×0.5m。他们研究了相变温度范围、PCM 的掺量、建筑的结构和用途的影响所形成的函数。温度记录仪定性地记录了 PCM 在建筑材料中的作用：四面墙掺有不同量的 PCM，同在一个烤炉上加热，在冷却的过程中进行监控。温度随着时间的变化就表明了 PCM 的作用，PCM 的掺量越大，冷却过程维持的时间越长。所以，在一定的温度范围内，建筑的热量可以因为相变过程的作用而增加，以前与厚重的建筑结构相联系的热舒适性就能用轻质的建筑材料来满足。

现场试验虽然直观，但是房屋模型的制作比较麻烦，而且一种房屋模型只能对应一种掺量的特定的某种相变材料，适用性差，因此对于相变储能围护结构的热性能评价的理论分析也开始发展起来。

例如相变墙体的热性能分析，考虑到的因素除了相变材料的相变温度、热导率、比热容、潜热、掺量等，还有建筑墙体的内外表面蓄热系数，各结构层的排列情况以及组成材料的传热系数，室内外温度的变化情况，空气的对流情况，自然通风次数，太阳辐射情况等，错综复杂，各种现有的理论分析所建立的模型考虑的因素侧重点有所不同。

有研究将相变材料等效为一个热阻与热容的并联，如图 7.7 所示。

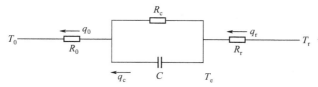

图 7.7　相变围护结构等效热阻图

R_c—相变材料的热阻；C—相变材料的热容；R_0，R_r—建筑基体
及内外表面的换热阻；T_0，T_r—室内外空气温度

由这个模型可以计算出掺入定量的相变材料后降低的室内空气温度，还可以计算当室外的温度变化时，室内温度滞后的时间。

还有研究将相变材料的加入等效于热惰性的增加，通过热惰性 D 的计算，与建筑节能设计标准中限定的 K、D 值比较，来评价围护结构的节能效果。

研究表明：将传统有限差分法进行改进并建立模型，用于预测相变储能围护结构的热学性能。相变储能墙板受到太阳辐射，模型中需要输入室外温度和水平面上太阳辐射度两个参数。其模型的计算结果与实测结构基本相吻合。

国内有研究者侧重对房间热舒适性进行数值模拟，着重分析了不同的夜间通风情况对相变墙房间室内温度的影响，指出了结合夜间通风、使用相变墙的房间比不使用相变墙的房间有更好的热舒适性，相变墙房间可以在日间比非相变墙房间室温低 2℃ 左右。还通过数值模拟，对室内过热不舒适度和过冷不舒适度进行计算，分析了采用相变墙建筑适用的气候条件，评价了相变墙房间在我国不同气候地区的使用效果，说明了相变墙建筑在我国不同地区使用的优点和局限性。

美国 Oak Ridge 国家实验室模拟了相变储能墙板在不同气候类型地区的应用。结果表明使用相变储能墙板后，在类似美国 Tennessee 州气候类型的地区，可使采暖设备容量选型减少 1/3，而在类似 Denver 州气候类型的地区，可使采暖设备容量选型减少 1/2。美国 Lawrence Berkeley 实验室结合夜间通风，模拟了相变储能墙板在 California 州的商业建筑和民用建筑中的应用。结果表明：使用相变储能墙板和机械通风结合的方式可以使室内温度在夜间达到热舒适区的温度，相变储能墙板的使用也为制冷设备的取消带来了可能。

第三节　建筑节能相变材料应用技术

太阳能的应用需要有效的热能贮存。而相变材料（phase change material，PCM）发生相变时所需要吸收和释放的大量相变潜热正好满足了这种需求。显然，含有相变材料的建筑材料与贮存相同热量的普通建筑材料相比体积要大大减小。相变潜热储能的另一个优点在于其能量的贮存和释放发生在非常窄的温度波动范围，应用到建筑材料中将会大大提高居住环境的舒适度。

现有的许多相变储能系统都非常复杂，且价格昂贵。相变储能建筑材料则是将相变材料加入到传统建筑材料中。相变储能建筑材料能够作为建筑结构材料，承受荷载；同时相变储能建筑材料又具有较大的蓄热能力。利用相变储能建筑材料建造的房屋，本身即具有较大蓄热功能，而无需另外安装设备。所以相变储能建筑材料在使用上非常简单。相变储能建筑材料应该满足：能够吸收和释放适量的热能；能够和其他传统建筑材料同时使用；不需要特殊的知识和技能来安装使用蓄热建筑材料；能够用标准生产设备生产；在经济效益上具有竞争性。

　　近年来，相变贮热在建筑节能中的应用研究正日益受到国内外学者的重视。相变贮热在这一领域的应用主要体现在三个方面：相变蓄能围护结构、供暖贮热系统和空调蓄冷系统。

一、相变蓄能围护结构

　　将相变材料掺入到现有的建筑材料中，制成相变蓄能围护结构，可以大大增加围护结构的蓄热功能，使用少量的材料就可以贮存大量的热量。由于相变蓄能结构的贮热作用，建筑物室内和室外之间的热流波动幅度被减弱，作用时间被延迟，从而可以降低建筑物供暖、空调系统的设计负荷，达到节能的目的。围护结构中相变材料的相变温度应接近于室内的设计温度。相变材料可以掺入主体结构，也可以制成相变保温砂浆或者以墙板的形式存在于围护结构中。表 7.8 为相变储能构件的多种应用形式。

表 7.8　相变储能构件的多种应用形式

项目	相变墙	相变吊顶	相变地板
被动式太阳能采暖	利用日间太阳辐射能	利用日间太阳辐射能	利用日间太阳辐射能
主动式采暖	利用太阳集热系统热水采暖	利用夜间廉价电能热泵供暖	利用夜间廉价电能地板供暖
夜间冷却	利用夜间通风冷却	利用夜间通风冷却	利用夜间通风冷却

图 7.8　美国 Delaware 大学储能研究所研究的一种相变蓄热墙板断面图

　　按相变材料与建筑材料结合方式不同，相变材料在节能建筑围护结构中的应用首先表现在独立式相变构件的使用，在这一方面研究得较多的例子是将十水硫酸钠或六水氯化钙用高密度聚乙烯管封装，然后置于墙体或板中，如图 7.8 所示是一种相变蓄热墙板模型断面图，其中相变材料就是以独立构件的形式封装在管道中。其中相变贮热单元为盛有十水硫酸钠的聚乙烯圆管。

　　相变独立构件的使用还表现在对于通过窗户进入的能量的控制。建筑物中一个重要的热量弱环节是窗户。由于玻璃的绝热性能差，大量的热在夏日的白天通过玻璃进入建筑物内，冬天的晚上，窗户成为热损失的主要原因。

一种解决办法是将片状相变贮热单元铺设在天花板上，相变贮热单元吸收窗户反射的太阳能，提供夜间采暖，贮热单元的主体为十水硫酸钠，如图 7.9 所示。

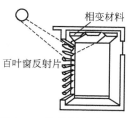

通过相变材料处理的百叶窗或窗帘也可以解决这一问题，并保证建筑物内调节空气的效率。这种窗帘是一种三层织物，由两层纺织物和一层填充有相变材料的泡沫层压而成，可以满足这一需要。泡沫中的相变材料通过吸热或散热调节通过三层结构的热流。这样就形成一个热屏障，可根据热需求调节通过织物系统的热流量。对含有相变材料的这种窗帘进行测试表明，与不含相变材料的普通窗帘相比，其热流量可降低 30%。

图 7.9　以美国麻省理工学院为中心的研究小组研制的一种夜间供暖系统

清华大学"超低能耗示范楼"中采用相变蓄热活动地板，具体做法是将相变温度为 20～22℃ 的定形相变材料放置于常规的活动地板内作为部分填充物，由此形成的蓄热体在冬季的白天可贮存由玻璃幕墙和窗户进入室内的太阳辐射热，晚上材料相变向室内放出贮存的热量，这样室内温度波动将不超过 6℃。

以浸渍法制成的相变石膏墙板也是节能建筑的一种应用形式，主要用于铺设在内墙。

以封装法制成的复合相变材料在节能建筑围护中的应用比较广泛。例如，巴斯夫生产的相变石蜡砂浆以及节能墙面板产品。

将相变储能围护结构与适合的通风方式相结合，相变蓄能围护结构的节能作用将更为明显。如在相变储能墙体中设置风道，利用夜间通风，在冬季可以由空气将墙体日间所蓄热量带入室内，供室内夜间采暖之用，在夏季可以将墙体在夜间散入室内的热量带出室外，降低夜间空调系统的负荷，还可以在相变蓄能墙体或楼板中设置电加热器、冷（热）水管，利用夜间廉价的电力而蓄冷或蓄热。

（一）相变储能控温墙体

20 世纪 90 年代中期昼夜电价分计制的实施，在美国率先开始研制将相变材料与建筑材料相结合，形成一种新型的复合储能建筑材料，构筑成新型建筑围护结构——相变储能控温墙体。这种墙体可充分利用夜间低价电蓄热，供次日白天的辅助热源，降低采暖系统的投资与能耗，改善室内环境。相变墙体的研制，选择合适的相变材料至关重要。制造墙体的相变材料应具有以下几个特点：

① 熔化潜热高，使其在相变中能贮藏或放出较多的热量；
② 相变过程可逆性好、膨胀收缩性小、过冷或过热现象小；
③ 有合适的相变温度，能满足需要控制的特定温度；
④ 热导率大、密度大，比热容大；
⑤ 相变材料无毒，无腐蚀性，成本低，制造方便。

此外，相变材料还需与建筑材料相容，可被吸收。

在实际研制过程中，要找到满足这些理想条件的相变材料非常困难。因此人们往往先考虑有合适的相变温度和有较大的相变热，而后再考虑各种影响研究和应用的综合性因素。目前，国际上出现了一种新型复合定形相变材料（FSP2PC），它具有良好的稳定性，易于加工，成本较低，其相变温度在较大范围内可以选择，而且具有与传统相变材料相当的相变潜热（160kJ/kg），因而有着很好的应用前景。

这种定形相变材料是以高密度聚乙烯（HDPE）为基体，石蜡为相变材料构成的。首先将这两种材料在高于它们熔点的温度下共混溶，然后降温，HDPE 首先凝固，此时仍然呈液态的石蜡则被束缚在凝固 HDPE 所形成的空间中，由此形成 FSPPC。由于 HDPE 结晶度很高，即使 FSPPC 中石蜡已经熔解，只要使用温度不超过 HDPE 的软化点（100℃），FSPPC 的强度足以保持其形状不变。将这种复合定形相变材料制成板块状，置于建筑围护结构的内墙上，可以贮存 190 倍的普通建材在温度变化 1℃ 时的同等热量，可见复合相变建材具有普通建材无法比拟的热容，对于房间的气温稳定及采暖系统工况的平稳是非常有利的。目前相变材料与建筑材料相结合的重要环节，主要是如何实现现有建材与相变材料的融合。国内主要探讨的是三种纯物质相变材料：正十六烷、正十八烷、硬醋酸正丁酯，分别置于三种建材基体——石膏板（不含纤维）、石膏纤维板及黏土砖制成储能建材。

在过去的 20 年中，容器化的相变材料已经被市场应用到太阳能领域，但由于其在相变时与环境接触的面积太小，而使其能量传递并不是很有效。相反，室内墙板却给建筑物每一个区域的被动式传热提供了足够大的接触面积，从而引起了人们更多的重视，因此相变储能石膏板也发展起来。

建筑物的能量仿真技术帮助了人们评价应用相变节能建筑材料的效果。相变建筑材料的节能经济性分析也被广泛研究，因为热能的贮存可以降低高峰用电时的需求，减小加热和制冷系统的规模，利用电网的分时峰谷计价则可使用户降低费用。Peipoo 等研究了应用含相变材料的墙板来贮存能量的可行性，应用相变围护结构，在美国威斯康星州麦迪逊市（北纬 43°）的 120m² 的房屋中，一年能节省 15% 的电力消耗，且发现每天最理想的热能贮存发生在室内平均温度在相变温度的 1～3℃ 以上。而在炎热的夏季，则能降低 20% 的空调电力消耗。

相变储能墙板最初是美国 20 世纪 80 年代中期开始研究的一种含有相变材料的建筑围护结构材料，根据不同的建材基体可以将其分为三类：一是以石膏板为基材的相变储能石膏板，主要用作外墙的内壁材料；二是以混凝土材料为基材的相变储能混凝土，主要用作外墙体材料；三是用保温隔热材料为基材，来制备高效节能型建筑保温隔热材料。相变储能墙板用于建筑物围护结构，当室内温度高于相变材料的相变温度时，相变储能墙板中的相变材料发生相变，吸收房间里多余的热量，当夜间温度低于相变温度时，相变材料发生相变，又释放出贮存的热量。相变储能墙板由于相变材料的蓄热特性，使通过围护结构的传热量大大降低。由于相变材料增加了围护结构的热惯性，显著提高了室内环境的热舒适性。

巴斯夫公司正在推出一种名为 Micronal PCM 的石膏墙面板，这是一种轻质的建筑材料，由于其中包含有一种相变材料（PCM），因此能够使房间保持在令人舒适的室温下。每一平方米的石膏墙面板中含有 3kg 的蜡质，通过其显热或熔化（相变）热来保持室温。相变温度可以在墙板的生产中设定为 23～26℃，室温变化超过这一温度范围时，蜡质便会发生熔化或凝固来吸收或放出热量。Micronal PCM 是通过将液蜡和某种聚合物的分散体喷涂、干燥而制成的。

加拿大 Concordia 大学建筑研究中心用 49% 丁基硬脂酸盐和 48% 丁基棕榈酸盐的混合物作相变材料，采用直接混合法与灰泥砂浆混合，然后再按工艺要求制备出相变储能墙板，并对相变储能墙板的熔点、凝固点、热导率等进行了测试。结果表明这种相变储能墙板比相应的普通墙板的贮热能力增加 10 倍。该中心还研究了把有机相变材料植入水泥中制备相变储能墙板的可能性，并研究了如何通过控制相变材料的吸收量和熔化量达到需要的贮热量。

1999 年，美国俄亥俄州戴顿大学研究所成功研制出用于建筑保温的固-液共晶相变材料，其固-液共晶温度是 23.3℃。当温度高于 23.3℃ 时，晶相熔化，积蓄热量，一旦气温低于这个温度时，结晶固化再现晶相结构，同时释放出热量，在墙板或轻型混凝土预制板中浇注这种相变材料，可以保持室内温度适宜。伊利诺伊州的一家工厂已准备生产浇注这种材料的墙板，并用它建筑房屋。

目前，国内同济大学、武汉理工大学等研发的相变储能材料采用在保温隔热材料基体中掺入少量相变材料的方法来制备用于节能建筑外围护结构的高效节能型建筑保温隔热围护材料。掺入相变材料不仅提高了轻质材料的蓄热能力，而且改善了材料的热稳定性，提高了材料的热惰性，同时不影响材料的强度、粘接能力、耐久性等性能。高效节能型建筑保温隔热围护材料对保温、隔热性能有双重要求，关键是要使节能建筑外围护结构既具备良好的保温性能，又能有很好的蓄热能力，在保温和隔热性能要求中寻求经济可行的平衡点。

（二）相变控温混凝土

对于混凝土结构温度裂缝，尤其是大体积混凝土工程中的温度裂缝，缺乏有效控制措施，同济大学建筑材料研究所提出了相变控温储能材料机敏控制混凝土结构温度裂缝的技术途径，证明了相变材料在大体积混凝土中具有较好的控温效果，可以提高混凝土抵抗温度裂缝的能力，为解决大体积混凝土温度裂缝提出了新方法。

德国研究者研究了 PCM（BS，十二醇，石蜡，十四醇）在不同类型的混凝土块中的热学性能。他们的研究包含了混凝土的碱度、温度、浸渍时间和浸渍过程中 PCM 的稀释。他们调查了吸收的装置，确定了一种加大 PCM 在混凝土中吸收系数的方法，可以使得 PCM 的含量（材料储热容量）达到要求。和石膏板相似，物理性能没有发生大的变化。冻融循环后的耐久性有了显著的提高，耐火性能非常好，火焰的传播速度极小。PCM 混凝土的贮热能力是普通混凝土在 6℃时变化的 200%～230%。需要指出的是，PCM 混凝土的（6℃）的温差比 PCM 墙板（4℃）具有更高的一些实际价值。表 7.9 是不同混凝土-PCM 复合材料的热性能。

表 7.9　不同混凝土-PCM 复合材料的热性能

混凝土种类	PCM	熔点/℃	凝点/℃	PCM 混凝土的平均潜热/(kJ/kg)	龄期[1]/天
ABL	BS	15.2	19.3	5.7	692
REG	BS	15.4	20.4	5.5	391
PUM	BS	15.9	22.2	6.0	423
EXS	BS	14.9	18.3	5.5	475
ABL	DD	10.8	16.5	3.1	653
REG	DD	5.0	9.6	4.7	432
PUM	DD	14.9	12.0	12.7	377
REG	TD	26.2	32.0	5.7	406
PUM	TD	32.2	35.7	12.5	404
REG	PAR	52.4	60.2	11.9	428
ABL	PAR	53.2	60.6	18.9	421
PUM	PAR	52.9	60.8	22.7	407
OPC	PAR	51.7	60.4	7.6	407

[1] 这是试样浸渍了 PCM 后的龄期。

注：ABL 为高压块；REG 为常压混凝土块；PUM 为浮石混凝土块；EXS 为膨胀页岩（集料）块；OPC 为普通波特兰水泥混凝土；BS 为硬脂酸丁酯；DD 为十二醇；TD 为十四醇；PAR 为石蜡。

来源：Feldman et al. 1993

将两种 PCM（BS 和石蜡）注入普通混凝土块中，包括由波特兰水泥制成的普通混凝土（R）和由波特兰水泥及硅石制成的高压养护的混凝土（A）。注入的方法是将热的混凝土块浸渍到熔化的 PCM 中，直到需要的吸收量（3.9%～8.6%）。结果表明，PCM 的加入使得混凝土块能够贮存潜热和显热，见表 7.10。

表 7.10 不同 PCM 和混凝土配合的贮热计算值

项　目	A-BS(5.6%)	A-P(8.4%)	R-P(3.9%)
温度范围/℃	15～25	22～60	22～60
混凝土块的显热值/kJ	1428	5337	7451
PCM 的显热值/kJ	233	1136	705
PCM 的潜热值/kJ	977	2771	1718
贮热总量/kJ	2638	9244	9874
贮热总量/混凝土的显热值	1.9	1.7	1.3

（三）相变控温砂浆

德国 BASF 公司将石蜡封装在微胶囊中，研制出石蜡砂浆，并已将这种砂浆用于两间房的内墙表面上，作为室内的冬季保温和夏季制冷的材料，令住户满意，减少室内温度波动，使室内保持良好的热舒适性，减少空调系统的设备容量，转移用电负荷。砂浆内含10%～25%的石蜡微胶囊，也就是说，每 1m² 的墙面就含有 750～1500g 的石蜡微胶囊。每2cm 厚的此种砂浆的蓄热能力相当于 20cm 厚的砖木结构。

同济大学建筑材料研究所采用无机多孔介质为载体吸附脂肪酸相变材料，制备蓄热复合相变材料。该材料以集料的形式可方便地制备成相变控温砂浆，用于外墙表面隔热，同时提出隔热相变材料的相变温度、掺量在不同气候环境下的选择方法。

（四）相变材料调温壁纸及瓷砖

调温壁纸的作用原理与自动调温墙体相似。美国专家最近研制成功一种调温壁纸。当室温超过 21℃时将吸收室内余热，低于 21℃时，又会将热量释放出来。这种调温壁纸可设计成三层：靠墙的里层是绝缘层，能把冷冰冰的墙体隔开来；中间层是一种特殊的调节层，由经过相变材料处理的纤维组成，具有吸湿、蓄热作用；外层美观大方，上面有无数的孔，并印有装饰图案。

美国最近的一项专利，是一种相变瓷砖结构，它可以由石英、花岗岩、石灰石、大理石、玻璃、陶瓷等的粉末、碎片、颗粒组成的单层混合颗粒状基体，黏结材料和相变材料组成；也可以是多层结构，它包括无相变材料的外部耐磨层，该层黏结或嵌入由黏结材料和相变材料组成的第二层。该瓷砖结构可以制成多种形状与尺寸，性能各异。

（五）RFT 自控相变材料

RFT 自控相变材料是依据相变储能机理，兼有热容和热阻性的双向功能（有别于传统保温材料的单一热阻性）的一种建筑材料，该材料通过多元相变，产生较高潜热密度，使贮热、放热过程近似等温，显示了有效的节能效果。

该材料通过了国家材料工业技术监督中心的成果鉴定并经由国家建筑材料工业房建材料质量监督检测中心检测："潜热值、干表面密度、压剪黏结强度、抗压强度、线收缩率、燃烧性能、水蒸气湿流密度符合 Q/CYBFT003—2006《RFT 自控相变节能材料》标准要求。"其检测厚度为 38mm，纯相变材料的潜热值为 240.44J/g，传热系数达 $0.56W/(m^2 \cdot K)$。

二、相变储能系统与其他节能技术的结合

PCM 与太阳能、其他再生能源或使用夜晚低电价的热泵复合应用于空气加热系统，是一种经济而有效的利用能源途径。PCM 以颗粒或板状形式放于容器中，保证较大的换热面积；而且蓄热能力比石、砂高 3～5 倍，同时潜热蓄存单元重量相对较轻，所需空间较小，可降低建设费用。

（一）太阳能集热器+ 相变地板采暖系统

PCM 热水系统可广泛应用于民用住宅、商业建筑、医院、宾馆以及工业场所等，它主要通过太阳能、低谷电、热泵对相变材料加热，利用其高蓄热能力蓄存热量，这是吸热阶段；放热阶段，冷水流入贮热罐吸收相变材料所蓄存的热量而变为热水。PCM 热水系统的优点很多，主要有：可使系统保持在恒定的操作温度；对环境无任何污染，零排放；相变材料无毒、不可燃；易于安装，成本低。

除此之外，PCM 还可以将热水的能量贮存起来，用于地板采暖，形成太阳能集热器＋相变材料地板采暖系统。系统采用适宜相变温度的相变材料，配合太阳能热水装置，是一种100％环保型的室内采暖系统。具有安装容易、能效高、运行成本极低的特点。该系统示意图如图 7.10 所示。

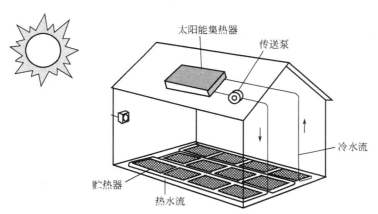

图 7.10　太阳能集热器＋相变材料地板采暖系统示意图

安装在屋顶的太阳能热水器通过水泵经导管将热水输送到地板的相变材料贮热器中将热能贮存起来，当温度在 21℃上下波动时，地板下面的相变材料贮热器吸收或释放热能量，并在需要时释放为室内采暖。太阳能相变材料贮热器可使室温在整个冬季保持在 21℃的范围，完全不受气候的影响。该系统的优点是使用成本非常低，安装容易，适合于新建和已建成的建筑，使用绝对安全，只需很少的维护，而且具有很长的使用寿命。

针对这种太阳能集热器＋相变材料地板采暖系统，目前大多数的建筑物的地板取暖安装都比较复杂而且效果都不尽人意。在这些方法中，有一些没有蓄热的能力，保暖需要耗费较多的能源。有一些虽然采用了蓄热材料，但安装的过程复杂，工序繁多，而且热水管与蓄热材料的热交换方式不尽合理，从而削弱了取暖的效果，这对于建筑物节能的推广产生了一定的影响。一种用双管特殊包装的相变材料蓄热的方式，较好地解决了以上难题。它是采用以下的方法来实现的。

在一个直径较大的圆管中，穿过一条直径较小的管，如图 7.11 所示。小管（内管）是

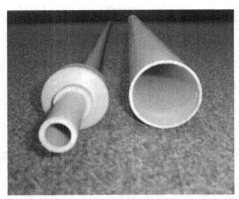

图 7.11　包装相变材料的双管

通过热水的水管。在小管的外壁与大管的内壁之间填充了可蓄热的相变材料。管的两端各装有一个支撑物，使内管固定在中央位置，同时还起到密封的作用，防止相变材料漏出。

采用这种方法安装的地板取暖系统的大部分工作在工厂预制完成，现场安装工作变得简单。先根据建筑物的形状和尺寸确定管的长度，将相变材料封装好。再将一定数量的管固定在一起制成模块。安装时将预制好的模块排列并固定好，连接上水管，再铺上地板面料。

这种方法与现有的取暖地板安装方法相比有以下优点。

① 蓄热的相变材料与通过热水的水管是直接接触的，当热水流经水管时，将热能直接传递给相变材料，使其发生相变并贮存热能。同时相变材料均匀地分布在热水管的周围，避免了受热不均匀和相变不充分的情况。由于热传递的效率有较大的提高，使提供热源的能源相应地减少，达到节能的目的。

② 在使用太阳能热水供热的情况下，这种方法可以在较寒冷或者在太阳光照射较少的地区使用。

③ 由于装有相变材料的管型材料可以根据建筑物的尺寸在工厂预制并组合成较大的模块，在安装时只需将这些模块在现场拼装和固定，接上水管并铺上地面材料就可完成，从而简化了安装过程，节省了时间、人力和物力，有利于建筑物节能的推广。

由于太阳能能量密度低，特别是冬季，无法解决一天 24h 总可以利用太阳辐射获得的能量满足采暖、烘干等问题。科学家把目光集中到能量贮存的实用技术研究领域，并利用大量的实验数据解决相变储能问题。现已开发的相变储能物质分为水化盐类，如 $Na_2SO_4 \cdot 10H_2O$（芒硝）；熔盐类，如硝酸盐类。它们不但价格便宜，而且对金属材料没有腐蚀性，一般熔点在 300℃ 左右，500℃ 以下不会分解，但其热导率低，熔解热小。比较常用的还有 60% 碳酸钾和 40% 碳酸钠的混合物，熔点可达 704℃，比热容为 0.92kJ/(kg · ℃)，熔解热为 364kJ/kg，但缺点是腐蚀性很大。

（二）空调-相变储能系统

通常建筑物在某一天的空调负载类似于图 7.12 所示的过程，在一天内呈现不均衡分布，且夜间无负载（少数建筑物夜间有较小的负载）。因此，可以利用主机在夜间处于闲置状态下，在夜间廉价电力时段制取白天所需要的冷量进而以某种形式贮存起来，等到次日再释放出来。这样就可以大大减少冷冻机组的运行费用。如此形成的主机运行策略不仅有效利用了夜间的廉价电力，而且使得在次日，主机基本上运行在一个部分负载的工况下，不仅可以节约可观的电费，同样可以节约实实在在的耗电量。

一些相变材料的水溶液在一定的温度下凝固，通过液-固相变把冷量存贮起来，称为相变材料蓄冷。其原理类似冰蓄冷，利用材料相变蓄冷，但一般都在高温下相变，故冷机及系统类似于水蓄冷。所以它兼具冰蓄冷与水蓄冷系统的优点，是前景广阔的蓄冷技术，系统示意图如图 7.13 所示。

相变材料蓄冷系统是由制冷机组将电能转化为冷量并贮存在蓄冷罐内，当电价升高时，

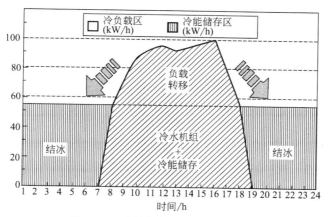

图 7.12　建筑物负载及蓄冷示意图

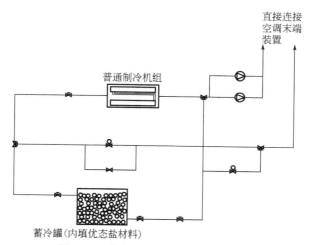

图 7.13　优态盐相变蓄冷系统示意图

由蓄冷罐直接提供冷量到空调末端，从而避开电价高峰，达到降低运行费用的目的。

作为蓄冷空调的又一种形式（除冰蓄冷、水蓄冷外），相变材料相变蓄冷在国外已经比较普及。以美国为例，20 世纪 80 年代初，相变材料相变蓄冷成功实现商业化运用。目前美国蓄冷空调市场中，冰蓄冷占 87%，水蓄冷占 10%，相变材料相变蓄冷占 3%。虽然相对份额大大少于其他两种形式的蓄冷空调，但是绝对数量也已有相当的规模。而相变材料相变蓄冷在国内还处于刚刚起步阶段，目前市面上几乎没有。随着科技的进步，相变材料相变蓄冷已经基本克服了其自身的一些缺点，如层化现象、寿命短等。而且最主要的是其自身独有的优点，其他两种形式的蓄冷空调不能望其项背。相变材料相变蓄冷不仅可用于新建项目，而且由于无双工况主机要求，因此同水蓄冷一样，对于目前已建的项目可以以常规冷冻机组出水温度来蓄冷（类似于水蓄冷）实施改造。在进行改造的同时，既保留了冰蓄冷占地面积小的优点，又不需要更换主机，可谓一举两得。

相变材料还可以应用在利用楼板蓄冷的吊顶空调系统中。空调系统利用吊顶内的空间向房间内送风，不必设置专用的风道，系统简单，造价低。夜间电价低时，空调系统通向各房间的送风阀关闭，冷空气只在天花板和楼板之间的吊顶空间内循环流动，冷却天花板和楼板，楼板中的相变材料发生相变以蓄存冷量；日间送风阀打开，送风被楼板冷却后送到空调房间内，满足房间负荷的需要。

相变蓄冷空调新风机组系统是设置有平板式相变贮换热器的新风机组。板式贮换热器结构简单，由一组扁平的平板式容器堆积组合而成，每两个平板式容器之间用扁平的矩形风道隔开。相变材料封装在平板式容器中，容器中还装有若干水平水管，埋在相变材料中。利用夜间廉价的电力进行蓄冷时通入冷媒水，冷媒水将冷量传递给相变材料，使其凝固蓄冷；释冷时，室外新风通过风道，相变材料融化释冷，使空气降温，然后送入室内。该相变空调蓄冷系统，相对于空调冰蓄冷系统而言，属于"高温"蓄冷系统，即此种系统的制冷机出口冷媒水温度高于冰蓄冷系统的冷媒水出口温度，可以有效克服冰蓄冷系统蓄冷运行时制冷压缩机性能系数较低的缺点，是一种既节能又节费且环境效益显著的储能系统。在空调系统储能方面有广阔的应用前景，大规模推广使用该种储能装置，在给用户带来巨大经济效益的同时，还可给社会带来可观的节能效益和环境效益。

（三）电加热相变地板蓄热系统

相变蓄热的地板辐射供暖系统所需热媒的温度较低，热舒适性好，是适合于太阳能集热器、热泵等作为热源的理想的供暖方式。由于可以利用廉价的低品位能源，所以节能效果显著。

相变蓄热地板由上至下依次为相变材料层、水管（内通热水作为热媒）和隔热材料。可以使用水-水热泵作为热源，利用夜间廉价的电价进行贮热以供次日白天使用。也可以考虑用平板式太阳能热水器作为热源，节能效果将更加显著。带相变蓄热器的空气型太阳能供暖系统由空气型太阳能集热器、集热器风机、相变蓄热器、负荷风机以及辅助加热器组成。空气在太阳能集热器和相变贮热器之间、相变贮热器和负荷之间形成两个循环环路。相变蓄热器包含多个供空气流动的矩形断面的通道，这些通道相互平行并用相变材料隔开。相变材料蓄存日间的太阳能并在夜间加热通道内送风以满足夜间房间负荷的需要。

地板加热提供了一个大的加热面积，用 $100 W/m^2$ 或更少的热流就可使房间受热均匀。地板在非用电高峰时连续加热一段时间，普通的混凝土地板在很短的时间内就将贮存的热量全部释放，而含 PCM 的地板则在一天的剩余时间提供了足够的必需热量。

相变材料在地板中的应用，一般都会结合电加热方式，以组成电加热相变蓄热地板采暖系统，图 7.14 为其示意图。地板采暖使得室内水平温度分布均匀，垂直温度梯度小，不仅符合人体"足暖头凉"的需要，而且采暖能耗较低，接近理想的采暖方式。

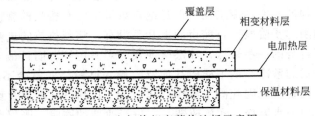

图 7.14 电加热相变蓄热地板示意图

采用微胶囊技术封装的 $CaCl_2 \cdot 6H_2O$ 作相变材料制备相变蓄热地板，与普通地板进行比较，在两块地板上同时使用恒温热水加热 8h，在剩下的 16h 停止加热，让相变材料放热，连续 3 天重复进行同样的实验。相变蓄热地板的表面温度波动明显较小，热舒适性也较好。

以石蜡为主体、高密度聚乙烯为载体作为定形相变材料的一种相变储能式地板采暖系统，定形相变材料的上下表面温度在绝大部分时间内均在相变温度附近，热传输效率高；室内空气温度维持在21～25℃之间，温度波动很小，具有良好的热舒适性，可以在夜间利用廉价的电能进行贮热，以提供全天的采暖。

三、相变材料在节能建筑中应用的其他形式

在节能建筑中，相变材料的应用还具有以下形式。

（一）应用相变材料调节空气

应用相变材料调节空气的方法有好几种，如降低室内地板和天花板之间的温度梯度，通过使用轻质结构提高墙壁的热容量，降低通过窗户的热损失以及改善家用饰品的热舒适性等。

（二）降低室内地板和天花板之间的温度梯度

在室内地板和天花板之间通常有好几摄氏度的温差。在加热过程中，这一温差可能超过5℃。居住者的舒适程度特别依赖于地板和天花板之间的温度梯度。温度梯度越高，居室的舒适程度越差。

室内使用相变材料可将地板和天花板之间的温度梯度降低到低于5℃的舒适程度，并在一定时间内将温度梯度保持在这一舒适程度。为此，在地板和天花板上均需使用相变材料。在地板上的相变材料用于增加环境空气的温度。在天花板上的相变材料用于吸收多余的热量。

一种应用是在地板和天花板上使用同一种石蜡，所使用的石蜡混合物在24～27℃的温度范围内吸收热量，并在18～20℃的温度范围内释放热量。在已经较低的室内温度下，降低地板和天花板的温度梯度可产生更舒适的感觉，因而降低了加热成本。

为了量化相变材料带来的温度梯度的降低，在一个样室内进行了一个模拟实验。这间房间地板面积为4m²，高度为2m。地板和天花板用10mm厚的嵌在单元结构内的相变材料层板代替。地板和天花板上相变材料总用量为32g，相当于7000kJ的贮热量。在8h的实验时间内，地板和天花板的温度被连续记录，并用于计算地板和天花板在指定时间段的温度梯度。此房间装有地面加热系统，只要室温低于22℃便开始加热。从每小时的热循环次数得出可节省的能量值（表7.11）。

表7.11　样室内温度的测试结果

相变材料的放置	地板和天花板之间的温度梯度/K	每小时的热循环次数/次
不含相变材料	6.0	5
地板使用相变材料	4.1	3
天花板使用相变材料	3.8	4
地板和天花板均使用相变材料	2.1	2

结果显示，地板和天花板同时使用相变材料可将温度梯度降低4K。地板或天花板使用相变材料可以将温度梯度降低2K。同时，局部温度差和瞬态温度波动可通过在室内使用相变材料而获得补偿。此外，这可导致室内空气流动速度降低，从而改善室内气候。结果还显示使用相变材料可减少加热时间，即节省能源。

（三） 增加轻质墙的热容量

具有轻质结构的建筑的热容量较低，墙壁和屋顶只能吸收少量热量，因此在炎热的夏天通过建筑物而进入的热量不能被建筑结构有效地吸收，使室内温度快速提高。在这种情况下，使用相变材料是十分合理的，尤其是考虑到10mm厚的相变材料层板具有与1m厚的混凝土相同的热容量。前面提到的包含10mm厚相变材料的层板系统可用于提高轻质墙壁的热容量。相变材料吸收了多余的热量之后，通过夜晚的冷却效应或通过外部的空调系统在耗能低的时段内重新恢复。计算机模拟显示使用相变材料可节能大约20％。

（四） 改善座位的热舒适性

相变材料可用于改善座位的热舒适性。坐在椅子上时，从身体通过座位流向环境的热量明显减少，导致微环境内温度快速上升，从身体通过座位向环境中散发的水汽同样也减少了，使微环境中的湿度增加。在坐垫中使用的相变材料通过吸收多余的热量可防止温度升高。这一思想被用于开发新型的办公用座椅。填充于坐垫中的相变材料吸热所产生的降温效应可改善座椅的舒适性。测试结果表明，坐在普通办公用座椅上时温度持续升高，通过在坐垫中添加相变材料，在测试开始的10min内微环境的升温显著降低。继续实验，含有相变材料的坐垫上的微环境温度在较低的温度上保持恒定。此外，实验表明，由于相变材料的降温效应引起微环境的湿度也降低了。不含相变材料的椅子的实验显示出，其相对湿度在1h内上升了25％；含有相变材料的办公用座椅的微环境相对湿度仅提高了7％。

四、展望

随着人们对能源和环境问题的日益重视，相变储能控温材料将受到国内外的广泛关注。在能源、航天、农业、军事、建筑、化工、冶金、纺织、医疗、交通等领域显示出更加广泛和重要的应用前景。相变储能控温材料对于缓解能源紧张状况、保护环境和提供舒适健康的生活环境有着积极的意义，近年来受到多学科科研人员的关注，取得了丰富的研究成果。

相变储能建筑材料的研究涉及三个方面的问题：①PCM的热物性，优选用于相变蓄能围护结构材料的相变材料，建立相变蓄能围护结构理想的物理模型，针对不同的室内外环境条件，开展房间热过程的数值模拟研究和与模拟研究对应的实验研究；②PCM与建材基体的相容性，研究相变蓄能围护结构材料制备方法，改善相变储能墙板的传热性能；③经济性。简单来说，相变材料的筛选和改进及相变材料封装技术，这些方面也是当前的研究热点。

相变材料与建筑材料的结合问题是相变材料与建筑材料的相容性、长期稳定性、结合形式以及由于相变材料的引入引起的围护结构强度、应力变化等问题，这些问题是在实际应用中必然存在的，所以需要深入研究。

含有相变材料的建筑围护结构的保温隔热性能的精确分析是该领域的研究关键，因而是研究者努力的方向。相变传热问题本身具有强非线性的特点，同时还有诸如液相流动、体积变化、容器壁与相变材料间热阻等复杂因素，使得相变围护结构的热性能分析变得非常困难。总体来讲，解决相变传热问题的方法有解析法（包括精确分析和近似分析）、数值法和试验法。解析法仅对少数一维半无限大、无限大区域且具有简单边界条件的理想化情形能够精确求解，对于大多数工程问题所涉及的有限区域相变问题一般不能精确求解。试验法可以得到直观、可靠的实测数据，但由于问题的复杂性和多样性，单以试验方法研究难免会有片面性和局限性。同时，大量的试验必将消耗大量的财力和物力。而数值法具有成本低、速度快、可研究变量多、可模拟各种试验条件的优点，因此相对试验法有很大的优越性。但是，数值法又不能脱离试验法。试验法与数值法有机结合是研究相变围护结构的保温隔热性能的有效途径。

因此，节能建筑相变储能控温技术今后其发展主要体现在以下几个方面。

① 进一步筛选符合环保的低价的有机相变储能控温材料，如可再生的脂肪酸及其衍生物。对这类相变材料的深入研究，可以进一步提升相变储能控温建筑材料的生态意义。

② 开发复合相变贮热材料是克服单一无机或有机相变材料不足，提高其应用性能的有效途径。

③ 针对相变材料的应用场合，开发出多种复合手段和复合技术，研制出多品种的系列复合相变材料是复合相变材料的发展方向之一。

④ 纳米复合材料领域的不断发展，为制备高性能复合相变贮热材料提供了很好的机遇。纳米材料不仅存在纳米尺寸效应，而且比表面效应大，界面相互作用强，利用纳米材料的特点制备新型高性能纳米复合相变贮热材料是制备高性能复合相变材料的新途径。

参 考 文 献

[1] 尚燕，张雄. 相变储能材料应用研究 [J]，西华大学学报：自然科学版 . 2005，24 (2)：87-90.

[2] 周剑敏，张东，吴科如. 建筑节能新技术——相变储能建筑材料 [J]. 新型建材，2003 (4)：10-12.

[3] Salyer I O，Sircar A K. Phase change materials for heating and cooling of residential buildings and other applications. In：Processing of the 25th Intersociety Energy Conversion Engineering Conference. 1990：236-243.

[4] Salyer I O，Sircar A K，Kumar A. Advanced phase change materials technology：evaluation in lightweight solite hollow-core building blocks. In：Proceedings of the 30th Intersociety Energy Conversion Engineering Conference，Orlando，FL，USA，1995：217-224.

[5] Feldman D，Banu D，Hawes D，et al. Obtaining an energy storing building material by direct incorporation of an organic phase change material in gypsum wallboard [J]. Solar Energy Materials，1991 (22)：231-242.

[6] 张东，吴科如. 建筑用相变储能复合材料及其制备方法 [P]. CN 1450141. 2003 10-22.

[7] 张东. 多孔石墨基相变储能复合材料及其制备方法 [P]. CN 1587339. 2005 03-02.

[8] 梁治齐. 微胶囊技术及其应用 [M]. 北京：中国轻工业出版社，1999.

[9] 绀良，朝治著. 阎世翔译. 微胶囊化工艺学 [M]. 北京：轻工业出版社，1989.

[10] Gtucho M H. Microcapsulesand Microencapsulation Techniques. New York：Noyes Date Corp Press，1976.

[11] Cho J S，Kwon A，Cho C G. Collid. Polym. Sci.，2002，280：260

[12] Mebalick E M，Tweedie A T. NTISCOO/2845-78/2，1979 (5)．

[13] Choi J K，Lee J，Kim J H. Journal of Industrialand Engineering Chemistry，2001 7 (6)：358.

[14] Holman M E. Gel-coated microcapsules [P]. US 6270836. 2001-08-07.

[15] 林怡辉，张正国，王世平. 溶胶-凝胶法制备新型蓄能复合材料 [J]. 太阳能学报，2001，22 (3)：334-337.

[16] Xavier Py，Regis Olives，Sylvain Mauran. International Journal of Heat and Mass Transfer [J]，2001，44 (14)：2727-2737.

[17] 陈传福，习复，潘增福等. 一种新型储能材料的研制及其应用前景 [J]. 中国空间科学技术，1995 (5)：31-36.

[18] Vigo T L，Bruno J S. Textile Research Journal，1987，7：427-429.

[19] Kissock J K，Hannig J M，Whitney T I，Drake M L. Testing and simulation of phase change wallboard for thermal storage in buildings. In：Proceedings of 1998 International Solar EnergyConference，New York，USA，1998：45-52.

[20] 史巍，张雄，Juergen Dreyer. 相变控温大体积混凝土抗裂性能研究 . 新型建筑材料 [J]，2008，35 (5)：18-20.

[21] 杨勇康，张雄，陆沈磊. 相变材料用于控制混凝土水化热的研究 [J]. 混凝土与水泥制品，2007 (5)：9-11.

[22] Hawes D W，Banu D，Feldman D. Latent heat storage in concrete Ⅱ. Solar Energy Mater，1990 (21)：61-80.

[23] Feldman D，Banu D，Hawes D. Low chain esters of stearic acid as phase change materials for thermal energy storage

in buildings [J]. Solar Energy Materials and Solar Cells, 1995 (36): 311-322.

[24] 廖晓敏, 张雄, 张青. 建筑围护结构用蓄热复合相变材料研究 [J]. 墙材革新与建筑节能, 2007 (11): 36-38.

[25] 杨勇康, 张雄. 相变材料应用于外墙表面隔热的研究 [J]. 新型建筑材料, 2007 (9): 38-40.

[26] Peippo K, Kauranen P, Lund P D. A Multicomponent PCM Wall Optimized for Passive Solar Heating [J]. Energy and Building, 1991, 17 (4): 259-270.

[27] 张华, 李宇工. 相变材料在建筑围护结构中的应用. 河北建筑科技学院学报, 2005, 22 (1): 26-29.

[28] Hawlader M N A, Uddin M S, Khin M M. Microencapsulated PCM thermalenergy storage system [J]. Applied Energy, 2003, 74: 195-202.

[29] Hawlader M N A, Uddin M S, Zhu H J. Preparation and evalution of a novel solar storage material: microencapsulated paraffin [J]. International Journal of Solar Energy, 2000, 20: 227-238.

第八章 空调节能技术

随着人们生活水平的不断提高，应用空调设备的场合越来越多，空调系统的能耗在整个社会生活中的比重越来越大，有时甚至成为企业生产成本的主要部分。在工业发达国家中，建筑能耗已高达总能耗的30%～50%，其中绝大部分能耗又消耗在建筑物中。我国建筑空调能耗较大，一般宾馆、写字楼空调能耗占建筑总能耗的30%～40%，有的空调系统建筑物总能耗中空调能耗约占60%或者更多。因此空调节能是有关国计民生的大课题，采取措施降低能耗将给使用单位带来巨大的经济效益。

近年，国内外对空调节能的研究和实际应用已有较大的发展，在空调节能方面的主要研究工作有：蓄能技术、热回收技术、变频技术、对空调的冷热源、空调机组及末端、空调水系统及空调系统的控制等方面的工作。本章主要通过对蓄能技术、热回收技术、变频技术的分析和研究，提出节能措施和方法。

第一节　储能技术

蓄冷空调技术在国外20世纪30年代始用于教堂、剧院和乳品厂等这类间歇使用、负荷很集中的场所。20世纪50年代空调蓄冷技术有了很大的发展。日本由于其国土地理位置的关系，资源缺乏，因此在空调水蓄冷技术上做了大量工作。到了20世纪60年代以后，水蓄冷的中央空调系统在日本得到了大量的应用。70年代由于能源危机的爆发以及随着经济的发展和生活水平的提高，导致中央空调大量的使用，加剧了电网的峰谷荷差，因而储能空调技术重新得到重视。70年代末蓄能技术得到了迅猛发展，派生出水蓄能、冰蓄冷、化合物蓄能技术。同时，其应用范围不断扩大，从工业冷却到建筑物空调、区域供冷和电厂蓄能。

目前已采用和正在研究的蓄能技术主要是利用工作介质状态变化过程所具有的显热、潜热效应或化学反应过程的反应热来进行能量贮存，它们是显热蓄能技术、潜热蓄能技术和热化学蓄能技术。

一、显热蓄能技术

众所周知，每一种物质均具有一定的热容，在物质形态不变的情况下随着温度的变化，它会吸收或放出热量，显热蓄能技术就是利用物质的这一特性。从理论上说，所有物质均可以被应用于显热蓄能技术，但实际应用的是比热容较大的物质（如水、岩石、土壤等）。在蓄能技术发展的初期，显热蓄能首先被提出并得到应用，应用最广泛的就是冷、热水蓄能技术。

　　冷、热水蓄能是利用价格低廉、使用方便、比热容大的水作为蓄能介质，利用水的显热进行能量贮存。它具有一次投资少、系统简单、维修方便、技术要求低、可以使用常规蓄能空调、供热系统，曾被广泛采用。冷、热水蓄能技术的缺点是：蓄能温差小，能源密度低，不能贮存很大的能量。过去认为显热蓄能技术终将会被潜热蓄能技术所替代，但根据最新的文献显示，显热蓄冷技术还有其强有力的生命力，就是采用地下水层或深层土壤或岩石蓄能。此法不仅简单有效，投资低廉，而且还可贮存冬季的冷能为夏季所用，贮存夏季的热能为冬季所用，降低蓄能系统的运行费用。

二、潜热蓄能技术

　　潜热蓄能技术是利用物质经过相变吸收或放出潜热的特性来贮存或释放能量，包括冰蓄冷技术和共晶盐蓄能技术。

　　1. 冰蓄冷技术

　　冰蓄冷技术是目前使用最广泛的一项蓄冷技术，它是利用冰的相变潜热进行冷量的贮存和释放。由于从液态水转变为固态冰（或从固态冰转变为液态水）时，相变潜热达到 335kJ/kg。冰蓄冷的单位质量能量密度远远高于水蓄冷，冰蓄冷所需的蓄冷槽体积比水蓄冷小得多，易于在建筑物内或周围布置冰蓄冷槽。由于冰水温度较低，在相同的空调负荷下可以减少冰水的供应量和空调系统的送风量，采用冰蓄冷的空调系统管路和风机的投资和运行费用均比水蓄冷低。在蓄冷量较大时，冰蓄冷空调系统的总投资费用要低于水蓄冷。低温冰水空调系统的另一个好处是除湿能力较强，在湿热环境中可使空调区域内空气的相对湿度降低，具有更好的舒适性。冰蓄冷系统也存在缺点：由于水的冰点温度为 0℃，考虑到传热温差，制冷系统的蒸发温度必须在 -8℃ 以下，对于采用载冷剂间接换热的冰蓄冷系统，制冷系统的蒸发温度还要更低些。与冷水机组的 7℃ 的设计出水温度相比，相同制冷系统的制冷量将降至 60% 左右，制取相同冷量时冰蓄冷机组的耗电量要增加 19% 以上。制冰、蓄冰槽及冰水管路温度较低，为了避免冰槽和管路外部结露及降低环境热量的传入，须增加绝热层厚度。由于蓄冰空调系统的技术要求较高，特别是新近提出的冰泥（ice slurry）式蓄冷空调系统，使得冰蓄冷系统的设计和控制比水蓄冷系统复杂得多。

　　2. 共晶盐（eutectic salt）蓄能技术

　　为了克服冰蓄冷要求较低的蒸发温度，使冰蓄冷系统内的制冷机组与空调所用的普通冷水机组不能共用，克服因较低的蒸发温度使制冷系统 COP 值降低、能耗增加等缺点，以及可以用于蓄热或贮存更低温度的冷能要求，采用固-液相变温度高于或低于水的共晶盐来蓄能。共晶盐蓄能介质主要由无机盐、水、促凝剂和稳定剂组成，目前在蓄能空调系统中应用较广泛的是相变温度为 8℃ 左右的共晶盐蓄能材料。

　　由于共晶盐蓄能系统蓄能材料的特殊性，使其具有较其他蓄能系统更好的特性。在蓄能空调系统中，共晶盐蓄冷材料相变温度较高，与冰蓄冷系统相比机组的制冷能力可提高 30% 左右，COP 值可提高 15% 左右，制冷能耗降低。蓄冷系统工作温度在 0℃ 以上，冷水侧可采用一般常规冷水机组系统的设计方法，易于与现有空调系统耦合，因此适用于传统空调系统改为蓄冷空调系统和旧建筑空调系统的改建。由于共晶盐材料的相变温度较高，设计时无需考虑管线冻结的问题，给空调系统设计带来许多方便。共晶盐蓄能的缺点是相变潜热较低，在储蓄同样冷量时，共晶盐蓄冷槽体积较冰蓄冷大，但还是比水蓄冷小。

3. 热化学蓄能技术

在一定的温度范围内某些物质吸热或放热时，会产生某种热化学反应。利用这一原理构成的蓄冷技术称为热化学蓄能技术。目前正常研究、开发的气体水合物（gas hydrate）蓄冷技术可以算作热化学蓄冷技术中的一种。气体水合物蓄冷技术从物质状态变化形式上可以划入潜热蓄冷技术，但从蓄冷原理上是由化学反应所产生的化学反应热来蓄冷。气体水合物是由许多水分子围绕一个气体分子形成一种网状晶体，其形成过程可表述为：

$$M(气体或易挥发液体) + n \cdot H_2O \Longrightarrow M \cdot nH_2O(晶体) + \Delta H$$

满足上式反应的条件是温度和压力，一般氟里昂气体形成气体水合物的相变温度在 $5 \sim 12 \, ℃$ 之间，压力在 $0.1 \sim 0.4 MPa$ 之间。在一定的反应压力下，当某种适合的气体被通入水中并降低温度后，气体与水发生水合作用形成气体水合物晶体，反应热被冷水带走。当气体水合物被加热，水合物产生分解反应，由固-液相变成气-液相，吸收热量。由于气体水合物在蓄冷过程中是气-液相变，因此有较高的相变潜热。气体水合物是一种新兴的空调蓄冷技术，它不仅与空调工况相吻合，蓄能密度较高，而且蓄冷、释冷时传热效率高。但目前此项技术还有一系列问题有待解决，需继续完善后才能用于实际工程。

综合以上所述的正在应用和研究的蓄能技术可以发现：所有现有蓄能技术均是直接贮存冷或热能，其蓄能温度均低于或高于环境温度，需要采用绝热措施，以避免与环境产生热量传递；蓄能密度还有待于进一步提高；除显热蓄能技术外，其他蓄能技术的蓄能系统还较为复杂，投资较大；除冰蓄冷技术外，其他蓄能技术的可用蓄冷温度均在 0℃ 以上，难以用于 0℃ 以下的制冷需求；所有现有蓄能技术还难以用一套蓄能系统同时满足蓄冷、蓄热要求，以及太阳能空调（制冷/制热）系统的蓄能要求。为此，需要找到一种全新的蓄冷技术，既能保持现有蓄能技术的优点，又能弥补现有蓄能技术的不足，于是蓄冷空调便应运而生。

三、蓄冷空调技术

所谓蓄冷空调，即是在晚间电力谷荷阶段，利用电动制冷机制冷，把冷量按显热或潜热的形式存于某种介质中，到白天用电高峰期，把贮存的冷量释放出来，以满足建筑物空调等的需要。这样制冷系统的大部分耗电发生在夜间用电低谷期，白天只有部分或辅助设备在运行，从而实现电网负荷的移峰填谷。目前，蓄能系统种类按贮存冷量的方式可分为显热和潜热蓄冷；按蓄冷介质可分为水蓄冷、冰蓄冷及共晶盐蓄冷。显热蓄冷是通过降低介质的温度实现的，常用的介质有水和盐水；潜热蓄冷则是利用介质的物态变化进行的，常用的介质为冰和共晶盐水化合物（优态盐）等相变物质。

（一）基本运行模式

根据用户的负荷特点，蓄冷空调一般采用全蓄冷、部分蓄冷及基载主机＋蓄冷系统等运行模式。

1. 全蓄冷运行模式（full cool storage）

制冷主机在电力低谷期满负荷运行，系统夜间蓄冷，完全满足白天冷负荷需求。该模式能最大限度地起到削峰填谷的作用，适用于那些空调使用期短但冷负荷大的场合，如体育馆、教堂、舞厅等。优点：①最大限度地转移了电力高峰期的用电量，运行成本最低；②系统控制简单，便于系统调试及运行管理。缺点：蓄冷容积及主机容量大，初期投资较大。

2. 部分蓄冷运行模式（partial cool storage）

这种方式的主要特点是减少制冷机装机容量，一般可减少到峰值冷负荷的 $30\% \sim 60\%$。

制冷机低谷期蓄冷，白天由蓄冷装置释冷来满足冷负荷的要求，冷量不足部分由制冷机供给。此模式特别适宜于高峰冷负荷时间长，并需将峰值耗电量降低约一半的场合。优点：①系统灵活；②蓄冷容量和主机容量均较小。缺点：运行费用较全蓄冷模式高。

3. 基载主机+蓄冷系统运行模式

当建筑物每天 24h 均有冷负荷需要时，基本冷负荷可设置一台小容量主机全天运行来满足，其余冷负荷可由设计蓄冷系统来满足。优点：基载主机连续运行，效率高。缺点：运行费用较前两种模式高。

（二）蓄冷空调的主要设备

蓄冷空调的主要设备有：电制冷主机、冷却塔、乙二醇泵（冰蓄冷用）、冷却水泵、冷冻水泵、蓄冷槽、板式换热器等。

（三）蓄冷系统的类型

蓄冷系统的种类较多，其分类如图 8.1 所示。常规的蓄冷空调系统广泛采用水蓄冷和冰蓄冷。

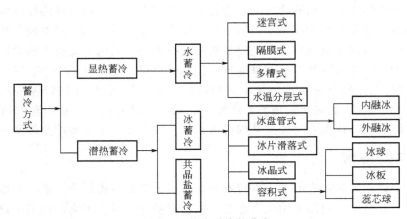

图 8.1　蓄冷系统的分类

（四）水蓄冷与冰蓄冷的差异

目前常用的蓄冷空调系统主要是以水蓄冷为代表的显热蓄冷和以冰蓄冷为代表的潜热蓄冷。

水蓄冷系统是利用价格低廉、使用方便、热容较大的水作为蓄冷介质，利用水温度变化所具有的显热进行冷（热）量贮存。每 1kg 水发生 1℃ 的温度变化会向外界吸收/释放 4.18kJ 的热能。夜间制出 4～7℃ 的低温水供白天空调用。

冰蓄冷系统是通过水的液、固变化所具有的凝固（溶解）热来贮存（释放）冷量。由于冰蓄冷系统采用液、固相变，所以蓄能密度较高，为水蓄冷的 7～8 倍。

水蓄冷与冰蓄冷的主要区别归纳如下。

1. 蓄冷量

水的相变温度为 0℃，相潜热为 335kJ/kg，因此与水相比，冰的单位体积蓄冷量要大得多，故与水蓄冷相比，蓄冰槽的体积仅为其 1/5～2/3，其表面的散热损失也相应减少。

2. 运行效率

水蓄冷以水为蓄冷材料，可以使用常规冷水机组，设备的选择性和可用性范围广，机组运行效率高。冰蓄冷为使蓄冷槽中的水结成冰，制冷机必须提供 -9～-3℃ 的不冻液，这比常规空调用的冷冻水的温度要低得多，因此冰蓄冷必须使用特定的双工况制冷机组。所谓双工况，是指既可以在常规空调工况下制取冷冻水，也可以在特定的制冰工况下制冰，但空调主机在制冰工况下效率将下降 30% 左右。

3．投资

水蓄冷适用于常规供冷系统的扩容和改造，可以通过不增加制冷机容量而达到增加供冷容量的目的；可利用消防水池、原有的蓄水设施或建筑物地下室作为蓄冷容器来降低初投资；蓄冷水池能实现蓄热与蓄冷的双重功效。在有条件的情况下，蓄冷罐体积越大，单位蓄冷量的投资越低，当蓄冷容积大于 760m³ 时，水蓄冷最为经济。

冰蓄冷由于蓄冷密度高、运行方式灵活、散热损失小，适用于大中城市及地皮昂贵或环境美化要求较高的场合，冰蓄冷与大温差低温送风技术相结合，可提高空调品质，降低空调主与附属设备容量及耗材，进一步降低系统初投资费用，达到与常规空调初投资持平甚至稍低的结果，目前我国在建与运行的蓄冷空调项目 90% 是冰蓄冷空调。

（五）冰蓄冷空调系统运行策略、模式以及工作流程

所谓运行策略是指蓄冷系统以设计循环周期（如设计日等）的负荷大小和分布特点为参照，按电价结构等条件对空调系统以蓄冷容量、释冷供冷和制冷机供冷等不同的系统运行模式作出最优的运行工况组合。一般可以归纳为全量蓄冷策略和分量蓄冷策略，如图 8.2 所示。图 8.2 中 A 部分表示某建筑物典型设计日空调冷负荷。B 和 C 部分所在的时间段为用电低谷时段。

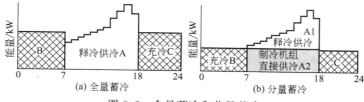

图 8.2　全量蓄冷和分量蓄冷

分量蓄冷系统的控制较全量蓄冷复杂，主要应解决制冷主机和蓄冷装置之间的供冷负荷分配问题，充分利用蓄冷系统节省运行费用。系统有不同的运行模式，如下所示。

① 制冷蓄冰模式：夜间用电低谷时，蓄冰槽内蓄冷。

② 制冷主机单独供冷：制冷主机在空调工况下运行（一般在用电平段）。

③ 蓄冷装置单独释冷供冷：白天用电高峰时，制冷机停，蓄冷槽独立供冷。

④ 制冷机组与蓄冷装置联合供冷。

蓄冷系统的主要设备有冷水主机、蓄冷装置、板式换热器、自动控制系统以及泵阀等。系统的流程主要是针对冷水主机和蓄冷装置的相互关系，有串联和并联之分，串联又有主机上游和主机下游两种方式。其设计的关键在于冷水主机容量的选定。

（六）蓄冷空调系统的优点

① 实现电力的移峰填谷。蓄冷系统通过转移制冷设备的运行时间，充分利用夜间低谷电力，减少白天峰值电量，成为电力移峰填谷最有潜力的途径，兼具经济效益和社会效益。

② 减小空调冷热源设备的安装容量。诸如体育馆、电影院、音乐厅等使用时间短暂、负荷集中而且非常大的场合，常规空调的设备容量必须与负荷相对应，导致投资大量增加。采用蓄冷技术是解决这一问题的有效方法。由于蓄冷空调技术可以实现低温送风，风机和水泵等容量也随之减小。减小设备安装容量还有利于减小电力增容和节省设备的安装场地。

③ 作为备用冷源在电力供应不足的情况下满足建筑物的空调要求。

④ 扩大原有空调系统的供冷能力。

⑤ 采用风冷热泵型制冷机组的蓄冷系统，由于夜间环境温度降低，冷凝温度降低，制冷机组的性能系数（COP）提高。

四、蓄热空调技术

随着改革开放的深入发展，人们生活水平的日益提高，人们对环境气温的要求提出了更高的标准。用扇子纳凉的时代早已过去，空调设备已进入了千家万户，宾馆、大厦、公寓、商场、企业、机关等都装上了中央空调。据统计，新建的大厦用电60%以上是用于中央空调，可见在这种设备上考虑如何合理用电、计划用电是非常必要的。因此，我们多年来开始这方面的研究工作，认为蓄热空调是做好计划用电、调荷避峰的一个很好的方法，也是落实电力部提出"分时电价"的一个有力措施。如果全国推广使用蓄热空调，可以为国家节约几亿元资金，这些资金可解决电厂为调节负荷而购买整套的进口设备。同时，因为国家采取了分时电价，采用蓄热空调既可降低运行成本，用户也得到了实惠，因此蓄热空调这一新生事物和冰蓄冷空调同样有重要的意义。

电蓄热式中央空调（或供热系统）是指建筑物采暖（或生活热水）所需的部分或全部热量在电网低谷时段制备好，以高温水的形式贮存起来供电网非低谷时段采暖（或生活热水）使用。达到移峰填谷、节约运行电费的目的。

（一）电锅炉的基本原理与优势

1. 电热转换原理

电锅炉是将电能转换成热能，并将热能传递给介质的热能装置。目前，将电能转换成热能通常有三种方式：电阻式、电磁感应式与电极式。电阻式的电热转换元件称为电热管，其原理是电流通过电热管中的电阻丝产生热量。由于电热管是纯电阻型的，在转换过程中没有损失，且结构简单，因此目前80%以上的电热锅炉普遍采用的是电热管形式；电磁感应式的原理是利用电流流过带有铁芯的线圈产生交变磁场，在不同的材料中产生涡流电磁感应而产生热量，由于这种转换方式存在感抗，且在转换中产生无功功率，一般应用在较小容量的电锅炉上；电极式的转换原理是利用电极之间介质的导电电阻，在电极通电时直接加热介质本身。这种电热转换形式多用于金属冶炼行业，在电锅炉中较少采用。

2. 电锅炉的分类

除了电热转换方式分类外，按将热能传递给所需要的介质可分为以水为介质、以导热油为介质或其他介质的电锅炉。以水为介质的电锅炉还可分为热水炉、蒸汽炉；热水炉又分为常压、有压锅炉；根据电锅炉的结构形式又分为卧式和立式、贮水式和快热式等。目前市场上绝大部分的电锅炉产品属常压热水电锅炉。

3. 电锅炉的市场优势

热效率高（95%～96%）；体积小，安装简便，维修工作量小、占地省、布置灵活、适应性强；安全保护齐全，运行可靠；电锅炉可达到零排放，消防要求低、无环境污染；可逐级加减负荷，调节过程平稳，控制精度高；自动化程度高，不需专职操作、运行管理人员。

（二）电蓄热的形式

直热式的电锅炉由于运行成本较高而难以普及，要降低运行成本，充分挖掘低谷廉价电能，就必须采用蓄热的运行方式。目前电蓄热绝大部分采用水，也有少数采用导热油等介质，其蓄热的形式分为热水式与蒸汽式两种。热水式蓄热是在电网低谷时段将水加热至85～95℃；在常压蓄热罐内贮存，待电网高峰时使用。这种蓄热形式所采用的供热设备称热水式电锅炉，为常压锅炉。蒸汽式蓄热是指在电网低谷时段将水加热成蒸汽，贮存于有一定压力的蓄热罐内，在罐内产生饱和水，在需要时通过减压产生蒸汽，供用户使用。蒸汽式蓄热采用的供热设备称蒸汽式电锅炉，为有压锅炉。采用导热油作为蓄热介质的优点是油的沸点比水的沸点高，利用电加热后的高温导热油再将热量传递给水，可采用无压电锅炉达到蒸汽式电锅炉蓄热容量的效果，并可避免电热元件表面结水垢的问题。

（三）　电蓄热系统的主要设备及运行模式

1. 蓄热系统装置

蓄热系统是使用电热锅炉在用电低谷时段将廉价的电能转换成热能并贮存，在用电高峰时再将这部分热能释放的装置，属于较为成熟的蓄能用电技术，通过该技术可以实现调荷节电、削峰填谷，降低用户的成本和供电企业的供电成本，提高负荷率和增加用电量，达到有效、合理使用能源的目的。

电蓄热供热系统的主要设备包括电锅炉、水处理器、循环水泵和蓄热水箱（罐）等（图 8.3）。

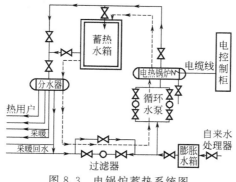

图 8.3　电锅炉蓄热系统图

2. 运行模式

（1）热水电锅炉＋蓄热水箱的蓄热模式　主要由电热水锅炉、蓄水箱、循环泵及电控部分组成。蓄水温度一般在 60～95℃ 范围内。系统原理如图 8.4 所示。

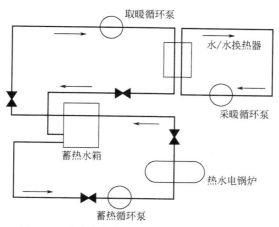

图 8.4　热水电热锅炉＋蓄热水箱蓄热模式图

（2）一体式电锅炉高温蓄热模式 该模式将电热锅炉、蓄热器合为一体。蓄水温度为183～204℃，蓄汽压力一般为1～1.4MPa。蓄热能力大，体积小，特别适用于学校、宾馆、医院等需要蒸汽、开水、取暖等多种热负荷的场所。系统原理如图8.5所示。

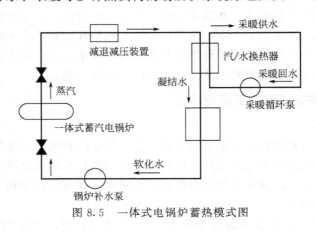

图8.5 一体式电锅炉蓄热模式图

第二节 热回收技术

一、概述

（一）技术背景

为了保证室内的空气品质，一般的空调系统都要设计新风系统来稀释室内的有害物，以达到卫生标准；为了保证室内的风量平衡，使新风顺利进入室内，同时还要设计排风系统。对于人员集中的建筑如商场、办公楼等，新风量较大，使得空调系统中的新风负荷也随之增大；同时排风将空调房间内的空气排出室外，也是一种能量的浪费。如何充分利用排风的能量，对新风进行预冷或预热，从而减小新风负荷是暖通空调节能的重要途径。此外有的建筑物内区需要全年供冷，而制冷机的冷凝热通过冷却塔排放到大气中，如何利用冷凝热以提高能源的利用效率也是需要注意的问题，暖通空调中的热回收技术就是在这样的背景下产生和发展的。

（二）热回收种类

根据热回收设备的应用范围，可以将空气-空气的热回收分为三类。

1. 工艺-工艺型

用于工艺生产过程中的热回收，起到减少能耗的作用。主要进行的是显热的回收。在这样的设备中需要考虑冷凝和腐蚀的问题。

2. 工艺-舒适型

此类空气-空气热回收装置是将工艺中的能量用于暖通空调系统中，它节省的能量较工艺-工艺类的要少，也是回收显热。

3. 舒适-舒适型

这一类的热回收装置进行的是排风与新风之间的热回收，它既可以回收显热，也可以回收全热。

（三）性能分析

通常人们对热回收系统的性能研究重点放在其换热特性上。ASHRAE 的 84 标准规定了用于商业目的的空气-空气热回收装置的检测方法（CAN/SC-C439）及热回收通风器（小型带热回收器的通风器）的检测方法。空气-空气热交换器的效率包括显热效率、潜热效率和全热效率等。此标准中效率的定义是实际的交换量（能量或水分）与两股气流的最大可能交换量之比。对于大型的商业用热回收设备，可以将问题简化为不考虑换热器与环境的换热，也没有通过缝隙、风机或除霜控制设备的得热，这样换热器处于稳定的状态。只有当被冷却侧的空气温度降至露点并发生冷凝时才会发生潜热交换。对于一些热回收设备，如果发生冷凝或结霜现象时，会产生稀释工质、降低效率甚至损坏设备的现象，这是需要避免的。对于此类热回收装置可能出现的结霜、结冻问题，一般通过自动控制开启新风预热器或关闭新风阀门的手段来解决。ASHRAE RP543、544 中对热回收设备的结霜控制方式进行了探讨。

换热器的布置形式和气流方式对换热性能也有影响，例如对于排风与新风进行热交换的空气-空气板式换热器，如果采用单级的叉流形式，效率可以达到 50%～70%，如果是串联的叉流形式则可以达到 60%～85% 的效率。间接蒸发冷却的 COP 会很高（9～20），主要取决于两侧空气的湿球温度差。尽量减少运动部件可以提高设备的可靠性和安全性，减少系统的检修和保养费用，并且延长设备的使用寿命。空气的组成、露点温度、排风温度和送风的特性影响着热回收装置的结构和材料的选择，铝和钢是常用的材料。

（四）空调冷（热）回收技术的可行性

在宾馆及大商场中，新风量较大，应用热（冷）量回收装置能起到较好的效果，其额定热回收率不应低于 60%。表 8.1 为根据北京、广州、上海地区的 5 座高层宾馆、饭店的客房区全年空调负荷计算得出的一些数据，表明新风处理的全年热负荷为传热负荷的 1～4 倍，如利用空调排风中的热量或冷量，预热或预冷新风，能起到很好的效果。表 8.2 为如全年的平均全热回收率以 6% 计算，把冬季回收的热量折算成标煤数，把夏季回收的冷量折算成电量数值。

如果按照现在的全热回收装置的国际市场和我国电价与煤价计算，北京地区约要 6 年方可回收成本，而广州只需 2 年就可以回收成本。如按商业用电价格或自发电计算，北京地区要 4.2 年回收成本，上海地区要 1.8 年回收成本，而广州只需 1.1 年就可以全部回收成本。另外由表 8.1 可得，在冷负荷中，潜热占的百分比在 85% 以上，所以用全热回收装置较理想，特别是南方地区。

表 8.1 宾馆饭店标准层新风处理负荷与传热负荷的比值

项目	北京		上海	广州	
新风处理加热负荷 / [kJ/(a·s)]	880.61	333.59	237.31	114.22	85.66
外围护结构传热负荷 / [kJ/(a·s)]	264.36	187.44	216.16	33.16	61.55
热负荷比值	3.33	1.78	1.10	3.44	1.39
新风处理冷却负荷 / [kJ/(a·s)]	87.09	32.99	158.72	499.11	374.30

续表

项目	北京		上海	广州	
外围护结构传热负荷/[kJ/(a·s)]	99.23	36.51	28.60	130.21	169.44
冷负荷比值	0.88	0.90	5.55	3.83	2.21

注：kJ/(a·s) 为标准层每年的处理负荷。

表 8.2 采用全热回收装置的节能效益

地区	全年热负荷/(kJ/a)			预计可节约的标煤量/(kJ/a)	全年冷负荷/(kJ/a)			预计可节约的用电量/(kJ/a)
	显热	潜热	全热		显热	潜热	全热	
北京	119671	65641	185124	6.30	2211	14989	18321	0.96
上海	86323	21545	107869	3.66	5920	66227	72147	3.76
广州	26607	1947	28554	0.96	17291	107475	124767	6.5

二、热管技术

(一) 热管的工作原理

热毛细动力循环式热管是一种能远距离传输能量且热阻低、传递热温降小的高效热交换装置。通常，传统热管当冷凝器在蒸发器之下时，由于重力影响而限制其热传递能力，但热毛细动力循环式热管却不受此限制。此外，热毛细动力循环式热管热交换器结构为分离式，为空调热回收系统的设计带来很大方便。热毛细动力循环系统由冷凝器、蒸发器、传输管道和控制装置（温度传感器、控制器和调节阀）组成。当蒸发器吸收外面流动空气的热量时，蒸发器内毛细吸液芯中的液体就蒸发成蒸汽，由于毛细吸液芯中汽液两相存在而产生毛细压头。在毛细压力作用下，蒸发器中的蒸汽经蒸汽管道流向冷凝器，在冷凝器中由于向外面放出热量而冷凝成液体，冷凝器中的液体由于毛细压力作用经液体管道流向蒸发器，从而形成热毛细动力循环。

(二) 热管技术特点

用于建筑能源回收的热管属于常温热管，相对于普通换热器具备以下优点。

1. 效率高，节能效果显著

热管内部主要靠工质相变传热，热阻小，因此有很高的导热能力，在小温差传热方面具有很强的适应性。但热管的传热能力受到传热极限等因素的制约；径向传热并无太大的改善，应重点考虑径向传热强化。

2. 热管的管壁温度可调性

热管可以独立改变蒸发段或者冷凝段的传热面积，即以较小的加热面积输入热量，而以较大的冷却面积输出热量，反之亦可，从而达到独立改变蒸发段和冷凝段热流密度的目的。

3. 热二极管与热开关性能

热管可以做成热二极管或热开关，只允许热流向一个方向流动，而在不利条件下可以根据需要终止热交换进行，从而避免热损失。

4. 二次间壁换热

热管换热设备是二次间壁换热，可以避免新风与回风的交叉污染，因此特别适合工厂、医院等特殊场合下排风热回收。

5. 环境适应性强

热管换热设备的冷、热段结构和位置布置可以非常灵活，适应各种复杂场合，特别是空间狭小、设备拥挤和工程改造等情况下的能源回收。

（三） 热管技术在建筑节能中的应用

热管技术在建筑节能中的应用形式多种多样，既有技术成熟、应用成功的工程实例，也有很多是尚待进一步完善的新技术。

1. 自然通风和集中排风热（冷）回收

公共建筑规模大，同时由于人员密度大或者生产工艺要求，换气量也大，比如医院手术室有时要求换气频率在每小时 40 次以上，而对大型建筑，排气所带走的能量占总负荷的 $30\%\sim40\%$，因而通风排气能源回收潜力大。

通过分离式热管换热器，利用空调系统排风能量预处理新风，新风量按 30% 计算，可使空调系统节能 7% 以上；随着冷、热气流温差的增大和新风比的增大，节能效果更加显著。试验表明冷、热气流温差只要超过 $3℃$ 即可回收能量。据此，我国上海、南京等长江中下游地区夏季空调"冷"回收的时间可达 1500h 以上，按气象参数计算，3 年内可回收设备初投资费用。

热管换热器在风道自然排风系统的能源回收中，其整体性能受工质选择、吸液芯结构、管外翅片形式、热管排列方式、管排数量、气流速度等多种因素的相互制约。其热交换效率随着风速的提高而降低，而阻力随着风速提高而增大，对于风道自然排风系统，建议换热器风速不超过 $1m/s$；平翅片、百叶窗式翅片比锥形、针形翅片换热效果好，而且压力损失小，主要是前者翅片与管壁接触更充分，而后者导致气流扰动增强；管道风速 $0.5m/s$ 时，采用一排平翅片或百叶窗式翅片热管，热交换效率可达 40%，两排可接近 70%，之后随着热管排数增加，换热效率提高的趋势减少，但压力损失明显增大；热管单元交错排列与矩形排列比较，热交换效率略有提高，但压力损失提高更加显著。

对于竖管通风的自然排风系统，目前大多没有采取热回收措施，因为安装常规换热器后，有可能由于压力损失过大而导致通风失败。热管换热器具备优良的传热性能和灵活的结构形式，能够在竖管风道自然排风系统中得到有效利用，实验表明：在风道风速为 $0.5m/s$，热回收效率为 50% 的情形下，其引起的压力损失约为 1Pa；换热器不同安放位置引起的流动损失不同，安放在风道底部高于顶部，中心高于边缘；同时，压力损失与流动损失呈反向变化，温度对流动损失的影响很小。

回收集中排气中的废热或废冷来预处理新风，目前大多采用全热交换器的形式，表 8.3 是某个工程采用全热交换器与热管换热器回收排风能源的性能比较情况。

热管换热器只能回收显热，因此在室内外空气热交换的过程中回收的效率比全热交换器相对较小。

表 8.3　全热交换器与热管换热器的性能比较

项目	全热交换器		热管换热器
材质	锂盐＋石棉纸	防蚀铝膜＋铝板	铝或铜
给气效率(给排气风量比为 1.0)/%	总热效率 75 显热效率 75	总热效率 75 显热效率 80	显热效率 60

续表

项目	全热交换器		热管换热器
压降(气速 2.5m/s)/mmH₂O	10	12	20
旋转功率(10000m³/h)/kW	0.4	0.4	—
适用温度/℃	<100	<350	−40～400
特点	结露时锂盐潮解;石棉被认为致癌;给排气会有混合	允许结露;可用水清洗;给排气会有混合	无转动部分;温度适用范围大;给排气不混合

注:1mmH₂O＝9.80665Pa。

2. 热管技术在住宅空调节能中的应用

为保证房间空气清新以及充分节能,空调系统中的部分回风经冷却(夏季)或再热(冬季)后作为送风与新风一同送到空调房间,其他部分的回风则排出。而排出的风包含有制冷或制热需要的冷量或热量。热管由于热传递速度快、传递温降小、结构简单和易控制等特点,因而将被广泛用于空调系统的热回收和热控制。

现有房间空调器在潮湿地区使用时,会因除湿量不足而不能很好地形成舒适的室内环境。在基本不改变空调器现有配置的基础上,加上热管换热装置组成热管-空调器组合系统。冬季,新风先由热管冷凝段预热后再进入空调器处理送风,排风经过热管蒸发段放热后再外排,从而回收排风热能,减少空调器负荷,达到节能的目的;而在夏季,空气先经过热管蒸发段预冷后,再由冷却盘管去湿,然后再经过热管冷凝段升温后送风。经过这一处理流程达到提高空调系统制冷能力和去湿能力,完全或部分取消再热负荷,节省系统能耗,提高舒适度的目的。

热管-空调器组合系统的整体性能不仅受热管换热器性能和空调器性能的制约,同时受系统运行条件的影响。在不同的热管换热器效率下,不同的旁通风比例和不同的新风、回风、送风参数下运行,热管-空调器组合系统表现出不同的能效和热力性能,因此,系统优化设计和优化运行必不可少。另外,由于增加了热管换热器,气流阻力有所增加,需要适当增加空调器风机压头;设备成本、总体尺寸都有所加大。

(四) 热管供热系统

为了提高钢制散热器的承压能力、节约热媒用量和解决容易出现的氧化腐蚀问题,近年来,一些热管散热器形式陆续出现,并成为散热器开发的一个热点。热管散热器利用柱型或板型散热器为壳体,在散热器底部穿入热媒管,壳体内注入工质,并建立真空环境,这是一种常温重力式热管。工作过程是:在散热器底部,供热系统通过热媒管将壳体内的工质加热,在工作温度内,工质沸腾,蒸气上升至散热器上部凝结放热,凝结液顺散热器内壁回流至加热段被再次加热蒸发。

理论分析和实验测试表明:散热器散热量的60%以自然对流形式散热,40%以辐射形式散热。分别以氟里昂-11、水、甲醇、丙酮为热管工质进行测试表明,以甲醇、丙酮为热管工质的散热器综合性能最佳。

对比普通水热媒散热器,热管散热器有以下优点。

① 表面温度均匀,F. F. Jebrail 等人的实验表明:对于90℃和72℃的热媒水,普通散热器不同表面点之间的最大温差分别为 16.1℃和 12.2℃;而同样表面积的热管散热器,当以甲醇为热管工质时分别为 2.87℃和 5.68℃,当以丙酮为热管工质时分别为 0.25℃和 2.10℃。

② 没有普通散热器容易出现的氧化腐蚀问题。

③ 所需热媒量大为减少，可大为节省输送动力消耗，简化输送管路系统。

④ 系统简单轻便，节省金属材料耗量80％；不受水压力制约，安装方便灵活，维护工作量少。

⑤ 通过适当改装，置于房顶倒置安装，可以较方便地改造为太阳能热水系统。

同时，热管散热器作为一项新技术，用于集中供热系统，也有一些实际性的工程问题有待进一步完善。

① 热管散热器属于二次间壁换热，其传热能力主要取决于热媒管内的传热热阻，因此，强化热媒与热管工质之间的换热是提高效率的关键，对比普通水热媒散热器，相同的散热器表面积和相同的热媒流量，热管散热器表面温度略低，相应的传热系数也低。

② 热管从启动到稳定工作，管内产生从负压到正压的大跨度压力变化，停止工作时，管壳内需要维持一定的负压，因此，生产工艺要求较普通散热器高得多，工艺成本相应提高。

③ 热管工质的毒性、可燃性、与壳体材料的相容性、沸点、饱和压力、热传输因子等热物理性质和参数对热管散热器的性能及实际适用性起着决定性作用，需要慎重考虑。

（五）热管节能技术新探索

1. 地热资源的开发

我国地热资源极为丰富，全国已发现地热点3200多处，打成的地热井2000多眼，高温地热主要分布在西藏南部和云南西部，地热发电主要在西藏，装机容量25MW，已运行20年，可满足拉萨地区45％～50％的电力需求。近几年发展最快的是中、低温地热利用，如采暖、洗浴、医疗、旅游、种养业等。地热采暖已发展到800万平方米，天津市已达到500万平方米，随着对环境的重视，北京地区也在加强规划。

美国西弗吉尼亚、日本长野等地通过热管技术，利用地下5～20m深处的地热融化停车场、高速公路收费处、加油站等地面积雪，效果良好。而过去常采用在道路下面埋设管子，用循环热水融雪，因而能耗大，运行费用高。

日本专家进行了热虹吸管提取的地热能为冬季温室加热的实验研究，并进行了西红柿种植试验。结果表明：使用热管与不使用热管的温室相比较，室温提高2～9℃，而且，室外温度越低，温差越大；西红柿的生长速度快一倍。

对太阳能及热管在温室中的应用作经济分析：农业温室中，燃料成本占总成本20.0％～32.2％，采用热管技术，利用太阳能和地热可以大大降低农业温室运行和管理成本，提高经济效益。

2. 热管/喷射式制冷

S. B. Riffat 和 A. Holt 提出了一种新型的热管/喷射式制冷模型。该系统制冷性能COP值可与吸收式制冷媲美，而且结构非常紧凑，可有效利用太阳能和其他形式的80℃左右的低品位废热。以甲醇为工质时，系统性能明显高于用水为工质；当发生温度为80℃，蒸发温度为5℃，冷凝温度为35℃时，前者比后者高70％；以甲醇为工质，冷凝段以35℃空气被动冷却时，单级喷射系统COP值为0.7，双级系统可进一步提高性能；冷凝温度对系统性能的影响，要大于发生温度和蒸发温度对其的影响，因此，在改善系统性能时，应着重考虑冷凝段的强化传热。

3. 低品位工业废热利用

在有稳定低品位工业废热的情形下，采用热管技术，利用工业废热作为吸收式制冷的热源，达到提高能源利用率、减少环境污染的目的。

4. 在食品加工中的应用

在食品加工中，利用插入式热管可大为缩短食品冷冻和解冻所需要的时间，减少食品表面水分蒸发，从而减少能耗，保持食品质地均匀，减少细菌污染。

5. 工程应用问题分析

热管在建筑节能上的应用，国内外都缺乏系统的研究，仍然有许多问题有待深入探索。

（1）与工业节能应用的差异　热管在建筑节能上的应用，其工况条件与工业节能应用有很大差异，因此在设计和应用上不能简单套用工业节能应用的方法和理论体系。差异主要体现在以下几个方面。

① 冷、热源都处于近室温状态，而且温差非常接近，比如建筑物夏季排风、新风温差一般不会超过 15℃，冬季大多数不会超过 30℃。

② 随着季节、昼夜、气候的变化，换热器工作条件变化很大。比如：排气夏季是冷源，冬季则是热源；夏季白天温差大，冬季则白天温差相对较小。

③ 废热排放和能源利用在空间上都有集中与分散并存的特点。

④ 废热排放和能源利用在时间上不稳定，但有一定的周期性。

（2）热管换热器形式的选择　在建筑节能中，按热管换热器结构形式的不同，大致可以分为三种情形：整体式经典热管换热器、整体式热虹吸管换热器、分离式热虹吸管换热器。

① 整体式经典热管换热器　经典热管是应用和研究历史最长一种，对其研究趋于成熟，然而，经典热管的传热机理复杂，热传递存在着一系列的传热极限，限制热管传热的物理现象为毛细力、声速、携带、沸腾、连续蒸汽、蒸汽压力及冷凝等，这些传热极限与热管尺寸、形状、工作介质、吸液芯结构、工作温度等有关。毛细极限是最有普遍意义的一种，对于适当网目数的吸液芯，增加层数，可以提高热管的传热能力和毛细极限，但是，增加到一定层数，由于蒸汽通道减少，传热能力有可能受声速极限和携带期限的制约，各种影响因素相互关联。A. Abo El-Nasr 等人在特定的实验条件下的实验结果是，吸液芯材料以 16 层最佳，实际工程应用建议以适当模型实验为基础。另外，经典热管生产工艺复杂，成本较高。

② 整体式热虹吸管换热器　热虹吸热管没有吸液芯结构，凝液在重力作用下回流，其传热机理与经典热管有所不同，传热极限主要有携带极限、干涸极限和沸腾极限。影响热虹吸管传热性能的因素很多，如热虹吸管几何尺寸、倾角、充液量、工质的热物理性质、管内的工作温度等，其中充液量和倾角最为重要。充液量基本在 20％～30％之间。关于倾角的影响，针对不同的工质和热虹吸管的长径比实验结果有所不同，这是由于工质的物理性质使得重力对其传热流动过程的影响差异所致，总体来说，在其他工况不变的情况下，倾斜角在 20°～40°之间会获得较好的传热效果，进一步加大倾角，传热量的变化比较平坦。由于热虹吸管传热机理的复杂性，充液量、倾角以及其他相关传热规律的研究大多建立在实验基础之上，研究者们在实验手段、分析方法、运行条件等方面会有所不同，得出的结论也会有所差异，因此建议在实际的工程应用中，在参考相关文献的基础上，通过适当的模型实验确定最佳充液量、倾角以及其他有关设计、运行参数。

热虹吸管在实际使用中，其最大传热能力往往受限于携带极限，因此在结构上减少汽-液间的相互作用成为强化传热的重点，这些措施除通过机加工、电镀、腐蚀、激光等方法形成槽道内表面、多孔内表面结构外，更简便而又有效的途径则是具有内插件的热虹吸管，即内插开空抑泡管、溢流同心导管、内置热管、内置分流管等。

值得指出的是，热虹吸管生产工艺简单，普通换热器厂家都可生产，因而成本较低，这是在建筑节能应用中值得考虑的。

但也有实验结果显示：对于铜-水热管，有吸液芯结构的热管其传热性能比没有吸液芯结构的重力热虹吸管高得多，在相对于水平面倾角分别为 36°、60°和 90°时，传热能力前者比后者分别提高 55%、25% 和 70%；实验也同时显示，无吸液芯结构热管在启动后，达到稳定工作状态所需要的时间少。

③ 分离式热虹吸管换热器　分离式热虹吸管由于其结构的独特性，管内工质的传热与传质过程与整体式热管有所不同，管内蒸汽与液体同向流动，故而不存在携带限，限制其传热能力的主要有烧干限、声速限和冷凝限。从分离式热管内部的运行机理来看，实际上它是一个汽水自然循环系统，只有当冷凝段和蒸发段达到一个最小高度差，足以克服各段循环阻力，这时蒸发段出口截面含汽率为 $x_0=1$，工质循环倍率为 $K=1$，即认为达到最佳工作点。由于分离式热虹吸管换热器每排热管组件工作点不同，因此必须按照每排热平衡计算的结果逐排校核其汽水动力循环，以求得 $H_{\min}$ 及此状态下的最小充液量，使热管换热器运行在最高效率状态。

充液量是影响分离式热管效果的最重要因素之一。充液量过多，气液混合物将进入蒸汽上升管，甚至到达冷凝段，降低系统的传热性能；充液量过少，则会使加热段上部管内壁面无液膜覆盖，引起传热恶化。充液量不仅与热负荷有关，而且受工质的热物理性质、热管的结构特性、几何尺寸、运行工况等各种因素制约。研究者们由于实验模型、试验条件、测试手段、分析方法的差异，关于分离式热管最佳充液量的研究，各自得出的结果差异较大，其定值由 28%～95% 不等，当中较多结论认为 70% 左右为最佳，而且这些研究大多数以工业应用为背景，因此对于工程应用并不具有广泛意义，实际工程应用建议进行适当模型实验确定最佳充液量。而且，由于分离式热管各排蒸发段或冷凝段组件的温度变化并不是连续的，其工作点、传热特性也不同，如果整台换热器都充以固定的充液量，势必难以发挥热管的高效率。分离式热管换热器的设计建议采用离散变量设计方法。

分离式热虹吸管换热器与整体式热管换热器比较具有自身的特点。

① 在空间布局上，可以根据需要方便灵活地布置热管的蒸发段和冷凝段，可以实现较远距离的热量传输；而且可以不同热汇共用热源，也可以几个热源共同加热一个热汇，但管排不均匀加热和冷却对换热器性能有一定的影响，这是设计和运行中需要考虑的。

② 受传热极限制约较少，可以实现更高热流密度传输。

③ 冷、热源完全隔离，不存在相互污染的危险。

④ 换热器相互串通的管件较多，一旦某一处出现泄漏，就会导致整排组件或整个换热器功能的丧失。

（3）换热器材料的选择　材料的选择包括管壳材料、吸液芯材料、工作液体的选择，以下主要分析有关工质选择的一些问题。热管是依靠工质的相变来传递热量的，一般应考虑以下一些原则。

① 工作液体应适应热管的工作温度区，并有适当的饱和蒸气压。

② 工作液体与壳体、吸液芯材料应相容，且应具有良好的热稳定性。

③ 工作液体应具有良好的综合热物理性质，要求液体的输运因素大，同时液体的热导因素也大，还要考虑液体在工作温度下的过热度。

④ 其他，包括经济性、毒性、环境污染等。近室温条件下，几种工质的主要热物理参数见表8.4。

表 8.4　近室温条件下，几种工质的主要热物理参数

中文名和分子式	熔点/℃	正常沸点/℃	相容壳体材料	温度/℃	饱和压力/× 10⁶ Pa	输运因素/(× 10⁶ W/m²)	热导因素/[× 10⁶ W²/(m³ · K)]
氟里昂-11 ($CFCl_3$)	−111	23.7	铝、铜不锈钢	20	0.88910	70.09	6.31
				40	1.74800	80.24	6.74
氟里昂-13 ($CFCl_3$)	−36.6	47.68	铝、铜	20	0.3904	6.866	0.528
				40	0.8182	7.193	0.527
乙醇 (CH_3CH_2OH)	−114.5	78.3	铜、不锈钢	20	0.058	15.682	2.807
				40	0.180	20.471	3.582
丙酮 (CH_3OHCH_3)	−93.15	56.25	铝、铜不锈钢	20	0.27	31.997	5.791
				40	0.60	32.442	5.667
甲醇 (CH_3OH)	−98	64.7	铜、碳钢不锈钢	20	0.3	36.862	7.519
				40	0.6	42.215	8.569
水（H_2O）	0	100	铜碳钢①	20	0.023368	178.386	107.388
				40	0.073749	254.926	160.603

①内壁面做一定化学处理。

尽管水具有很高的输运因素和热导因素，但一般不建议用在近室温饱和蒸气压太小，蒸气流非常稀薄，传热容易受声速极限的制约的情况；另外人们一般认为，这种温度条件下，水的过热度太大，传热易受沸腾极限制约。

（4）应用实例

① 用于回收凝结水冷量　房间空调器蒸发器、表冷器或风机盘管凝结水虽然含有冷量，但是空调系统并没有对其加以回收利用。主要因为凝结水是无压水，且水中溶有多种杂质，对它的回收是技术上的难题，加之显冷量相对较低，很难做到经济回收。分离式热管恰能解决以上难题，用分离式热管回收凝结水冷量的工作原理为：将凝结水的冷量通过分离式热管传输至制冷机的冷凝器。回收流程如图8.5和图8.6所示。

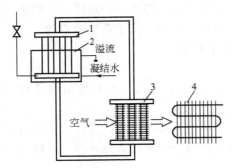

图 8.6　风冷式冷凝器中凝结水冷量的回收
1—分离式热管的冷凝段；2—凝结水收集水箱；
3—分离式热管的蒸发段；4—风冷式冷凝器

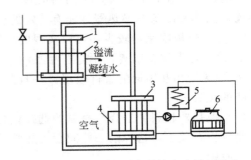

图 8.7　水冷式冷凝器中凝结水冷量的回收
1—分离式热管的冷凝段；2—凝结水收集水箱；
3—分离式热管的蒸发段；4—冷却水收集水箱；
5—水冷式冷凝器；6—冷却塔

以商场为例，从商场的调查分析来看，人体负荷占空调系统总冷负荷的50%左右，新风负荷占总冷负荷的30%左右，照明负荷占总冷负荷的10%左右，其余为建筑负荷和设备负荷。其中，人体潜热（散湿）负荷约占人体负荷的74%。如果室外空气的干球温度为34℃、相对湿度为65%，室内空气温度为24℃、相对湿度为50%，新风负荷中的湿负荷约占新风负荷的40%，那么，商场湿负荷约占总冷负荷的49%。在这样的室内环境下的露点温度为12.96℃，与室外空气温差达到21℃，显冷量为88kJ/kg，占单位散湿冷量的3.4%，占整个商场总冷负荷的1.66%。如果回收效率为80%，将回收1.3%的冷量，相当于制冷系统的效率提高了1.3%。在气候潮湿的南方地区，空气中相对湿度有时能达到95%以上，商场湿负荷约占总冷负荷的63%，可回收的凝结水冷量达到整个商场冷负荷的2.1%以上，如果回收效率为80%，将回收1.7%的冷量，相当于提高了制冷空调系统1.7%的效率。

② 用于平衡建筑冷热负荷　对于某些大型建筑物，在特定的季节及特定的空调系统中，需要对建筑物的某些房间（A区）实行冷房工况运行，而对另一些房间（B区）实行暖房工况运行。按常规的方法是采用制冷、供暖两套独立的系统同时工作。这不仅会增加空调系统的投资成本，也会增加系统的总运行能耗。于是，一种能实现空调运行中的热回收的适配式热回收热泵空调系统开始被推广。

适配式热回收热泵空调系统的工作原理是：采用被称为BSUites的适配器（即冷、暖房工况运行切换器），并在VRV系统中通过变频控制的"R2H IDECS"循环来实现将制冷循环中排出的热量完全或部分回收，用于供暖的整体运行。这比分离的制冷、供暖运行可节约15%~20%的耗电量。但是该系统的控制复杂，初投资较大。

采用分离式热管换热器，可以代替适配器的功能，而且分离式热管平衡空调系统的控制简单，初投资少。其工作原理是将分离式热管的蒸发段和冷凝段分别工作在需要供冷排风管和需要供暖的新风管中，用以平衡两者之间的热量。设A区、B区的温度要求是一样的，工作流程示意图如图8.8和图8.9所示。

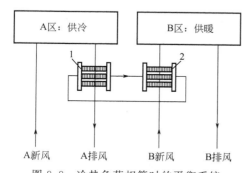

图8.8　冷热负荷相等时的平衡系统

1—分离式热管的蒸发段；2—分离式热管的冷凝段

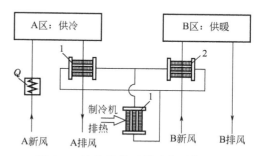

图8.9　冷热负荷不等时的平衡系统

1—分离式热管的蒸发段；2—分离式热管的冷凝段

图8.8中，A区的冷负荷依靠全面通风提供，A区与B区的冷热负荷相等，它们之间的热量依靠分离式热管进行迁移。图8.9中，A区的冷负荷由制冷机提供，且B区的暖负荷比A区的冷负荷大，这时的分离式热管平衡空调系统是热泵空调系统加部分热化联合循环。

与适配式热回收热泵空调系统相比，分离式热管平衡空调系统结构简单，主要对现有的空调系统进行局部改造，就可以实现能量的回收。采用分离式热管平衡空调系统的前提条件是，需要供暖和供冷的区域温度要求相同。对于供暖区域和供冷区域的温度要求不同的场合，适配式热回收热泵空调系统能够做到热化循环，这一点分离式热管平衡空调系统是做不到的。但是分离式热管平衡空调系统灵活、易于实现的优点，也是适配式热回收热泵空调系统难以做到的，应根据不同的需要选择应用。

分离式热管换热器是一种高效传热元件，结构简单、无动力部件、传热温差小，不仅有较高的传热效率，且冷、热侧可以分开安装，具有较强的工程适应性，避免了大流量的气体迁移和气体管路的复杂设计。分离式热管在回收空调凝结水冷量和平衡建筑冷热负荷中具有很大的开发应用价值。

三、冷凝热回收技术

目前使用最多的空调制冷系统依然是电制冷机组，制热则大多使用燃油、燃气锅炉等。电制冷的工作原理决定了其在制冷过程中必然产生巨大的废热，这些废热排放到大气中构成热污染，加大城市的"热岛效应"。据测算，一座面积5万平方米的现代建筑，冷负荷为5000kW，而冷凝废热排放高达6500kW。与此同时，人们需要使用燃油、燃气、电热等达到供暖或卫生热水的要求，给机组带来巨大的运行成本。如果使用冷凝热回收技术，将这些热能回收，用于生活热水或作为辅助加热热源，既可大大降低整个暖通系统的运行费用，又可减少向大气中排放的废热，减轻大气污染，改善生态环境。

（一）热回收系统原理及循环分析

对冷水式机组来讲（R22、R134a系统的排气温度都在100℃左右），热回收技术正是利用这些冷凝热将热回收系统的循环水加热至40～45℃，作为生活热水或工艺用水，即将一个冷凝器分为上下独立的两个换热管束和独立的水箱。其中上部换热管束和上部水箱中循环热回收系统水，而下部管束和下部水箱循环冷凝器冷却水。利用压缩机的排气显热和部分冷凝潜热在上管束中对热回收系统循环水进行加热；剩余热量由冷凝管束中的冷却水带走，送至冷却塔。冷凝管束在系统中必须保留。其原因在于热回收所带走的热流不是固定的，而是随着系统负荷的变化而变化。当机组的冷凝热无法全部由热回收管束带走时，必须通过冷凝管束进一步冷却，将剩余的冷凝热带至冷却塔散热，保证冷凝过程顺利完成和机组的正常运行。冷凝热回收系统的循环原理如图8.10所示。

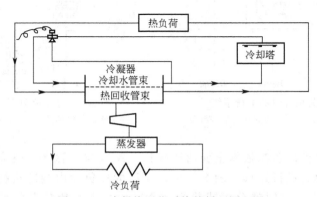

图8.10　冷凝热回收系统的循环原理图

热回收冷水机组充分利用制冷机组压缩机排出的过热气体的高温显热，部分利用制冷剂在冷凝过程中放出的低温潜热。而经由冷却水带到冷却塔最终排入到大气中的热量大大减少。同时系统冷却塔风机的耗电量能得到很大节省。由于热回收系统回收了大部分冷凝废热，可以节约大量用于加热热水的能量，会取得显著的节能效果。

（二）热回收系统控制

在大多数情况下，系统控制一般设计为热回收管束的回水温度保持恒定。热回收管束出水温度将会随着系统的负荷变化有一定的波动，当制冷负荷下降时，热回收管束出水温度将降低。同时，机组冷凝温度将降低，从而导致压缩机的卸载幅度增加。此时需通过安装在冷却水管路中的三通阀将部分冷却水回水直接旁通回冷凝器冷凝管束进水，从而提高机组的冷凝温度，保证整个热回收系统的稳定工作。

另一种系统控制方法则是保证恒定的热回收出水温度，而不论系统的冷负载如何变化。在这种情况下，必须保证机组冷凝温度维持恒定，因而压缩机不论在满负荷时还是部分负荷时都会在大压头工况下工作。在这种情况下，对离心式机组而言，由于喘振的限制，压缩机的工作范围相当有限。

在系统工况处于同时要求提供较低的冷负荷和较高的热负荷情况下，通常采用重新设定蒸发温度的方法来达到这种要求。可以将蒸发温度设定得稍高，从而减小压缩机的压头来实现。这样做会带来两个好处：一是降低能耗；二是提高压缩机部分负载能力。

（三）冷凝热回收技术特点

热回收机组回收冷凝热是将热量提供给生活热水工艺加热、锅炉进水预热或其他工艺过程的一种有效和低成本的节能环保方法，其主要特点如下：①热回收机组充分利用制冷系统的废热，将制冷系统中产生的低品位热量有效地利用起来，是经济有效的节能技术；②热回收机组减少了排放到环境的废热，同时，冷却塔散热容量的减小，从而减小了能源输入和冷却塔风机常开造成的噪声，有效地保护了环境；③热回收机组的使用，减少了热水加热系统或设备的容量，从而减少了不可再生能源的使用。同时，利用废热加热生活或工艺热水，降低了热水供应系统的能源成本和运行费用。但同时热回收具有单位时间内产水量不高、水温有限和季节性等缺点，通常需要辅助热源，而且适用场合也要受到一定的限制。

（四）热回收系统应用注意事项

① 能耗分析。热回收机组由于要提供较高（40～45℃）的水温，其冷凝温度、压力都相应较高，因而主机功耗将大大超过一般单冷状态工作的机组。因而系统设计时，必须考虑整个系统的经济性，即比较由于主机能效比（kW/TR）上升带来的能耗增加与系统热回收节能之间的利弊关系。

② 如用离心式冷水机组作为主机，机组必须配有热气旁通装置。

③ 系统正常运转要求冷却水系统（包括水泵、冷却塔）始终处于运转状态。

④ 系统可以在非热回收状态下运行。

⑤ 热回收系统水的硬度不能太高。由于热回收换热管中的水温较高，为防止在热回收换热管中产生污垢，必须控制循环水的硬度。

（五）热回收装置

1. 热回收装置的种类及原理

在暖通空调中的热回收装置主要有：转轮全热交换器、板式显热交换器、板翅式全热交换器、中间热媒式热交换器和热管式换热器。

（1）全热回收装置

① 转轮式热交换器　转轮式热交换器主要由转芯、传动装置、自控调速装置及机体构成（图 8.11）。在换热器旋转体内，设有两侧分隔板，上半部通过新风，下半部通过室内排风，使新风与排风反向逆流。转轮以每分钟 8～10 转的速度缓慢旋转，把排风中热量蓄存起来，然后再传给新风。如果转轮是由特殊难燃纸或塑料（表面有吸湿材料或涂层）制造的，则能回收显热，也能回收潜热，即回收全热。全热交换器具有比较高的热回收效率，压力损失较小。

转轮式全热交换器是利用喷涂氯化锂的铝箔非金属膜、特殊纸等材质做成蜂窝状，外形呈轮形，冬季排风的温湿度高于新风，经过转轮时，使转芯材质的温度升高，水分含量增大，当转芯材质经过清洗扇转至与新风接触时，转芯向新风放出热量与水分，使新风升温增湿。夏季的空气传热传质过程正好相反。一般是将此热回收设备置于负压段，而且为了防止交叉污染，排风中不能含有毒物质或有害物质。此装置要求新风和排风集中在一起，给系统布置带来一定困难，另外也有空气泄漏问题。

② 板翅式全热换热器　板翅式全热换热器主要内部结构为一个板翅式换热器（图 8.12）。板翅式全热交换器的结构形式与板式显热交换器基本相同，并且工作原理也相同，只是构成热交换材质不同。显热交换器的基材为铝箔，使其只能进行显热交换，全热交换器的材质则是采用特殊加工的纸或膜，这种特殊材料具有良好的传热和透湿性，而不透气。当隔板两侧气流之间存在温差和水蒸气分压差时，两气流之间就产生传热和传质过程，进行全热交换。

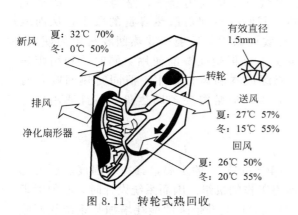

图 8.11　转轮式热回收

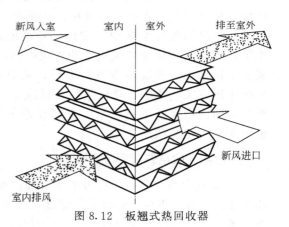

图 8.12　板翅式热回收器

交换器本体是用特殊加工的纸（全热交换器）或铝箔（一般为显热交换器）等做成的板翅状，然后交错放置而成，送、排风用隔板完全分开，故没有空气泄漏问题，最大效率为 62%～67%。板翅式热交换器无驱动能耗，进排风不混合，用铝箔制成的交换器压力损失相对较小，而难燃纸相对的压力损失较大。另外，要做好过滤工作，防止尘埃阻塞，此外交换器也需要新风和排风风道集中在一起，系统布置有一定困难。

（2）显热回收装置

① 板式显热换热器　板式显热换热器由光滑的板装配而成，一般采用叉流结构形式。它对空气的清洁度有一定的要求，可采用过滤器来解决；而且也应该注意结霜问题，可采用设置新风预热器来解决。新风与回风逆向流动，靠新风与回风的温差进行热量的交换。两者之间的换热量可以根据最基本的传热关系式确定：

$$q = UADT = \frac{UA(DT_2 - DT_1)}{\ln\left(\dfrac{DT_2}{DT_1}\right)}$$

式中　　　q——换热量，W；

U——总传热系数，W/(m² · K)；

A——垂直于热流方向上的换热面积，m²；

DT——整个热交换器的对数平均有效温差，K；

DT_1，DT_2——新风和回风的进出口温差。

② 热管　热管是一种借助工质（如氨、氟里昂-11、氟里昂-113、丙酮、甲醇等）的相变进行热传递的换热元件，其结构是灵活多样的，相互之间差别很大。重力型分离式热管其蒸发段和冷凝段分开，通过蒸汽上升管和液体下降管连通起来，形成一个自然循环回路。热管式换热器是蒸发-冷凝型的换热设备，空调系统中采用的多是重力式热管，其性能受到热管倾斜角度的影响。

③ 中间热媒式换热器　中间热媒式换热器，在排风和新风管上分别装置水-空气换热器，通过中间热媒，将热量传递给新风。中间热媒通常为水。为降低冰点，一般在水中加入一定比例的乙二醇。中间热媒式热交换器有间接式和接触式两类，它们的使用取决于排风的特性及使用的场所。间接式热回收器只能回收显热，但是避免了新风和排风的交叉污染；接触式热回收器可以回收全热，但是对于冬季的运行要注意由于结晶导致的堵塞问题及对金属表面的腐蚀问题。

④ 热回收回路　此方法是在新风和排风侧设置热交换器，它们之间采用中间热媒（水或防冻液），不断将排风中的热（冷）量转移到新风中去。热回收回路的供热体和得热体不直接接触，不发生交叉污染。另外新风与排风风道不必集中在一起，系统布置灵活，但热回收回路由于有中间热媒，故有温差损失，热效率较低（图8.13）。

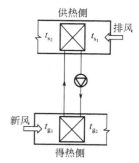

图 8.13　热回收回路

t_{s_1}、t_{s_2}、t_{g_1}、t_{g_2}为新风和

排风处两侧的温度

另外也有用热管（主要用于高温排热的显热回收）和喷雾系统（直接接触传热）的热回收系统。百货商场、宾馆等场所最适用热回收装置，目前我国使用最广泛的是轮转式热交换器和板翅式热交换器，这些设备已经工厂化，可以根据需要，购置不同规格的设备。

2. 技术可行性分析

（1）热回收装置的适用性分析

① 全热式换热器的适用性特征　对于以湿热天气为特征的长江中下游地区使用全热交换器尤其适当。转轮换热器高效、自净、可控、适用面广；但装置较大，位置固定，消耗动力，压损较大，有交叉污染。板翅式换热器传热效率高，结构紧凑，轻巧牢固，适应性强，经济性好；但流动阻力较大，可长期使用的密封垫片尚需进一步完善。

② 显热式换热器的适用性特征　虽然显热式换热器的效率不及全热式换热器，但也有其自身的特点，从节能的角度考虑，完全可以采用。

板式显热换热器结构简单，运行安全可靠，费用较低；但体积较大，位置固定，效率较低。分离式热管换热器布置灵活，无交叉污染，运行安全可靠，小温差也可回收热量，壁温可调；但不能回收潜热，效率低，工质特性需慎重考虑。中间热媒式换热器无交叉污染，布置方便灵活，可选通用设备；但有动力消耗和温差损失，效率低下。

（2）热回收设备配置的合理性分析　无论是商用中央空调还是家用空调器，配置热回收设备以后都要对系统设计的合理性进行分析。对前者而言，主要考虑到系统划分、送回风机、风道的布置以及保持系统本身具有的送新风、排废气的环保特性等因素；对后者来讲，主要是热回收设备在原有空调器上的布置合理性问题。

① 商用中央空调热回收设计的合理性　商业建筑废热排放具备"集中、量大、稳定"三个可利用的内在因素，对于其热回收系统，外界条件是把新风和排风集合到一处，这就要求系统的配置趋于完善与合理：

　　a. 系统规模要适中；

　　b. 系统运行的可靠性；

　　c. 保证热回收系统的清洁度；

　　d. 自动控制的重要性。

② 家用空调器热回收设备配置的合理性　由于大多数家用空调器没有新风的引入，而且随着民用建筑的密闭性增加，靠门窗渗入的新风量和排风量明显减少，室内装修材料释放

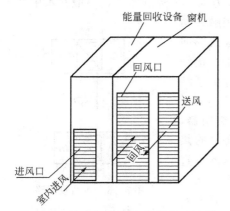

图 8.14　具有气-气热交换器的空调器

大量有害气体，导致室内空气品质（IAQ）的恶化，从而引起病态建筑综合征（SBS）。而传统的窗机或部分分体机虽有有限的新风换气功能，但无热回收功能，这又将导致大量余热的浪费。湖南大学研发的板式空气-空气换热器可以与窗式空调器配套安装，同时具备送新风和热回收功能，而且省去了热回收器的新风和排风的引风机，总体积并不会增加很多，其结构示意图如图 8.14 所示。在房间空调器上布置热管换热器同样可行。只需重新配设室内侧风机，而这在技术上完全可以实现。

（3）热回收装置的节能性分析

① 室外空气不同湿球温度下全热回收器节能效果

由全热回收器的热回收效率可以看出，全热回收器的回收量与室内外空气的温度有关。以长沙某宾馆建筑作为研究对象来分析各种室外温、湿度条件下的新风全热回收器的节能情况。如图 8.15 所示为根据该宾馆建筑的室内设计条件计算出的不同湿球温度下的热回收量及风机能耗变化曲线。从图中可以看出，室内外温差越大，全热回收器的节能效果越明显，室内外温差越小，节能效果越差。图 8.15 中，湿球温度在 10~22℃之间，即在过渡季节时，全热回收器的节能量要小于其本身的风机能耗。因

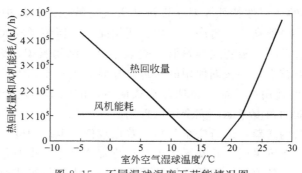

图 8.15　不同湿球温度下节能情况图

此，在过渡季节运行全热回收器的热交换模式是不利的，而应采用旁通模式。

② 全年能量回收分析实例计算 全年从排风中回收能量示意图如图 8.16 所示。

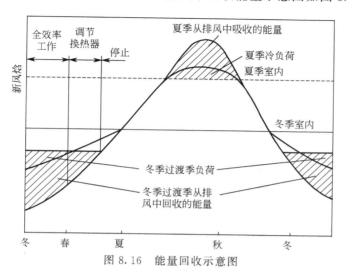

图 8.16 能量回收示意图

③ 经济可行性分析 空调系统增加了热回收装置，势必初投资增大，但在空调系统运行中，热回收装置回收了一定的热（冷）量，减少了加热量或供冷量，节省了运行费用。初投资的增加与节省的运行费用相比较，所增加的初投资的回收期的长短，很大程度上决定了设置热回收装置的可行性。

一个好的热回收系统的回收期应该小于 5 年（小于 3 年的系统可能经常被采用）。此外，热回收系统的经济性能还受到能源费用、可利用的废热量、其他的节能方式、废热的品位、运行环境、污染控制系统的效率、冷热源设备的效率、加湿和除湿设备的效率等诸多因素的影响。

④ 经济分析计算方法

a. 热回收空调系统增加的初投资费用包括热回收设备及其附件（如风机、阀门）的成本 A。

b. 热回收空调系统全年省的运行费用 P。

c. 投资回收期 T。其定义为增加的初投资费用除以全年节省的运行费用，即 $T = A/P$。

案例一：采用转轮式全热交换器的空调系统按上海市夏季气象条件计算，该系统的总送风量为 80000m³/h，新风量为 16000m³/h。对于一套处理风量为 16000m³/h 的全热交换器，如果选择面风速为 3m/s，则其换热效率为 75% 左右，系统阻力约为 160Pa，换热器电动机消耗功率约为 1kW。经计算，投资回收期为 2.3 年，如果考虑到可减少冷热源及配套设备的装机容量，初投资还将大大减少，甚至降低的费用可回收全套热回收装置。

案例二：住宅中使用板翅式全热交换器的经济效果：安装板翅式全热交换器后，基建投资费用增加 5.6 万日元，但年运行费用降低约 1.7 万日元。所增基建投资费用的偿还年限，即根据投资回收期根据公式计算投资回收期为 3.3 年。

以上案例表明，空调系统中安装热回收设备后，初投资确有增加，但却大量地节省了运行费用，在较短的时间内便可回收增加的初投资，以后每年节省的运行费用则充分显示了热回收空调的优越性，经济上是合理和可行的。

目前热回收装置只是在一些外资的工业和民用空调工程中使用，还没有在暖通空调系统中得到广泛的应用。但是随着空调节能技术的发展和人们节能意识的提高，暖通空调中的热回收技术必将得到发展。

热回收装置在节能与环保领域上的优势，必将带来可观的经济效益和良好的社会效益，其前景必然是乐观的。

第三节　变频技术

一、概述

空调节能技术共分三种：一是节能元件与节能技术的应用；二是改善空调设计，优化结构参数；三是运行中的节能控制，即变容量控制技术，特别是变频技术。由于变频技术通过改变频率调整压缩机功率，因此，应用了变频技术的空调机一方面降低了开关损耗；另一方面提高了低频运转时的能效。据粗略估算，如果将空调的平均效率提高 10%，每年就可节省 3.7GW 的发电量，为国家节约 160 亿元人民币；而如果将全国在用空调全部换成变频空调，则空调的平均能效至少可提高 30%，每年可为国家节约 480 亿元人民币。

（一）　变频空调的概念

所谓变频技术就是通过控制电机的输入频率，从而达到改变其转速目的的技术，而"变频空调"是与传统的"定频空调"相比较而产生的概念。众所周知，我国的电网规格为220V、50Hz，在这种条件下工作的空调称为"定频空调"。由于供电频率不能改变，传统的定频空调的压缩机转速基本不变，依靠其不断地"开、关"压缩机来调整室内温度，其一开一停之间容易造成室温忽冷忽热，并消耗较多电能。而"变频空调"是通过变频器改变压缩机供电频率，调节压缩机转速，依靠压缩机转速的快慢达到控制室温的目的，室温波动小、电能消耗少，其舒适度有了较大的提高。显然运用变频控制技术的变频空调，可根据环境温度自动选择制热、制冷和除湿运转方式，使居室在短时间内迅速达到所需温度，并在低转速、低能耗状态下有较小的温差波动，实现了快速、节能和舒适控温效果，与固定速度的空气压缩机空调相比，变频空调从启动到预置温度的时间缩短了约 1/3，温度稳定性更高，功耗也有所下降。

（二）　变频空调的发展历程及发展趋势

随着人们生活水平的提高，空调器作为改善居室（工作室）环境的工具，在家庭中的使用越来越普及。由于定速空调在舒适性、节能性方面均不尽人意，为了适应舒适性、节能性的要求，变频（变速）空调器在 20 世纪 80 年代初被开发出来后呈逐年增长趋势，目前已呈现全球化趋势。

变频（变速）空调分交流变频（变速）和直流变频（变速）两种，直流变频（变速）节能性比交流变频（变速）优越得多。对于能源严重匮乏的日本来说，政府不仅对空调能效标准进行了严格的限制，同时更大力支持日本空调企业开发节能空调。到 2003 年，95% 以上的日本家庭都使用变频（变速）空调，其中 95% 以上的都是直流变频（变速）空调。到2006 年，几乎 100% 的日本家庭都使用变频（变速）空调。在欧洲，从 1998 年开始引入变频（变速）空调起，直流变频（变速）就占据了相当大的比重。随着近几年来欧洲有关空调节能标准的不断提高，2004 年，欧洲变频（变速）空调市场占有率达到 50% 以上，其中90% 是直流变频（变速）空调。

　　在我国，变频（变速）空调的发展较迟，20 世纪 90 年代到 2000 年以前为技术导入期，2000 年到现在为市场导入期，和国外相比尚有较大的技术差距，但据家电连锁巨头国美、苏宁等反馈，目前我国变频（变速）空调已占销售总量的 20% 以上。虽然交流变频（变速）和直流变频（变速）相比尚有多处不尽人意之处，但因为交流变频（变速）空调机成本低，国产化率高，目前国内市场上的变频（变速）空调机大部分是交流变频（变速）。上海市 2006 年出台了变频（变速）能效等级标准，指导了企业的发展，从已了解情况看，直流变频（变速）空调占了高节能的主导地位。随着节能要求的提高，直流变频（变速）将是变频（变速）空调器的发展趋势。据有关专家预计：随着我国空调更新的能效标准出台，此后传统交流变频（变速）空调将逐渐被淘汰，直流变频（变速）空调将占据空调市场主流，市场占有率将超过 85%。

（三）变频技术的优势分析

1. 变频技术可实现制冷系统的大幅节能

　　在定速压缩机输气量（即定速压缩机）的系统中，制冷量与负荷存在如下关系（图 8.17）。制冷系统的负荷随环境温度增加而增加，系统的制冷量随环境温度增加而减小，为了保证达到所需制冷温度的要求，定速压缩机输气量系统匹配时一般要求制冷系统制冷量要比最大负荷略大一些。

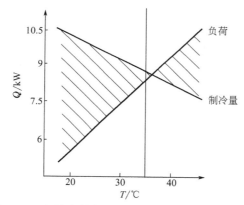

图 8.17　定转速制冷系统制冷量与负荷的匹配关系

　　由图 8.17 可知定速压缩机系统的特点：由于制冷量是按最大负荷匹配的，而系统全年满负荷工作时间只有 10%～20%，在大多数运转时间内系统的制冷量大于负荷。为了避免制冷温度低于所需温度，制冷系统通常采用停、开机的方法维持所需的制冷温度，这样就降低了系统的运转率，从而造成系统运转效率的降低和能耗的增加。试验表明：当运转率为 50% 时，效率约降低 15%。

　　实验表明，压缩机压缩比的降低可以有效地减少压缩机的摩擦损失，提高机械效率；压缩比的降低和容积系数的提高可以有效地提高压缩机工作的指示效率，如图 8.18 和图 8.19 所示。

　　与采用定转速压缩机的制冷装置相比较，采用变频技术的制冷装置，由于可以实现制冷系统的制冷量与负荷的最佳匹配，所以大大减少了运转过程中的开、停机次数，在低负荷时压缩机的效率较高，因此节能效果十分明显。一般认为，用全年总的运行效率进行比较（SEER），与采用定转速压缩机相比，采用变频技术的制冷系统效率可提高 1/3。

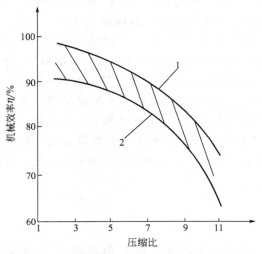 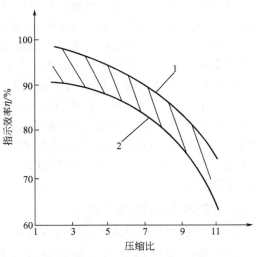

图 8.18　压缩机的机械效率与压缩比的关系　　　　图 8.19　压缩机的指示效率与压缩比的关系
1—低速、中速压缩机；2—高速压缩机　　　　　　　1—低速、中速压缩机；2—高速压缩机

2. 实现压缩机软启动

采用变频技术可实现压缩机电机的软启动。电机在启动时的电流为正常工作时的 4～6 倍，如 1 匹（1 匹＝735.499W）的电机，启动电流能达到 32A，这对供电电网会造成冲击，并影响到其他家电的正常工作。采用变频技术的电机可以在低速条件下实现启动，如启动转速为定转速的 1/5，则启动电流可相应地减少。

3. 变频技术可实现系统的快速制冷以及高精度的温度控制

由于压缩机的制冷（热）量约与转速成正比，因此若变频压缩机最高转速为定转速压缩机的 2～3 倍，则达到所设定温度的时间要快 2～3 倍，如图 8.20 所示。

采用变频技术的制冷空调系统技术上已实现了计算机测控温度，温控精度一般在 ±0.5℃，而普通系统多为双位调节控制，精度一般仅为 ±3℃。普通定速制冷系统空调，若将温度控制精度提高一倍为 ±1.5℃，以制热为例（图 8.20），系统达到设定温度后会停机，

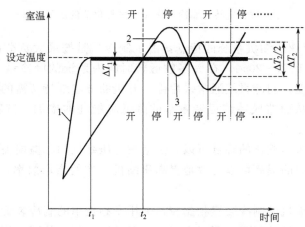

图 8.20　变频空调与定速空调达到设定温度及温控精度比较示意图
1—变频空调达到设定温度时间 t_1 温控精度 ΔT_1；2—定速空调达到设定温度
时间 t_2 温控精度 ΔT_2；3—定速空调温控精度提高一倍 $\Delta T_2/2$

当温度回落时，压缩机又要启动运行，造成压缩机的开停次数比原温控精度下增加一倍，降低了系统的运转率，造成系统的能耗增加；并且，频繁启动、停机导致压缩机易出故障，使用寿命降低。

二、变频技术介绍

（一）变频空调结构

1. 变频空调器

空调器在一定工况下制冷量为 $Q_0 = q_{ma}(h_1 - h_5)$，式中，q_{ma} 为实际输气量，kg/h；h_1、h_5 分别为不同工况下的涵值。q_{ma} 的含义是单位时间内由压缩机的排出端所测得的气体流量。q_{ma} 与压缩机的转速成正比关系。变频空调就是采用变频的方法来改变空调器压缩机的转速，从而达到调节空调器的制冷量，以满足空调器千变万化的实际运行工况，使空调器工作在较佳的状态下。采用变频技术后，变频空调和普通空调相比最大的特点是节能和舒适度高。如图 8.21 所示为交流分体变频空调的基本结构，主要由变频器、室内、外机控制线路三部分组成，与普通空调相比多了一个变频器。室内机和室外机利用单片机的通信功能进行控制与协调。变频空调的室外机控制较为复杂，变频器是电路的核心。首先由传感器（热敏电阻）获得室外温度、室外热交换温度、压缩机温度，将过流、过压保护等信号送给单片机，然后与室内单片机取得通信数据，如室内温度、指令信息，进行综合比较，运算后生成变频器的逆变器的驱动（激励）信号，控制变频器中电力电子器件的通断，使变频器输出所需的频率、相序和大小的交流电压，进行变频调速。与此同时，单片机还要对室内外的风扇电机、电磁四通换向阀、电子膨胀阀等部件进行相应的控制。

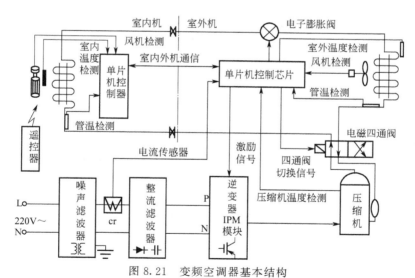

图 8.21 变频空调器基本结构

2. 变频器

变频技术是应交流电动机无级调速的需要而产生的。变频器是通过对电力半导体器件（如 IGBT）等的通断控制，将电压和频率固定不变的交流电工频电源，变换为电压和频率可变的交流电的电能控制装置，为了产生可变的电压和频率，该设备首先要把三相或单相交流电变换为直流电（DC），然后再把直流电（DC）变换为三相或单相交流电（AC），我们把实现这种转换的装置称为"变频器"。对于交-直-交型的变频器来说，为了产生可变的电压和频率。首先要把工频（50Hz 或 60Hz）的交流电源，变换为直流电（DC），再转换成各种频率（0～50Hz、0～60Hz 及 0～400Hz）的交流电，最终实现对电机的调速运行。

变频器由主电路和控制电路两大部分组成，主电路由整流器、滤波器和逆变器三个主要部件构成，控制电路则由单片机电路构成。整流电路将交流电变换成直流电，直流中间电路对整流电路的输出进行平滑滤波，逆变电路将直流电再逆变成交流电。

（1）噪声滤波器　在电源进线处安装噪声滤波器，用来抑制或减少来自电源进线电磁干扰，其中电感线圈采用共模扼流线圈。在检修时，应注意相位问题，不能把接线调换，否则抑制干扰的效果将会很差，甚至整个电控系统将会因经不住外界的电磁干扰而无法正常工作。

（2）整流器　整流器是为了把单相 220V 或者三相 380V 交流电源变换成直流的部件，整流器有两种基本类型：可控的和不可控的。可控的整流器一般由晶闸管整流电路构成，不可控整流器由二极管整流电路构成，一般情况下变频空调器电功率在 2kW 以下多采用单相电源输入，在 2kW 以上多采用三相电源输入。在整流器之前输入端串联电抗器，是为了改善功率因素和消除谐波。单相和三相整流电路的不同之处只是在电流中多增加了 2 个整流二极管。滤波电路的作用是使输出直流电压平滑且得到提高，常采用大容量电容器，电容量一般在 1500～3000μF 之间。

（3）滤波器　滤波器电路的作用是使输出直流电压平滑且得到提高，常使用大容量的电容，滤波电容是"寿命"元件，是整机寿命的关键。

（4）逆变器与控制电路　逆变器的作用与整流器的作用相反，是将整流后变成的直流电再变成三相且电压随频率变化的交流电，逆变器是变频器的核心部件。逆变器主要采用电力电子晶体管、MOSFET 及 IGBT 等有关器件，利用这些器件的开关作用，控制激励信号的导通和断开时间，来得到不同的输出频率与电压，如常用的 PWM 型逆变器是靠改变脉冲宽度来控制其输出电压，改变调制波周期（频率）来控制其输出频率；目前，正弦脉宽调制技术（SPWM）被广泛地采用，在变频控制领域，各种 PWM、SPWM 集成电路片均可在市面上购买到。

常见交流变频空调一般按交→直→交对压缩机转速进行控制，如将 220V 交流电经整流变为 280V 送入变频模块，再输出电压为 60～280V、频率为 30～150Hz 的三相交流电，送至变频压缩机，电机转速为 600～9000r/min。

（5）变频器控制与保护电路　变频器的控制信号由专用的单片机控制电路提供，它的频率变化取决于室外气温、室内和室外热交换温度、遥控器设定温度等信息的改变。目前，由 IPM 智能模块加专用单片机组成的控制回路，已成为最流行的控制电路，它具有信号检测及处理、系统自保护及自诊断功能。系统保护一般归纳为过电流和过电压保护，第一是通过电流传感器 CT 检测，当电流超过规定值时，电流与频率之间有矛盾，则应做到优先改变频率，使电流迅速下降，以保证正常的工作电流；第二是通过逆变器的直流母线上插入分流电阻进行检测，当该电流超过设定值时，逆变器会瞬间断开，保护晶体管模块。而过电压保护在空调器中常采用"压敏电阻"的办法，其基本原理如下。

异步电动机的电磁转矩是由定子主磁通和转子相互作用而产生的。而实际上，对于异步电动机，其旋转磁场的速度 n_0 与转子速度 n 是有差别的，$s=(n_0-n)/n_0$，称为转差率，其中 $n_0=60f/p$，p 为电机极对数，f 为供电频率，则可得转子转速 $n=60f\times(1-s)/p$，当 s 变化不大时，异步电动机转速 n 与定子供电的频率 f 成正比，因此，连续地改变定子的供电频率，即可平滑地调节异步电动机的转速。实际应用中，为了得到良好的变频调速性能，在变频的同时，使定子相电压按不同规律变化，可以实现恒转矩和恒功率，以适应不同性质负载的要求。风机和泵类负载的功率与其运行转速 n 的关系为 $Q=kn^3$，式中，k 为负载功率计算系数，风机约为3，泵类约为2。无论采用何种调速方式，均可使用上式来计算负载功率。设风机的最高转速为 n_1，根据实际需要确定的最低转速为 n_2，则不同转速下的负载功率 $Q_1=kn_1^3$，$Q_2=kn_2^3$，采用异步电动机变频调速运行比定速运行的最大节电功率为 $Q_h=kn_1^3-kn_2^3=kn_1^3(1-1/D_3)$，式中，$D=n_1/n_2$，称为调速范围。由上式可以看出：$D$ 越大，则采用变频调速技术的节能效果就越明显。

（二）变频空调节能原理

变频空调采用变频调速技术控制压缩机和风机运转，轻载时自动以低频维持，不需开停控制，可以省电 20%～70%。

第一，适应负荷能力强。常规空调的制冷能力随着室外温度的上升而下降，而房间热负荷随室外温度上升而上升，这样，在室外温度较高，本需要空调向房间输出更大冷量，常规空调往往制冷量不足，影响舒适性；而在室外温度较低时，本需要空调向房间输出较小冷量，常规空调往往制冷量过盛，白白浪费电力。而变频空调通过压缩机转速的变化，可以实现制冷量随室外温度的上升而上升，下降而下降，这样就实现了制冷量与房间热负荷的自动匹配，改善了舒适性，也节省了电力。

变频空调调节制冷量的原理如下：一定工况下，制冷量 Q 与制冷剂质量流量成正比，即 $Q=qm$，式中，q 为制冷剂单位质量制冷量；m 为制冷剂质量流量。一定工况下，制冷剂质量流量与压缩机转速成正比例函数关系，即 $m=f(N)$，式中，N 为压缩机转速，不同结构的压缩机此关系式不同，综合上两式，就可以通过调节压缩机转速实现空调制冷量的调节，这正是直流或交流变频空调变频能量调节的原理。

第二，变频空调的启动运转性能也表现出了良好的节能效果。常规空调以定频启动，定速运转，造成启动功率偏大，而变频空调以低电流、低频启动，变频运转，启动功率较小；常规空调电压低于 180V 时，压缩机就不能启动，而变频空调在电压很低时，降频启动，降低启动时的负荷，最低启动电压可达 150V。

第三，常规空调开/关方法控制，压缩机开关频繁，耗电多，变频空调自动以低频维持室温基本恒定，避免压缩机频繁开启的电能浪费，实现了节能。

与定速空调相比，变频空调究竟有哪些优势？总结起来有以下三大优势。

1. 舒适性好

舒适性体现在室温的稳定性好、制冷制热速度快、低温制热能力强 3 点。

（1）室温的稳定性好　定速空调利用开停机来调节房间温度，控温范围在 ±2℃，室温波动范围大，人就会感觉不舒服，易得"空调病"。变频空调在刚开始时以高速运转，当房间温度达到设定温度后转为低频工作，温度控制精确，控温范围在 ±0.5℃，因为室温稳定，人就感觉舒服。特别适合老人和儿童睡眠时使用。

（2）制冷制热速度快　变频空调在启动后以最大频率运转，频率可达 130Hz 以上，制冷制热能力是定速机的 2～3 倍，使房间的降温或升温速率比定速空调器快 1～2 倍，使人们快速获得舒适的温度环境。

（3）低温制热能力强　在冬季，如果环境温度很低，因为空调机会频繁化霜，空调器的制热能力会大幅下降。变频空调器一方面在非除霜时间段可通过提高频率使制热能力增强；另一方面在除霜时间段，采用高频率运转除霜，使除霜时间大大减少，使除霜时的室温变化从定速机的 6℃ 左右降低至 2℃ 左右，因此大大提高了舒适性。

2. 节能性好

变频空调机在启动后以最大频率运转，当室温达到设定温度后，转为低频率运转，因为在低频率运转时能效比高，与定速机相比，可实现大幅节能。按照三菱电机一台制冷量为 2800W 的直流变频机与同能力的定速机的对比试验数据，在 8min 时，变频机的累计耗电量是定速机的 2 倍；在约 40min 时，变频机和定速机的累计耗电量相同；在 3h，变频机的累计耗电量只有定速机的 56.4%。即在 3h，变频机的累计耗电量要比定速机节省 43.6%。

3. 启动电流小

定速空调开机时启动电流很大，会对电网造成冲击，也会对家里其他电器造成冲击；而变频空调可选择在 10Hz 低频及与其相应的低电压条件下启动，启动电流很低，避免了对供电电网的冲击及对其他家用电器正常工作的影响。

（三）变频空调的变频调速系统

变频调速系统（变频器）是变频空调的控制核心，根据电动机是直流电机还是交流电机，可分为直流变频和交流变频两类。实际空调应根据电机负载需要，选择合适的类型和容量。

1. 交流变频调速系统

（1）系统组成　如图 8.22 所示，系统主要由变频器、可编程控制器 PLC、切换控制器、机械联锁接触器和水泵电机组成，水泵电机的个数可以是任意个。通过 PLC 和切换控制器的控制，可以一台电机处于变频工作状态，从而实现任何时候总有一台电机处于容量可调状态，而其余电机根据实际负载的需要或是处于停机状态或是工作在工频状态。机械联锁接触器是为了在切换过程中从硬件上确保三相交流电源不会串入变频器的输出端而设置的。否则，当三相交流电源串入变频器的输出端时，变频器会被损坏。另外，在编写 PLC 的切换控制程序时，也从软件上确保这种互锁的逻辑关系，实现硬件和软件的双重互锁。

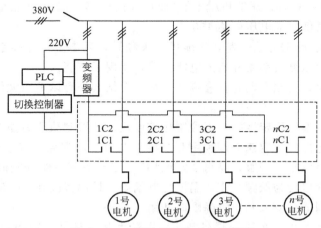

图 8.22　变频控制系统电气接线图

变频空调室内电路部分与常规空调相似，比常规空调多一个通信电路，其主要部分集中在室外。变频系统的原理是，220V/50Hz 的市电经整流滤波后得到 310V 左右的直流电，此直流电经过逆变后，就可以得到用以控制压缩机运转的变频电源。

室外电控由主控板（控制芯片）、电源电路、变频驱动模块组成。室外变频电路的核心主要集中在以下两个方面。

① 变频驱动模块　这一部分完成直流到交流的逆变过程，包含用于驱动变频压缩机运转的逆变桥及其周围电路。变频空调上通常采用 6 个 IGBT 构成上下桥式驱动电路。在实际应用中，多采用 IPM（intelligent power module）模块（图 8.23）加上周围的电路（如开关电源电路）组成。IPM 是一种智能的功率模块，它将 IGBT 连同其驱动电路和多种保护电路封装在同一模块内，从而简化了设计，提高了整个系统的可靠性。现在变频空调常用的 IPM 模块有日本三菱的 PM 系列及日本新电元的 TM 系列（内置开关电源电路）。

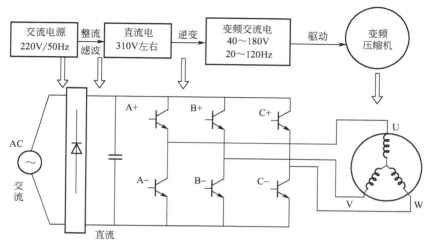

图 8.23　IPM 模块

② 室外控制芯片　室外控制芯片的主要功能是完成各种运算，产生 SPWM 波形，实现压缩机 V/F 曲线的控制，并提供各种保护等。现在，室外控制芯片大都采用了单片机技术，现代的控制更是向智能化、高集成化、高可靠化的方向发展。随着模糊技术的不断完善，出现了一些性能更优异、功能更强大的控制芯片。DSP 即 digital signal processor，是数字信号处理的简称，就是其中一种。它与一般单片机相比，DSP 在运算速度、信号处理、电机控制方面具有更大的优势，是未来的发展方向。现在美的、海尔、海信等厂家均采用了 DSP 控制技术，大大提高了整机的控制性能。

（2）工作原理　交流变频采用交流异步电动机，由 $n = 60f(1-s)/p$ 可知，只要改变异步电动机的供电频率，电机的转速便会发生改变，交流变频空调就是根据这一基本原理来运行的。针对空调风机压缩机等负载特点，现在交流变频空调基本上都采用转速开环的交-直-交型变频调速系统。

当冷负荷较小，只需一台电机工作在低于工频状态就能满足要求时，根据操作者的意愿，可通过 PLC 控制器和切换控制器使任一台电机工作在变频状态，且运行频率可根据实际负荷的大小任意设定。

当冷负荷增大，开一台电机不够，而开两台电机又有余时，操作者只需通过控制按钮给 PLC 发出启动另一台电机的指令，PLC 控制器和切换器就会自动地将原来工作在变频状态的电机频率从运行频率提升至工频 50Hz，然后将它从变频器上切除并直接挂接到工频电源上，再将第二台电机挂接到变频器上，使第二台电机实现平滑软启动，运行频率由操作者根据实际需要设定。当冷负荷进一步增大时，上述切换控制过程不断重复，直至所有电机全部投入，系统所能提供的最大容量是全部电机均工作在工频的满负荷状态。

异步电动机在运行时，极磁通 Φ 与 U/f 成正比，其中 U 为定子电压，对于磁通 Φ，通常是希望其保持在接近饱和值。因为，如果进一步增大磁通 Φ，将使电机的铁芯饱和，从而导致电机中流过很大的励磁电流，增加电机的铜损耗和铁损耗，严重时会因绕组过热而损坏电机；而磁通 Φ 的减小，则铁芯未得到充分的利用，使得输出转矩下降。要保持 Φ 恒定，即要保持 U/f 恒定，改变频率 f 的大小时，电机定子电压 U 必须随其同时发生变化，即在变频的同时也要变压，这种调节转速的方法称为 V/F 变频控制。现在变频空调的控制方法基本上都是采用这种方法来实现变频调速的。实现 V/F 变频控制的方法主要有两种：其一是脉宽调制（PWM）；其二是正弦波脉宽调制（SPWM）。

① 脉宽调制（PWM）　在输出电压每半个周期内，把输出电压的波形分成若干个脉冲波，由于输出电压的平均值与脉冲的占空比成正比，所以在调节频率的同时，不改变脉冲电压幅度的大小，而是改变脉冲的占空比，可以实现既变频又变压的效果。这种方法称为 PWM（pulse width modulation）调制，PWM 调制可以直接在逆变器中完成电压与频率的同时变化，控制电路比较简单。由于 PWM 调制输出的电压波形和电流波形都是非正弦波，具有许多高次谐波成分，这样就使得输入到电机的能量不能得以充分选用，增加了损耗，不利节能，空调不采用。

② 正弦波脉宽调制（SPWM）　为了使输出的波形接近于正弦波，提出了正弦波脉宽调制（SPWM）。简单地说，就是在进行脉宽调制时，使脉冲序列的占空比按照正弦波的规律进行变化，即当正弦波幅值为最大值时，脉冲的宽度也最大；当正弦波幅值为最小值时，脉冲的宽度也最小。这样，输出到电动机的脉冲序列就可以使得负载中的电流高次谐波成分大为减小，从而提高电机的效率，节省能量。

2. 直流变频调速系统

直流变频空调采用无刷直流电机作为压缩机驱动电机，其控制电路与交流变频控制器基本一样，其特点主要表现在以下几个方面。

采用无刷直流电机具有更大的节能优势。无刷直流电机省掉普通直流电机所必需的电刷，而且其调速性能与普通的直流电动机相似。无刷直流电机既克服了传统的直流电机的一些缺陷，如电磁干扰、噪声、火花，可靠性差，寿命短，又具有交流电机所不具有的一些优点，如运行效率高、调速性能好、无涡流损失。所以，直流变频空调比交流变频空调具有更大的节能优势。

直流变频空调与交流变频空调的电控区别：交流变频空调的变频模块按照 SPWM 调制方法，通过三极管的通断，给压缩机三相线圈同时通电，压缩机为三相交流压缩机；直流变频空调的变频模块每次导通两个三极管（A＋、A－不能同时导通，B＋、B－不能同时导通，C＋、C－不能同时导通），两相线圈通以直流电，驱动转子运转，另一相线圈不通电，但有感应电压，根据感应电压的大小可以判断出转子的位置，进而控制绕组通电顺序。直流变频比交流变频多一个位置检测电路。

由于无刷直流电机在运行时，必须实时检测出永磁转子的位置，从而进行相应的驱动控制，以驱动电机换相，才能保证电机平稳运行。实现无刷直流电机位置检测通常有两种方法：一是利用电机内部的位置传感器（通常为霍尔元件）提供的信号；二是检测出无刷直流电机相电压，利用相电压的采样信号进行运算后得出。在无刷直流电动机中总有两相线圈通电，一相不通电。一般无法对通电线圈测出感应电压，因此通常以剩余的一相作为转子位置检测信号用线，捕捉到感应电压，通过专门设计的电子回路转换，反过来控制给定子线圈施加方波电压。由于后一种方法省掉了位置传感器，所以直流变频空调压缩机都采用后一种方法进行电机换相。如图 8.24 所示为直流变频空调的电路原理图。

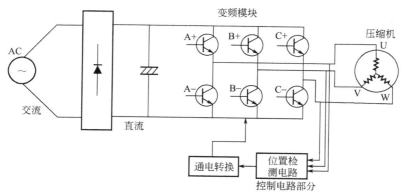

图 8.24 直流变频空调的电路原理图

　　直流变频空调可分为两大类：一类是只有压缩机采用无刷直流电机；另一类是压缩机和室内外风机都采用无刷直流电机，而且制冷量的调节方式也由毛细管变为电子膨胀阀，这就是全直流变频空调。

　　直流变频空调和变频空调本质的差别就是在压缩机转换电流方式以及频率上的不同，并且所用压缩机也不同，所以直流变频空调与交流变频空调在实际使用中的耗电方面也就不一样，但是相对的直流变频空调的节能效果更出色。一般情况下，交流变频空调比定频空调要省电 30%，而直流变频空调则省电 50%。

（四）变频控制

　　1. 变频控制基本原理

　　变频调速器通常分为交-交型变频器和交-直-交变频器两种。前者是直接将电网的交流电变换为电压和频率都可调的交流电，输出电压的频率不能高于电网频率，只适用于低频大容量调速系统。后者是先将电网的交流电整流为可控的直流电，然后由逆变器将直流电逆变为交流电。三相逆变电器由 S1～S6 开关组成，按图 8.25 的开关动作时序表闭合、开断，在 A、B、C 端输出矩形波的三相交流电。矩形波的幅值等于直流电压 E_{DC}，改变 E_{DC} 的大小

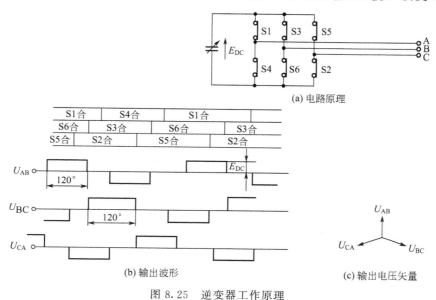

(a) 电路原理

(b) 输出波形

(c) 输出电压矢量

图 8.25 逆变器工作原理

可调节交流矩形的幅值。以 U_{AB} 为例，它的周期等于 S1 闭合的区间与 S4 闭合的区间之和，对应 360°，每个开关闭合 180°。通过改变开关闭合时间长短，就可达到调节交流电频率的目的。逆变器通常采用大功率晶体管作为开关。

2. 变频控制方式

交-直-交型变频器的控制方式主要有电流型、电压型和 PWM 型三种。电流型变频器电路如图 8.26 所示。这种变频器的特点是在逆变器的直流侧串联平波电抗器，使直流电流平直，形成电流源。其输出波形取决于异步电机的感生电动势。由于脉冲分量被平波电抗器吸收，故电压波近似于正弦波，电流波近似于矩形波。整个控制系统由 V/F 调整器、电压检测器构成的电压闭环和电流调节器、电压调节器、电压检测器构成的电压闭环和电流调节器、电流检测器构成的电流闭环以及移相触发电路等组成。

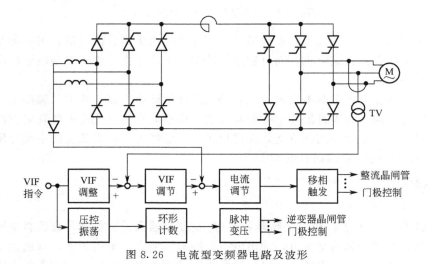

图 8.26 电流型变频器电路及波形

电压型变频器电路如图 8.27 所示。这种变频器的特点是在逆变器的直流侧并联大容量滤波电容，以缓冲无功功率，使直流电源阻抗很小，形成电压源。其输出电压接近矩形波，电流接近正弦波。它设置有反馈二极管，负载的滞后电流经反馈二极管反馈到滤波电容，以提高逆变器换流工作的稳定性。

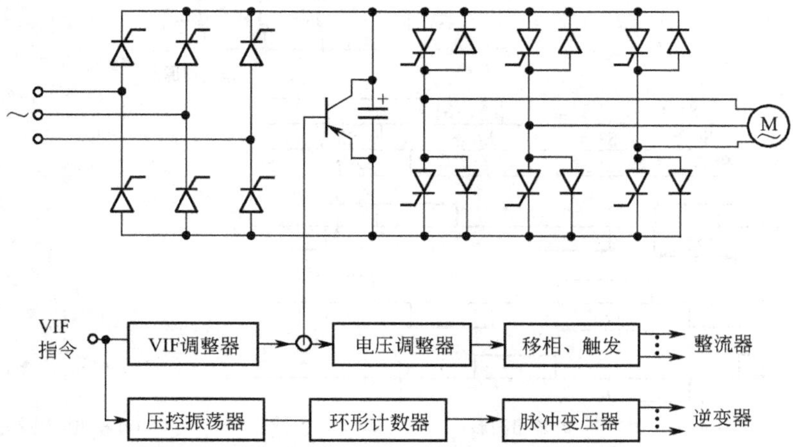

图 8.27 电压型变频器电路及波形

PWM（脉宽调制）型变频器电路如图 8.27 所示。这种变频器特点是调频和调压都由逆变器进行。二极管整流器提供恒定的直流电压。PWM 输出电压的每半周由一组等幅而不等宽的矩形脉冲构成，近似于正弦波。这种脉宽调制波是由控制电路控制开关器件的通断产生的。逆变器输出电压实际上是放大的 PWM 信号。PWM 信号一般用于专用集成电路，如 HEF4752V、TA844F 等，目前也出现了一些单片 PWM 控制电路，如 80C196MC 等。PWM 型变频器连续运行的频率范围一般为 0.1～400Hz，载波频率通常为 2～3kHz，低噪音变频器的载波频率为 10～15kHz，分辨率为 1/1024。

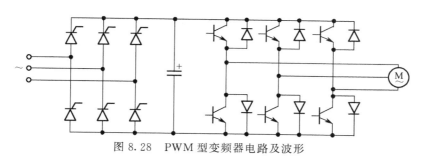

图 8.28 PWM 型变频器电路及波形

（五）多元变频空调 VRV 技术

1. VRV 空调系统控制原理

VRV 空调系统是在电力空调系统中，通过控制压缩机的制冷剂循环量和进入室内换热器的制冷剂流量，适时地满足室内冷热负荷要求的高效率冷剂空调系统。VRV 空调系统需采用变频压缩机、多极压缩机、卸载压缩机或多台压缩机组合来实现压缩机容量控制；在制冷系统中需设置电子膨胀阀或其他辅助回路，以调节进入室内机的制冷剂流量；通过控制室内外换热器的风扇转速或传热面积，调节换热器的能力。在变频调速和电子膨胀阀技术逐渐成熟之后，VRV 空调系统普遍采用变频压缩机和电子膨胀阀，它们是将来空调系统智能控制不可缺少的部件。在 VRV 空调系统中，把由一台室外机与一台室内机相连的系统称为单元 VRV 空调系统或变频空调器；把由一台或多台室外机与多台室内机相连的系统称为多元 VRV 空调系统。空调系统在环境温度、室内负荷不断变化下工作，因为系统各组成部件之间、系统与环境之间相互作用，相互影响，所以各运行参数也就不可能达到稳定。VRV 空调系统则是随环境温度、室风负荷的不断变化，通过其控制系统适时地调节空调系统的容量，消除其影响的一种柔软性空调系统。其工作原理是：由控制系统采集室内舒适性参数、室外环境参数和表征制冷系统运行状况的状态参数，根据调节制冷量或制热量，并控制空调系统的风扇、电子膨胀阀、风向调节板及电磁阀等一切可控部件，从而保证室内环境的舒适性，并使被控空调系统稳定工作在最佳工作状态。

2. 单冷或热泵型多元 VRV 空调系统

图 8.29 示出了各种单冷和热泵型多元 VRV 空调系统的原理图。在典型的单冷（图 8.29-1）或热泵（图 8.29-3）型多元 VRV 空调系统中，通常采用一台变频压缩机，在大系统中，由一台变频压缩机或多极压缩机与多台定速压缩机构成压缩机组；在各室内机和室外机上，设置有供节流和流量调节的电子膨胀阀（有些系统在室外机上采用普通膨胀阀）；在系统的典型部位安放有温度传感器和压力传感器。在制冷工况下，室外机电子膨胀阀全开，通过室内机电子膨胀阀节流降压，控制室内温度和各室内机热交换器出口制冷剂的过热度，由压缩机频率调节吸气压力；在制热工况下，室外机电子膨胀阀控制室外机热交换出口

制冷剂的过热度，室内机电子膨胀阀控制室温和室内热交换器出口的制冷剂过冷度，通过改变压缩机频率调节压缩机排气压力。为提高系统的稳定性、可控性和可靠性，在一些系统中，增设了辅助回路。

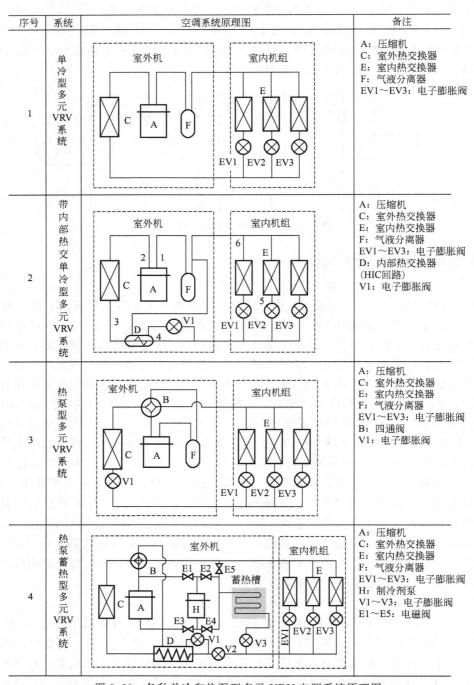

序号	系统	空调系统原理图	备注
1	单冷型多元VRV系统		A：压缩机 C：室外热交换器 E：室内热交换器 F：气液分离器 EV1~EV3：电子膨胀阀
2	带内部热交单冷型多元VRV系统		A：压缩机 C：室外热交换器 E：室内热交换器 F：气液分离器 EV1~EV3：电子膨胀阀 D：内部热交换器 （HIC回路） V1：电子膨胀阀
3	热泵型多元VRV系统		A：压缩机 C：室外热交换器 E：室内热交换器 F：气液分离器 EV1~EV3：电子膨胀阀 B：四通阀 V1：电子膨胀阀
4	热泵蓄热型多元VRV系统		A：压缩机 C：室外热交换器 E：室内热交换器 F：气液分离器 EV1~EV3：电子膨胀阀 H：制冷剂泵 V1~V3：电子膨胀阀 E1~E5：电磁阀

图 8.29　各种单冷和热泵型多元 VRV 空调系统原理图

　　由图 8.29-2 可知，通过回热回路，实现了制冷剂的有效移动，减少了系统的压力损失，提高了系统的能效比。研究表明，经回热回路的流量为压缩机循环流量的 2%～22% 时，制冷量基本一致，能效比提高 10%。同时由于采用了高压制冷剂的饱和点控制，减少了系统中的制冷剂的充灌量。

蓄热型 VRV 空调系统如图 8.29-4 所示，由室外机、蓄热槽和多个室内机组成。室外机内有变频压缩机、制冷剂泵和热交换器，制冷剂泵实际上是一台低压缩比（约为 2）的压缩机，它起着搬运制冷剂的作用；在蓄热槽内部装有盘管换热器和相变蓄热材料。系统在制冷和制热运行时，都各具有三种运转模式，即蓄冷（热）运行、蓄冷（热）利用制冷（热）运行和压缩机制冷（热）运行。在蓄冷（热）运行和压缩机制冷（热）运行模式下，制冷剂泵停止运行，系统的工作方式和普遍蓄冷空调系统一致；在蓄冷利用制冷运行模式下，制冷剂泵运转，将一部分制冷剂压缩，送入蓄冷槽盘管换热器，制冷剂将热量排至蓄冷材料（取冷）而冷凝，与在室外热交换器内冷凝后的制冷剂液体汇合，经室内机电子膨胀阀节流，送入室内机进行制冷；同理，在蓄热利用制热运行模式下，制冷剂泵运转，在蓄热材料中取热，送入室内机。系统"移峰填谷"的机理是利用降低冷凝温度或提高蒸发温度，减小压缩比，降低高峰电力的使用量。

3. 热回收型多元 VRV 空调系统

目前的热回收型 VRV 空调系统具有 3 管式和 2 管式两种形式，如图 8.30 所示。3 管式热回收型多元 VRV 空调系统如图 8.30-1 所示，室外机由压缩机、室外热交换器和气液分离器等构成；室内机由热交换器、电磁三通阀及电子膨胀阀构成。室外机与室内机之间由高压气体管、高压液体管、低压气体管 3 根管道相连，故称"3 管式"系统。空调系统通过高压气体管将高温、高压蒸气引入用于供热的室内机，制冷剂蒸气在室内机内放热冷凝，流入高压液体管；制冷剂从高压液体管进入制冷运行的室内机中，蒸发吸热，通过低压气体管返回压缩机。室外热交换器用于平衡各室内机的冷热负荷的缓冲设备，视室内运行模式起着冷凝

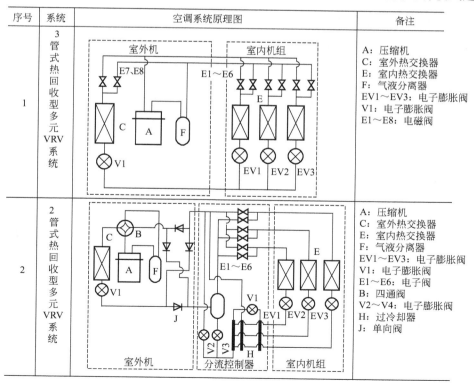

图 8.30 热回收型多元 VRV 空调系统原理图

器或蒸发器的作用,其功能取决于各室内机的工作模式和负荷大小。

2管式热回收型多元 VRV 空调系统如图 8.30-2 所示,空调系统由室外机、分流控制器和室内机组构成。其中,室外机由压缩机、室外热交换器和气液分离器等构成;分流控制器由气液分离器、3 个电子膨胀阀、回热器、高低压气体转换阀组等组件构成,放置在离室内机组较近的部位;室内机由电子膨胀阀和热交换器构成。室外机与分流控制器之间由高压气体管和低压气体管相连,故称"2 管式"系统。

室外热交换器用于平衡各室内机的冷热负荷,起着冷凝器或蒸发器的作用。在冷暖混合运行模式下,控制室外热交换器风扇转速,将部分高温蒸气引入分流控制器内,蒸气和液体在气液分离器中分离,蒸气部分进入室内供热,液体部分和在供热室内机中冷凝后的液体合流进入供冷室内机中,液态制冷剂蒸发吸热后,经回气管返回压缩机。此外,将 VRV 空调系统的一个或多个末端机通过送、回风风道与多个房间相连就构成了与 VAV 结合的多元 VRV 空调系统。风道的各个室内末端装置根据室内温度与设定温度的差值大小控制其风量,末端机根据送风道内的静压控制总送风量的大小,由末端机的过热度控制相应电子膨胀阀的开度,压缩机根据所有室内机的负荷大小控制其转速。这种系统的研究始于 20 世纪 80 年代中期,现已用于单冷和热泵型 VRV 空调系统中。

三、应用

供热、空调、水、风系统的变频调速,最终目的是调节系统的水量和风量,借以满足变负荷工况下的供热、供冷需求的同时,实现最大限度的节能、节电效果,以提高系统能效。在变频调速系统中,水量、风量是调节参数,但不同系统,其需求不同,因此系统的被调参数也不同。在供热、空调工程中,被调参数主要是压力、压差、温度等。

（一）空调变频变风量控制（VAV）

对于大中型建筑物的空调系统,风机能耗占总空调耗电 50%~70%。在传统的定风量系统中,系统风量不变,系统冷负荷发生变化时,靠调节送风温度来实现,导致大量电能浪费。世界能源危机的出现,变频技术的发展,促进了空调变频变风量系统的应用。如图 8.31 所示为空调变频变风量系统原理图。空调变频变风量控制系统通常进行四个环节的风量控制:即末端(空调房间)风量控制、送风机风量控制、回风机风量控制和新风风量控制。

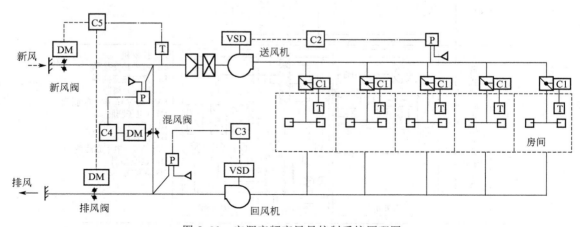

图 8.31　空调变频变风量控制系统原理图

1. 末端风量控制

一般安装有末端装置，可进行风量调节。该装置根据空调房间的实测温度值与设定温度的偏差来进行送风量大小的调节，以适应房间负荷的变化。该装置多为节流式调风，最理想的是变速式调风。

2. 送风机风量控制

通常采用定静压的控制方法。对于风系统，位能可忽略不计，全压等于静压和动压之和，因此，可以通过静压的变化感知风量的变化。具体方法是：在送风机出口与最远的末端用户之间的 2/3 处安装静压传感器，将所有末端装置都达到设计风量且最远末端装置的风阀开到最大时该静压传感器的读数为设定值。当房间负荷变小时，由于末端装置对房间送风量实施节流的减小风量的调节，则静压传感器的实测值必然大于设定值，此时在控制器的指令下，变频调速装置在减频降速的作用下，减少系统送风量，使静压传感器保持设定值不变，进而实现了系统送风量的变风量调节。当房间负荷增大时，反之亦然。

定静压的变风量控制方法，在系统上选择静压测试点的位置至关重要，它直接影响节电幅度的大小。该静压测试点离送风机出口越近，节电效果越不明显；若安装在最远末端装置处，则影响空调效果。通常安装在送风机出口 2/3 处较为理想。但最为理想的控制是变静压控制，即随着负荷的变化，将静压设定值设为变动值，节电效果更明显。

3. 回风量（或排风量）控制

回风量或排风量控制的目的，是随着负荷变化使回风量与变化的送风量始终维持设定的比例。其控制方法较多，如送风机-回风机联动控制、排风压力控制、空调房间压力控制等。

4. 新风控制

新风控制的目的：在冬、夏季设计负荷时，保证最小的新风量，以满足人们生活的正常所需；在过渡季，在设计条件允许的范围内，为节约能量，尽量加大新风量。

变风量系统的特点如下。

① 能实现局部区域（房间）的灵活控制，可根据负荷的变化或个人的舒适要求自动调节自己的工作环境；不再需要加热方式或双风道方式就能适应多种室内舒适要求或工艺设计要求；完全消除再加热方式或双风道方式的冷热混合损失。

② 自动调节各个空调区域的送入能量，在考虑同时使用系数的情况下，空调器总装机容量可减少 10%～30%。

③ 室内无过热过冷现象，由此可减少空调负荷 15%～30%。

④ 部分负荷运转时可大量减少送风动力，根据理论模拟计算，全年平均空调负荷率为 60% 时，变风量空调系统（变静压法控制）可节约风机动力 78%。

⑤ 可应用于民用建筑、工业厂房等各类相应的场合。可适应于采用全热交换器的热回收空调系统及全新风空调系统。

⑥ 可避免凝结水对吊顶等装饰的影响，并方便二次装饰分割。

总之，变风量空调系统较定风量空调系统和风机盘管系统而言，具有舒适、节能、安全和方便的优点，已得到越来越多的采用。

（二）制冷机的变频调速控制（VRV）

通常在制冷系统中，制冷机的压缩机是在工频恒速的工况下运行。制冷量的调节，是靠膨胀阀等设备的作用调节制冷剂的流量以及间歇运行等方式实施。目前，在制冷过程中，通过压缩机的变频调速实现制冷量的调节，已积极推广。如图 8.32 所示为制冷机变频调速控制系统原理图。压缩机变频调速控制的方法为：设定蒸发压力，当负荷增加时，蒸发温度、蒸发压力升高，压力传感器的实测压力大于设定值，促使变频调速控制器变频，提高压缩机的转速，增加制冷剂流量，达到增加制冷量的目的。减少负荷时，反之亦然。

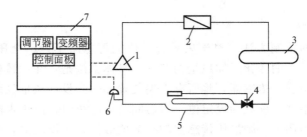

图 8.32　制冷机变频调速控制系统原理图
1—压缩机；2—冷凝器；3—贮液器；4—膨胀阀；
5—蒸发器；6—压力传感器；7—变频调速控制器

在制冷过程中，对压缩机进行变频调速，有明显的节能效果：当实际负荷小于额定负荷时，压缩机在低转速下运行，降低了压缩比，此时不但可以提高压缩机效率，减小压缩机的输出功率，而且降低了冷凝温度和冷凝压力，提高了制冷系数 COP。另一个特点是在不同负荷下，制冷机都能在最佳工况下连续运行，对于冷冻、冷藏温度要求波动小的场合，更为适宜。压缩机变频调速，属于恒转矩负载类型，一般采用 U/f 成比例控制即可。

变频 VRV 空调系统相对于定速系统具有明显的节能、舒适特点。

① VRV 空调系统依据室内负荷，在不同转速下连续运行，减少了因压缩机频繁启停造成的能量损失；在制冷/制热工况下，能效比 COP 随频率的降低而升高，由于压缩机长时间工作在低频区域，故系统的季节能效比 SEER 相对于传统空调系统大大提高；采用压缩机低频启动，降低了启动电流，电气设备将大大节能，同时避免了对其他用电设备和电网的冲击。

② VRV 空调系统具有能调节容量的特性，在系统初开机时室温与设定温度相差很大，利用压缩机高频运行的方式，使室温快速地到达设定值，缩短室内不舒适的时间；系统调节容量使室温波动很小，改善了室内的舒适性；极少出现传统空调系统在启停压缩机时所产生的振动噪声，且室内机风扇电机普遍采用直流无刷电机驱动，速度切换平滑，降低了室内机的噪声。由于 VRV 空调系统比冷水机组的蒸发温度高 3℃左右，其 COP 值约提高 10%；结构紧凑，体积小，管径细，不需要设置水系统和水质管理设备，故不需要专门的设备间和管道层，可较大程度地降低建筑物造价，提高建筑面积的利用率；室内机的多元化，可实现各个房间或区域的独立控制；而且热回收 VRV 空调系统能在冬季和过渡季节向需要同时供冷和供热的建筑物提供冷、热源，将制冷系统的冷凝负荷和蒸发负荷同时利用，大大提高能源利用效率。因此，多元 VRV 空调系统将是今后中小型楼宇空调系统的发展主流之一。

（三）　供热、空调水系统的旁通补水变频调速定压

供热、空调水系统属于闭式循环系统。为了保证系统不压坏、不倒空和不汽化，实现安全运行，控制系统恒压点的压力恒定是至关重要的。传统的膨胀水箱定压、补水泵定压、气压罐定压和蒸汽定压都存在许多局限性，正在更多地被旁通补水变频调速定压方式所代替。

1. 系统组成

图 8.33 给出了系统组成原理图，主要由四部分组成，即变频调速控制柜、旁通取压管、补水泵及配套电机、电磁阀及泄压装置。

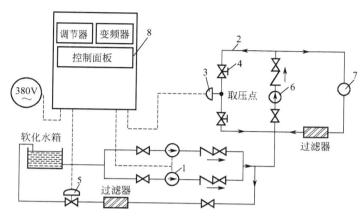

图 8.33　供热、空调旁通补水变频调速定压系统原理图
1—补水泵；2—旁通取压管；3—压力传感器；4—平衡阀；
5—电磁阀；6—循环水泵；7—用户；8—调频控制柜

变频调速控制柜包括变频器、调节器和控制面板。变频器选择通用型变频器，变频器容量与单台补水泵的配套电机容量相一致即可。调节器的功能是根据系统恒压点的压力状况，进行控制决策计算，然后给变频器下达调频指令。一般由变频调速装置的厂家提供。控制面板是控制补水泵启、停的常规电器设备，包括空气开关、接触器、热继电器、指示灯和显示等。补水泵及配套电机是变频调速控制柜的执行机构。通常选择两台，一备一用。旁通取压管连接于供热、空调水系统循环水泵的出入口。直径为 25～40mm，根据供热、空调水系统的规模大小选用，供热、空调水系统规模大，选 DN40mm；规模小，选 DN25mm。该旁通取压管与通常为防水击的旁通管有不同的功能，互相不能代替。后者与系统母管有相同的直径，而旁通取压管为了取压，管径不宜太大。在旁通取压管上安装有压力传感器（要求不高时可用电触点压力表代替），其功能是将系统恒压点的实际压力实时通信给调节器。在旁通取压管上还各装有一个手动平衡阀，它们的功能是与变频调速控制柜配合，确定系统恒压点的准确位置。

对于供热系统，热水在升温的过程中，将发生体积膨胀，导致系统压力升高；在升温速率过快的情况下，定压控制来不及协调运行，此时，恒压点压力可能超标。为了防止故障发生，设置了电磁阀及泄压系统，为保证电磁阀安全运行，配套设置了过滤器。

2. 控制功能

供热、空调系统的定压控制属于压力控制，反应速度快，调节器采用的控制决策为传统的 PID 调节，多年的实践证明，控制效果相当理想，完全能满足工程的实际要求。

定压调速装置规定了上限频率和下限频率。因负载为平方转矩特性，上限频率为 50Hz，不能超过额定频率。下限频率则由具体的工程确定，主要取决于系统恒压点的压力数值与补水泵的工作特性。当变频器的输出频率过低，补水泵的输出压力低于恒压点压力时，补水泵将发生空转，此时的输出频率即为下限频率。变频器在低频下运行，输出的高次谐波比例加大，水泵效率降低，导致水泵、电机温升过热。在调节器的软件设计中，规定了下限频率的运行时间，一般为几分钟，超过规定的运行时间，自动停泵。既节约了电能，又保护了电机水泵故障的发生，从而延长了使用寿命。

调节器还设计了恒压点压力超标的报警泄压功能。当系统温升过快，压力超标时，调节器能自动报警（警铃动作），并自动打开电磁阀，使系统向软化水箱泄水，直至压力恢复正常。实践证明，只要过滤器正常运行，保证电磁阀不被堵塞，泄压装置就不会发生故障。

3. 正确选择系统恒压点位置

供热、空调水系统的定压控制，一个重要的技术环节是正确选定系统恒压点的位置。许多定压控制的效果不理想，主要原因是系统恒压点的位置选择不对。通常人们认为系统循环水泵的入口即为系统恒压点，因此，把这点的压力恒定，作为定压的基本依据，结果常常导致系统超压，散热器爆裂。严格意义上讲，最高建筑与系统回水干管的连接点，才是系统恒压点的准确位置。因此，在运行工况下，系统循环水泵的入口处，压力始终低于恒压点压力。若以此点压力为依据进行定压控制，出现系统超压就不足为奇。在供热、空调系统规模不大时，这种控制失误导致的系统超压较小，不至于造成严重后果，但在较大规模的系统中，应严格防止这种失误控制的发生。为了便于正确选定系统恒压点的位置，比较理想的设计方法是设置旁通取压管。利用变频调速控制柜、旁通取压管上的压力传感器以及两个手动平衡阀的相互配合，寻找系统上恒压点的位置。并将系统恒压点压力控制的设定值输入调节器，即可完成预想的定压控制。经过多年的运行实践，证明这种定压方式相当理想。

补水泵变频调速定压的节能效果非常明显，与补水泵连续运行定压相比较，节省补水泵系统上调压阀的节流损耗。对于间歇运行的补水泵定压，因补水泵启动频繁，不但影响补水泵寿命，而且多耗了电费。水泵在启动时，由于电机的定子和转子的转差大，通常电机的启动电流为额定电流的6~7倍，进而其启动功率约比额定功率大30%。由于变频器可以使水泵在额定电流下启动，且启动频率不频繁，因此变频调速定压比间歇运行定压的省电效果也是很明显的。

（四）节能效果分析

采用变频调速技术后，系统循环流量为变流量控制，节能效果最为明显，可按相关理论及经验进行计算。供热系统的循环水泵电功率，若按每平方米供暖面积配用0.5~0.6W功率（目前为中等情况，若符合水输送系数标准，为0.4~0.5W）考虑，变频器比价为700~1200元/kW，电价取0.5元/(kW·h)，则可计算出不同地区循环水泵采用变频调速的相对电耗和静态回收期，见表8.5。

表8.5　循环水泵变频调速的经济性分析

城市名称	相对电耗 $\overline{E}$[①]	回收期[②]/年	城市名称	相对电耗 $\overline{E}$[①]	回收期[②]/年
佳木斯	0.637	1.0	丹东	0.667	1.2
哈尔滨	0.636	1.0	太原	0.688	1.4
长春	0.637	1.0	大连	0.686	1.5
牡丹江	0.652	1.0	兰州	0.719	1.6
呼和浩特	0.651	1.1	北京	0.727	1.8
通辽	0.659	1.1	天津	0.714	1.8
乌鲁木齐	0.659	1.2	石家庄	0.720	1.9
沈阳	0.646	1.2	济南	0.716	2.1
银川	0.655	1.2	郑州	0.741	2.4
西宁	0.686	1.2	西安	0.754	2.5

①全年变流量运行下的相对电耗 $\overline{E}$ 为：

$$\overline{E} = \left(\int_{h_0}^{h_s} \overline{G}^3 \mathrm{d}h + h_0 \right) / h$$

②投资回收期为静态回收期，即不考虑投资的时间价值。

从该计算结果看出：气候越寒冷的地区，供热系统循环水泵采用变频调速越经济。东北地区回收期一般不超过 1.5 年，北京不超过 2 年。若对间接连接的供热系统一次网循环水泵进行变频调速，则经济效益会更好。因此时一次网不受室内系统垂直失调的限制，循环流量可进一步降低。表 8.5 所列各地区回收年限，是指供热系统所有循环水泵全部进行变频调速的数据。若运行中的循环水泵，只有一台进行变频调速，其他皆工频运行，则初投资更少，相应的回收年限可缩短至 1 年左右（不同地区），这样节能效益更加明显。因此，在供热系统中积极推广调速水泵是很有意义的。

参 考 文 献

[1]　郭重思．变频器在中央空调节能中的应用 [J]．中国科教创新导刊，2007（472）：195．
[2]　林俊森．建筑空调节能技术探讨 [J]．山西建筑，2007，33（20）：262-263．
[3]　晁岳鹏．中央空调领域的节能技术 [J]．山西建筑，2007，33（16）：248-249
[4]　王李龙，刘丹．建筑及空调节能的几点探讨．制冷与空调，2007（1）：97-98．
[5]　张蔚．建筑物及空调节能的分析 [J]．科技情报开发与经济，2007，17（16）：271-272．
[6]　辛小军．商业空调的几种节能方式 [J]．山西建筑，2007，33（8）：237-238．
[7]　薛军．商业建筑空调节能技术探讨 [J]．能源与环境，2007（2）：111-112．
[8]　黄卫斌．浅议空调节能若干措施 [J]．建材与装饰，2008（2）：180-181．
[9]　潘启业．浅谈中央空调系统如何节能 [J]．科技信息，2007（21）：436．
[10]　黄栋明，何国熙．论洁净空调节能 [J]．陕西建筑，2006（135）：5-6．
[11]　王东林．空调系统节能控制分析 [J]．论文荟萃，2007，1（3）：27-28．
[12]　徐雪琴，李鹏荣．空调节能刻不容缓 [J]．资源与发展，2006（1）：39-38．
[13]　高志勇．智能温控器的应用与节能分析 [J]．山西建筑，2007，33（7）：237-238．
[14]　高素萍．智能建筑的几种有效节能技术措施 [J]．建筑节能，2007（4）：51-54．
[15]　林喜云．空调系统热回收影响因素及评价方法 [D]．武汉：华中科技大学，2006．
[16]　何天祺．供暖通风与空气调节 [M]．重庆：重庆大学出版社，2002．
[17]　Besant R W，Sinonsen C J．Air-to-air energy recovery [J]．ASHRAE Journal，2000，42（5）：31-42．
[18]　任得坤．浅谈中央空调系统的运行维护管理 [J]．暖通制冷空调，2006（3）：77．
[19]　孙一坚．空调系统变流量控制 [J]．暖通空调，2001（6）：3．
[20]　赵波．大型综合娱乐建筑空调节能设计的几点体会 [J]．暖通空调，2001（3）：31．
[21]　周一芳，周邦宁．空调冷源的部分负荷性能系数计算分析 [J]．暖通空调，2002，32（6）：101-103．
[22]　杜家林．建筑节能的重要性及检测的必要性 [J]．天津建设科技，2000（增刊1）：18-19．
[23]　赵瑞平，王先朱，李维平．模糊控制技术在中央空调系统中的应用研究 [J]．山西建筑，2005，31（1）：95-96．
[24]　龚明启．浅议中央空调节能问题及对策 [J]．山西建筑，2005，31（4）：135-136．
[25]　商利斌，高喜玲．建筑中央空调节能技术探讨 [J]．中国科技信息，2009（14）：24-25．
[26]　曾昭向，卢清华．中央空调节能技术分析与探讨 [J]．制冷与空调（四川），2013（1）：45-48．
[27]　张杰，张利红，郭建宁等．热管在空调热回收中的应用 [J]．环境工程，2009（3）：72-74．
[28]　戴红，李建周．空调系统热回收设计原理和初探 [J]．家电科技，2009（23）．
[29]　周光辉，余娜，张震等．空调冷凝热回收技术研究现状及发展趋势 [J]．低温与超导，2008，36（10）：65-68．
[30]　张承维．变频调速技术用于中央空调系统节能 [D]．贵阳：贵州大学，2008．
[31]　孙明原．中央空调变频节能改造技术的分析与研究 [D]．大连：大连理工大学，2012．
[32]　胡雪梅，任艳艳．中央空调的变频控制设计及节能分析 [J]．电机与控制应用，2011，38（7）：44-47．

Chapter 9

第九章　节能建筑太阳能利用技术

开发利用新能源，不仅是因为以矿物燃料为基础的常规能源日趋枯竭，更重要的是由于人类长期、大量消耗矿物燃料，对人类赖以生存的地球环境造成巨大威胁。

太阳实际是一座以核能为动力的极其巨大的工厂，氢便是它的燃料。在太阳内部的深处，由于有极高的温度和上面各层的压力，使原子核反应不断地进行。这种核反应是氢变为氦的热核聚变反应。4个氢原子核经过一连串的核反应，变成一个氦原子核，其亏损的质量便转化成了能量向空间辐射。太阳上不断地进行这种热核反应，就像氢弹爆炸一样会产生巨大的能量。产生的能量相当于1s内爆炸910亿个100万吨TNT级氢弹。

太阳的辐射分为两种：一种是从太阳表面发射出来的光辐射，以电磁波的形式传播；另一种是微粒辐射，它是由带正电荷的质子和大致等量的带负电荷的电子以及其他粒子所组成的粒子流。一般利用太阳辐照度来度量太阳辐照能量的大小。

第一节　太阳能利用技术

与建筑节能相关的太阳能利用技术有如下几项。

一、太阳能集热器

太阳能集热器是吸收太阳辐射并将产生的热能传递到传热工质的装置。太阳能集热器本身不是直接面向消费者的终端产品，但却是组成各种太阳能热利用系统的关键部件。

（一）分类

① 按集热器的传热工质类型分为液体集热器和空气集热器。
② 按集热器内是否有真空空间分为平板型集热器和真空管集热器。
③ 按集热器的工作温度分为低温集热器（100℃以下）、中温集热器（100～200℃）和高温集热器（200℃以上）。
④ 按进入采光口的太阳辐射是否改变方向分为聚光型集热器和非聚光型集热器。
⑤ 按集热器是否跟踪太阳分为跟踪集热器和非跟踪集热器。

（二）平板型太阳能集热器

1. 平板式集热器的基本结构

平板式集热器主要由吸热板、透明盖板、隔热层和外壳等几部分组成，如图 9.1 所示。其基本原理：当平板型集热器工作时，太阳辐射穿过透明盖板，投射在吸热板上，被吸热板吸收并转化成热能，然后将热量传递给吸热板内的传热工质，使传热工质的温度升高，作为集热器有用能量输出。

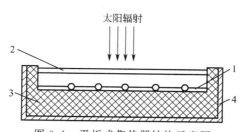

图 9.1　平板式集热器结构示意图

1—吸热板；2—透明盖板；3—隔热层；4—外壳

（1）吸热板　吸热板有铜、铝合金、不锈钢、塑料、橡胶等。涂层采用既有高的太阳吸收比，又有低的发射率的材料。

吸热板的作用是吸收太阳辐射能量并向流动工质传递热量的部件。要求吸热板应具有一定的承压能力，与水的相容性好，热性能好，加工工艺简单，成本合理。吸热板的断面形状较多，其中最常见的是管板式（全铜管板吸热板和铜铝复合吸热板）、管翼式（即带翅片的管，以铝合金吸热板为多）、扁盒式（钢或不锈钢板成形后点焊结合）和盘管式（防漏性能好，但是流动阻力大，现在已很少使用）等形式。

吸热涂层的性能直接影响吸热板的热性能。涂层分为选择性和非选择性两种。普通黑板漆是一种非选择性涂料，其太阳吸收率 α 与长波发射 ε 相等，它可用于低温集热器。对于中高温集热温度（集热温度大于环境温度 30℃ 以上）的集热器应采用选择性涂料。

（2）透明盖板　透明盖板有平板玻璃和玻璃钢板。平板玻璃具有红外透射比低、热导率小、耐候性好等特点。

盖板的作用是让太阳可见光透过而不让吸热板产生的远红外线透过，使集热器内获得较高的温升，这种作用也称为温室效应。盖板的技术要求：具有高全光透过率；有较高的耐冲击强度；有良好的耐候性；隔热性能好；便于加工。

盖板的材料有玻璃、抗老化透明玻璃钢、抗老化透明塑料板等。常用的盖板以普通玻璃为多。出口或高档产品都使用钢化玻璃盖板。在北方使用的集热器采用双层盖板时，一般采用玻璃加聚碳酸酯薄膜。

盖板的层数由使用地区气候条件和工作温度而定，一般为单层，只有在气温较低或工作温度较高的工况才采用双层盖板。有条件时使用透明蜂窝材料，效果非常好，盖板与吸热板的距离应考虑大于 25mm，距离太小会降低集热效率。

（3）隔热层　隔热层材料有岩棉、矿棉、聚氨酯、聚苯乙烯等，根据国家标准 GB/T 6424—2007 的规定，热导率应不大于 0.055W/(m·K)。

保温层的作用是减少集热器向环境散热，以提高集热器的工作效率。保温层的技术要求是：保温性好，不易变形或挥发，不产生有毒气体，不吸水。保温层的厚度一般控制在 15～

30mm，也可用下面经验公式来计算。

$$\delta \geqslant \frac{\lambda_{100}}{1.45}$$

式中 λ_{100}——保温材料在100℃时的热导率，W/(m·K)。

（4）外壳 外壳的作用是将吸热板、盖板和保温层的材料组成一个整体，便于安装。外壳的技术要求：有一定的强度和刚度，耐候性好，易加工以及外表美观。外壳材料有钢板、彩钢板、铝型材、不锈钢板、塑料和玻璃钢等。

2. 能量计算

集热器的基本能量平衡方程如下。

$$Q_U = Q_A - Q_L$$

式中 Q_U——集热器在规定时段内输出的有用能量，W；

Q_A——同一时段内入射在集热器上的太阳辐照能量，W；

Q_L——同一时段内集热器对周围环境散失的能量，W。

$$Q_L = Q_t + Q_b + Q_e = A_t U_t (t_p - t_a) + A_b U_b (t_p - t_a) + A_e U_e (t_p - t_a)$$

式中 U_t——顶面热损系数，W/(m²·K)；

U_b——底面热损系数，W/(m²·K)；

U_e——侧面热损系数，W/(m²·K)；

A_t——顶面面积，m²；

A_b——底面面积，m²；

A_e——侧面面积，m²；

t_p——吸热板温度，K；

t_a——环境温度，K。

（三）真空管太阳能集热器

真空管太阳能集热器就是将吸热体与透明盖层之间的空气抽成真空的太阳能集热器，分为全玻璃真空管集热器和金属吸热体真空管集热器。

1. 全玻璃真空管集热器

全玻璃真空太阳能集热管是全玻璃真空管太阳能集热器的核心元件。全玻璃真空太阳能集热管构造如图9.2所示，它像一个拉长的暖水瓶胆，由两根同心圆玻璃管组成，内、外圆管间抽成真空，太阳光能选择性吸收表面（涂层、膜系）沉积在内管的外表面构成吸热体，将太阳光能转换为热能，加热内玻璃管内的传热流体。全玻璃真空集热管采用单端开口设

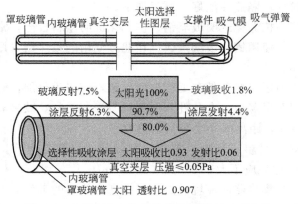

图9.2 全玻璃真空太阳集热管结构及组成部件

计，通过一端将内、外管环形熔封起来，其内管另一端是密闭半球形圆头，带有吸气剂的弹簧卡子将吸热体玻璃管圆头支承在罩玻璃管的排气内端部。当吸热体吸收太阳辐射而温度升高时，吸热体玻璃管圆头形成热膨胀的自由端，缓冲了工作时引起真空集热管开口端部的热应力。与玻璃-金属结构真空太阳集热管结构相比，两者都具有优良的集热性能，但全玻璃真空太阳集热管具有更低的热损失、可靠性强、寿命长与成本低等优点。

（1）技术要求　真空管集热器的热性能主要取决于集热管的性能，为了保证集热器的良好性能，对真空集热管的要求如下。

制作真空管的玻璃要有很好的透光性，热稳定性，耐冷热冲击性和易加工性，有较好的机械强度和抗化学侵蚀性，膨胀系数低，硼硅玻璃3.3是生产制造真空集热管的理想材料。真空管的真空度应小于 5×10^{-2} Pa。真空管内管的外表面上的选择性涂层的太阳吸收比 $\alpha \geq 0.86$，$\varepsilon \leq 0.09$。真空管的空晒性能参数 $Y \geq 175 \mathrm{m}^2 \cdot \text{℃/kW}$。真空管闷晒水温增加35℃的太阳曝辐量 $H \leq 3.8 \mathrm{MJ/m}^2$。真空管的平均热损系数 $U_{\mathrm{LT}} \leq 0.9 \mathrm{W/(m}^2 \cdot \text{℃)}$。真空管应能承受0.6MPa的压力。真空管应在径向尺寸 $\phi < 25 \mathrm{mm}$ 的冰雹袭击下无损坏。空管的排气管封口部分长度 $S \leq 15 \mathrm{mm}$。

（2）真空管的规格和种类　全玻璃真空管是开发时间较长、应用较普遍的一种真空管。近几年，人们又研制出了金属-玻璃结合的真空管。根据集热和取热的不同结构，这些真空管可分为U形管式、同心套管式、热管式、内聚光式、直通式和贮热式6种产品，如图9.3所示。

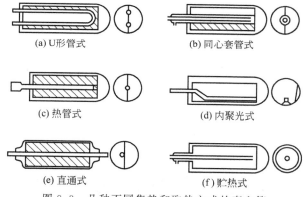

(a) U形管式　　(b) 同心套管式

(c) 热管式　　(d) 内聚光式

(e) 直通式　　(f) 贮热式

图9.3　几种不同集热和取热方式的真空管

（3）真空管集热器性能　真空管集热器放置有两种形式，南北向（竖排）放置和东西向（横排）放置。真空管集热器的热性能主要与管子的性能和管间距（推荐管间距为75mm）有关。集热器反射板多采用铝板和不锈钢板，多雪或大风地区不加反射板。反射板在刚安装时能起到一定的作用，时间长了其作用则逐渐减少，有时还带来负面影响。

2. 热管式真空管集热器

（1）原理　热管沿轴向分为蒸发段、绝热段和冷凝段。蒸发段使热量从管外热源传给管内的液相工质并使其蒸发。气相工质在冷凝段冷凝，并把热量传递给管外的冷源。当冷源和热源隔开时，绝热段使管内的工质和外界不进行热量传递。吸液芯靠毛细作用使液相工质由冷凝段回流到蒸发段及使液相工质在蒸发段沿径向分布。太阳能热水器中应用的热管一般为两相闭式热虹吸管（简称TPCT），又叫重力热管。其结构和工作原理如图9.4及图9.5所示。内部没有吸液芯，凝结的液体从冷凝段回到蒸发段不是靠吸液芯所产生的毛细力，而是靠凝结液的自身重力。

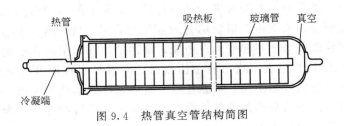

图 9.4 热管真空管结构简图

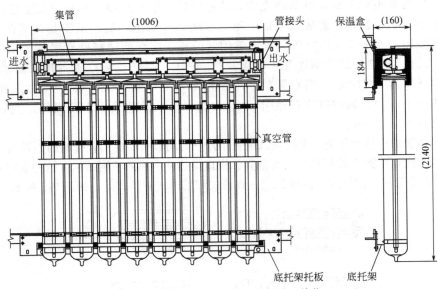

图 9.5 热管式真空集热器结构示意图（单位：mm）

（2）集热器结构 如图 9.6 所示是集中供热热管式太阳能集热器系统，它在原有的铜铝复合板的基础上制作而成。以热管取代普通平板集热器中的排管，选用特殊配方的不冻工质。热管的蒸发器端设有肋片，肋片上涂有选择性涂料，以吸收更多的太阳辐射能。将蒸发

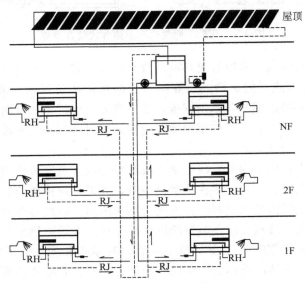

图 9.6 集中供热热管式太阳能集热器系统

器设计成平面排管型式置于平板集热器的平板中，同时采用大面积冷凝段。如图 9.5 所示，几片集热器联合组成一个集热系统，热管均采用重力式热管。其特点是采用两级热管结构，集热板吸收热量后经第一级热管传入中间的大直径管子，该管中充有工质，然后第二级热管从中间的管子吸收热量传入水箱。这样，当一片集热器或一根热管发生泄漏时，不会导致整个集热系统的失效，解决了真空管一根损坏而导致整个集热器无法使用的弊端。同时，这种结构很好地体现了集中供热的功能。如图 9.6 所示，整个集热器做成一体，热量可以互为补充，从而满足不同用户的用水要求。

二、太阳能热水器

太阳能热水器是利用温室原理，将太阳的能量转变为热能，并向水传递热量，从而获得热水的一种装置，它由集热器、贮热水箱、循环水泵、管道、支架、控制系统及相关附件组成。

集热器和贮热水箱合为一体的为闷晒热水器，紧密结合的为整体热水器，分离的为分离热水器；按集热器工质的循环特点分为自然（被动）循环热水器、强迫（主动）循环热水器和直流热水器。

家用太阳能热水器有家用闷晒式太阳能热水器、家用平板式太阳能热水器、家用紧凑式太阳能热水器以及家用紧凑式热管真空管太阳能热水器。

（一）太阳能热水系统原理

太阳能热水系统可根据不同的指标来分类。根据目前我国太阳能热水系统的具体状况，按照系统的循环运行方式，可分为自然循环系统、强迫循环系统和直流循环系统。

1. 自然循环太阳能热水系统

如图 9.7 所示为典型的自然循环太阳能热水系统。自来水通过上水管进入补给水箱，再经由补给水箱进入蓄水箱。集热器内的水被加热后通过上循环管进入蓄水箱的上部，蓄水箱下部密度较大的冷水自动通过下循环管进入集热器的下部形成循环，上述循环是连续进行的。一般情况下，经过一天的日照，蓄水箱的水能全部被加热，供给用户使用。系统中排气管的作用：有时蓄水箱内的温度过高而产生蒸汽，排气管及时将气体排出，防止其抑制自然循环的进行。自然循环的技术要求：为确保一定的热虹吸压头和防止夜间反循环，蓄热水箱底部必须高于集热器顶部，其高差一般为 0.3~0.5m；连接集热器和蓄水箱的循环管路，应按热水上升、冷水下降的方向设计流水坡度，其坡度一般为 1/100，绝对禁止出现反坡；集热器的上循环管进入蓄水箱的入口位置应低于水箱水面 3~5cm，否则无法循环；集热器面积比较大时，集热器应考虑以并联为主，尽量避免采用串联；为减少管道的流动阻力，循环管路越短越好，拐弯处越少越好。

2. 强制循环式太阳热水系统

它是利用温差控制器来控制水泵的开关，当集热器顶部的温度和水箱下部水温之差达到预定数值时，水泵开始运行，否则水泵关闭。逆止阀的作用是防止水倒流。排气管的作用和自然循环系统的排气管作用一样。强迫循环系统的技术要求：水箱安装位置无需高于集热器，可根据需要安放在任何地方。该系统的运行可靠性主要取决于控制器和水泵的可靠性，因此应选择高质量的产品。这种循环系统需要消耗少量的电能，如图 9.8 所示。

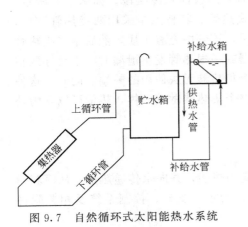

图 9.7 自然循环式太阳能热水系统

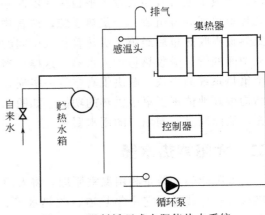

图 9.8 强制循环式太阳能热水系统

由于强迫循环系统的控制方式不同,可形成不同的系统方案。如图 9.9~图 9.12 所示是几种典型的控制方案示意图。

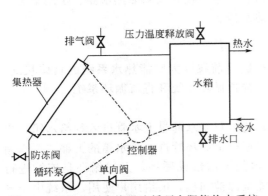

图 9.9 温差控制直接强迫循环太阳能热水系统

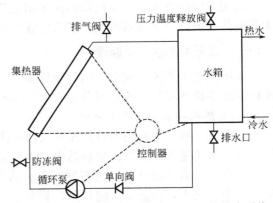

图 9.10 温差控制间接强迫循环太阳能热水系统

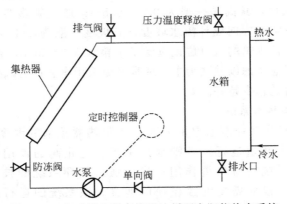

图 9.11 定时器控制直接强迫循环太阳能热水系统

如图 9.9 所示是温差控制直接强迫循环太阳能热水系统。首先设定集热器上部或下部与水箱的温度差值。当达到该温度差值时,水泵启动,开始循环,否则水泵关闭。通过一天的

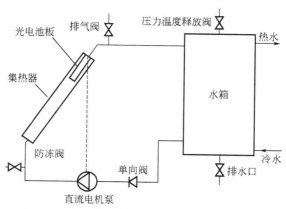

图 9.12　光电控制直接强迫循环太阳能热水系统

日照，水箱的水被加热。安装防冻阀的目的是当循环管路内水温低于某一温度时系统自动泄水。

温差控制间接强迫循环太阳能热水系统如图 9.10 所示。它和直接强迫循环系统的区别就是在水箱内增加一个换热器。集热器内充装防冻介质，可以解决防冻问题。膨胀箱的作用是为了使防冻介质在加热或冷却时有一个膨胀和收缩的空间，以免造成过压或潜在真空而损坏系统。

定时器控制直接强迫循环太阳能热水系统如图 9.11 所示。该系统的特点是人为地设置时间来启动或关闭系统的循环。

如图 9.12 所示是光电控制直接强迫循环太阳能热水系统。太阳光电池板接受日照后产生直流电，系统由直流电驱动水泵的运行。当日照好时，系统启动运行；无日照或日照差时，系统不运行。

3. 直流式太阳能热水系统

当集热器上部的电接点温度计达到预定的温度（如 45℃）时，控制器就启动电磁阀，自来水就将集热器内的热水顶入水箱。当集热器上部的温度低于预定的温度时，电磁阀关闭。通过一天的间断运行，进入水箱的水均为 45℃ 左右的热水。直流循环系统的技术要求：水箱的位置可根据需要安放在任何地方；系统运行的可靠性主要取决于电接点温度计、控制器及电磁阀的可靠性；水箱应有足够的富余量，否则，当日照好的时候，因水箱容量不够而造成热水外溢，如图 9.13 所示。

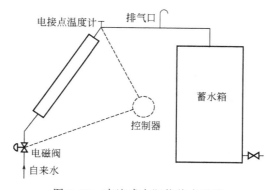

图 9.13　直流式太阳能热水系统

（二）太阳能热水器的设计与安装技术

国家规定采光面积 $1\sim8m^2$，水箱容积量为 $80\sim600L$。可根据地区气候条件先选集热器，再选哪一类系统。我国南方地区可采用玻璃盖板的平板集热器，而要求全年使用的（工业使用）可选择真空管太阳集热器；采光面积在几十平方米范围内，一般采用自然循环，当采光面积为几百平方米时，可采用强制循环，比如理发馆可选用定温防水式。从我国建筑节能规划考虑，板楼住宅设计安装大型全天候热水工程，造价成本低，统一管理，有辅助热源，可以全天用水。

1. 设计依据

在进行太阳能热水系统设计时必须掌握一些基本资料，作为设计的依据。

（1）用户要求 主要包括用水量、水温、用水时间的要求；要不要辅助加热，采用何种辅助能源。

（2）建筑物的情况 主要包括热水系统安装平面（屋面）的具体尺寸、屋面荷载和承重梁分布情况，屋面正南方向有无建筑物的遮挡，水源和电源情况，让用户提供屋顶平面和结构图纸。

2. 技术要求

① 太阳能热水系统应具有防冻、防雷击、抗风、抗冰雹、抗震和防噪声干扰等功能。

② 太阳能热水系统必须符合建筑构件标准及设计、安装和施工规范的要求，不得损害或破坏建筑屋面和维护结构的功能、外形，并尽量与其相互融合。

③ 太阳能热水系统应达到国标所要求的热性能指标。供热水温度应 $\geqslant40℃$，每平方米采光面积的每天得热量应大于 $7.65MJ$（当日太阳辐照量为 $17MJ/m$ 时），相当于日效率大于 45%，热损系数应低于 $5W/(m\cdot℃)$。

3. 太阳能热水系统集热面积的确定

太阳能热水系统集热器采光面积可按下式计算。

$$A_c=\frac{Q_wC_w(t_{end}-t_i)f}{J_T\eta_{cd}(1-\eta_c)}$$

式中　A_c——系统集热器采光面积，m^2；

　　　Q_w——日平均用热水量，kg；

　　　C_w——水的定压比热容，$4.1868kJ/(kg\cdot℃)$；

　　　t_{end}——蓄水箱内的终止水温，$℃$；

　　　t_i——水的初始温度，$℃$；

　　　J_T——当地春分或秋分所在月份集热器采光面上的月均日辐照量，kJ/m^2；

　　　f——太阳能保证率（太阳能利用率），$\%$；

　　　η_{cd}——集热器日效率，一般取 $40\%\sim50\%$；

　　　η_c——管路和水箱的热损失率，按经验值取 $0.2\sim0.25$。

4. 太阳能热水系统形式的选择

自然循环系统的最大特点是无需水泵和控制系统，运行可靠，造价较低，但由于蓄水箱必须高于集热器，一般坡屋顶无法安装，因此只能适用于平面屋顶的建筑。取用热水时间应在下午四五点钟以后或晚间，不能随时供热水。若在北方冬季使用，应考虑增加辅助热源，系统管路应设置电加热带。该系统的集热器面积不宜过大，若集热器面积较大，应采用并联安装。

强迫循环系统的特点：集热器和水箱可以分离；适合于在各种建筑上安装；可在北方冬季使用，但需增加辅助热源，管道系统还应考虑防冻抗冻措施；集热器的采光面积不受限制。

直流循环系统的主要特点是随时都能有热水供应，特别适合白天使用热水的用户。冬季在北方地区使用要采取防冻措施。

5. 集热器支架设计

集热器支架是根据系统布置图中的集热器排列方式和数量以及集热器的倾角进行设计的。主要确定集热器倾角的标准单元支架（三脚架），它通过横拉筋现场焊接而成。其单排的总长度由单排集热器数确定，横向支架整体斜度通过三脚架之下支撑角钢来进行调节，要保证斜度＞0.5%。

6. 水箱的结构设计

水箱容积的确定：以浮球阀控制的液面以下的水量作为水箱的容积大小。水箱内的管件主要包括与循环管路相连的上水循环管路（其间连有循环泵）、循环回水管、冷水上水管、热水取水管、水箱排污管、溢流管、安装探头的焊接管箍等。水箱内各管件相对位置设计应遵循的原则：在系统运行时，热水管取到最低液面时，循环泵的吸水口总是处于液面以下，泵能正常工作，不会让循环泵空转；若有电加热时，电加热的安装位置应保证不进行干烧。

各管件应保证垂直方向的相对高度，水平方向的位置可灵活布置。

（三）太阳能热水系统工程参数的确定

1. 集热器的朝向

太阳能集热器最佳布置方位是朝向正南，其允许偏差在±15°以内。

2. 集热器的倾角

$$\theta = \phi \pm \delta \,(\text{春、夏、秋取} -;\text{冬取} +)$$

式中　θ——集热器的倾角；

　　　ϕ——当地纬度；

　　　δ——一般取 5°~10°。

3. 集热器前后排间距

为了使集热器相互不遮挡，前后排集热器的间距可按表 9.1 确定。

表 9.1　集热器间距

集热器倾角 α/(°)	30	40	45
前后排集热器间距 L/mm	1800~2000	2500~3000	3000~3200

4. 屋面荷载要求

建筑物屋面荷载安装太阳能热水系统的建筑屋面，活荷载要求在 14.7MPa 以上。

（四）集热器的连接方式

集热器的连接方式如图 9.14 所示。

在进行集热器连接设计时，应注意以下几点：

① 自然循环系统的集热器应尽可能采用并联方式；

② 强制循环系统的集热器可采用并联、串联和混联方式；

③ 采用并联方式连接时，各组集热器数量应相同，但是各组的流量要均衡；

④ 集热器的进口和出口必须是呈对角线位置安排；

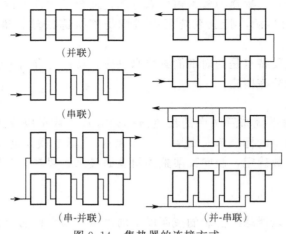

（并联）

（串联）

（串-并联）　　　　　（并-串联）

图 9.14　集热器的连接方式

⑤ 集热器安装时要考虑防风处理。

（五）　太阳能热水系统的验收

首先，检查系统中的集热器是否为合格产品，是否符合有关国家标准和行业技术要求。

检查所有管道是否有 1/100 的坡度，管道是否做了保温处理。保温层厚度应达到 30～50mm，保温层外要包沥青布或铝箔，在易冻的局部位置应加伴热带。

检查蓄水箱的容积大小是否符合设计要求。水箱保温层厚度：小型水箱 30～50mm，大型水箱 50～100mm。水箱要有上升管、下降管、补水管、取水管、放气管和泄水管。水箱保温层外要有外包装材料，以防止雨水渗入。

检查控制系统及有关部件是否灵活可靠。

对太阳能热水系统进行热性能验收试验。一般要求运行 1 周后进行 1～2 天的热性能检测试验，若试验数据达到设计指标，则系统合格。

（六）　太阳能热水系统的运行管理与维护

施工单位要与用户进行技术资料的交接，并对用户进行运行管理与维护的培训工作。

制定系统的运行操作规程及应急处理方案。

建立定期检查和保养制度，每年至少进行 1～2 次检查。

平时维护工作：定期用水清洗集热器盖板或真空管，对密封件、保温层、电气元件、浮球阀、控制器等要经常检查。

三、太阳能温室

太阳能温室是仿照大自然中的"温室效应"，用塑料薄膜把一定的空间覆盖起来，太阳光能穿透塑料薄膜进入里面，热量却不能逃逸出来，里面的温度会越来越高。

根据太阳能与温室结合方式分为被动太阳能温室（没有太阳能集热器，没有循环泵）和主动太阳能温室。

根据室温的结构分为土温室、砖木结构温室、混凝土结构温室、钢结构或有色金属温室、非金属结构温室。

根据温室的透光材料分为玻璃窗温室、塑料薄膜温室、其他透光材料温室（聚碳酸酯和增强聚酯等）。

（一） 节能高效太阳能温室

包括由支架构成的具有保温的屋面、保温墙和透明隔热材料构成的采光面的温室，在温室内保温后墙一侧安装的太阳能集热器通过管道连接着散热器，散热器安装在湿室内的土壤中，温室采光面与地面的夹角为 $55°\sim75°$，温室纵向走向与东西方向东端向北偏转的夹角为 $10°\sim20°$。这样的设计不仅不需要增大采光面的面积，适当减小采光面的面积，就可以达到采光面的透射率高、散热量小的效果，下雪后利于积雪的排除，而且在白天有日照的情况下，可以贮存太阳能，进行缓慢释放热量，可以节约燃料。

（二） 太阳能温室保温被

白天采光热，晚上覆盖保温，特别是在寒冷及高寒地区，替代原始草苫子等覆盖物，克服草苫子散热快、保温性能差、不防雪雨渗透、体积大、笨重、使用时间短、成本高、存放不方便等缺陷。

（三） 太阳能温室大棚的蓄热恒温装置

其结构是由蓄热式育苗床、鼓风机和通气管道构成，蓄热材料填充在蓄热式育苗床之中，通气管道设置在蓄热材料的底部，通气管道与鼓风机相连接。蓄热式育苗床中所填充的蓄热材料为密度大的石块或水泥砌块。该装置是利用鼓风机将热空气吹入蓄热育苗床中与蓄热材料进行热交换，热在蓄热材料中贮存，当温室气温下降时，再利用鼓风机向蓄热材料中吹入低温空气，低温空气与蓄热材料进行热交换，空气加热后进入到温室内，从而起到维持气温恒定的作用。

四、太阳能制冷与空调

人工制冷工程就是在外界的补偿下将低温物体的热量向高温物体传送的过程。根据补偿过程的不同分为消耗热能（用热量从高温传向低温的自发过程作为补偿，实现将低温物体的热量传到高温物体）和消耗机械能（用机械做功来提高制冷剂的压力和温度，使制冷剂将从低温物体吸取的热量连同机械能转换成热量一同排到环境介质中）。

传统的制冷和空调装置大都采用对环境有害（温室效应和破坏臭氧层）的人工合成物质作为工质，采用电力等高品位能源进行驱动。

采用太阳能作为主要驱动能源，采用氨或其他自然物质作为工质的太阳能制冷与空调技术正是这样一种符合节能和环保要求的技术。一方面，太阳能本身是一种清洁能源，对环境没有污染和破坏，而且它取之不尽、用之不竭。使用太阳能去驱动制冷和空调装置，可以节省对常规能源的消耗，也减轻了采用常规能源带来的对环境的压力。另一方面，采用对环境友好的工质，也消除了由于采用氟里昂等人工合成工质而引发的对地球温室效应的加剧和对大气臭氧层的破坏。

（一） 太阳能制冷类型

1. 太阳能吸收式制冷系统

吸收式空调系统是利用溶液浓度的变化来获取冷量、消耗热能。自蒸发器出来的低压蒸气进入吸收器，被吸收剂强烈吸收，吸收过程中放出的热量被冷却水带走，形成的溶液由泵送入发生器中，被热源加热后蒸发，产生高压蒸气，进入冷凝器冷却。而稀溶液减压回流到蒸发器，完成一个循环。系统简图如图 9.15 所示。它的特点与系统使用的制冷剂有关，常用于吸收式制冷系统的制冷剂有水系、氨系、乙醇系、氟里昂系四大类。水系工质是目前研究最热门的课题之一。对它的研究主要是针对现今大量生产的商用 LiBr 吸收式制冷机存在的易结晶、腐蚀性强、蒸发温度只能在 0℃ 以上等缺陷。对氨系工质的研究主要是针对它的一些致命缺陷，如制冷性能系数（COP）比 LiBr 小；工作压力高，具有一定的危险性，有毒；氨和水之间沸点相差不够大，需要精馏等。吸收式空调虽然技术相对成熟，但系统成本较压缩式高，主要用于中央空调等大型空调。

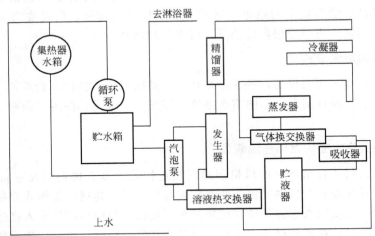

图 9.15　太阳能吸收式制冷系统简图

2. 太阳能吸附式制冷系统

吸附式空调系统根据吸附剂与吸附质之间作用关系不同，可分为物理吸附和化学吸附。工作过程由热解吸和冷却吸附组成。吸附剂和吸附质形成的混合物在吸附器中发生解吸，放出高温、高压的制冷剂气体进入冷凝器，冷凝出来的制冷剂液体由节流阀进入蒸发器吸收热量，产生制冷效果，蒸发出来的制冷剂气体进入吸附发生器，被吸附后形成新的混合物，完成一个循环。系统简图如图 9.16 所示。它的特点是结构简单、一次性投资少、使用寿命长、无结晶等，且能用于振动、倾颠、旋转的场所。但与压缩式和吸收式系统相比，该技术还很不成熟。主要问题在于：固体吸附剂为多微孔介质，导热性能低，因而吸附和解吸所需时间长；制冷功率小；COP 值不够高。

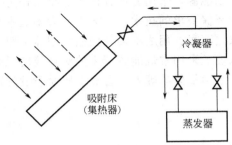

图 9.16　太阳能吸附式制冷系统简图

3. 太阳能蒸气喷射式制冷系统

制冷剂在换热器中吸热后气化、增压，产生饱和蒸气，蒸气进入喷射器，经喷嘴高速喷出膨胀，在喷嘴附近产生真空，将蒸发器中的低压蒸气吸入喷射器，经喷射器出来的混合气体进入冷凝器放热、结晶，然后冷凝液的一部分通过节流阀进入蒸发器吸收热量后气化，这部分工质完成的循环是制冷循环。另一部分通过循环泵升压后进入换热器，重新吸热气化，这一部分循环称为动力循环。循环泵是此系统唯一的运动部件，结构简单、运行稳定、可靠性好，但 COP 值较低。对于太阳能空调技术，因为要考虑到集热器的效率等，不得不采用比较低的热源温度，所以太阳能驱动的制冷机存在效率较低的问题。同时，从集热器、制冷机等相应的成本分配来看，集热温度、冷水温度及冷却水温度应各为多少才能建立一个最为经济合理的太阳能空调系统，也是尚待解决的课题。另外，由于太阳能的收集存在着时效问题，蓄热技术也必须得到很好的解决，一个较好的蓄热系统可以弥补太阳能的不可靠性和间断性。其原理如图 9.17 所示。

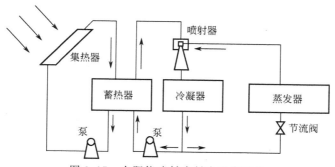

图 9.17　太阳能喷射式制冷系统简图

4. 其他太阳能制冷系统

（1）太阳能除湿式制冷系统　利用干燥剂来吸附空气中的水蒸气以降低空气的湿度进而实现降温制冷。而吸附式是利用吸附剂来实现的，消耗热能。

（2）太阳能蒸汽压缩式制冷系统　太阳能集热器为热机循环提供热源，而热机循环是一个消耗机械能而对外做功的过程，即高压蒸汽推动蒸汽轮机旋转而对外做功。在蒸汽压缩式制冷机循环中，蒸汽轮机的旋转带动制冷压缩机的旋转，然后再经过上述蒸汽压缩式制冷机中的压缩、冷凝、节流、汽化等过程，完成制冷机循环。在蒸发器外侧流过的空气被蒸发器吸收其热量，从较热的空气变为较冷的空气，较冷的空气被送入房间内从而达到降温的效果。

（二）太阳能空调技术经济分析

表 9.2 为某太阳能空调系统的费用预算。

表 9.2　太阳能空调系统的费用预算　　　　　　　　　　　　　　单位：万元

太阳集热器	集热器支架及基础	管道及保温	贮冷水箱	安装及运输	控制系统	其他	合计
61	3.2	2.2	4	5	9	3	86.4

太阳能替代常规能源估算如下。

采暖：85（蒸汽价格）×197.25（需要蒸汽量）×3.5（月数）＝58682（元）。

空调：85×197.25×1.5（采暖负荷的倍数）×3＝75448（元）。

生活热水：0.6（电费）×196510（耗电量）＝117906（元）。

估算：（58682＋75448＋117906）×60%（太阳能保证率）＝151222（元）。

投资回收期估算：864000÷151222＝5.7（年）。

结论：从经济上分析，太阳能系统上的投资5～6年的时间就可以收回。

五、太阳能热发电系统

太阳能热发电系统是一种利用太阳能直接发电，如利用半导体材料或金属材料的温差发电，真空器件中的热电子和热离子发电，碱金属的热电转换，以及磁流体发电等。其特点是发电装置本体无活动部件。但它们目前的功率均很小，有的仍处于原理性试验阶段，尚未进入商业化应用。

另一类利用太阳能热动力发电，是利用太阳集热器将太阳能收集起来，加热水或其他工质，使其产生蒸汽，驱动热力发动机，再带动发动机发电。太阳能热发电是大规模开发利用太阳能的一个重要技术途径。由于关键技术有待重大突破，目前国外塔式、槽式、碟式系统都还面临着投资大、成本高的问题。

（一）塔式太阳能热发电技术

塔式太阳能热发电系统是在空旷平地上建立高大的塔，塔顶安装固定一个接收器（相当于锅炉），塔的周围安置大量的定日镜将太阳光聚集并反射到塔顶的接收器上产生高温，接收器内生成的高温蒸汽推动汽轮机来发电。

尽管塔式热发电系统起步较早，人们也一直希望通过尽可能多的定日镜将太阳能量聚集到几十兆瓦的水平，但是塔式系统的造价一直居高不下，产业化困难重重，其根本原因在于定日镜系统的设计。目前典型的塔式热发电的定日镜有两个特点：一是定日镜的反射面几乎都采用普通的球面或平面；二是定日镜的跟踪都使用传统的方位角仰角公式。这两个设计特点导致塔式太阳能聚光接收器存在着以下难以克服的问题。

其一：太阳光在塔上聚焦的光斑在一天之内呈现大幅度变化，导致聚光光强大幅度波动。普通球面或平面反射镜无法克服由于太阳运动而产生的像差，由于太阳的盘面效应，各个反射镜在中央塔上形成的光斑大小随着它与中心塔的距离增加而线性增长，塔上最后形成的太阳聚焦光斑在一天之内可以随定日镜场的大小从几米变化到几十米之大，因此聚光光强出现大幅度波动，再加上各个定日镜的不同余弦效应，塔式系统的光热转换效率仅为60%左右。尽管目前在一些比较讲究的塔式系统的设计中，对不同的定日镜开始采用不同曲率半径的球面，以减小太阳在塔上光斑的尺寸，但光学设计复杂性大大增加，导致制造成本也随着大幅增长。

其二：众多的定日镜围绕中心塔而建立，占地面积巨大。中央塔的建立必须要保证各个定日镜之间互相不能阻挡光线，各个定日镜之间的距离随着它们与中心塔距离的增加而大幅度增长，因而塔式热发电系统的占地面积随着功率等级的增加而呈指数性激增。

其三：各个定日镜需要单独进行两维控制，控制系统极其复杂。在塔式系统中，各个定日镜相对于中心塔有着不同的朝向和距离，因此，每个定日镜的跟踪都要进行单独的两维控制，且各个定日镜的控制各不相同，这就极大地增加了控制系统的复杂性和安装调试，特别是光学调整的难度。

其四：为了减少众多定日镜的余弦效应，中心塔必须建得足够高才行。美国已经建成的Solar Two（10MW）塔式热发电的中心塔高达100多米。这样高的塔不仅不可避免地增加塔式系统的热发电成本，而且无法适应我国北部多风地区的工作环境。

由于上述这些问题，塔式热发电系统尽管可以实现1000℃的聚焦高温，但一直面临着单位装机容量投资过大的问题（目前塔式系统的初投资成本为3.4万～4.8万元/kW），而且造价降低非常困难，所以塔式系统 50 多年来始终停留在示范阶段而没有推广开来。

（二）槽式太阳能热发电技术

槽式太阳能热发电系统是利用圆柱抛物面的槽式反射镜将太阳聚焦到管状的接收器上，并将管内传热工质加热。槽式系统商业化的典型代表是位于美国加州 Mojave 沙漠上的总装机容量为 354MW 的 9 座槽式太阳能热发电站，年发电总量为 8 亿千瓦时，从 20 世纪 90 年代初开始并网运行。

目前塔式、槽式、碟式三种系统中，只有槽式实现了商业化。通过技术不断改进和电站规模不断扩大，美国加州 Mojave 沙漠的槽式热发电系统的初投资成本已经由 1 号电站（功率为 14MW）的 4490 美元/kW 降到了 8 号电站（功率为 80MW）的 2890 美元/kW，发电成本由 1 号电站的 44 美分/（kW·h）下降到 9 号电站的 17 美分/（kW·h）（按照 2004 年美元计算），系统效率由 1 号电站的 9.3% 提高到 9 号电站的 13.6%。

槽式系统以线聚焦代替了点聚焦，并且聚焦的管线随着圆柱抛物面反射镜一起跟踪太阳而运动，这样解决了塔式系统由于聚焦光斑不均匀而导致的光热转换效率不高的问题，将光热转换效率提高到 70% 左右。但是槽式系统也带来三个新的问题。

其一：无法实现固定目标下的跟踪，导致系统机械笨重。由于太阳能接收器（中间的聚焦管线）固定在槽式反射镜上，随着反射镜一起运动，因而导致整个系统的机械装置比较笨重，而且热管的连接节必须是活动性的，这种结构保温较为困难也容易损坏。

其二：槽式系统的抗风能力较差，不适宜工作在大风地区。每个槽式反射镜都是 99m 长、5.7m 宽的一个大整体镜面，风阻很大，因此现有的槽式太阳能热发电系统一般应用于无风或微风的荒漠地区，与我国北方多风甚至大风的气候条件有很大差异，在我国应用必须要改变或加强反射镜的支撑结构以增加槽式系统的抗风性能，这样必然导致初投资成本和热发电成本在目前国外 2890 美元/kW 和 17 美分/（kW·h）的水平上大幅上扬。

其三：槽式系统的接收器长，散热面积大。槽式系统的太阳能接收器是根很长的吸热管，尽管发展了许多新的吸光技术，其散热（包括由热辐射造成的散热）面积要比其有效的受光面积大，因此与典型聚光系统如碟式和塔式相比，槽式系统的热损耗较大。

（三）碟式太阳能热发电技术

碟式太阳能热发电系统是利用旋转抛物面的碟式反射镜将太阳聚焦到一个焦点。和槽式一样，碟式系统的太阳能接收器也不固定，随着碟形反射镜跟踪太阳的运动而运动，克服了塔式系统较大余弦效应的损失问题，光热转换效率大大提高。和槽式不同的是，碟式接收器将太阳聚焦于旋转抛物面的焦点上，而槽式接收器则将太阳聚焦于圆柱抛物面的焦线上。碟式系统的代表性案例——美国 SES 公司的碟式-斯特林热机太阳能发电系统。碟式热发电系统的优点是：①光热转换效率高达 85% 左右，在三类系统中位居首位；②使用灵活，既可以做分布式系统单独供电，也可以并网发电。碟式系统的缺点是：①造价昂贵，在三种系统中也是位居首位，目前碟式热发电系统的初投资成本高达 4.7 万～6.4 万元/kW；②尽管碟式系统的聚光比非常高，可以达到 2000℃ 的高温，但是对于目前的热发电技术而言，如此高的温度并不需要甚至是具有破坏性的，所以碟式系统的接收器一般并不放在焦点上，而是根据性能指标要求适当地放在较低的温度区内，这样高聚光度的优点实际上并不能得到充分的发挥；③热贮存困难，热熔盐贮热技术危险性大而且造价高。

由于与光伏发电系统相比，碟式热发电系统具有气动阻力低、发射质量小等优点，因此近年来研发主要集中于具有更小单位功率质量比的空间电源应用领域，今后的研究方向主要是提高系统的稳定性和降低系统发电成本两个方面。

六、太阳能光伏发电系统

太阳能光伏发电即是通过太阳能电池将太阳辐射能转换为电能的发电系统。运行方式有离网运行和联网运行。

（一）太阳能电池

太阳能电池是利用光生伏打效应把光能转变为电能的器件。光生伏打效应是吸收光能产生电动势的现象，在液体和固体中都会发生，尤其是半导体中。

按结构分为同质结太阳能电池、异质结太阳能电池、肖特基太阳能电池、复合结太阳电池、平板太阳能电池、聚光太阳能电池、空间太阳能电池、地面太阳能电池、有机半导体电池。

按材料分为硅太阳能电池、硫化镉太阳能电池、砷化镓太阳能电池。

太阳能电池发电的原理主要是半导体的光电效应，一般的半导体主要结构如下。

图9.18中，正电荷表示硅原子，负电荷表示围绕在硅原子旁边的四个电子。当硅晶体中掺入其他的杂质时，如硼、磷等，硅晶体中就会存在着一个空穴，它的形成可以参照图9.19。

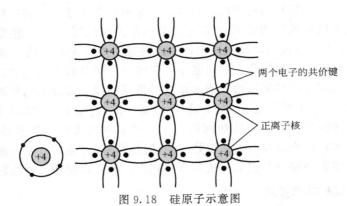

图 9.18　硅原子示意图

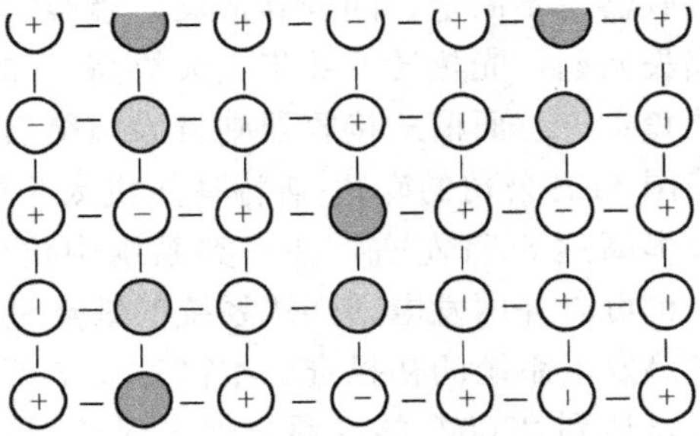

图 9.19　硅中掺入硼原子示意图

图9.19中，正电荷表示硅原子，负电荷表示围绕在硅原子旁边的四个电子。而浅灰色的表示掺入的硼原子，因为硼原子周围只有3个电子，所以就会产生如图9.19所示的深灰色空穴，这个空穴因为没有电子而变得很不稳定，容易吸收电子而中和，形成P（positive）型半导体。

同样，掺入磷原子以后，因为磷原子有五个电子，所以就会有一个电子变得非常活跃，形成 N（negative）型半导体。灰色的为磷原子核，黑色的为多余的电子，如图 9.20 所示。

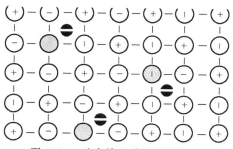

图 9.20　硅中掺入磷原子示意图

P 型半导体中含有较多的空穴，而 N 型半导体中含有较多的电子，这样，当 P 型和 N 型半导体结合在一起时，就会在接触面形成电势差，这就是 PN 结。

当 P 型和 N 型半导体结合在一起时，在两种半导体的交界面区域里会形成一个特殊的薄层，界面的 P 型一侧带负电，N 型一侧带正电。这是由于 P 型半导体多空穴，N 型半导体多自由电子，出现了浓度差。N 区的电子会扩散到 P 区，P 区的空穴会扩散到 N 区，一旦扩散就形成了一个由 N 指向 P 的"内电场"，从而阻止扩散进行。

当晶片受光后，PN 结中 N 型半导体的空穴往 P 型区移动，而 P 型区中的电子往 N 型区移动，从而形成从 N 型区到 P 型区的电流。然后在 PN 结中形成电势差，这就形成了电源（图 9.21）。

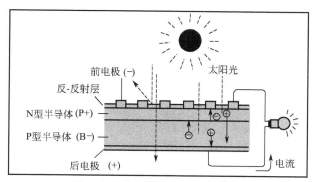

图 9.21　太阳能电池原理示意图

由于半导体不是电的良导体，电子在通过 PN 结后如果在半导体中流动，电阻非常大，损耗也就非常大。但如果在上层全部涂上金属，阳光就不能通过，电流就不能产生，因此一般用金属网格覆盖 PN 结（如图 9.22 所示梳状电极），以增加入射光的面积。

另外硅表面非常光亮，会反射掉大量的太阳光，不能被电池利用。为此，科学家们给它涂上了一层反射系数非常小的保护膜（图 9.22），实际工业生产基本都是用化学气相沉积沉积一层氮化硅膜，厚度在 100nm 左右。将反射损失减小到 5% 甚至更小。一个电池所能提供的电流和电压毕竟有限，于是人们又将很多电池（通常是 36 个）并联或串联起来使用，形成太阳能光电板。

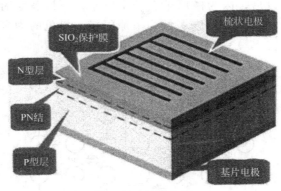

图 9.22　梳状电极

（二）　太阳能光伏发电系统组成

太阳能光伏发电系统可分为两类：第一类是独立的太阳能光伏发电系统；第二类是并网太阳能光伏发电系统。不管属于哪一类，除输出方式不同外，前边太阳能光伏发电系统组成是一样的。太阳能并网光伏发电系统如图 9.23 所示。

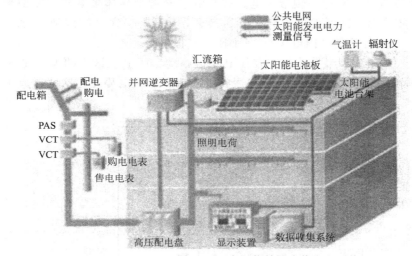

图 9.23　太阳能并网光伏发电系统

第二节　太阳能在建筑节能中的应用

一、太阳能建筑技术发展进程

近 30 年来，工业发达国家和一些发展中国家都非常重视太阳能建筑技术的发展。其发展的共同特点都是以太阳能的热技术开发和应用起步的。至 20 世纪中后期，太阳能热水器等一些太阳能产品技术在一些国家已很成熟，并在住宅小区中开始广泛推广使用。在太阳能产品的产业化、商业化、建材化等方面也取得了可喜的成果。

美国在大力开发利用太阳能光热发电、光伏发电、太阳能建材化、太阳能建筑一体化、产品化等方面均处于世界领先水平。早在 20 世纪 80 年代中期，美国太阳能热水器的安装面积就已超过 1000 万平方米，年产值超过 10 亿美元。太阳能住宅建筑一体化的设计思想是美国太阳能协会创始人史蒂文斯特朗在 20 年前倡导的。即不再采用屋顶安装一个笨重的装置来收集太阳能，而是将半导体太阳能电池直接嵌入墙壁和屋顶内。1997 年，美国实施"百万太阳能屋顶计划"。截至 2010 年，在全国的住宅、学校、商业建筑等屋顶上安装 100 万套太阳能发电装置，光伏组件累计用量将达到 3025MW，相当于新建 3～5 个燃煤发电厂的电力，每年可减少二氧化碳排放量约 351 万吨，通过大规模的应用，使光伏组件的价格可从 1997 年的 22 美分/(kW·h) 降到 2010 年的 7.7 美分/(kW·h)。

日本是自然资源极其匮乏的经济大国，非常重视太阳能等可再生能源的发展，用新能源替代传统能源是举国上下的共同愿望和追求。国家颁布各种政策和法令全力支持太阳能等新能源的发展。至 1993 年，包括太阳能在内的新能源消费量约占全日本能源消费总量的 3%，到 2010 年，太阳能发电量达到 482 万千瓦（为 1999 年的 23 倍）。

日本也在积极推行"太阳能房屋计划"。至 2003 年，全日本约有 5 万户居民安装了太阳能电池板。2010 年，政府要求所有新建的房屋都要利用太阳能供电。为鼓励太阳能电池板在居民住宅中应用，1997～2004 年，日本政府共投入 1230 亿日元的资助金。

欧共体早在 20 世纪 80 年代，就开始在建筑上大规模开发和应用太阳能技术。欧共体也积极推行"太阳能房屋计划"。至 2010 年共安装约 50 万套太阳能房屋，其中德国占 1/5。

我国太阳能建筑技术经近 20 年的努力，获得了可喜的发展。到 2004 年年底，太阳能热水器年生产能力达到 1350 万平方米，利用量达到 6500 万平方米，占全球安装量的 60%，居世界首位，并出口 30 多个国家和地区。我国 2009 年相继出台《太阳能光电建筑应用财政补助资金管理暂行办法》和《关于实施金太阳示范工程的通知》等政策，并先后启动了两批总计 290MW 的光伏电站特许权招标项目。2012 年国家电网公司发布《关于做好分布式光伏发电并网服务工作的意见》，为光电建筑一体化项目并网工程开辟绿色通道。据统计，2012 年中国光伏装机量为 4.5GW，增幅 64%。

近年来，在科研开发、住宅小区大面积推广应用、太阳能建材化、太阳能与建筑一体化设计等方面都取得了骄人的成绩。

二、太阳能在建筑中的应用

（一）太阳能供热水

利用太阳能加热水是太阳能利用的最普遍的形式。世界各国已经相继研究开发出各种类型的家用太阳热水器和太阳热水系统，并且正在逐步走向商业化、市场化。

1. 太阳能热水器的技术要求

太阳能热水系统作为建筑的配套设备，其主要技术要求有以下几个方面。

（1）技术性能要求　系统的热性能应满足《家用太阳能热水系统技术条件》（GB/T 19141—2011）、《真空管太阳集热器》（GB/T 17581—2007）、《平板型太阳集热器技术条件》（GB/T 6424—2007）、《全玻璃真空太阳集热管》（GB/T 17049—2005）等相关太阳能产品国家标准的要求。

系统应有可靠的使用安全性，这是各项技术性能中最重要的一项，其中内置加热系统必须带有保证使用安全的装置。

系统应具有适应各种自然条件的性能，应有可靠的防冻、防过热、防雷、抗雹、抗风、抗震等技术措施。

（2）辅助能源加热设备要求　辅助能源加热设备应根据建筑物的使用特点、热水用量、能源供应、维护管理及卫生防菌等因素以及国家标准《建筑给水排水设计规范》（GB 50015—2010）中的有关规定设置。

（3）供水水温、水压和水质的要求　系统供热水的水温和水压应符合国家标准《建筑给水排水设计规范》（GB 50015—2010）中的有关规定。

系统提供的热水应无铁锈、异味和其他有碍卫生的物质。

2．建筑中太阳能热水系统的设计

建筑中使用的太阳能热水系统设计应纳入建筑给排水设计，最好由建筑给排水专业人员进行设计。具体地说，采用太阳能和辅助能源作为热源方面，要与太阳能热水器企业和辅助能源加热设备企业配合设计；在集热器的位置、色泽及数量方面，要与建筑师配合设计；在承载、控制等方面，要与建筑结构专业、电气控制等专业人员配合设计。

（1）用户基本情况调查

① 进行安装地点的纬度、年平均日太阳辐照量、日照时间、环境温度等自然条件的调查。

② 进行日平均用水量、用水方式、用水温度、用水位置、用水流量等用水情况的调查。

③ 进行场地面积、场地形状、建筑物承载能力、遮挡情况等场地情况的调查。

④ 进行水压、电压、水电供应情况的调查。

（2）系统运行方式的确定　太阳能热水系统的运行方式，应根据用户基本条件、用户使用需求以及集热器和贮水箱的相对安装位置等因素来确定。

（3）集热器类型的确定　太阳能热水系统中集热器的类型，应根据太阳能热水系统在一年中的运行时间、运行期内最低环境温度等因素确定。

（4）集热器面积的确定　确定集热器面积，既可以采用国际上常用的 F-CHART、TRNSYS 或其他类似的软件进行精确计算，也可以通过国家标准《太阳能热水系统设计、安装及工程验收技术规范》（GB/T 18713—2002）中给出的能量平衡公式进行近似计算。在有些情况下，还可以根据建筑所在地区的太阳能资源条件进行集热器面积的估算。表 9.3 给出了系统提供 100L 热水量的集热器面积推荐选用值。

表 9.3　系统提供 100L 热水量的集热器面积推荐选用表

等级	太阳能资源	年日照时数/h	年太阳辐照量/[MJ/(m²·a)]	地区	集热器面积/m²
一	丰富区	3200～3300	6700～8370	宁夏北、甘肃西、新疆东南、青海西、西藏西	1.2
二	较富区	3000～3200	5860～6700	冀西北、京、津、晋北、内蒙古、宁夏南、甘肃中东、青海东、西藏南、新疆南	1.4
三	一般区	2200～3000	5020～5860	鲁、豫、冀东南、晋南、新疆北、吉林、辽宁、云南、陕北、甘肃南、粤南	1.6
四	贫乏区	1400～2200 1000～1400	4150～5020 3350～4150	湘、桂、赣、江、浙、沪、皖、鄂、闽北、粤北、陕南、黑龙江川、黔、渝	1.8 2.0

（5）集热器在建筑中的设置　集热器是太阳能热水系统的关键部件。如何在建筑中正确而妥善地设置集热器，是太阳能热水系统设计的重要步骤。下面，分别简要介绍集热器设置在平屋面、坡屋面、阳台和墙面上以及确保安全性能方面的一些基本原则。

① 集热器设置在平屋面上　对于朝向为正南、南偏东或南偏西不大于30°的建筑，集热器可以朝南设置，或与建筑同向设置；对于朝向南偏东或南偏西大于30°的建筑，集热器宜朝南设置或南偏东、南偏西小于30°设置；对于受条件限制集热器不能朝南设置的建筑，集热器可以南偏东、南偏西或者朝东、朝西设置；水平放置的集热器可以不受上述限制。

② 集热器设置在坡屋面上　集热器可设置在南向、南偏东、南偏西、朝东、朝西建筑坡屋面上；坡屋面上的集热器应采用顺坡嵌入设置或顺坡架空设置；集热器在朝东或朝西坡屋面上设置时，应按当地日照情况选择有利的朝向；作为屋面板的集热器应安装在建筑承重结构上，由其所构成的建筑坡屋面在刚度、强度、热工、锚固、防护功能上应按建筑围护结构设计。

③ 集热器设置在阳台上　对于朝南、南偏东、南偏西和朝东、朝西的阳台，集热器可设置在阳台栏板上，或构成阳台栏板；低纬度地区设置在阳台栏板上的集热器和构成阳台栏板的集热器均应有适当的倾角；构成阳台栏板的集热器，在刚度、强度、高度、锚固和防护功能上应满足建筑设计要求。

④ 集热器设置在墙面上　在高纬度地区，集热器可设置在建筑的朝南、南偏东、南偏西和朝东、朝西的墙面上，或者直接构成建筑墙面；在低纬度地区，集热器可设置在建筑南偏东、南偏西和朝东、朝西墙面上，或者直接构成建筑墙面；构成建筑墙面的集热器，在刚度、强度、热工、锚固、防护功能上应满足建筑围护结构设计要求。

⑤ 集热器安装要求　嵌入建筑屋面、阳台、墙面或建筑其他部位的集热器，应满足建筑围护结构的承载、保温、隔热、隔声、防水、防护等功能；架空在建筑屋面和附着在阳台或者墙面上的集热器，应具有相应的承载能力、刚度、稳定性和相对于主体结构的位移能力；安装在建筑上或直接构成建筑围护结构的集热器，应有防止热水渗漏的安全保障设施。

（6）系统其他部件在建筑中的设置　根据建筑布局，可在屋面、设备间、地下室、阳台或建筑其他位置适当设置贮水箱。

系统的循环管路和取热水管路的设计应符合国家标准《太阳能热水系统设计、安装及工程验收技术规范》（GB/T 18713—2002）中的规定。

系统计量宜按照国家标准《建筑给水排水设计规范》（GB 50015—2010）中有关规定执行，并按具体工程设置冷、热水表。

系统控制应符合下列要求：强制循环系统宜采用温差控制；直流系统宜采用定温控制；控制系统设计应符合国家标准《太阳能热水系统设计、安装及工程验收技术规范》（GB/T 18713—2002）中的要求。

集热器支架的刚度、强度、防腐蚀性能应满足安全要求，并与建筑牢固连接。

系统使用的金属管道、配件、贮水箱及其他过水设备，应与建筑给水管道材质相容。在太阳能热水系统设计的同时，还要进行与系统设计相关的建筑设计、结构设计、给排水设计和电气设计等。总之，要使太阳能热水系统设计真正纳入到建筑设计中去。

（二）太阳能采暖

利用太阳能加热系统，既可以为用户提供生活热水，又可以为住宅供暖。实际上，太阳能采暖系统和太阳能热水系统的基本构成是相似的，因此国外太阳能界已经将太阳能采暖和太阳能热水建成同一套系统——"太阳能组合系统"。它不同于由太阳能光热和太阳能光电组成的"太阳能联合系统"，更不同于由太阳能和其他可再生能源组成的"混合系统"。

利用太阳能加热的系统，既可以为用户提供生活热水，又可以为住宅提供建筑采暖。

1. 太阳能组合系统的特征

(1) 采暖负荷和生活热水负荷的比较　太阳能组合系统与太阳能热水系统相比较，两者都是利用太阳集热器收集太阳能并将其转换成热能，而且都将获得的热量传输到蓄热装置。从这个意义上说，这两种系统是非常相似的。

然而，太阳能组合系统与太阳能热水系统的最大差异在于热负荷的不同，前者有采暖和生活热水两个热负荷，而后者只有生活热水一个热负荷。采暖负荷和生活热水负荷的特性是不尽相同的。

① 从全年来看：随着季节不同，采暖负荷的大小也不同；然而，用户全年都需求热水，故生活热水负荷在全年变化较小。

② 从每天来看：采暖负荷在大部分的时间里都比较平稳；生活热水负荷有高峰有低谷，起伏较大。

③ 从系统的进出口温度看：采暖系统的进出口温差小；生活热水系统要补入冷水，故进出口温差大。

④ 从回路中的介质看：在采暖回路中的介质是无氧、非腐蚀性的水，可反复使用；在生活热水回路里是有氧、有腐蚀性的水，随时被消耗掉。

与生活热水负荷相比，每幢房屋的采暖负荷取决于当地的气候条件、房屋的建筑尺寸、保温情况、通风条件、被动太阳房技术的采用程度、屋内的热负荷状况以及居住人数等诸多因素。据欧洲科学家调查，采暖负荷通常是生活热水负荷的 2.5～10 倍。

在太阳能组合系统中，一般都有 2 套能源设施（太阳能及其辅助能源设施），用于提供 2 个热负荷（采暖负荷和生活热水负荷）所需要的热量。只要白天有足够的太阳辐射，就由太阳集热器提供热量；否则，就由辅助能源（油、气、电、木材等）补充太阳能的不足。太阳能组合系统设计必须遵循下列基本原则：使太阳能集热器在尽可能低的工作温度下运行，以便获得尽可能高的集热效率。太阳能组合系统设计的关键是如何综合不同能源和不同热负荷的技术特性，设计出完整、耐久、可靠、经济的太阳能组合系统。

(2) 贮水箱的热分层　根据采暖负荷和生活热水负荷的温度要求不同，太阳能组合系统应当同时具有不同温度的热水。当然，最简单的方法是设置两个贮存不同温度热水的贮水箱，借助于智能化控制器，驱动不同的阀门和水泵进行系统运行，这显然要提高系统的造价。也可只采用一个贮水箱，由于热水的密度比冷水的密度低，所以热水总是位于贮水箱的上部，冷水总是位于贮水箱的下部。要保持贮水箱的热分层，必须采取一些特殊的措施，以避免不同温度的水在贮水箱内混合。

热分层可以通过两种途径来实现：一是对贮水箱上部加热；二是从贮水箱下部取热。加热或取热，既可以采用直接方法，也可以采用间接方法。

所谓直接方法，就是在贮水箱的进口处注入水或者从贮水箱的出口处取走水。这种直接方法可以在贮水箱内建立良好的热分层，但必须正确地设计贮水箱进出口的形状及进出口的高度。

所谓间接方法，就是通过置于贮水箱内的换热器，对贮水加热或者从贮水中取热。这种间接方法可以在贮水箱内建立局部的热分层，但其最终效果不及直接方法。

2. 太阳能组合系统的分类

太阳能组合系统的设计涉及许多因素：对于采暖所需热量的贮存；采用贮水箱的个数；贮热介质回路的设计；使用换热器的型式；贮水箱进口处的形状和流量；所用热分层器的形状和所有部件的尺寸等。综合上述各种因素，国外科学家认为，可以按照太阳能集热器提供采暖热量的贮存方式和太阳能集热器与辅助加热器在供暖系统中的关系进行分类。

（1）按太阳能集热器提供采暖热量的贮存方式分类 这里所指采暖热量的贮存，既可与生活热水的贮存结合在一起，也可不结合在一起；由太阳能集热器提供的采暖热量，既可与辅助加热器提供的采暖热量结合在一起，也可不结合在一起。

按采暖热量的贮存方式，系统可以分为下列几种，并分别用一个英文字母表示。

A——没有采暖用的贮水箱。

B——贮水箱的热分层是利用多个贮水箱，或利用多个进出口，或利用一个控制进出口流量的三通阀来实现的。

C——贮水箱的热分层是利用贮水箱内的自然对流来实现的。

D——贮水箱的热分层是利用贮水箱内专门设置的热分层器及利用贮水箱内的自然对流来实现的。

B/D——B 和 D 的结合，贮水箱的热分层是利用贮水箱内的热分层器、自然对流及多个贮水箱（或多个进出口或一个控制进出口流量的三通阀）来实现的。

（2）按太阳能集热器与辅助加热器在供暖中的关系分类 按太阳能集热器与辅助加热器在供暖中的关系，系统可分为下列几种，并分别用一个英文字母表示。

M——混合方式，即太阳能集热器和辅助加热器同时与同一个贮水箱连接，采暖回路由此贮水箱供热。

P——并联方式，太阳能贮水箱和辅助加热器以并联方式交替向采暖回路供热。

S——串联方式，即太阳能贮水箱和辅助加热器以串联方式向采暖回路联合供热。

对于任何一个太阳能组合系统的类型，可以用分类 1 和分类 2 的两个字母的组合来表示。例如：AP 系统，表示没有采暖用的贮水箱，太阳能集热器和辅助加热器以并联方式交替向采暖回路供热的系统。

3. 太阳能组合系统的实例

近 10 多年来，国外已经设计出多种类型且各具特色的太阳能组合系统。以下仅选择其中几种系统作简要的介绍。

（1）直接太阳能地板（AP）系统 如图 9.24 所示为直接太阳能地板系统，它由法国人设计，并从 1992 年起进入市场。该系统的主要特点：没有采暖用的贮水箱，只有生活热水用的贮水箱；被加热的地板既用作采暖的热辐射器，又用作采暖的热贮存器；采暖地板同时与太阳能集热器和辅助加热器并联连接；太阳能集热器收集的热量在采暖负荷和生活热水负荷之间达到最优化的分配。

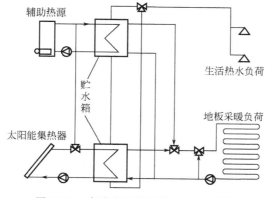

图 9.24 直接太阳能地板（AP）系统

当把太阳能集热器收集的热量提供给地板采暖时，如果室温达到所设定的温度（比设计室内温度高4℃），就关闭集热器回路的循环泵；把辅助能源提供的热量提供给地板采暖时，一旦室内温度超过设定温度0.5℃，就关闭采暖回路的循环泵；在夏季，生活热水贮水箱用于贮存太阳能。

由于该系统采用地板辐射采暖，住户会感到相当舒服，但这种系统只适用于新建的房屋或者地板翻建的房屋。

（2）集热器回路与采暖回路通过换热器相连的（AS）系统 如图9.25所示的系统是由丹麦人设计的，并于20世纪90年代进入市场。该系统的主要特点：该系统是改进设计的标准太阳能热水系统，为了给采暖系统提供更多的热量，太阳能集热器采光面积较大；没有采暖用的贮水箱，只有生活热水用的贮水箱；贮水箱内设有2个换热器，底部的换热器与太阳能集热器连接，顶部的换热器与辅助加热器连接。

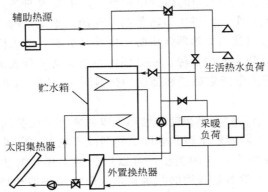

图9.25 集热器回路与采暖回路之间利用换热器沟通的（AS）系统

当太阳能集热器的出口温度高于采暖回路的回水温度（或者高于贮水箱的底部温度）时，集热器回路的循环泵就启动；当太阳能集热器的出口温度低于贮水箱的底部温度（或者贮水箱的顶部温度高于设定温度）时，调节三通阀，使太阳能集热器收集的热量直接传递给采暖回路；贮水箱内的生活热水温度太低时，开启两通阀，使辅助加热器产生的热量传递到贮水箱中。

由于该系统没有采暖贮水箱，因此室内温度的变化较大，这种系统最好与热容量较大的采暖地板联合使用。

（3）系统中设置采暖和生活热水2个贮水箱的（BM）系统 如图9.26所示的系统是由奥地利人设计的，并从1994年起进入市场。该系统的主要特点：系统设置2个贮水箱，分别贮存采暖热水和生活热水，2个水箱的尺寸大小可以单独选择；采暖贮水箱的热分层是利用三通阀来实现的，它将太阳能集热器提供的热水引入采暖贮水箱的中部或顶部；采暖贮水箱的上部与辅助加热器连接；水泵使采暖贮水箱的热水通过生活热水贮水箱内的换热器，加热生活热水。

当太阳能集热器的出口温度高于贮水箱的底部温度时，就启动集热器回路的循环泵；当与太阳能集热器连接的换热器的出口温度高于采暖贮水箱的底部温度时，就启动换热器回路的循环泵；三通阀的运行是根据换热器的出口温度高低来控制的，当生活热水贮水箱的温度低于设定温度或者当采暖贮水箱的温度足够高时，就启动生活热水循环泵；当采暖贮水箱的温度低于设定温度时，就启动辅助加热器。

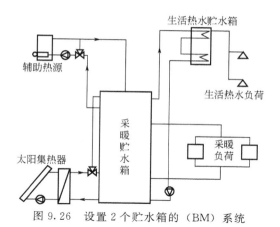

图 9.26 设置 2 个贮水箱的（BM）系统

（4）采暖贮水箱内装有 2 个热分层器的（DM）系统　如图 9.27 所示的系统是由德国人设计的，并从 1997 年起进入市场。该系统的主要特点：采暖贮水箱内装有 2 个热分层器，用于增强贮水箱内的热分层；太阳能集热器提供的热量，通过浸没在采暖贮水箱中的低流量换热器传递给采暖贮水箱；水泵使热水在采暖贮水箱和外部板式换热器之间进行循环来加热生活热水；对采暖贮水箱的控制，能使所有热源（太阳能集热器和辅助加热器）和所有热负荷（采暖负荷和生活热水负荷）达到最优化运行。

通过控制集热器回路中循环泵的运转速度，可使采暖贮水箱的温度达到最优化，并可使太阳能集热器内的流量保持在最小值，以确保集热器有良好的传热效果；通过控制板式换热器初级回路中循环泵的运转速度，可使生活热水的温度达到设定温度；通过由温控阀操纵的变速水泵，可以控制传递给采暖回路的热量，以节省水泵的能耗；根据采暖贮水箱的温度及所需的采暖回路的温度，可以调节辅助加热器的输出功率。

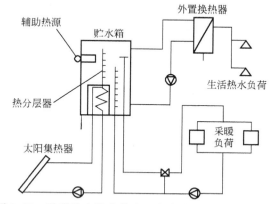

图 9.27 采暖贮水箱内装有 2 个分热层器（DM）系统

（三）太阳能空调

该部分内容已在本章第一节有详细介绍，此处不再赘述。

（四）主动式太阳房

该类建筑配备以太阳能集热器作为热源替代煤、石油、天然气、电等常规能源作为燃料的锅炉。其缺点是：照射到地面的太阳辐射能受气象条件和时间支配；一次性投资大，设备利用率低，维修管理工作量大，而且还需要耗一些常规能源。

1. 主动式太阳房采暖供热系统的原理

如图 9.28 所示，该系统可分为三个循环回路。

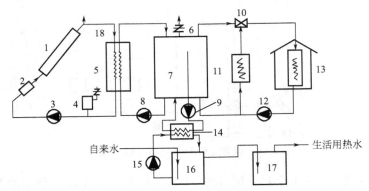

图 9.28 主动式太阳房采暖供热系统示意图

1—集热器；2—过滤器；3,8,9,12,15—循环泵；4—贮存器；5—集热器热交换器；
6—减压阀；7—蓄热水箱；10—电动阀；11—辅助热源；13—散热器；14—热
水热交换器；16—预热水箱；17—辅助加热水箱；18—排气阀

（1）集热回路　主要包括集热器、贮存器、集热器热交换器、过滤器、循环泵等部件。在该回路中采用差动控制，使用两个温度传感器和一个差动控制器，其中一个温度传感器（热敏电阻或热电偶）安装在集热器吸热板接近传热介质出口处，另一个温度传感器安装在蓄热水箱底部接近收集回路回流出口，当第一个传感器温度大于第二个传感器 5~10℃ 时，集热泵就开启。在这种情况下流体从贮存器经集热泵进入集热器，同时空气从集热器置换进入贮存器中；相反，当蓄热水箱出口温度与集热器吸热板温度相差 1~2℃ 时集热泵就关闭，在这种情况下依靠把集热器中的水排入到贮存器的方法来实现防冻，贮存器要隔热或封闭以防冰冻温度。夏天，用来加热水的有效太阳能量可能超过热水用量，在这种情况下，太阳能系统中的水温可能超过沸点，因此系统应设置温控装置，当蓄热水箱的温度超过一定限度时，集热循环泵会自动关闭。

（2）采暖回路　主要包括蓄热水箱、散热器、辅助热源、电动阀等部件。采暖回路是指采暖房间中热媒的循环回路，自动控制一般使用两个温度传感器和一个差动控制器，其中一个温度传感器置于蓄热水箱采暖回路出口附近，室内设置温度敏感元件测量室温，当室内温度降低时，此时蓄热水箱温度很高并达到一定的数值，辅助加热器关闭，由蓄热水箱提供热量；另一个温度传感器安装在采暖回路的回水管道中，如果室内温度继续下降，且第一个传感器读出的温度低于第二个时，即蓄热水箱的热量不能满足负荷要求，电动阀切断蓄热水箱与系统的联系，使其脱离循环，这时由辅助加热器供暖。

（3）生活用热水回路　主要包括热水热交换器、预热水箱、辅助加热水箱、泵等部件。自来水经热水热交换器后进入预热水箱，经预热后的水从预热水箱顶部循环到辅助加热水箱中，在辅助加热水箱内水温上升到所希望的温度，供房间各处使用。任何家用热水系统都必须使用调温阀或其他方法，以确保输送的热水温度不会过高，输送水温度一般在 50~60℃ 范围内。

2. 主动式太阳房的应用

在美国新罕布什尔州，大约北纬 44°，气候寒冷，冬季室外计算温度为 -32℃。依据节能和室内环境舒适的原则，在 1991 年年底设计了一套利用太阳能来供暖、供热水的住宅。这套住宅大约有 167m² （包括地下室）。输入该地区全年逐小时气象资料，由计算机模拟出该住宅的热工参数，由于该太阳能住宅有良好的隔热性能，住宅的设计热负荷大约为 6kW，经计算机模拟计算得出：选用集热面积为 33m² 的集热器，容积为 4542L 的蓄热槽，容积为 197L 的生活用热水槽，另外用 5kW 的电加热器作为辅助热源。这套住宅在实际运行中，能保证室内舒适的温度条件。

我国是太阳能资源十分丰富的国家，2/3 的国土面积年日照在 2200h 以上，年辐射总量在每年 3340～8360MJ/m²，相当于 110～250kg 标准煤/m²。我国的太阳能资源按年辐射总量划分为五类地区：丰富地区 （6690～8360MJ/m²）、较丰富地区 （5852～6690MJ/m²）、中等地区 （5016～5852MJ/m²）、较差区 （4180～5016MJ/m²）、最差区 （3344～4180MJ/m²）。即使我国太阳能较差的地区，年辐射总量也接近东京 （4220MJ/m²），高于伦敦 （3640MJ/m²）、汉堡 （3430MJ/m²） 这些世界上太阳能利用较好的城市，可见我国在建筑中的太阳能利用还大有潜力可挖。我国东北、华北和西北的冬季是需要进行采暖的地区，大部分处于太阳能资源较丰富的地区之内，采暖期 （11 月～第二年 3 月） 日照率高，这对利用太阳能采暖提供了优越条件。

（五）被动式太阳房

它不需要专门的集热器，通过建筑朝向和周围环境的合理布置，内部空间和外部形体的巧妙处理，以及建筑材料和结构、构造的恰当选择，使其在冬季能采集、保持、贮存和分配太阳能，从而解决建筑物的采暖问题。同时，在夏季又能遮蔽太阳能辐射，散逸室内热量，从而使建筑物降温，达到冬暖夏凉的目的。集热、蓄热、保温是被动式太阳房建设的三要素。

1. 被动式太阳房的基本构造

被动式太阳房的结构主要由以下五部分组成。

（1）东西北墙　采用一砖半或两砖厚砖墙，内墙面在两层 1∶3 水泥砂浆面之间加一层 25mm 厚的 1∶6 水泥珍珠岩隔热层。在严寒地区，北墙则可在双层砖墙之间加一层 120mm 厚的锯末夹心作隔热层，也可加砌一层沥青矿渣棉保温砖，东西墙通常为一砖半砖墙，内加水泥珍珠岩隔热层。

（2）地面　采用蓄放热地面和普通地面两种，对于自然采暖的被动式太阳房，这种蓄放热地面的蓄热体是铺在混凝土地面下的一层 300mm 厚的黄沙。而普通地面主要考虑地面的防水和隔热，使得在冬季供暖期间，地面干燥，具有良好的保温性能。

（3）屋顶　分平顶和尖顶两种，平顶结构，即预制板加保温层，最外层是两层沥青胶粘的油毡防水层。尖顶结构，一般在向阳的人字屋面上装设玻璃窗或集热器，既是屋顶，又是集热体，一举两得。屋顶的内侧面放一层石棉或玻璃棉保温层，室内采用纤维板吊顶。

（4）门窗　太阳房的门窗，一般采用双层结构，即窗户为双层玻璃，门户为双层套门。温暖地区，也可以铝框和拉门并用。

（5）南墙集热、蓄热墙　南墙是被动式太阳房的主要供暖热源，墙体可以是混凝土，也可以是砖砌。南墙外侧砌有大玻璃框，玻璃框与南墙之间形成空气夹层，空气夹层的厚度为 140mm。墙的外壁面涂有黑色吸收涂层，上下有通风孔，在热虹吸的作用下，墙的外表黑色涂层受到太阳辐射后，其温度升高，空气夹层中的空气被加热，室内的冷空气从下通风口进入空气夹层，热空气便从上通风口进入室内不断循环，使室温逐渐升高，达到供暖的效果。夜间，墙体贮存的能量以导热、自然对流和辐射等方式向室内缓慢释放，上通风口还装有单向挡风板，以阻止室内热空气的倒流散热。此外，空气夹层的上方还设有排气口。夏季打开排气口，关闭墙体的上通风口挡板，较凉的空气从北窗口进入室内南墙的下通风口，驱使空气夹层中的热空气从排气口排出，以达到室内通风降温的效果。

2. 被动式太阳房的类型

（1）直接受益被动式太阳房　直接受益式太阳房是被动式太阳房中最简单的一种类型，也是与普通房屋差别最小的一种太阳房。如图 9.29 所示为直接受益被动式太阳房的示意图。

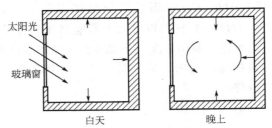

图 9.29　直接受益被动式太阳房示意图

通常将房屋朝南的窗户扩大，或者做成落地式大玻璃窗。在冬季，太阳光通过大玻璃窗直接照射到室内的地面、墙壁和家具上，大部分太阳辐射能被其吸收并转换成热量，从而使它们的温度升高；少部分太阳辐射能被反射到室内的其他表面，再次进行太阳辐射能的吸收、反射过程。温度升高后的地面、墙壁和家具，一部分热量以对流和辐射的方式加热室内的空气，以达到采暖的目的；另一部分热量则贮存在地板和墙体内，到夜间再逐渐释放出来，使室内继续保持一定的温度。要使太阳房白天和夜间的室内温度波动较小，墙体应采用具有较好蓄热性能的重质材料，例如：空心砖、石块、混凝土、土坯等。另外，窗户应具有较好的密封性能，同时应配备保温窗帘。

重质材料的采用还能起到夏季调节室内温度的作用。在夏季的夜间，室外较凉的空气进入室内后，使重质材料冷却，由于重质材料具有一定的热惰性，这样就能在白天延缓室内温度的上升；而且，厚实的重质材料在白天可以阻止室外热量传入室内，也能延缓室内温度的升高。其适用于白天要求升温快的房间或只是白天使用的房间，如教室、办公室、住宅的起居室等。

（2）集热蓄热墙被动式太阳房　集热蓄热墙是由法国科学家特朗勃（Trombe）最先设计出来的，因而也称为特朗勃墙。按照集热蓄热墙的结构特点，它主要有两种形式。

① 实体式集热蓄热墙　实体式集热蓄热墙一般设置在朝南的实体墙上，其外部装上玻璃板作为罩盖；墙体的外表面涂以黑色或深棕、深蓝、墨绿等其他颜色作为吸热面；玻璃板和墙体之间形成空气夹层；另外，还在墙体的上、下部开设风口（图 9.30）。

太阳光通过玻璃后，投射在实体墙的吸热面上，大部分太阳辐射能被实体墙吸收并转换为热量。被加热后的实体墙通过两种方式将热量传入室内：其一是通过墙体的热传导，将热量从墙体的外表面传往墙体的内表面，再由墙体的内表面通过对流和辐射方式将热量传入室内；其二是墙体的外表面加热玻璃板与墙体之间的空气夹层，被加热后的空气再经由墙体的上、下风口以对流方式向室内传递热量，以达到采暖的目的。

通常，除了在南墙的上、下部开设风口以外，有时还在北墙的上部开设风口。在冬季，北墙上风口始终关闭，南墙上、下风口在空气夹层温度高于室内温度时开启，其余时间关闭。在夏季，关闭南墙上风口，南墙下风口和北墙上风口开启，并且打开南墙玻璃板上通向室外的排气窗，利用空气夹层的"热烟囱"作用，将室内热空气抽出，以达到降温的目的。

② 水墙式集热蓄热墙　水墙式集热蓄热墙与实体式集热蓄热墙的主要区别是用水墙代替实体墙，而且在水墙的上、下部不再开设风口（图9.31）。这种集热蓄热墙以水为蓄热材料，它安放在南墙内或阳光能照射到的房间墙内。通常，水墙的容器用塑料或金属制作。

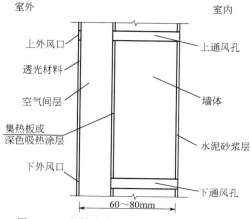

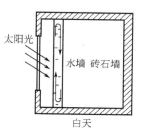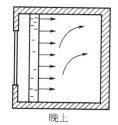

图 9.30　实体式集热蓄热墙太阳房示意图　　　图 9.31　水墙式集热蓄热墙太阳房示意图

太阳光通过透明盖层后，投射在水墙的吸热面上，大部分太阳辐射能被水墙吸收并转换为热量。由于对流作用，吸收的热量很快在水墙内传递，然后由水墙的内表面通过对流和辐射方式将水墙中的热量传入室内，以达到采暖的目的。水墙式集热蓄热墙与实体式集热蓄热墙相比，其主要优点是加热快、加热均匀、蓄热能力强；主要缺点是运行管理比较麻烦。

③ 附加阳光间被动式太阳房　附加阳光间实际上就是在房屋主体南面附加的一个玻璃温室。从某种意义上说，附加阳光间被动式太阳房是直接受益式（南向的温室）和集热蓄热墙式（后面带集热蓄热墙的房间）的组合形式。该集热蓄热墙将附加阳光间与房屋主体隔开，墙上一般开设有门、窗或通风口，如图9.32所示。

太阳光通过附加阳光间的玻璃后，投射在房屋主体的集热蓄热墙上。由于温室效应的作用，附加阳光间内的温度总是比室外温度高。因此，附加阳光间不仅可以给房屋主体提供更多的热量，而且可以作为一个缓冲区，减少房屋主体的热损失。冬季的白天，当附加阳光间内的温度高于相邻房屋主体的温度时，通过开门、开窗或打开通风口，将附加阳光间内的热量通过对流的方式传入相邻的房间，其余时间则关闭门、窗或通风口。

④ 组合式被动式太阳房　由两种或更多种太阳房基本类型组合而成的被动式太阳房，称为组合式被动式太阳房。不同采暖方式的结合使用，可以形成互为补充、更加有效的被动式太阳房。图9.33示出一种由直接受益窗和集热蓄热墙结合而成的组合式被动式太阳房，白天它利用自然光照明，全天利用太阳能比较均匀地供热。

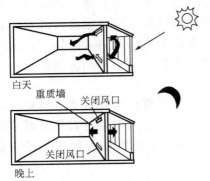

图 9.32　附加阳光间被动式太阳房示意图

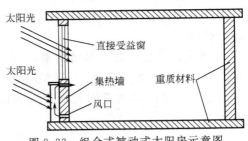

图 9.33　组合式被动式太阳房示意图

3. 被动式太阳房的技术要求

（1）建筑总体的要求

① 在经济适用的前提下，要把被动式太阳房的建筑造型设计得美观大方。

② 被动式太阳房的平面布置应符合节能和利用太阳能的要求，其造型与周围建筑群的整体相协调。

③ 被动式太阳房的平面布置以正南向为宜，若因地形或其他条件所限制，其朝向允许偏离正南向 15°。

④ 在冬季采暖期间，从上午 9 时至下午 3 时，其他建筑物等对被动式太阳房集热面的遮挡不超过 15%。

（2）对室温的要求

① 冬季　被动式太阳房主要房间的室温保持基础温度（14℃）时的太阳能保证率应在 40%～55%。

② 夏季　被动式太阳房室内温度不高于当地普通房屋。

（3）对围护结构的要求

① 根据太阳房气象区划，我国可利用太阳能采暖的地区划分为 4 个区域，被动式太阳房墙体及屋顶材料及保温层的传热系数，应不大于各区域规定的最大值。

② 被动式太阳房地面的蓄热、保温和防潮层，应符合民用建筑节能设计标准的规定。

③ 南向透光面的夜间保温装置的热阻，应不小于各太阳能采暖区域规定的最小值。

④ 无通风孔集热蓄热墙的日平均热效率应大于 10%，有通风孔集热蓄热墙的日平均热效率应大于 15%。

⑤ 透光材料应表面平整、厚度均匀，太阳透射比大于 0.76。

⑥ 吸热涂层的附着力强，耐候性强，无毒，无味，太阳吸收比大于 0.88。

⑦ 被动式太阳房的门窗应符合建筑工程施工质量验收统一标准的规定。

参 考 文 献

[1] 霍志臣，罗振涛. 国内外平板太阳能热水器发展概况［J］. 太阳能，2006（6）：11-12.

[2] 何梓年. 提高平板型太阳能热水器产品性能扩大平板型太阳热水器市场份额［J］. 可再生能源，2004（1）：6-8.

[3] 孟庆峰，杨德山. 太阳能热水系统建筑一体化的实践与思考［J］. 住宅产业，2004，10：022.

[4] 张昕宇，郑瑞澄，何涛等. 太阳热水系统热性能试验系统设计［J］. 中国建设动态：阳光能源，2004（08）：51-52.

[5] 谢光明. 平板型太阳能集热器上吸收与透过材料的研究进展情况［J］. 中国建设动态. 阳光能源，2004，6：014.

［6］　杜家林，张建琴．太阳能在住宅建筑中的应用［J］．天津建设科技，2005，14（6）：7-8．

［7］　何梓年．太阳能热利用与建筑结合技术讲座（一）：太阳能在建筑中应用概述［J］．可再生能源，2005，1：71-73．

［8］　何梓年．太阳能热利用与建筑结合技术讲座（二）：太阳热水系统［J］．可再生能源，2005，120（2）：70-73．

［9］　何梓年．太阳能热利用与建筑结合技术讲座（三）：太阳热采暖系统［J］．可再生能源，2005，（3）：85-88．

［10］　伍德虎，刘业风．太阳能空气双热源热泵测试与控制方案设计［J］．制冷与空调，2006，6：024．

［11］　丁国华，缪素华．太阳能建筑一体化［J］．建设科技，2006（7）：100-101．

［12］　王少南．太阳能建筑技术在国内外的发展［J］．新型建筑材料，2006（10）：44-46．

［13］　李先航．太阳能建筑的应用与前景展望［J］．中国科技产业，2006（2）：85-86．

［14］　陈佑棠．太阳能空调——建筑节能首选［J］．天津建设科技，2005，5：9．

［15］　朱冬生，徐婷，蒋翔等．太阳能集热器研究进展［J］．电源技术，2012，36（10）：1582-1584．

［16］　张磊．与建筑一体化的新型太阳能热水利用装置原理与分析研究［D］．南昌：江西农业大学，2013．

［17］　梁祥莹．基于太阳能光伏技术的节能建筑系统的设计与研究［J］．应用能源技术，2009（2）：6-9．

［18］　谭军毅，余国保，舒水明．国内外太阳能空调研究现状及展望［J］．制冷与空调（四川），2013，27（4）：393-399．

［19］　沈雪，杨秋伟，李小琪．建筑节能及太阳能建筑应用研究综述［J］．门窗，2012（5）：42-45．

［20］　王秀彬，任丽波．浅析既有建筑节能改造太阳能利用技术［J］．应用能源技术，2011（2）：8-14．

［21］　龚咪咪，魏新利，孟祥睿等．建筑节能中各种太阳能利用方式的对比与分析［J］．广东化工，2011，38（9）：72-73．

［22］　王垚．太阳能技术在建筑上的应用研究［D］．西安：西安科技大学，2010．

第十章 既有建筑节能改造技术

近年来，随着经济的快速发展，我国城乡大量新建住宅。目前全国建筑面积已达430亿平方米以上，2013年建筑能耗在我国社会总能耗所占比重已经达到28%～30%，建筑节能问题迫在眉睫。而其中北方地区90%以上的既有居住建筑不能满足建筑节能设计标准要求。由于建筑围护结构普遍存在保温隔热性能差、供热采暖系统设置不合理、缺乏调控计量设施和空调系统效率低下等原因，致使北方地区单位建筑面积的采暖能耗为发达国家气候条件相近地区的3～4倍，南方地区空调耗能浪费极为严重，目前，国家要求对既有建筑有计划地每年按标准改造一批，逐步增加到每年能改造3亿～4亿平方米。

以住宅建筑为例，目前采暖地区40亿平方米的城镇住宅面积，2000年的采暖季，单位面积平均采暖能耗为25kg标准煤，如果在现有基础上节能50%，则每年可节省0.5亿吨标煤。空调能耗是居住建筑能耗的另一个重要方面，我国住宅空调保有量每年增加约1100万台，因此，空调能耗在建筑能耗中所占的比重迅速增大。据预测，今后10年至少每年8亿平方米的城镇民用建筑建成并投入使用，如果这些建筑全部安装空调或采暖设备，则今后10年将增加超过1亿千瓦的用电设备负荷，是我国2000年发电能力的1/3。如果我国对既有建筑进行节能改造并且保证大部分新建建筑按节能标准建造，则可降低40%～70%的空调负荷，甚至有些地区不装空调也可基本保证夏季室内温度处于舒适范围。与新建节能建筑相比，我国既有建筑数量要大得多，节能潜力巨大。

根据世界银行在2001年的《中国促进建筑节能的契机》报告，2000～2015年是我国民用建筑发展鼎盛期的中后期，2015年民用建筑保有量的一半都是2000年以后的新建建筑，由此可见，现阶段是我国大力推进建筑节能的关键时机。住房和城乡建设部科技司分析指出，到2020年年底，全国将新增房屋建筑面积300亿平方米，其中城市房屋建筑面积新增13亿平方米。如果这些建筑全部实现在现有基础上节能50%的设计要求，则每年可节省1.6亿吨标准煤。在现存的400多亿平方米的既有建筑中，普遍存在着供热空调系统效率低下、围护结构保温隔热性和气密性差等问题，具有很大的节能潜力。

第一节　既有建筑门窗节能改造技术

一、门窗在建筑节能中的意义

在建筑围护结构的门窗、墙体、屋面、地面四大围护部件中，门窗的绝热性能最差，是影响室内热环境质量和建筑节能的主要因素之一。门窗节能主要是尽可能增大门窗气密性和门窗材料热阻值，以减少风雨渗透量和室内外环境热交换量。

门窗是传统建筑耗能的薄弱环节，就我国目前典型的围护部件而言，门窗的能耗约为墙体的 4 倍、屋面的 5 倍、地面的 20 多倍，约占建筑围护部件总能耗的 40%～50%。据统计，在采暖或空调的条件下，冬季单玻璃窗所损失的热量占供热负荷的 30%～50%，夏季因太阳辐射热透过单玻璃窗射入室内而消耗的冷量占空调负荷的 20%～30%。因此，增强门窗的保温隔热性能，减少门窗能耗，是改善室内热环境质量和提高建筑节能水平的重要环节。另外，门窗承担着隔绝与沟通室内外两种环境两个互相矛盾的任务，不仅要求它具有良好的绝热性能，同时还应具有采光、通风、装饰、隔音、防火等多项功能，因此，在技术处理上相对于其他围护部件，难度更大，涉及的问题也更为复杂。

从建筑节能的角度看，建筑外窗一方面是能耗大的构件；另一方面它也可能成为得热构件，即通过太阳光透射入室内而获得太阳热能，因此，应该根据当地的建筑气候条件、功能要求以及其他围护部件的情况等因素来选择适当的门窗材料、窗型和相应的节能技术，这样才能取得良好的节能效果。

二、我国既有建筑门窗现状

（一）门窗空气渗漏现状

门窗的空气渗漏现象在住宅中是比较常见的，也是较难根治的顽疾。它对人们生活的质量影响很大。随着我国民用住宅的大规模发展，住宅建筑日趋高层化，为满足建筑采光和外观美化的需要，门窗的单体面积日趋大型化和墙体化，导致其空气渗漏问题越来越突出。解决好外门窗空气渗漏问题，对建筑节能和发展节能外门窗都有着重要的作用。

目前空气渗漏主要的现象有：

① 门窗框与四周的墙体连接处渗漏；

② 推拉窗滑槽构造不合理，空气渗漏严重。

产生以上现象的主要原因是：

① 门窗框与墙体用水泥砂浆嵌缝；

② 门窗框与墙体间注胶不严，有缝隙；

③ 门窗工艺不合格，窗框与窗扇之间结合不严；

④ 窗扇密封条安装不合格。

解决外门窗雨水渗漏的措施可以用以下方法：

① 门窗框与墙体不得用水泥砂浆嵌缝，应采用弹性连接，用密封胶嵌填密封，不能有缝隙；

② 安装前检查门窗是否合格，窗框与窗扇之间结合是否严密，窗扇密封条安装是否合格；

③ 改善窗框型材的设计；

④ 胶条的设计应充分考虑水密型和气密性。

（二） 住宅门窗面积的现状

目前我国住宅正在蓬勃发展，出现了新一轮的住宅热。社会高速发展产生能源的紧缺问题，虽然国家相关部门颁发的建筑节能标准对住宅窗户的面积作出了明确的限制，规定无阳台的卧室的窗墙面积比要控制在小于 0.3 的范围内，才能基本满足建筑节能标准的要求；但大多数带阳台的卧室和客厅的窗墙面积比都比较大，有的住宅使用全玻璃推拉门分隔客厅与外阳台的住宅，窗墙面积比甚至达到了 0.7 左右（按建筑节能标准的规定阳台门透明部分的面积应按窗户来考虑），远远超过了节能标准的限制。

原因大致有下列几个方面。

① 现在新建的住宅建筑面积一般都比较大，$120 \sim 130 m^2$ 的住宅建筑面积比较常见，特别是厅的面积较大，因此按照采光要求的窗地比计算，导致开窗的面积增大。

② 在广大的购房消费者心里存在着窗户越大室内就越亮、越好的不正确的观念，事实上，窗户的面积同样是一把双刃剑，它既有提高室内亮度、改善室内光环境的有利一面，又有使房屋保温隔热能力降低，导致采暖空调能耗增大的不利一面。

③ 建筑设计单位仅从追求建筑的立面效果出发随意加大窗户，没有严格按照建筑节能标准控制开窗面积。

（三） 门窗遮阳现状

目前，我国住宅的外遮阳大多以水平遮阳板为主，内遮阳则用窗帘装饰为主。遮阳对于建筑节能有重要影响，但是早期的住宅遮阳设计中，没有充分考虑我国冬冷夏热地区，给该地区人们的生活带来了一定程度的影响。由于遮阳设计的不合理，为了解决遮阳问题，人们不得不自行增加遮阳设施。没经过设计增加设施，一方面影响到住宅的外观情况；另一方面就是安全性没有保障。住户自我安装的遮阳设施已影响到住宅的美观、安全，同时也增加了住户的经济投入。

三、既有建筑门窗节能改造方法

（一） 一般措施

总体上门窗的节能主要体现在门窗保温隔热性能的改善。北方寒冷地区的门窗的节能侧重于保温，南方夏热冬暖地区侧重于隔热，而夏热冬冷地区则要兼顾保温和隔热。可以从以下几个方面考虑提高门窗的保温隔热性能。

1. 加强门窗的隔热性能

门窗的隔热性能主要是指在夏季门窗阻挡太阳辐射热射入室内的能力。影响门窗隔热性能的主要因素有门窗框材料、镶嵌材料（通常指玻璃）的热工性能和光物理性能等。门窗框材料的热导率越小，则门窗的传热系数也就小。对于窗户来说，采用各种特殊的热反射玻璃或贴热反射薄膜有很好的效果，特别是选用对太阳光中红外线反射能力强的热反射材料更理想，如低辐射玻璃。但在选用这些材料时要考虑到窗的采光问题，不能以损失窗的透光性来提高隔热性能，否则它的节能效果会适得其反。

2. 加强窗户内外的遮阳措施

在满足建筑立面设计要求的前提下，增设外遮阳板、遮阳篷及适当增加南向阳台的挑出长度都能起到一定的遮阳效果。在窗户内侧设置镀有金属膜的热反射织物窗帘，正面具有装饰效果，在玻璃和窗帘之间构成约 50mm 厚的流动性较差的空气间层。这样可取得很好的热反射隔热效果，但直接采光差，应做成活动式的。另外，在窗户内侧安装具有一定热反射作用的百叶窗帘也可获得一定的隔热效果。

3. 改善门窗的保温性能

改善建筑外门窗的保温性能主要是指提高门窗的热阻。由于单层玻璃窗的热阻很小，内、外表面的温差只有 0.4℃，因此，单层窗的保温性能很差。采用双层或多层玻璃窗，或中空玻璃，利用空气间层热阻大的特点，能显著提高窗的保温性能。另外，选用热导率小的窗框材料，如塑料、断热处理过的金属框材等，均可改善外窗的保温性能。一般来讲，这一性能的改善也同时提高了隔热性能。

4. 室内空间隔断

外门窗是建筑保温隔热最薄弱的环节，散热量是整个建筑散热量的 2/3。故而在散热大的临外墙的活动空间与主要采暖（制冷）空间之间增设隔断，可以有效减少制冷（采暖）面积，如在冷负荷较大的阳台和客厅间增设推拉门。

另外，提高门窗的气密性可以减少对该换热所产生的能耗。目前，建筑外门窗的气密性较差，应从门窗的制作、安装和加设密封材料等方面提高其气密性。在设计时，这一指标的确定可根据卫生换气量 1.5 次/h 来考虑，即不一定要求门窗绝对密不透气。

（二）具体做法

1. 入户门的节能改造

（1）参照标准

① 城镇限制使用的入户门有非中空玻璃单框双玻璃门；寒冷地区建筑不得使用的入户门有用无预热功能焊机制作的塑料门。

② 入户门的保温、密闭性能应实地考察并进行传热系数计算。应在入户门关闭的状态下，测量门框与墙身、门框与门扇、门扇与门扇之间的缝隙宽度。

（2）改造原则　当原入户门不符合①时，应进行更新；不符合②时，应进行更新或改造。

更新时建议采用的门的类型有中间填充玻璃棉板或矿棉板的双层金属门、内衬钢板的木或塑料夹层门等入户门及其他能满足传热系数要求的保温型入户门。

（3）改造措施　入户门的改造主要是在缝隙部位设置耐久性和弹性均比较好的密封条（橡胶、聚乙烯泡沫、聚氨酯泡沫等）；在入户门的门芯板内加贴高效保温材料（聚苯板、玻璃棉、岩棉板、矿棉板等），并使用强度较高且能阻止空气渗透的面板加以保护，以提高其保温性能。

2. 外窗的节能改造

热能往往是从暖的一面流向冷的一面，通过窗户的能量传递方式有对流、辐射、传导，是构成能量损失的主要因素。可以通过窗户的合理配置，将这个过程减慢；同时尽量减少空气渗透，来共同达到减少窗户能量损失的目的。

（1）参照标准

① 城镇住宅限制使用的外窗有框厚 50mm（含 50mm）以下单腔结构型材的塑料平开窗、32 系列实腹钢窗、25 系列及 35 系列空腹钢窗。

② 对原有的窗户（包括阳台门上部透明部分）应进行气密性检查或抽样检测。其气密

性等级，在 1～6 层建筑中，不应低于现行国家标准《建筑外窗气密性能分级及检测方法》（GB/T 7107—2002）规定的 3 级水平，在 7～30 层建筑中，不应低于上述标准中规定的 2 级水平。

③ 按照现行节能标准（目标节能率 50%）中外窗传热系数限值进行参考。

（2）改造原则　当原有外窗不符合参照标准①时，原窗应进行更新；当原窗不符合参照标准②和③时，应对原窗进行更新或改造。

对于窗户的更新就是把原有窗户全部更换成节能型窗，例如采用中空塑料窗或经过特殊处理的钢窗、铝合金窗（其传热系数值见表 10.1），更新后节能效果明显，但这种改造投资量大，比较适合在建筑改建中采用。

表 10.1　常用玻璃窗的传热系数

窗框材料	窗户类型	空气层厚度 /mm	传热系数 / [W/(m² · K)]
普通钢、铝合金窗	单框单玻璃窗		6.4
	单框双玻璃窗	6～12	3.9～4.5
	双层窗	100～140	2.9～3.0
	单框中空玻璃窗	6	3.6～3.7
彩板钢窗	单框双玻璃窗	6～12	3.4～4.0
	双层窗	100～140	2.5～2.7
	单框中空玻璃窗	6	3.1～3.3
中空断热铝合金窗	单框双玻璃窗	6～12	3.1～3.3
	单框中空玻璃窗	6	2.7～2.9
塑料窗	单框单玻璃窗		4.7
	单框双玻璃窗	6～12	2.7～3.1
	双层窗	100～140	2.2～2.4
	单框中空玻璃窗	6	2.5～2.6

（3）改造措施

① 减少传热量

a. 设计大小适当、位置适当、形状适当的窗户　首先，窗户不应过大，只需满足必要的采光条件即可，这样就可减少传热面。其次，窗户应尽量设置在南向，北向应不设或少设，绝不应为追求立面效果在北向多设窗、设大窗，不能舍本求标。另外，在采光面积相同的情况下，扁形的窗口形状可获得较多的日照时间，从而能收集到比方形窗口和长形窗口更多的太阳能。以上三点简单易行，只需设计者在设计时以节能为本，就可取得节能的实效。

b. 采用双层窗或单层双玻璃窗　目前，这样的窗户在北方地区已被普遍采用，其原理是利用两层玻璃中间的空气间层来增加窗户的热阻，减少热传递。玻璃间层的薄厚与传热系数的大小有一定的规律性，在同样的材质、构造中，空气间层越大，传热系数越小。但是，当空气层达到一定的厚度以后，传热系数的降低率就很小了。例如：空气间层由 9mm 增至 15mm，传热系数降低 10%；由 15mm 增至 20mm，传热系数降低 2%。因此，超过 20mm 厚的空气层，其厚度再加大效果就不明显了。

值得注意的是，目前我国采取的双玻璃构造绝大部分是简易型的，双玻璃形成的全气层并非绝对严密，冬季外层玻璃的内侧有时会形成冷凝，因此，设计窗型时应在构造上提供容易擦抹玻璃内侧表面和下方框扇部位的条件。另外，应重点解决双玻璃型窗的密封问题，尽快提高其工艺水平，降低造价，使其能早日普遍使用。

c. 选用传热系数小的框材　虽然窗框部分占整个窗户面积的比率较小，但是也不能忽视其节能作用，应选择传热系数小的材料。过去普遍采用的木窗框传热系数比较小，现在随着环保意识的加强以及其他材料的发展，纯木窗框已基本被其他材料的窗框所替代。用传热系数小的材料截断其他框扇型材的热桥，效果较好。目前广泛使用的中空塑料窗框和铝合金窗框就是利用空气截断框扇的热桥。要取得更好的节能效果，还应加强开发铝塑、钢塑、木塑等复合型框材及其复合型配套附件和密封材料。

d. 利用节能窗型　节能窗是指达到现行节能建筑设计标准的窗型，或者说，是保温隔热性能和空气渗透性能两项物理性能指标达到或高于所在地区《民用建筑节能设计标准》及其各省、市、自治区实施细则技术要求的建筑窗型。现阶段推广下列节能窗设计标准实施细则要求：传热系数 $K<4.7\mathrm{W}/(\mathrm{m}^2\cdot\mathrm{K})$；气密性 $A<1.5\mathrm{m}^3/(\mathrm{m}\cdot\mathrm{h})$；单玻璃塑料窗，$K<4.63\mathrm{W}/(\mathrm{m}^2\cdot\mathrm{K})$，$A<1.2\mathrm{m}^3/(\mathrm{m}\cdot\mathrm{h})$；双玻彩板窗，$K<3.75\mathrm{W}/(\mathrm{m}^2\cdot\mathrm{K})$，$A<0.83\mathrm{m}^3/(\mathrm{m}\cdot\mathrm{h})$；双玻铝合金窗，$K<4.20\mathrm{W}/(\mathrm{m}^2\cdot\mathrm{K})$，$A<1.12\mathrm{m}^3/(\mathrm{m}\cdot\mathrm{h})$。目前，由于贯彻国家关于发展化学建材的产业政策和建筑节能的技术政策，在节能窗型中要优先推广应用节能型塑料窗。

e. 采用保温窗板和窗帘　在冬天的晚上，给窗户加上一层保温窗板或窗帘，是既简单易行，保温效果又不错的有效措施。充填泡沫珍珠岩的保温窗板效果良好。对于窗帘，可根据所在地区选择其薄厚，北方寒冷地区可用棉窗帘。另外，可借鉴国外研制的多层镀铝薄膜窗帘，这种窗帘拉开时会形成多层空气间隙，减少了对流热损失。由于每层镀铝薄膜表面发射率都很小，所以又能减少了热辐射损失，窗帘收起时，会自动收拢，占用空间很小。

② 提高密闭性能

a. 设置密闭条　设置密闭条是达到气密、隔声的必要措施之一。

不过，目前有些密闭条并不能达到最佳效果，主要原因是用注模法生产的橡胶密封条硬度超过要求，断面尺寸不准确，且不稳定。一些其他纤维材料的软质密封条也有不稳定的缺点，它们会随着窗户的使用而脱离其原来的位置。随着各种窗型的改进，必须生产、使用具有断面准确、质地柔软、压缩性比较大、耐火性较好等特点的密封条。另外，还应提高其安装后的稳定性。

b. 确定和应用密闭系数　建筑物由窗户缝隙渗入的冷空气量是由窗户两侧所承受的风压差和热压差所决定的，一般来说，风压差和热压差与建筑物的形式、窗所处的高度、朝向及室内外温差等因素有关。在实际应用中，可以把采取密闭措施的各种窗型测出的气密性数据与没加密闭处理的窗型气密性数据相比，求出密闭系数，然后在工程计算中用处于不同朝向、高度等条件下的窗户渗透量乘以密闭性能不同的密闭系数来解决窗户渗透量的问题。

③ 窗型的改造　目前，我国常用的窗型有多种，关于窗户的开启方式，似乎其使用方便性与外观因素显得更为重要。但是开启方式也与窗户的气密性有关，影响到其保温性能。在我国门窗市场中，推拉窗和平开窗产量最大，其中左右推拉窗使用量最多，它有安全、五金件简便、成本低等优点，但开启面积只有 1/2，不利于通风，在南方地区这是最大的缺点。平开窗虽然价格比推拉窗稍高，但其通风面积大，且气密性较好。

不同形式的建筑门窗，其改造措施也不相同，下面分别进行讨论。

　　a. 推拉窗　目前，推拉窗主要以金属或金属塑料复合为主的框材，而组成上多采用推拉窗与固定窗组合为主。如图 10.1 所示为推拉与固定组合的单层玻璃窗（左面推拉、右面固定）的立面及节点图。根据推拉窗与固定窗的特点实行节能改造，方法如下。

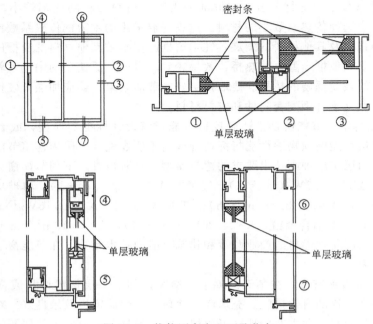

图 10.1　推拉固定窗立面及节点

　　ⓐ 更改窗扇　把原有窗中单层玻璃改为中空玻璃，由于受窗框断面大小的影响，原有窗户的窗框的厚度应当满足中空玻璃要求，具体来说以 70 系列以上的窗户为佳。特点：更改窗扇，保持原有窗户的框材结构和外观，操作方便。节点如图 10.2 所示。

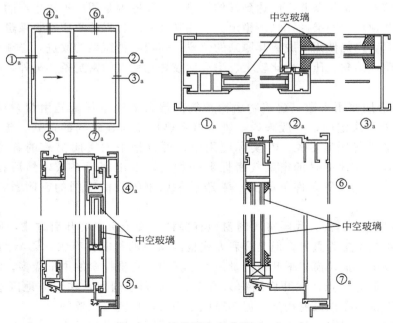

图 10.2　推拉固定窗改造（一）

ⓑ 增加窗扇　在窗扇的窗框上增加一层窗扇，使窗户变成双层窗结构。特点：增加窗扇与密封材料，改变窗户原有外观，节能效果良好。适合自我设计室内环境的个性化用户（节点如图10.3所示）。

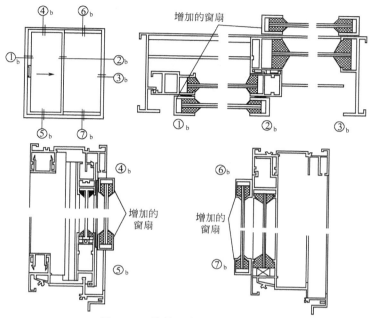

图 10.3　推拉固定窗改造（二）

ⓒ 增加窗层　对于窗框比较小的窗户（70系列以下），由于窗框宽度小，窗台空余位置大，可以在窗台上再造一个推拉窗，从而改造成双窗结构，实现节能改造。

ⓓ 活动变固定　对于双面推拉窗，将其中一面的可活动扇改造为固定扇。由于推拉窗的通风面积只有窗面积的一半，固定推拉窗中的一半并没影响窗户的通风效果，但可以减少空气的渗透，起到节能的作用。

b. 平开窗　平开窗的节点如图10.4所示，其改造原理与推拉窗相似，其方法如下。

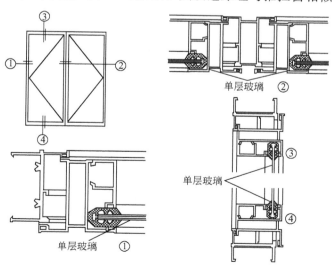

图 10.4　平开窗立面及节点

ⓐ 更改窗扇　把原有窗的单层玻璃改为中空玻璃，由于平开窗的窗框比单扇推拉窗要宽，在改造时对窗框的要求不高。特点：更改平开窗的窗扇也比较灵活，只要窗扇适合便可更改，是节能改造中很好的方法。节点如图 10.5 所示。

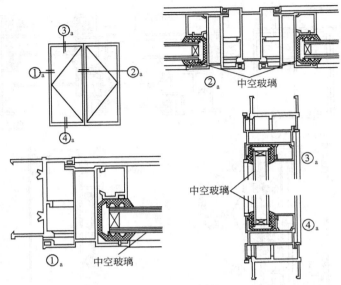

图 10.5　平开窗改造（一）

ⓑ 增加窗扇　在窗台上再增加一个反方向的平开窗，使一对窗户向内开，一对窗户向外开。对于原有双平开窗的窗户（一层为防蚊虫网）比较方便改造，只需要把防蚊虫网改为玻璃窗。特点：节能效果良好，投资增加比价大，操作复杂。其平面图如图 10.6所示。

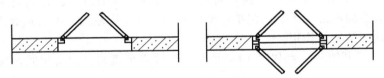

图 10.6　平开窗改造（二）

c. 阳台外门窗　阳台外门窗是外门窗改造的重点，很多住宅都对原有阳台实行改造，目的也是为了节约能源，创造一个更好的室内环境。其方法主要是增加隔墙（主要是玻璃门窗组成），不管是单门还是单层门窗，通过增加隔墙（图 10.7 和图 10.8），都可起到隔热与保温作用。特点：隔墙上以玻璃门窗为主，为了增加空间的利用，使用增加推拉门窗比较合适。

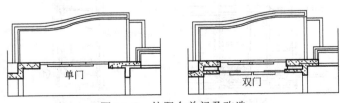

图 10.7　外阳台单门及改造

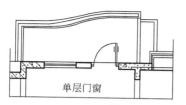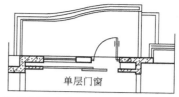

图 10.8　外阳台单层门窗及改造

第二节　既有建筑墙体节能改造技术

一、围护结构传热特点

　　房屋的屋顶、墙等外围护结构的作用是使室内受到遮护，以不受室外气候变化的影响。如果仅从室内的冷热角度来考虑，则外围护结构的作用就是为了防热御寒，使室内形成温暖、舒适的环境。

　　春秋两季可谓舒适气候。若仅就春秋两季而言，外围护结构的热工性能差一些也是可以的，而冬夏两季，则要求外围护结构具有绝热的性能。

　　冬天，一般室内温度高，室外温度低，热流必然由室内流向室外。当室内不供暖时，室温的自然变化受太阳辐射热，与其他建筑物之间的热辐射，以及房间里人体散热等各因素的影响，它不同于室外气温。这个自然变化的室温称为该房间的自然温度。自然温度一般比室外气温要高几摄氏度。当供暖停止时，室温不会立刻同室外气温相等，而是逐渐趋向于自然温度。冬季，房屋的热流方向大多是由室内流向室外的。

　　夏季，白天和夜间的热流方向恰恰相反。白天，若房间不供冷，则由室外向室内的热流量相对较少，与该热量相比，房屋接受太阳辐射却相当大。若房间供冷，则室温比室外气温低得多，由室外流向室内的热流量就会相应增加。可是，到了夜间，室外气温下降，热流便由室内流向室外。这时，应使白天室内所积蓄的热量，尽快地排向室外，以利于室内人们的生活。夏季，由于白天与夜间的热流方向不同，故应考虑相应的对策。

　　对有供暖或供冷的房间，采取绝热措施，使流出或流入的热量减少，既可以节能，又可以使室内环境变得舒适。然而，夏天，一到夜里必须把白天房间内所蓄积的热量尽快地排向室外，这时，重要的是散热。尤其对于那些因受强烈日射而室温升得很高的房间，即使在白天也要尽量把热排放出去。这时，如果房屋采取了绝热措施，反倒会使房间变得更热。

　　使用绝热材料的目的在于减少房屋的热流出入，而气候又有四季之分，因此，绝热的处理必须与各地区的气候条件相适应。

二、我国既有建筑墙体现状与节能前景

　　我国住宅墙体的传统材料是实心黏土，在节能工作开展之前，城镇一般居住建筑墙体的厚度在夏热冬冷地区为 240mm 以下，在寒冷地区是 370～490mm，在严寒地区是490～600mm。

　　黏土砖的保温性能不好，在上述厚度的情况下，其传热厚度都大大超过了建筑节能设计标准提出的要求。除了黏土砖之外其他单一材料的外墙，也都主要是考虑其承重功能，但这些重质材料的墙体保温性能都较差，都无法达到建筑节能的要求。而采用高效保温材料与其

复合，则可以发挥两者的长处，既能承重又能保温，而且墙体厚度增加不大。随着我国建筑节能和墙材革新工作的深入，实心黏土砖被全面禁止，复合墙体将会普遍采用。

复合墙体是在传统的砖墙、混凝土墙上再加一层高效保温材料层，这样就能大幅度地提高墙体的隔热保温性能，不同材料阻止传热的能力差异很大，以常见的聚苯乙烯泡沫塑料为例，50mm 厚的一层材料，其热阻就相当于 1000mm 厚的砖墙或 2000mm 厚的钢筋混凝土墙的热阻。因此，在砖墙或混凝土墙上再复合上薄薄的一层聚苯乙烯泡沫塑料，墙体的传热系数就能满足建筑节能设计标准的要求。

复合墙体按照保温材料在墙体所处的位置不同可分为三种：内保温复合墙体、夹心保温复合墙体、外保温复合墙体。

（1）内保温复合墙体　即在外墙内侧（室内）粘贴保温材料。内保温具有投资少、施工可在室内进行、构造相对简单等优点。外墙内保温工艺的成功与否关键在于：能否控制墙体保温层的吸湿和受潮，能否采取有效措施防止热桥部位的内表面在冬季不结露，能否有效降低热桥引起的附加热损失。

（2）夹心保温复合墙体　即把保温材料（聚苯板）放在墙体中间形成夹心墙。这种做法，墙体和保温层同时完成，对保温材料的保护较为有利。这种做法施工工艺较为复杂，且施工质量难以控制，对于墙体的穿筋锚固方式和抗震措施都有待于改进和研究，用于墙体节能改造不太可行。

（3）外保温复合墙体　即在外墙外侧粘贴保温材料。一般基底为结构承重墙体，为黏土多孔砖、混凝土空心砌块、灰沙砖、炉渣砖等新型墙材砌块，保温材料为膨胀型聚苯乙烯（EPS）板、挤塑型聚苯乙烯板（XPS）、岩棉板、玻璃棉粘等，以 EPS 板最为普遍。此类做法对既有建筑节能改造较为合适。

目前国内常用外墙外保温做法见表 10.2。

表 10.2　目前国内常用外墙外保温做法

外墙外保温方式	保温层	保温层施工方式	防护层	饰面层	技术特点
GKP 聚苯板外保温	自熄型发泡聚苯乙烯板（容重＞18kg/m³）	粘贴与机械拉结件固定相结合	玻璃纤维网格布与低碱水泥	喷涂丙烯酸外墙涂料	保温层牢固性较好
ZL 聚苯颗粒外保温	聚苯颗粒轻集料、胶粉料和水混合成的保温浆料	抹灰法施工	玻璃纤维网格布与低碱水泥	喷涂丙烯酸外墙涂料	1. 不受外墙形状影响 2. 废物利用 3. 抗裂性好
现浇混凝土聚苯板外保温	带钢丝网架的自熄型发泡聚苯乙烯板（容重＞18kg/m³）	钢丝网架聚苯板置于将要浇注墙体的外模内侧，墙体混凝土浇灌完毕，外保温板与墙体一次成型	低碱水泥	喷涂丙烯酸外墙涂料	1. 节约工时 2. 保温层牢固性好
聚氨酯外保温	硬质聚氨酯泡沫塑料	现场直接喷涂	钢丝网与低碱水泥	喷涂丙烯酸外墙涂料	保温性能最好
岩棉外保温	岩棉	粘贴与机械拉结件固定相结合	玻璃纤维网格布与低碱水泥	喷涂丙烯酸外墙涂料	保温层牢固性较好

外保温复合墙体的保温层施工较内保温困难，饰面层的使用环境恶劣，要经受得起风吹、雨淋、冻融和曝晒的考验，工程造价相对偏高。但外保温复合墙体的优点更为显著。

① 外保温墙体对建筑主体结构有保温作用，可避免主体结构产生大的温度变化，减少热应力，延长建筑物寿命。

② 外保温墙体能有效阻止或减弱建筑物热桥的影响，提高墙体保温的整体性和有效性，并可避免内保温墙体的表面潮湿、结露、发霉等问题。

③ 保温层在室外侧，结构墙体在室内侧，墙体蓄热能力强，房间的热舒适性好。

④ 墙体外保温改造可减少对住户家庭生活的干扰，并可避免住户对保温层的破坏。

目前华北地区墙体构造可分为三种类型。

① 20 世纪 50～80 年代建造的大量既有非节能建筑，以 370 实心黏土砖为主。

② 采用外保温技术对既有建筑进行节能改造后的节能建筑，即对墙体进行外保温改造。

③ 按照墙材革新和建筑节能标准要求建造的节能建筑，此类墙体的重质材料为黏土多孔砖、混凝土空心砌块、灰砂砖、炉渣砖等，厚度已由 370mm 降低为 240mm，然后外贴或内贴聚苯板保温材料。上述墙体组成材料的热物性指标见表 10.3，墙体类型见表 10.4。目前在一些大城市已全面禁止使用实心黏土砖，实际工程应用以 6～8 号等类型复合墙体为主。

表 10.3　墙体材料的热物性指标

材料名称	密度 ρ /(kg/m³)	比热容 c /[kJ/(kg·℃)]	热导率 λ /[W/(m·℃)]	蓄热系数 S (周期 24h) /[W/(m²·℃)]
灰砂砖砌体	1900	1.05	1.1	12.72
黏土实心砖砌体	1800	1.05	0.81	10.63
炉渣砖砌体	1700	1.05	0.81	10.43
多孔砖砌体	1400	1.05	0.58	7.92
水泥砂浆	1800	1.05	0.93	11.37
聚苯板	30	1.38	0.042	0.36
混凝土	2300	0.92	1.51	0.36

表 10.4　墙体的基本类型

编号	墙体材料	墙体构造	建筑类型
1	240 实心黏土砖	(1)240mm 黏土砖；(2)20mm 水泥内抹灰	既有建筑
2	370 实心黏土砖	(1)370mm 黏土砖；(2)20mm 水泥内抹灰	
3	370 实心黏土砖 (外保温)	(1)6mm 水泥抹灰外保护层；(2)50mm 聚苯板；(3)370mm 黏土砖；(4)20mm 水泥内抹灰	既有建筑 节能改造后
4	240 实心黏土砖 (外保温)	(1)6mm 水泥抹灰外保护层；(2)50mm 聚苯板；(3)240mm 黏土砖；(4)20mm 水泥内抹灰	新建节能建筑
5	240 实心黏土砖 (内保温)	(1)240mm 黏土砖；(2)50mm 聚苯板；(3)10mm 水泥内抹灰	
6	240 实心黏土多孔砖(外保温)	(1)6mm 水泥抹灰外保护层；(2)50mm 聚苯板；(3)240mm 黏土多孔砖；(4)20mm 水泥内抹灰	
7	240 灰砂砖 (外保温)	(1)6mm 水泥抹灰外保护层；(2)50mm 聚苯板；(3)240mm 灰砂砖；(4)20mm 水泥内抹灰	
8	240 炉渣砖 (外保温)	(1)6mm 水泥抹灰外保护层；(2)50mm 聚苯板；(3)240mm 炉渣砖；(4)20mm 水泥内抹灰	

表 10.5 为经过计算的复合墙体的稳态热工性能。由表 10.5 可知复合墙体的传热系数明显减小，尤其是既有建筑改造后节能效果最好，3 号墙体的传热系数已降为 0.54W/(m²·℃)。除 3 号墙体外热惰性指标 D（热惰性指标 D 为各墙体材料的热阻 R 与蓄热系数 S 的乘积）有所下降，这是由于新建节能建筑的结构墙体变薄、重质材料减少所致，标志着此类复合墙体的蓄热性能有所降低。

表 10.5　复合墙体稳态热工性能

墙体编号	墙体类型	冬季传热系数 K [a_w= 23.3W/(m²·℃)] / [W/(m²·℃)]	夏季传热系数 K [a_w= 18.6W/(m²·℃)] / [W/(m²·℃)]	热惰性指标 D
1	240 墙体	2.10	2.05	3.37
2	370 墙体	1.57	1.55	5.06
3	370 墙体外保温	0.54	0.53	5.57
4	240 墙体外保温	0.59	0.58	3.88
5	240 墙体内保温	0.59	0.58	3.77
6	240 多孔砖外保温	0.55	0.55	4.01
7	240 灰砂砖外保温	0.62	0.61	3.51
8	240 炉渣砖外保温	0.59	0.58	3.79

三、既有建筑墙体节能改造方法

（一）墙体节能改造采用的保温材料

通常用作墙体保温的材料类型有：保温棉，它由玻璃纤维制成，比如棉毡；半硬性材料，它是用热固性胶黏剂把玻璃纤维或矿棉纤维制成的绝热板，比如矿棉、玻璃棉板；硬性材料，是用聚苯乙烯、聚氨酯、酚醛树脂泡沫和高密度玻璃纤维制成的保温板，其中聚苯乙烯板有膨胀型（EPS）和挤塑型（XPS）两种；松散材料，主要是珍珠岩、蛭石、聚苯颗粒等轻质粒状材料。这些材料中的大多数都可用于建筑墙体的节能改造。

（二）墙体节能改造的构造设计

1. 墙体外保温节能改造

墙体外保温是在主体墙结构外侧，在粘接材料的作用下，固定一层保温材料，并在保温材料的外侧抹砂浆或作其他保护装饰。

对于既有采暖居住建筑的节能改造来说，采用墙体外保温做法在技术上已经成熟，国内外已大规模推广。在欧美等发达国家，墙体外保温技术已成功应用了 30 余年，在国内的应用也有了 10 多年的历史。国外的外墙外保温系统已引入我国，并开始了试生产及成功的试点应用，国内一些单位开发的 EC 胶黏剂与耐碱玻纤维布、聚苯板相配套应用于外墙外保温，在我国三北地区的试点工程已达到相当规模；钢丝网水泥砂浆复合岩棉板外保温技术也在一些省市得到推广。此外，加气混凝土等轻质材料保温技术在华北、西北地区也有数量可观的应用面。这些成熟的技术及成功的经验为因地制宜地开展既有建筑墙体节能改造提供了有效的技术途径。

（1）墙体外保温节能改造的基本构造形式　墙体外保温节能改造按照保温层与主体的结合方式大致分为喷涂式、抹灰式、粘接式、挂装式及混合式。基本的构造形式如图 10.9 所示。

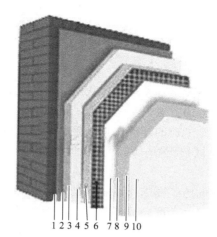

图 10.9　墙体外保温节能改造构造示意图

1—基层墙体；2—涂刷聚氨酯防潮底漆；3—喷涂硬泡聚氨酯保温层；4—涂刷聚氨
酯专用界面剂；5—胶粉聚苯颗粒找平层；6—聚合物抗裂砂浆；7—耐碱网格布；
8—聚合物抗裂砂浆；9—柔性防水腻子；10—涂料饰面层

（2）墙体外保温节能改造施工前的准备工作　在对墙面状况进行勘查的基础上，施工前应对原墙面上由于冻害、析盐或侵蚀所产生的损害予以修复；油渍应进行清洗；损坏的砖或砌块应更换；墙面的缺损和孔洞应填补密实；墙面上疏松的砂浆应清除；不平的表面应事先抹平；墙外侧管道、线路应拆除，在可能的条件下，宜改为地下管道或暗线；原有窗台宜接出加宽，窗台下宜设滴水槽；脚手架宜采用与墙面分离的双排脚手架。

（3）墙体外保温节能改造的施工要求　以常用的粘接式聚苯板外保温为例。

保温板应从墙壁的基部或坚固的支撑处开始，自下而上逐排沿水平方向依次安设，拉线校核，并逐列用铅坠校直，在阳角与阴角的垂直接缝处应交错排列。安设时，应采用点粘或条粘的方法，通过挤紧胶黏剂层，使保温板有规则地牢固地粘接在外墙面上。保温板安设时及安设后至少 24h 之内，空气温度和外墙表面温度不应低于 50℃。

在保温板的整个表面上，应均匀抹一层聚合物水泥砂浆，并随抹随铺增强网布。抹灰层厚度宜为 3～4mm，且应均匀一致。增强网布应拉平，全部压埋在抹灰层内，不应裸露。遇门窗口、通风口不同材质的接合处（配电箱、水管等），应将增强网布翻边包紧保温板；洞口的四角应各贴一块增强网布，并用聚合物砂浆将网布折叠部分抹平封严。

每块保温板宜在板中央部位钉一枚膨胀螺栓。螺栓应套一个直径 5cm 的垫片，栓铆后应对螺栓表面进行抹灰平整处理。

应在抹灰工序完成后，进行外装修，宜采用薄涂层。

（4）常用的实心砖墙外保温节能改造构造做法　适用于主体结构为实心砖墙的墙体外保温改造做法很多，通常的构造做法有以下几种：聚苯板（EPS）外保温（粘接式）、岩棉板外保温（挂装式）、聚氨酯外保温（喷涂式）及聚苯颗粒外保温（抹灰式）。

2. 墙体内保温节能改造

墙体内保温是在墙体结构内侧覆盖一层保温材料，通过胶黏剂固定在墙体结构内侧，之后在保温材料外侧作保护层及饰面。

在我国，墙体内保温技术的应用远较墙体外保温技术要早，因为内保温做法不会遇到外保温那样严酷的环境条件（风吹、日晒、雨淋等），因此技术难度相对较小；同时，内保温做法可以一家一户地单独实施，不一定要像外保温那样整幢建筑同步进行。所以，内保温做法有其自身的优势及实施的灵活性。现有成熟的墙体内保温经验为各地开展既有建筑墙体内保温节能改造提供了可供选择的技术途径。

（1）墙体内保温节能改造的基本构造形式　考虑到旧房改造中挂装的诸多不便，墙体内保温节能改造按照保温层与主体的结合方式以抹灰式、粘接式、砌筑式为主，必要的时候也会采用粘接式与机械固定相结合的方法。

（2）墙体内保温节能改造施工前的准备工作　施工前遇有墙体疏松、脱落、霉烂等情况应修复；原墙面涂层应刮掉并打扫干净；墙面潮湿时应先晾干或吹干，墙面过干时应予以湿润。

（3）墙体内保温节能改造的施工要求（以常用的聚苯板复合内保温为例）　在粘贴保温层前先清除主墙面的浮尘；若墙面潮湿，需先晾干，若墙面过干应稍予湿润；挂线、找平坐标，用适当胶黏剂点粘聚苯板，拍压贴紧在主墙面上；在聚苯板上刮适当胶黏剂，然后满铺一层玻纤网布；面层的饰面石膏分两遍涂抹成活，第一遍用掺细砂的膏浆，表面用不掺砂的饰面石膏，总厚度为5mm。

与墙体外保温改造相比，墙体内保温施工相对简单，保温层与原墙体要固定牢靠，饰面层与保温层应连接牢靠，不得出现空鼓、裂缝及脱落现象。采用墙体内保温时，对围护结构易出现热桥的部位，如混凝土梁、边柱或丁字墙的外柱等应采取有效的保温措施。

（4）常用的实心砖墙内保温节能改造构造做法　适用于主体结构为实心砖墙的墙体内保温改造做法很多，通常的构造做法有以下几种：保温砂浆内保温（抹灰式）、保温板内保温（粘接式）、轻质砌块内保温（砌筑式）、其他做法（贴保温壁纸、热反射材料）。

① 保温砂浆内保温　在进行室内墙面装修时，通常需要重新刷一层砂浆，利用这个机会刷上一层保温砂浆（珍珠岩砂浆、聚苯颗粒浆料等），能起到一定的保温作用。

② 保温板内保温　一种情况是直接在外墙内表面粘贴石膏板后抹饰面材料，也是最简单、常采用的方法；或是在外墙内表面粘贴玻璃棉板、岩棉板、聚苯板等预制保温板，改造后效果较显著。

另一种情况是石膏板（包括饰面石膏、纸面石膏板、无纸石膏板）复合岩棉板、玻璃棉或聚苯板等保温材料，这种方法比较复杂，但保温效果较好。

③ 轻质砌块内保温　直接在外墙内表面上砌筑轻质砌块保温材料，比如常用的加气混凝土砌块、泡沫珍珠岩块等。

④ 其他做法　还可以在外墙内表面上贴保温壁纸、悬挂保温窗帘，在暖气散热器后的内墙面上加贴铝箔热反射板，都可以不同程度地达到保温的目的。

（三）墙体节能改造构造方式的选择

随着建筑节能技术的不断完善和发展，外墙外保温技术逐渐成为建筑保温节能形式的主流。从科学的合理性而言，外墙外保温形式是一种先进的、有应用前景的保温节能技术，在对墙体进行保温改造时，应优先选用外保温技术。

外墙节能改造中采用墙体内保温改造方式的缺点很明显：影响住户的室内活动和正常生活，不利于改造的进行；占用室内的使用面积；不利于室内装修，给安装空调、电话及其他饰物带来不便；由于外墙受到的温差大引起的保温层易出现裂缝等。采用墙体外保温改造方式的优点也很明显：除了能避免上述墙体内保温的缺点外，还能保护主体结构，延长建筑物的寿命；避免了墙体内部冷凝现象的发生，有利于室温的稳定；提高了墙体的防水功能和气密性等。

更有资料显示：与内保温相比，外保温可大大减少保温材料的用量，从而减少保温材料的使用厚度，具有明显的经济综合优势，适合旧建筑物的节能改造工程。

从以上总结看出，外保温做法是墙体节能改造的最佳选择。

第三节　既有建筑屋面节能改造技术

一、屋面节能改造的意义

（一）屋面节能改造的重要意义

20世纪60年代以后很长一段时间，中国建筑改变了传统的以坡屋面为主要形式的民居形象，屋顶全部处理成平屋顶，居住屋面构造形式简陋，建筑造型呆板，屋面保温隔热性能差。在冬季，屋顶由于室内热损失多，室内温度普遍偏低，舒适度差。而在夏季顶层房间由于获得较多的太阳辐射得热，温度比底层高出2～3℃。尤其在南方地区特别是长江中下游地区，夏季居住在顶层房间的人会有很强烈的烘烤感。因此，提高屋面的保温隔热性能，对提高抵抗夏季室外热作用的能力尤其重要，这也是减少空调耗能，改善室内热环境的一个重要措施。在多层建筑围护结构中，屋面所占面积较小，能耗占总能耗的8%～10%。据测算，室内温度每降低1℃，空调减少能耗10%，而人体的舒适性会大大提高。因此，加强屋面保温节能对建筑造价影响不大，节能效益却很明显。

（二）我国屋面保温工程的发展概况

我国屋面保温工程经历了三个发展阶段。

第一阶段：即20世纪50～60年代，当时屋面保温做法主要是干铺炉渣、焦渣或水淬矿渣，在现浇保温层方面主要采用石灰炉渣，在块状保温材料方面，仅少量采用了泡沫混凝土预制块。

第二阶段：即20世纪70～80年代，随着建材生产的发展，出现了膨胀珍珠岩、膨胀蛭石等轻质材料，于是屋面保温层出现了现浇水泥膨胀珍珠岩、现浇水泥膨胀蛭石保温层，以及沥青或水泥作为胶结与膨胀珍珠岩、膨胀蛭石制成的预制块和岩棉板等保温材料。

第三阶段：20世纪80年代以后，随着我国化学工业的蓬勃发展，开发出了重量轻、热导率小的聚苯乙烯泡沫塑料板、泡沫玻璃块材等屋面保温材料，近年来又推广使用重量轻、抗压强度高、整体性能好、施工方便的现喷硬质聚氨酯泡沫塑料保温层，为屋面工程的节能提供了物质基础。

（三）屋面保温隔热材料的技术要求

屋面保温隔热材料的技术指标，直接影响节能屋面质量的好坏，在确定材料时应从以下几个方面对材料提出要求。

1. 热导率是衡量保温材料的一项重要技术指标

热导率越小，保温性能越好；热导率越大、保温效果越差。

2. 保温材料的堆密度和表观密度

保温材料的堆密度和表观密度是影响材料热导率的重要因素之一。材料的堆积密度、表观密度越小，热导率越小；堆积密度、表观密度越大，则热导率越大。

3.屋面保温材料的强度和外观质量

强度和外观质量对保温材料的使用功能及技术性能有一定影响。

4.含水率

保温材料的热导率，随含水率的增大而增大，含水率越高，保温性能就下降。含水率每增加1％，则其热导率相应增大5％左右。含水率从干燥状态增加到20％时，其热导率几乎增大一倍。

二、既有建筑屋面节能改造技术途径

（一）干铺保温材料

在防水层确实已老化造成渗漏、必须翻修的情况下，在屋面修漏补裂，进行局部翻改；完成防水层改造后，再在改善后的防水层上做保温处理。具体做法是留出排水通道，干铺保温材料。保温材料可采用 B03 或 B04 级加气混凝土，干铺在现有屋面防水层上，并在表面做防水涂料，保温材料厚度应视下层结构及保温要求经热工计算确定，并注意不要超过允许计算荷载。这种做法的优点是加气混凝土本身具有较好的保温隔热和整体抗冻性能，其次是铺保温材料施工方便，便于层面防水的维修和保护及保温层的更新，并且非常经济。

（二）架空平屋面

方案可有两种：一种是在横墙部位砌筑 100～150mm 高的导墙，在墙上铺设配筋加气混凝土面板，再在上部铺设防水层，形成一个封闭空间保温层，这种做法适用于下层防水层破坏、保温层失效的屋面；第二种是在屋面荷载条件允许下，在屋面上砌筑 150mm×150mm 左右方垛，在上铺设 500mm×500mm 水泥薄板，一般上面不作防水层，主要解决隔热问题，同时对屋面防水层也起到一定保护作用。

（三）倒置屋面

倒置屋面即在原防水层上，干铺防水性能好、强度高的保温材料，然后在其上再铺设一层 4～5mm 厚的油毡，再在其上干铺挤塑聚苯保温板，板上铺设过滤性保护薄膜，最上面铺设卵石层。

（四）加设坡屋顶（平改坡）

将保温性能较差的平屋顶改为坡屋顶或斜屋顶，同时还可以利用"烟囱效应"原理，把屋面做成屋顶檐口与屋脊通风或老虎窗通风（冬天关闭风口，以达到保温目的）。坡屋顶利用自然通风，可以把热量及时送走，减少太阳辐射，起到降温作用。既改善屋顶的热工性能，又有利于屋顶防水，设计得当能增加建筑的使用空间，还有美化建筑外观的作用，当平改坡与加层结合改造时，除注意荷载允许外，保温层厚度须经热工计算确定，同时还应注意抗震和日照间距问题的处理。

（五）种植屋面

种植屋面是利用植物光合作用、叶面的蒸发作用及对太阳辐射热的遮挡作用，减少太阳辐射热对屋面的影响，从而降低屋顶室外综合温度，同时植物培植基质材料的热阻与热惰性，也能很好地降低屋面的表面温度与温度振幅。据研究，种植屋面的内表面温度比其他屋面低 2.8～7.7℃，温度振幅仅为无隔热层刚性防水屋顶的1/4。

（六）蓄水屋面

蓄水屋面能起到防暑降温的效果。对于多层及高层建筑来说，屋顶的耗热量占整个建筑耗热量的比例不大，约小于等于 9％，因此往往不被重视。但对顶层用户来说，屋顶的耗热量约占顶层总耗热量的 40％，所以不能忽视，否则将大大影响顶层用户的生活质量。

三、典型建筑屋面改造方案及施工

在实际工程中，倒置屋面、平改坡和种植屋面是典型也是最有效的屋面节能改造方法，下面将分别详细讨论。

（一）倒置屋面

1. 倒置屋面的定义

所谓倒置式屋面就是将传统屋面构造中保温隔热层与防水层"颠倒"，将保温隔热层设在防水层上面，故有"倒置"之称，所以称"侧铺式"或"倒置式"屋面。倒置式屋面的定义中，特别强调了"憎水性"保温材料。工程中常用的保温材料如水泥膨胀珍珠岩、水泥蛭石、矿棉岩棉等都是非憎水性的，这类保温材料如果吸湿后，其热导率将陡增。因此普通保温屋面中需在保温层上做防水层，在保温层下做隔气层，从而增加造价，使构造复杂化。另外，防水材料暴露于最上层，加速其老化，缩短了防水层的使用寿命，故应在防水层上加做保护层，这又将增加额外的投资。对于封闭式保温层而言，施工中因受天气、工期等影响，很难做到其含水率相当于自然风干状态下的含水率；如因保温层和找平层干燥困难而采用排气屋面的话，则由于屋面上伸出大量排气孔，不仅影响屋面使用和观瞻，而且人为地破坏了防水层的整体性，排气孔上防雨盖又常常容易脱落，反而使雨水灌入孔内。由于倒置式屋面为外隔热保温形式，外隔热保温材料层的热阻作用对室外综合温度波首先进行了衰减，使其后产生在屋面重实材料上的内部温度分布低于传统保温隔热屋顶内部温度分布，屋面所蓄有的热量始终低于传统屋面保温隔热方式，向室内散热也小，因此，是一种隔热保温效果更好的节能屋面构造形式。

2. 改建后倒置屋面的特点

改建后的倒置屋面主要特点如下。

（1）可以有效延长防水层使用年限　"倒置式屋面"将保温层设在防水层之上，大大减弱了防水层受大气、温差及太阳光紫外线照射的影响，使防水层不易老化，因而能长期保持其柔软性、延伸件等性能，有效延长使用年限。据国外有关资料介绍，可延长防水层使用寿命 2～4 倍。

（2）保护防水层免受外界损伤　由于保温材料组成不同厚度的缓冲层，使卷材防水层不易在施工中受外界机械损伤，同时又能衰减各种外界对屋面冲击产生的噪声。

（3）保温材料做成放坡　如果保温材料有一定坡度（一般不小于 2％），雨水可以自然排走。因此进入屋面体系的水和水蒸气不会在防水层上冻结，也不会长久凝聚在屋面内部，而能通过多孔材料蒸发掉。同时也避免了传统屋面防水层下面水汽凝结、蒸发、造成防水层鼓泡而被破坏的质量通病。

（4）施工简便，利于维修　倒置式屋面省去了传统屋面中的隔汽层及保温层上的找平层，施工简化，更加经济。即使出现个别地方渗漏，只要揭开几块保温板，就可以进行处理，所以易于维修。

综上所述，倒置式屋面具有良好的防水、保温隔热功能，特别是对防水层起到保护、延缓老化作用，延长使用年限，同时还具有施工简便、速度快、耐久性好、可在冬季或雨季施工等优点。在国外被认为是一种可以克服传统做法缺陷而且比较完善与成功的屋面构造设计。

3. 改建倒置屋面的构造层次及其做法

倒置式屋面基本构造层次由下至上为结构层、找平层、结合层、防水层、保温层、保护层等，其做法有如下几种类型。

① 采用保温板直接铺设防水层，再敷设纤维织物一层，上铺卵石或天然石块或预制混凝土块等做保护层。优点是施工简便，经久耐用，方便维修。

② 采用发泡聚苯乙烯水泥隔热砖用水泥砂浆直接粘贴于防水层上。优点是构造简单，造价低，目前大量住宅小区已试用，效果很好。缺点是使用过程中会有自然损坏，维修时需要凿开，且易损坏防水层。发泡聚苯乙烯虽然密度、热导率和吸水率均较小，且价格便宜，但使用寿命相对有限，不能与建筑物寿命同步。

③ 采用挤塑聚苯乙烯保温隔热板（以下简称保温板）直接铺设于防水层上，上做配筋细石混凝土，如需美观，还可再做水泥砂浆粉光、粘贴缸砖或广场砖等。这种做法适用于上人屋面，经久耐用；缺点是不便维修。

④ 对于坡屋顶建筑，屋顶采用瓦屋面，保温层设于防水层与瓦材之间，防水及保温效果均较好。

4. 倒置屋面的施工

（1）基层施工

① 屋面结构层板面应清理干净，表面不得有酥松、起皮、起砂现象。

② 对于平屋面，排水坡宜优先采用结构找坡，坡度为3%，以便减轻结构自重，省却找坡层。若因建筑平面和结构布置较为复杂，不得不采用材料找坡时，坡度应不小于2%，且应选用价廉物美的轻质材料作找坡层。

③ 用20mm厚1∶2.5水泥砂浆找平，要求压光、平整、不起壳、不开裂，屋面与墙、管道交接处及转角墙的阴阳角均做成圆弧，以便于防水层的施工。

（2）防水层施工

① 防水层宜选用两种防水材料复合使用，耐老化、耐穿刺的防水材料应设在防水层的最上面。

② 天沟、泛水等保温材料无法覆盖的防水部位，应选用耐老化性能好的防水材料，或用多道设防提高防水层耐久性；而水落口、出屋面管道等形状复杂节点，宜采用合成高分子防水涂料进行多道密封处理。

③ 应根据防水材料的不同，严格按照相应的施工工法和工艺施工。

（3）保温层施工

① 保温材料可以直接干铺或用专用胶黏剂粘贴，聚苯板不得选用溶剂型胶黏剂粘贴。

② 保温材料接缝处可以是平缝，也可以是企口缝，接缝处可以灌入密封材料以连成整体；块状保温材料的施工应采用斜缝排列，以利于排水。

③ 当采用现喷硬泡聚氨酯保温材料时，要在成型的保温层面进行分格处理，以减少收缩开裂，大风天气和雨天不得施工，同时注意喷施人员的劳动保护。

（4）面层施工

① 上人屋面　采用40～50mm厚钢筋细石混凝土做面层时，应配双向 $\phi4mm@150mm×150mm$ 的冷拔钢筋网，以增强刚性防水层的刚度和板块的整体性。钢筋网在刚性防水层中

的布置应在尽量偏上的部位，混凝土的厚度不应小于 40mm，水灰比不应大于 0.55，强度等级不应小于 C20，且应采用机械搅拌和机械振捣。

同时其表面处理要加以重视，混凝土收水后进行二次压光，以切断和封闭混凝土中的毛细管，提高其密实性和抗渗性。抹压面层时，严禁在表面洒水、加水泥浆或撒干水泥，以防龟裂脱皮，降低防水效果。混凝土浇筑 12～24h 后，即可进行养护，覆盖时间不小于 14h，养护初期不得上人，且应按刚性防水层的设计要求进行分格缝的节点处理。

分格缝的布置应考虑柱墙的轴线位置、屋面转角、结构高低的变化等因素，应使刚性防水层能消除温差的影响以及混凝土干缩变形的影响，一般间距为 6m。分格缝的宽度宜为 20mm，深度应达到刚性防水层厚度的 3/4，缝内嵌填满油膏。

采用混凝土块材作上人屋面保护层时，应用水泥砂浆坐浆平铺，板缝用砂浆勾缝处理。

② 不上人屋面　当屋面是非功能性上人屋面时，可采用平铺预制混凝土板的方法进行压埋，预制板要有一定强度，厚度也应小于 30mm。

选用卵石或砂砾作保护层时，其直径应在 20～60mm，铺埋前，应先铺设 250g/m² 的聚酯纤维无纺布或油毡等进行隔离，再铺埋卵石，并要注意雨水口的畅通。压置物的重量应保证最大风力时保温板不被刮起和保证保温层在积水状态下不浮起。

聚苯乙烯保温层不能直接接受太阳照射，以防紫外线照射导致老化，还应避免与溶剂接触和在高温环境下（80℃以上）使用。

5. 倒置屋面的质量控制

（1）倒置式防水屋面的构造设计　在设计构造上，要设法让底层防水层的坡度走向与将来屋面层的排水走向完全一致，以便使渗进保温层的水能沿底层的防水层表面流向排水口附近，然后再在排水口周围预埋刚性透水层，让汇集于此的水能透过刚性层进入排水口内流走。这样，即使将来保温层内进水，渗入的水也不至于大量蓄存起来，形成隐患。

（2）保温板施工应注意的问题　保温板宜采用吸水率小、热导率小的材料，抗压强度不小于 20kPa。由于一般工地保温板大多由泥水工进行铺设，故应加强培训，持证上岗。在施工中应注意以下几个问题。

① 保温板的铺设程序应从周边开始，然后向两侧及中心铺设。

② 保温板铺设时，可按其顺排水方向铺设，横向接缝应错缝铺设，在板尚未铺设保护层前应压置重物，以免被风刮跑。

③ 对于平屋面，可采用空铺等方法；对于坡屋面，当屋面坡度小于 26°时，应用胶黏剂粘贴；当屋面坡度大于 26°时，应用锚钉固定。

④ 应在水落口、屋面檐沟落水处设置混凝土堵头，要求每隔 200mm 左右预留一个 50mm×30mm 的泄水孔。

⑤ 保温板应用专用工具裁切，裁切边要求垂直、平整，拼缝处应严密，不得张口。保温板应紧靠需保温的基层表面并铺平垫稳，分层铺设的保温板上下层接缝应相互错开，板间缝隙应采用同质材料嵌填密实。

（3）防水细部应严格按技术规范施工　由于倒置式屋面的防水层直接与结构层满粘，为了使防水层与基层完全粘牢，一定要先处理好节点，特别是伸缩缝等的弹性密封；然后再做柔性防水层，以适应结构基层的变形。水落管口、天沟泛水等处均要符合下述规定。

① 水落口埋设标高应考虑水落口防水时增加的附加层、柔性密封层等的厚度及排水坡度，留足尺寸。

② 水落管口周围直径 500mm 范围内坡度不小于 5%，并且应用防水涂料或密封涂料封

涂,厚度不小于 2mm;水落口杯与基层接触处应留宽 20mm、深 20mm 凹槽,嵌填密封材料。

分格缝的布置应考虑柱墙的轴线位置、屋面转角、结构高低的变化等因素,应使刚性防水层能消除温差的影响以及混凝土干缩变形的影响,一般间距为 6m。分格缝的宽度宜为 20mm,深度应达到刚性防水层厚度的 3/4,缝内嵌填满油膏。

泛水处应铺设卷材或涂抹防水层,伸出屋面的管道与刚性防水层的交接处应留缝隙,先用护坡,再用密封材料嵌填密实。

(二) 建筑屋面"平改坡"

1. 平屋面的缺点

(1) 顶层住房"冬冷夏热" 据有关部门实验,平屋面住宅楼的顶层室内温度在冬季比其他楼层的室内温度要低 3~4℃,而在夏季则要高 4~5℃,"冬冷夏热"现象十分明显。即使是采用目前国内最先进的保温隔热材料,这个问题还是不可避免的。

(2) 屋面渗漏 由于现场施工、管理水平的高低不一,屋面渗漏的建筑通病至今仍然未能根除,这也成了住户们投诉的热点之一。在国家规定的三年保修期内,住户们还可以找售房单位维修,而超过保修期后就需住户自行解决。即使在短期内没有问题,但谁也不敢向住户们保证屋面永久不渗漏。因为防水材料的使用寿命远远小于住房本身的使用寿命,后顾之忧也就必然存在。

(3) 屋面上脏、乱、差 几乎在每个城市未实行有效物业管理的老住宅小区中都可以看到这样的情景:有的住户在屋面上搭起了鸽棚,有的住户在楼顶上建起了披屋,砌起了花房……至于杂乱无章地安装着的太阳能热水器那更是到处可见。尤其是沿街住宅楼屋面上的上述脏、乱、差状况,更是直接影响了城市的市容市貌。

为了使上述问题能得到妥善解决,对平屋面住宅楼进行综合整治和实施"平改坡"改造便是一种理想的方法。如将老式平屋面统一改造为带有部分小阁楼的坡屋面,不但会受到顶层住户们的欢迎,而且可取得较好的经济效益、社会效益和环境效益。

2. 坡屋面的优点

(1) 解决渗漏 平屋面住房如屋面出现渗漏,维修一般都很麻烦,有的要修好几次以后才能修好渗漏的根源。就是暂时修好了,因为维修材料的使用寿命有限,也不能保证以后就长久不漏。此外,由于维修的专业性较强,技术要求也不低,屋面渗漏后住户自己一般无法根除,需要请专业维修单位才能处理。修理一次的费用,少则数百,多则上千。而改造成坡屋面后渗漏现象将可大为减少。就是出现渗漏,只要问题不大,住户自己一般也可以维修,每次也许花费数十元即可。

(2) 扭转"冬冷夏热"现状 坡屋面建成后,原有的顶层即变为"非顶层",由于夏季避免了阳光的"直接"照晒,冬季避免了冰雪的"直接"覆盖,加之通风采光条件较好,和改造前相比,它将由过去的"冬冷夏热"变为"冬暖夏凉",隔热保温效果也就无需多言。

(3) 增大顶层住户的贮存空间 一般而言,住在顶层的居民,家庭经济收入大多不十分宽裕,通过再去买新房来改善自己住房的能力也很有限。而将平屋面改造为带有部分小阁楼的坡屋面,由于小阁楼的投资只需购买同等面积住房的 50% 左右,不但一般市民都能承受,而且是顶层住户们改善住房条件的一项有效办法。

(4) 美化居住环境和提高空气质量 绝大多数市民都有养花种草的习惯,但苦于阳台面积限制,花草数量十分有限。在平改坡时,可以留出一定的空间建花房,搭花架,进行平面和垂直绿化，形成一定规模的屋顶花园。绿化增加了，空气质量也必然随之提高。

（5）改观城市的空中景观　在改造前首先必须对原平屋面上的违章建筑物等进行综合整治，改造后展现在人们眼前的是整旧如新的新景观，原有的脏、乱、差状况已不复存在。无论是在空中观看，还是在地面对沿街原平屋面住宅楼进行欣赏，留给人们的是焕然一新的感觉。

（6）提高现有土地的利用率　由于改造工程是在屋面上进行的，在不新占用一寸土地的情况下却为居民增加了一定的数量的居住活动面积，这与新占用土地建造同样面积、功能的房屋相比，土地无疑得到了节约，现有土地的利用率得到了提高。如果全国的平屋面住宅楼都这样改造，所节省的土地数量累计起来将十分惊人。

3．"平改坡"技术方案

（1）"平改坡"方案及比较　"平改坡"的建设性质属已有建筑改造类。已有建筑改造受到条件限制，因此远比新建筑要复杂得多，多层住宅也不例外。抛开政策的、社会的、产权的、资金的、使用的影响因素，单从建筑的、技术的、结构的、设备的、施工的因素就会制约影响到"平改坡"。所以"平改坡"绝不是一种标准化方案就能解决问题的，它应有灵活的解决办法。"平改坡"几种可能的方案如下。

方案一：在保温平屋顶上再加坡顶　保温由原平顶承担，新坡顶解决防水问题，并由新坡顶、新材料、新色彩带来建筑新形象。这种方案实施起来相对比较简单容易，对下层住宅影响最小。

方案二：拆掉原有建筑旧平顶，换成坡顶　此方案实施难度较大，对下层住户影响很大，不具备一定条件，不应采取此方案。

方案三：原平顶改造成楼板，利用新坡顶的三角形空间做成阁楼　这个方案实际上是借"平改坡"的机会，比①方案增加一些投资，就可增加建筑面积。如果阁楼中最低点保证2.2m净高甚至可增加一层的建筑面积。这是凡有条件的多层住宅应首选的"平改坡"方案。

（2）"平改坡"建筑技术

① 建筑技术原则　第一，"平改坡"建筑技术要与结构方案有机结合，无论采取哪种改造方案都要保证房屋结构的整体完整性；第二，新建筑坡顶在选材构造上既要满足防水、防火、保温等功能，也要少增加建筑静荷载；第三，"平改坡"建筑技术方案上应做到标准化、装配化，为减少湿作业量、缩短施工周期创造条件；第四，有条件的"平改坡"项目，应把"平改坡"与建筑其他部分改造结合起来，做到社会效益、环境效益、重修效益的统一。

② 构件材料选择　新坡屋面结构应采用轻型钢结构体系，屋面保温和防水方案三宜采用带保温的轻型彩色压型钢板；方案一宜采用不带保温的轻型彩色压型钢板和其他轻型材料；"平改坡"方案三中新增加的外纵墙和山墙，宜采用轻质保温性能好的材料，如陶粒混凝土或带保温的彩色压型墙板等；"平改坡"方案三中，新增加阁楼的采光，可通过设老虎窗和平天窗的办法来解决。

4．"平改坡"工程应注意的问题

① 改造前，政府有关管理部门要对平屋面上的违章搭建等进行综合整治，为改造工程扫除障碍。

② 要取得规划、计划等有关政府部门的大力支持，使该项改造工程能合法施工。由于"平改坡"工程在有的城市目前仍未引起政府的足够重视，计划、规划等部门在审批时都十分谨慎。既然该项工程能利国利民，政府理应要给予大力支持，让具体实施单位合法施工，并将此项目工程当作一项为民办实事的工程来抓。

③ 要统一规划、统一设计、统一施工。不统一规划将会杂乱无章，不统一设计将可能会留下种种隐患，不统一施工将会形成各自为战，乱搭乱建。只有实行以上三个统一，才能符合建筑规划，取得较好的改造效果。

④ 要协调好与楼下住户的关系，取得一层至次顶层住户的理解和支持。因为如今大多数住房为私人财产，有的楼下住户可能会担心改造后增加的负荷会影响他们住房的使用寿命。这个问题不解决好，施工就肯定不会顺利。

⑤ 要采用新型轻质材料施工，在设计值允许的范围内使负荷尽可能地降低，以避免因负荷的增加而对建筑物产生破坏，使整幢楼住户的利益受到侵害。在外观色彩的搭配上要科学，要符合城市的主色调，并注意和周围其他建筑物的色彩相协调。

（三）种植屋面

1. 种植屋面的节能环保性

近年来城市中的土地资源紧缺、能源过度消耗和环境恶化，使得人们将视线聚焦于以往被忽略的建筑屋顶。建筑物的屋顶是建筑的主要围合面之一，屋顶绿化作为一种有效的节能环保措施，越来越受到人们的重视。种植屋面就是对屋顶进行绿化处理，它能够增强建筑的隔热保温效果，反射、吸收太阳光辐射热，保护混凝土屋面不受夏季烈日曝晒和冬季冰雪侵蚀，避免混凝土热胀冷缩而产生裂缝和变形，延长屋面材料和结构的使用寿命，使防水层寿命延长 $2\sim3$ 倍，不仅不会使屋顶漏水，反而会起到保护作用，相应减少了房屋的维修费用。

屋顶绿化还能够有效缓解"热岛效应"（据介绍，植物的蒸腾作用可以缓解热岛效应达 62%），改善建筑物气候环境，净化空气（屋顶绿化比地面绿化更可以吸收高空悬浮灰尘），降低城市噪声，能够增加城市绿化面积，提高国土资源利用率，能够改善建筑硬质景观，提高市民生活和工作环境质量等。总之，屋顶绿化是改善城市生态环境的有效途径之一，是实现建筑节能的一种有效措施，值得大力推广应用。

许多国家对屋顶绿化的研究和应用起步较早，这种绿化方式在欧洲相当流行，亚洲地区如日本、新加坡等国家也将屋顶绿化作为建筑物不可分割的重要组成部分。我国从 20 世纪 80 年代初开始尝试建筑物屋顶绿化。随着社会经济的发展以及城市规模的迅速扩大，人们对屋顶绿化的作用、性能逐渐认识，并开始将试验结果应用于实际工程中。

2. 改建种植屋面构造

将屋面改建成种植屋面，由结构层至种植层在构造上可按以下步骤进行。

（1）找坡层　屋顶结构层上做 1:6 蛭石混凝土找坡 1%～5%，最薄处 20mm。

（2）防水层　屋顶绿化是否会对屋顶的防水系统造成破坏一直都是人们关注的焦点，找坡层上的防水层若出现渗漏，则屋顶绿化就是漏雨的代名词，因此，解决好屋顶渗漏是屋顶绿化的关键所在。如今高性能的防水材料和可靠的施工技术已经为屋顶绿化创造了条件，目前已有工程实例说明，使用轻且耐用的新型塑料排水板，可以有效避免屋顶渗漏水。做复合防水层，柔性防水可采用一层高分子卷材，最上层刚性防水为 40mm 厚细石混凝土，内置双向钢筋网。分仓缝用一布四涂盖缝，选用耐腐蚀性能好的嵌缝油膏。不宜种植根系发达的植物（如松、柏、榕树等），以免侵蚀防水层。

（3）排水层　普通做法是在防水层上铺 50～80mm 厚粗炭渣、砾石或陶粒，作为排水层，将种植层渗下的水排到屋面排水系统，以防积水。上面提及的塑料架空排水板（带有锥形的塑料层板）可以用来替代种植土下面的砾石或陶粒排水层，它可将排水层的荷载由 $100kg/m^2$ 减少到 $3kg/m^2$，厚度减少到 28mm。用架空排水板排水能大大降低建筑物种植屋面的荷载，省时、省力又可节省费用，目前已在许多工程中得到了推广使用。

（4）过滤层　排水层上的过滤层可铺聚酯无纺布或是具有良好内部结构、可以渗水、不易腐烂又能起到过滤作用的土工布，它不让种植土的微小颗粒通过，又能使土中多余的水分滤出，进入到下面的排水层中。

（5）种植层　屋面荷载设计时要考虑种植层的重量，包括在吸水保和状态时的重量。现在研制出的轻质营养土，保水保肥性能优良，种植基质层的厚度较普通种植土可以减少一半以上，其湿容重约为普通的 1/2，这样，种植基质层的总重量就能减轻 75%，大大降低了屋面荷载，整个房屋结构的受力也不会因种植层的增加而产生太大影响。不过，种植层最好应均匀、整齐地铺在屋面上，这会对结构受力有利。植物的选择应采用适应性强、耐干旱、耐瘠薄、喜光的花、草、地被植物、灌木、藤本和小乔木，不宜采用根系穿透性强和抗风能力弱的乔、灌木（如黄葛树、小榕树、雪松等）。

（6）种植床埂　在种植屋面的施工过程中，应根据屋顶绿化设计用床埂进行分区，床埂用加气混凝土砌块垒起，高过种植层 60mm，床埂每隔 1200～1500mm 设一个溢水孔，溢水孔处铺设滤水网，一是防止种植土流失；二是防止排水管道被堵塞造成排水不畅。为便于种植屋面的管理和操作，在种植床埂与女儿墙之间（或床埂与床埂之间）设置架空板，通常用40mm 厚预制钢筋混凝土板，将其与两边支承固定牢靠。如果能将供水管及喷淋装置埋入屋面种植土中，用雾化的水进行喷洒浇灌，既可达到节水目的，又减少了屋面积水渗漏的可能性，是值得推广的做法。一般建筑物屋面应做保温隔热层，以获得适宜的温湿度，若采用种植屋面，其他的保温设施就可大大精简了，且其降温隔热效果优于其他保温隔热屋面。种植屋面的构造并不复杂，只要按照相关技术规范操作，就能达到理想效果。考虑到风荷载的作用，种植屋面应做好防风固定措施。

3.改建后种植屋面的性能特点

（1）屋面绿化的保温隔热性能　当平屋面上的找坡层平均厚为 100mm，再加上覆土厚度为 80mm 的屋面时，其传热系数 $K<1.5\mathrm{W/(m^2 \cdot K)}$；若覆土厚度大于 200mm 时，其传热系数 $K<1.0\mathrm{W/(m^2 \cdot K)}$。夏季绿化屋面与普通隔热屋面比较，表面温度平均要低 6.3℃，屋面下的室内温度相比要低 2.6℃。因此，屋顶绿化作为夏季隔热有着显著效果，可以节省大量空调用电量。提高建筑物的隔热功能，可以节省电能耗 20%。对于屋面冬季保温，采用轻质种植土，如 80% 的珍珠岩与 20% 的原土，再掺入营养剂等，其密度小于 650kg/m³，热导率取值为 0.24W/(m·K)，基本覆土厚度为 220mm，可计算出 K 值<1。由于我国地域广阔，冬季温度的差别很大，因此可结合各地的实际情况做不同的工艺处理。

（2）屋面绿化对周围环境的影响　建筑屋顶绿化可明显降低建筑物周围环境温度（0.5～4.0℃），而建筑物周围环境的温度每降低 1℃，建筑物内部空调的容量可降低 6%，对低层大面积的建筑物，由于屋面面积比墙面面积大，夏季从屋面进入室内的热量占总围护结构得热量的 70% 以上，绿化的屋面外表面最高温度比不绿化的屋面外表面最高温度（可达 60℃以上）可低 20℃以上。而且城市中心地区热气流上升时，能得到绿化地带比较凉爽空气流的自然补充，以调节城市气候。种植绿化的屋面保温效果很明显。特别干旱的地区，入冬后草木枯死，土壤干燥，保温性能更佳。保温效果随土层厚度增加而增加。种植绿化的屋顶有很好的热惰性，不随大气气温骤然升高或骤然下降而大幅波动。绿色植物可吸收周围的热量，其中大部分用于蒸发作用和光合作用，所以绿地温度增加并不强烈，一般绿地中的地温要比空旷广场低 10～17.8℃。另外屋面绿化可使城市中的灰尘降低 40% 左右，还能吸收诸如 SO_2、HF、Cl_2、NH_3 等有害气体，对噪声也有吸附作用，最大减噪量可达 10dB。

而且绿色植物可杀灭空气中散布着的各种细菌，使空气新鲜清洁，增进人体健康。

（3）绿化屋面的防水　土壤在吸水饱和后会自然形成一层憎水膜，可起到滞阻水的作用，从这个角度看对防水有利。并且覆土种植后，可以起到保护作用，使屋面免受夏季阳光的曝晒、烘烤而显著降低温度，这对刚性防水层避免干缩开裂、缓解屋面震动影响，柔性防水层和涂膜防水层减缓老化、延长寿命十分有利。

当然也有不利影响：当浇灌植物用的水肥呈一定的酸碱性时，会对屋面防水层产生腐蚀作用，从而降低屋面防水性能。克服的办法是：在原防水层上加抹一层厚 1.5～2.0cm 的火山灰硅酸盐水泥砂浆后再覆土种植。同普通硅酸盐水泥砂浆相比，火山灰硅酸盐水泥砂浆具有耐水性、耐腐蚀性、抗渗性好及喜湿润等显著优点，平常多用于液体池壁的防水上。将它用于屋顶覆土层下的防水处理，正好物尽其用，恰到好处。在它与覆土层的共同作用下，屋顶的防水效果将更加显著。

（4）绿化屋面的荷重及植被　屋顶绿化与地面绿化的一个重要区别就是种植层荷重限制。应根据屋顶的不同荷重以及植物配置要求，制定出种植层高度。种植土宜采用轻质材料（如珍珠岩、蛭石、草炭腐殖土等）。种植层容器材料也可采用竹、木、工程塑料、PVC 等以减轻荷重。若屋顶覆土厚度超过允许值，也会导致屋顶钢筋混凝土板产生塑性变形裂缝，从而造成渗漏。所以必须严格按照前面所述，确定覆土层厚度。

由于层顶绿化的特殊性，种植层厚度的限制，植物配植以浅根系的多年生草本、匍匐类、矮生灌木植物为宜。要求耐热、抗风、耐旱、耐贫瘠，如彩叶草、三色堇、假连翘、鸭跖草、麦冬草等。

第四节　既有建筑用能系统节能改造

一、既有建筑用能系统节能改造的意义

既有建筑的用能系统，一般包括采暖通风空调照明办公设备梯等多个系统，其中采暖通风空调系统耗能所占比重一般最大。HVAC 是供热（heating）、通风（ventilation）、空调（air-condition）和制冷（cooling）系统的总称，其占整个建筑能耗比例很大，因此必须采用各种节能措施降低 HVAC 系统能耗。例如，地面辐射采暖是以温度不高于 60℃ 的热水为热媒，在加热管内循环流动，加热地板，通过地面以辐射和对流的传热方式来达到取暖的目的。由于在室内形成脚底至头部逐渐递减的温度梯度，从而给人以脚暖头凉的舒适感。实际工程运行结果表明在满足同样室内环境要求的条件，辐射采暖时的空气温度比相同卫生条件下对流采暖时的空气温度低，一般可以低 2～5℃，因此室内外温差小，所以冷风渗透量也较小，因此可以达到节能、舒适、美观、降低运行成本的效果，还比对流采暖时减少 15% 左右的能耗。

二、建筑用能系统改造现状及方法

1. 供热系统

我国北方城镇采暖能耗占全国城镇建筑总能耗的 40%，并且多采用不同规模的集中供热。大部分既有建筑集中供热系统存在以下问题：户间供热不均匀，供热管网散热损失大，集中供热系统和热源效率不高，供热系统调节不当，管网缺乏有效调节手段，热损失严重，大量小型燃煤锅炉房的燃烧效率较低，且缺少有效的调控措施。

供热系统的改造内容包括室内系统、室外热网和分户控制与计量。对于小型分散、效率不高的锅炉，进行连片改造，实行区域供热，以提高供热效率，减少对环境造成的污染。热电联产是世界各国极力推崇的一种发电供热方式，它具有节约能源、改善环境、提高供热质量、增加电力效应等综合效益。建筑室内采暖系统的节能改造可采用双管系统和带三通阀的单管系统，并进行水力平衡验算，采取措施解决室内采暖系统垂直及水平方向水力失调，应用高效保温管道水力平衡设备温度补偿器及在散热器上安装恒温控制阀等改善建筑的冷热不均。推行温控与热计量技术是集中供热改革的技术保障，既可以根据需要调节温度，从而平衡温度、解决失调，又可以鼓励住户自主节能。对不适合集中供热的系统，可考虑改为各种分散的、独立调节性能好的供热方式。

2. 空调系统

空调系统是既有建筑特别是大型公共建筑中的用能大户，调研与实测研究发现，公共建筑的暖通空调系统普遍存在一些造成能源大量浪费的现象，如设备效率达不到额定值，冷水机组冷量配备过大，低负荷运行时空调系统能效比（EER）很低，水系统输送效率低下，"跑冒滴漏"现象严重等。在既有建筑改造过程中，有效解决这些问题，可以大大降低用能系统的能耗，改善室内热环境。据测算，大型公共建筑通过对关键设备的改造和对运行管理的改进，既有大型公共建筑的空调能耗可以在目前的基础上降低 30%。

既有建筑中的用能系统大多为年久失修或多次维修改造过的。对于系统陈旧老化、工作状况恶化或已达到折旧期的可直接考虑更换高效率的用能系统。对于输送管网严重锈蚀，"跑冒滴漏"现象严重的，也应及时地更换设备。对于冷机选型偏大的，可增加蓄冷装置，增加小型电制冷机，设立局部空调或增加单台冷机的供冷面积等。据调查，目前建筑系统中风机水泵的电力消耗（包括集中供热系统水泵电耗）占我国城镇建筑运行电耗的 10% 以上，而这部分电耗有可能降低 60%~70%。降低运行中风机和水泵的能耗，可以充分利用变频技术，变风量（VAV）系统可以通过改变送风量的办法来控制房间的温湿度，效果显著。有资料显示，采用变风量系统可以节省能源达到 30%。水泵变频也可获得相当大的收益。

我国目前既有建筑的供热系统和空调系统大多缺乏控制调节，设备的运行往往达不到预期的效果。既有建筑采暖系统，可采用用户末端通断控制的方式对室温进行调节和采用分栋供水温度可调的采暖方式，改善建筑间冷热不均。多台冷机联合使用时，应根据负荷大小和进出口水温，合理选择冷机的启停台数，尽量使冷机在较高的负荷下运行，达到优化组合和节能的目的。同时对于末端装置应该注意养护，避免软管风道变形、风机盘管凝水以及及时清洗风机盘管的过滤网等。

3. 照明系统

香港建筑署曾作过统计调查，各类建筑设备使用能源的比率分别为：空调 36%，照明及一般用电 35%，计算机系统 18%，升降机及自动电梯 7%，其他 4%。可见，除了重视空调节能外，还必须重视照明采光等其他用电设施的节能。目前，国内照明光源 80% 以上是白炽灯和荧光灯，从光源质量上看，除从少数从国外进口的光源可达到较高的性能指标外，大部分光源光效低、光衰快、寿命短，大力提高光源质量有利于节约电能。推荐使用 PL 节能灯（管）、普通日光灯，建议少用或不用白炽灯。完善建筑照明节能控制技术，推广采用集中遥控、自动智能控制方式，如红外线、超声波控制开关、时钟控制、光控调光装置、多功能智能照明控制系统等。

如 LED 声控节能灯，适合住宅楼内公共空间和公共建筑走廊等无人时刻关灯、有人时刻亮灯的情况使用，且照明效果远远超出普通光源所能达到的范围，该类灯具 2W 亮度相当

40W 白炽灯的亮度，3.6W 亮度相当 60W 白炽灯的亮度，电能转化光能效率是 60% ~ 70%，为白炽灯的 20 倍，而耗电量仅为白炽灯的 1/20，具有维护要求低、使用寿命长、节能效果显著的特点。

三、用能系统节能改造的一般方法

1. 采暖系统节能改造

（1）采暖设备选择　采用低温地板辐射采暖，利用低温热水（40~50℃）在埋置于地面下高密度聚乙烯管内循环流动，加热整个地面。低温地板辐射采暖较常规的以对流方式为主的散热器，温度降低 1~3℃，仍然可以达到同样效果。有关研究显示表明，冬季室内设计温度每降低 1℃，可以节约采暖用燃料 10% 左右。

（2）室内温度控制　通常采暖设备容量选型是按照冬季较低的计算温度值下满足室内温度需要的原则来确定的，但是，室外气温不断变化，不同时刻采暖负荷波动较大，在初、末寒或正午热负荷大大减小。散热器设置恒温阀，随气候温度变化，控制室温恒定，不仅节能，还改善了室内供热品质。

（3）采暖计量　量化管理是节能的重要手段，设置集中采暖时，应该设置室温温控装置和分户计量装置。设置室温温控装置，可以通过室温的调整与认定，保证获得预期采暖效果。按照用热的多少来计收采暖费用，既公平合理，更有利于提高用户节能意识。

2. 空调系统节能改造

（1）水泵变频调速　在一个综合性建筑物内各空调系统可不同时使用，可划分为不同的空调系统，但空调水系统在满足设备承压的情况下一般不分设系统，只采用阀门控制各系统的开关。因此循环水泵的流量是无法控制的，只能在用户末端设三通调节阀，通过旁通阀让多余的水流量流回系统。空调低负荷运行时，水泵却在满流量下运转，能源消耗就很高。一般空调水系统调节方式采用阀门节流，通过再加热适应风系统部分负荷运行的需要，这种调节方式能耗较大。空调水系统应用变频技术，使水泵通过改变转数在变流量扬程下运行。水泵转速改变不影响其性能曲线的形状，在特性曲线不变的情况下，水泵始终在高效率下工作。因此，变频技术可以代替节流调节，是一种空调水系统可行的节能方法。

（2）通风方式　根据《采暖通风与空调节能设计规范》中的要求，散发热、蒸汽或有害物质的建筑物，宜采用局部通风。当局部通风达不到卫生要求时，应辅以全面排风或采用全面排风。设计局部排风或全面排风时，宜采用自然通风。当自然通风达不到卫生或生产要求时，应采用机械通风或自然通风与机械通风的联合方式。按照上述设计规范的要求，民用建筑中的厨房、厕所、浴室等，宜采用自然通风或机械通风，以便进行局部排风或全面排风。普通民用建筑中的居住、办公用房等，宜采用自然通风，位于寒冷或严寒地区建筑物，应设置可开启的门窗进行定期换气。

自然通风不消耗电能，使用和管理也比较简单，且可以获得巨大的换气量。为了节约能源设置集中采暖且有排风的建筑物，应首先考虑自然补风。当自然补风不能达到室内卫生条件、生产要求或技术经济不合理时，可设置机械送风系统。

3. 照明系统节能改造

（1）充分利用自然光　自然光是一种无污染、可再生的优质光源。若将自然光引入建筑内部，将其按科学方式进行分配，可以提供比人工光源质量更好的照明条件。使用天然采光时，可关闭和调节一部分照明设备，从而节约照明用电，同时，由于照明设备使用减少，向室内散发的热量也相应减少，从而减少空调负荷。但是使用自然光减少照明用电的同时，由于大量自然光的进入，会增加太阳辐射得热，因此，在采用自然采光的同时要采取一定的遮阳措施，以避免过多的阳光进入带来过多的太阳辐射。

（2）照明灯具的选择　一般照明场所不宜采用自镇流荧光高压汞灯。室内照明不宜采用普通白炽灯照明；在特殊情况下采用时，其额定功率不应超过100W；高度较低的房间宜采用细管径直管形荧光灯，如办公室、会议室、教室电子和仪表等的生产车间；商店营业厅等公共建筑宜采用紧凑型荧光灯、细管径直管形荧光灯、小功率的金属卤化物灯；高度较高的工业厂房建筑，按照生产使用的要求，宜采用高压钠灯或金属卤化物灯，也可采用大功率细管径荧光灯。

（3）其他措施　减少照明电路上的线损，选用电阻率较小的材质以减少照明线路上的电能损耗，如使用铜芯电线电缆做导线；线路尽可能走直路，减少弯路；变压器尽量接近负荷中心，从而减少供电距离，如在高层建筑中，低压配电室应靠近竖井；做好照明设备日常维护管理，建立健全主要内容为照明运行中的维护、安全检查的照明运行维护和管理制度。

参 考 文 献

[1] 林海燕，刘月莉．城市中心区既有居住建筑综合改造设想 [J]．建设科技，2007（7）：26-29.
[2] 何龙江．既有住宅节能改造的思考 [J]．山西建筑，2004，30（24）：11-12.
[3] 付祥钊主编．夏热冬冷地区建筑节能技术 [M]．北京：中国建筑工业出版社，2002：135-137.
[4] JG 149—2003．膨胀聚苯板薄抹灰外墙外保温系统.
[5] JG 158—2004．胶粉聚苯颗粒外墙外保温系统.
[6] 沈燕华．浅谈住宅建筑外墙外保温技术现状与发展 [J]．煤炭工程，2007（2）：35-36.
[7] 钱鹏．建筑屋面节能技术 [J]．住宅科技，2006（10）：31-35.
[8] 白雪莲，吴利君，苏芬仙．既有建筑节能改造技术与实践 [J]．建筑节能，2009（1）：8-12.
[9] 张琦．既有建筑节能改造管理研究 [D]．天津：天津大学管理与经济学部，2010.
[10] 黄胜岗，既有建筑节能改造实践 [D]．重庆：重庆大学建筑规划学院，2012.
[11] 李铌 城市既有建筑节能改造关键技术研究 [J]．湘潭大学自然科学学报，2009（03）.
[12] 徐浩，高伟业，王惠民．浅谈公共建筑门窗与幕墙节能改造技术 [J]．门窗，2011（3）：59-61.
[13] 李铌，李亮，赵明桥等．城市既有建筑节能改造关键技术研究 [J]．湘潭大学自然科学学报，2009，31（3）：104-111.
[14] 傅树威．既有建筑外围护结构节能改造技术分析 [J]．节能，2013，32（5）：43-46.
[15] 李明海，王薇薇，许红升．既有建筑围护结构节能改造技术研究 [J]．建筑节能，2009（1）：1-3.
[16] 鲍宇清．既有居住建筑节能改造成套技术的研究与应用 [D]．北京：清华大学，2009.
[17] 郁利华，钟琛．乌鲁木齐既有建筑节能改造工程实践与经验 [J]．墙材革新与建筑节能，2008（5）：37-41.

第十一章 建筑节能检测和评估

第一节 概 述

一、建筑节能检测与评估的必要性

2000 年以来，国家加大了全国范围内的建筑节能工作力度。关于建筑节能，制定了一系列标准、规程和规范。应该说，只要从建筑节能设计龙头工作开始做好，严格按建筑节能设计标准选择和使用节能材料及节能产品；在节能工程的施工过程中，控制好节能材料产品系统的施工，竣工验收的建筑节能性就能完全有保障。然而，现实却不然。尤其是在夏热冬冷地区，多数设计人员的建筑节能相关知识比较欠缺，对新的建筑节能规范和标准理解有待提高；同时，建筑的建造周期长，节能施工环节较多；施工方和开发商对建筑节能工作重要性认识不足，施工中常常出现偏离设计和标准的现象；加之利益的驱使和社会不良风气的渗入，偷工减料难免出现。针对以上现象，为了确保建筑节能工程的质量，必须通过相关的检测与评估，来实施建筑节能施工质量监督。而且，从产业角度来看，建筑节能检测与评估会推动建筑产业的升级，有利于建筑节能产品的开发和形成建筑节能产业。

二、建筑节能检测与评估的主要内容

建筑物是一个复杂系统，其能耗及热性能很难简单地依据建筑尺寸及窗墙的形式与材料估算。建筑物耗能的效率取决于建筑设计水平、建筑材料、施工质量、设备配置与效率、设备控制运行水平等法多因素。

建筑节能检测与评估从建设项目的时间顺序来讲，主要分为事前、事后两个阶段。事前主要指在建筑物的设计阶段，根据设计方案进行数值模拟，预估出建筑物的能耗。事后主要指在建筑物落成使用之后，现场测试以及根据现场测试数据进行数值模拟，确定建筑物的能耗。

事前进行节能效率预估，主要是为了便于监督，从源头抓好节能工作，发现问题可以及时改进，避免造成既成事实，稳步推进建筑节能，对于寿命期长达几十年，甚至上百年的建筑物，这一点十分重要。事前节能效率预估的主要方法是数值模拟，即选定一种模拟软件，输入建筑结构，输入建筑材料和建筑构件物理参数，输入设备类型的性能参数，输入当地气

象资料，使用条件，即可算出能耗结果。有了这一结果，可以定出指标，便于对比，便于管理；由此可以判定待建的建筑物是否达到节能标准，还可以为修改设计指明方向，通过反复更迭，达到节能标准。

事后阶段的建筑物节能效率检测与评估即建筑物落成使用以后的节能评测，有以下几个方面。

① 建筑物的热工特性是建筑物的基本特征，正确地确定建筑物的热工特性是进一步进行一切模拟的基础。设计阶段确定的参数是理论值、设定值，建筑物落成之后的实际值包含了建筑材料、构件实际质量，施工、装修质量的综合影响，应该通过现场实际测量直接或间接确定。

② 建筑物主要耗能设备系统效率的测定。由于安装在现场的设备系统的实际效率不同于试验室中单台设备或局部系统的检定（标称）效率，它除了与具体设备有关之外，还与安装质量密切相关。影响了建筑物的实际能耗。现场测定设备系统效率，工作量很大，成本较高；在测定的方法上，还有待于统一。在这一方面，不同测量方法的绝对精度要考虑；但是，统一测量方法，使数据能够进行归一化的对比似乎更为重要。

③ 建筑物终端能耗的实际构成、实际能耗总量的测定。这种测定方法，一般采用黑箱法，即在供能端进行检测，不管黑箱内部的结构。这种方法简便易行，数推比较可靠。

④ 软件模拟。以建筑物实际的热工参数、现场测定的设备系统效率、能耗总量为依据，既可以采用现场测定的建筑物实际气象参数，又可以采用当地的各种类型的气象数据，再次进行软件模拟，既可以检验模拟软件的质量，检验事前（设计）阶段模拟的结果，又可以比较准确地预测建筑物寿命期内每年的能耗，使事前、事后两阶段的评测工作形成一个以模拟软件为工具、以实测数据为基础的闭合反馈，不断修订完善的完整过程。

从发展的角度看，随着建筑节能工作的法制化、规范化、制度化，随着建筑行业、设备制造行业整体技术水平的提高，验证节能效果，认证节能建筑，建立一个完善、科学的节能效率检测与评估体系是促进节能技术发展的一个必不可少的重要环节。

第二节 建筑节能检测技术

一、建筑物节能检测的内容

根据《居住建筑节能检验标准》（JGJ 132—2009），建筑物节能检测项目有如下几项：室内平均温度、外围护结构热工缺陷、外围护结构热桥部位内表面温度、维护结构主体部位传热系数、外窗窗口气密性能、外围护结构隔热性能、外窗外遮阳设施、室外管网水力平衡度、补水率、室外管网热损失率、锅炉运行效率、耗电输热比。

当建筑物竣工图纸与设计图纸存在差异时，需对建筑物年采暖耗热量和年空调耗冷量进行验算。对于严寒和寒冷地区，居住建筑的采暖能耗占主要部分，所以建筑物采暖能耗突出，故可以仅对建筑物年采暖耗热量进行验算；对于夏热冬暖地区则可以仅对建筑物年空调耗冷量进行验算；但对于夏热冬冷地区，则对上述两个指标都需进行验算。

二、建筑节能检测的基本原理与方法

（一）温度测量原理与方法

1. 玻璃液柱温度计

玻璃液柱膨胀式温度计是利用液体体积随温度升高而膨胀，导致玻璃管内液柱长度增长的原理制成的。将测温液体封入带有感温包和毛细管的玻璃内，在毛细管旁加上刻度即构成玻璃液柱膨胀式温度计。其特点为结构简单，测量准确，价廉，读数和使用方便，因而得到广泛应用。其缺点为易损坏，热惯性大，对温度波动跟随性差，不能远传信号和自动记录。

2. 热电偶温度计

（1）热电效应　如图 11.1 所示，两种不同材料的导体 A 和导体 B 组成一个闭合回路时，若两接点温度不同，则在该电路中会产生电动势。这种现象称为热电效应，该电动势称为热电动势。热电动势是由两种导体的接触电动势和单一导体的温差电动势组成的。图 11.1 中两个接点，一个称测量端，或称热端；另一个称参考端，或称冷端。热电偶就是利用上述的热电效应来测量温度的。

（2）两种导体的接触电动势　假设两种金属 A、B 的自由电子密度分别为 n_A 和 n_B，且 $n_A > n_B$。当两种金属相接时，将产生自由电子的扩散现象。在同一瞬间，由 A 扩散到 B 中去的电子比由 B 扩散到 A 中去的多，从而使金属 A 失去电子带正电；金属 B 因得到电子带负电，在接触面形成电场。此电场阻止电子进一步扩散，达到动态平衡时，在 A、B 之间形成稳定的电位差，即接触电动势 e_{AB}，如图 11.2 所示。

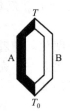

图 11.1　热电效应

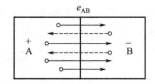

图 11.2　两种导体的接触电动势

（3）单一导体的温差电动势　对于单一导体，如果两端温度分别为 T、T_0，且 $T > T_0$，如图 11.3 所示，则导体中的自由电子在高温端具有较大的动能，因而向低温端扩散；高温端因失去了自由电子带正电，低温端获得了自由电子带负电，即在导体两端产生了电动势，这个电动势称为单一导体的温差电动势。

由图 11.4 可知，热电偶电路中产生的总热电动势为：

$$E_{AB}(T, T_0) = e_{AB}(T) + e_B(T, T_0) - e_{AB}(T_0) - e_A(T, T_0) \tag{11.1}$$

式中　$E_{AB}(T, T_0)$——热电偶电路中的总电动势；

　　　　$e_{AB}(T)$——热端接触电动势；

　　　　$e_B(T, T_0)$——B 导体的温差电动势；

　　　　$e_{AB}(T_0)$——冷端接触电动势；

　　　　$e_A(T, T_0)$——A 导体的温差电动势。

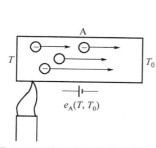

图 11.3　单一导体的温差电动势

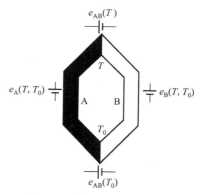

图 11.4　接触电动势示意图

在总电动势中，温差电动势比接触电动势小很多，可忽略不计，则热电偶的热电动势可表示为：

$$E_{AB}(T,T_0)=e_{AB}(T)-e_{AB}(T_0) \tag{11.2}$$

对于已选定的热电偶，当参考端温度 T_0 恒定时，$E_{AB}(T_0)=C$ 为常数，则总的热电动势就只与温度 T 成单值函数关系，即：

$$E_{AB}(T,T_0)=e_{AB}(T)-C=f(T) \tag{11.3}$$

实际应用中，热电动势与温度之间的关系是通过热电偶分度表来确定的。分度表是在参考端温度为 0℃时，通过实验建立起来的热电动势与工作端温度之间的数值对应关系。

3. 热电阻温度计

热电阻温度计是利用导体或半导体的电阻率随温度的变化而变化的原理制成的，实现了将温度的变化转化为元件电阻的变化来测量温度的元件。它是由热电阻体（感温元件）、连接导线和显示或记录仪表构成的。它广泛地被用来测量−200~850℃范围内的温度。如锅炉炉排温度、室内外空气温度、供回水温度等。

（二）围护结构传热系数检测原理与方法

1. 热流计法

热流计法是通过检测被测对象的热流 E、冷端温度 T_1 和热端温度 T_2，即可根据公式（11.4）计算出被测对象的热阻和传热系数，现场检测示意图如图 11.5 所示。

$$K=\frac{1}{R_i+R+R_e} \tag{11.4}$$

$$R=\frac{T_2-T_1}{EC} \tag{11.5}$$

式中　K——传热系数，$W/(m^2 \cdot K)$；

　　　R_i——内表面换热阻，$m^2 \cdot K/W$；

　　　R_e——外表面换热阻，$m^2 \cdot K/W$；

　　　R——被测物的热阻，$m^2 \cdot K/W$；

　　　T_1——冷端温度，K；

　　　T_2——热端温度，K；

　　　E——热流计读数，mV；

　　　C——热流计测头系数，$W/(m^2 \cdot mV)$，热流计出厂时已标定。

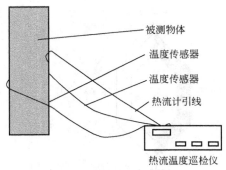

图 11.5　热流计法检测示意图

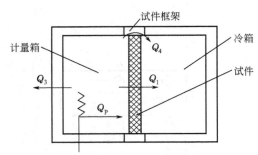

图 11.6　实验室标定热箱法原理示意图

2. 热箱法

(1) 标定热箱法

标定热箱法检测原理示意图如图 11.6 所示。将标定热箱法的装置置于一个温度受到控制的空间内，该空间的温度可与计量箱内部的温度不同。采用高比热阻的箱壁使得流过箱壁的热流量 Q_3 尽量小。输入的总功率 Q_P 应根据箱壁热流量 Q_3 和侧面迂回热损 Q_4 进行修正。Q_3 和 Q_4 应该用已知比热阻的试件进行标定，标定试件的厚度、比热阻范围应与被测试件的范围相同，其温度范围也应与被测试件试验的温度范围相同。用公式(11.6)~式(11.8) 计算被测试件的热阻、传热阻和传热系数。

$$Q_1 = Q_P - Q_3 - Q_4 \tag{11.6}$$

$$R = \frac{A(T_{si} - T_{se})}{Q_1} \tag{11.7}$$

$$K = \frac{Q_1}{A(T_{ni} - T_{ne})} \tag{11.8}$$

式中　　Q_P——输入的总功率，W；

Q_1——通过试件的功率，W；

Q_3——箱壁热流量，W；

Q_4——侧面迂回热损，W；

A——热箱开口面积，m^2；

T_{si}——试件热侧表面温度，K；

T_{se}——试件冷侧表面温度，K；

T_{ni}——试件热侧环境温度，K；

T_{ne}——试件冷侧环境温度，K。

(2) 防护热箱法　防护热箱法检测原理示意图如图 11.7 所示。在防护热箱法中，将计量箱置于防护箱内，控制防护箱内温度与计量箱内温度相同，使试件内不平衡热流量 Q_2 和流过计量箱壁的热流量 Q_3 减至最小，可以忽略。按式(11.9) 以及式(11.7) 和式(11.8) 计算被测试件的热阻、传热阻和传热系数。

$$Q_1 = Q_P - Q_3 - Q_2 \tag{11.9}$$

式中　　Q_2——试件内不平衡热流量，W。

3. 控温箱-热流计法

控温箱-热流计法的基本原理与热流计法相同，利用控温箱控制温度，模拟采暖期建筑物的热工状况，用热流计法测定被测对象的传热系数。

　　控温箱是一套自动控温装置，可以根据检测者的要求设定温度，来模拟采暖期建筑物的热工特征。控温设备由双层框构成，层间填充发泡聚氨酯或其他高热阻的绝热材料。具有制冷和加热功能，根据季节进行双向切换使用，夏季高温时期用制冷运行方式，春秋季用加热方式运行。采用先进的 PID 调节方式控制箱内温度，实现精确稳定的控温。

　　在这个热环境中，测量通过墙体的热流量、箱体内的温度、墙体被测部位的内外表面温度、室内外环境温度，根据热流计法计算公式［式(11.4)和式(11.5)］计算被测部位的热阻和传热系数。

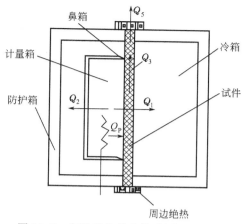

图 11.7　实验室防护热箱法原理示意图

　　温度由温度传感器（通常用铜-康铜热电偶或热电阻）测量，热流由热流计测量，热流计测得的值是热电势，通过测头系数转换成热流密度。温度值和热电势值由与其相连的温度、热流自动巡回检测仪自动记录，可以设定巡检的时间间隔。

　　在现场检测墙体传热系数时选取有代表性的墙体，粘贴温度传感器和热流计，在对应面相应位置粘贴温度传感器，然后将温度控制仪箱体紧靠在墙体被测位置，使得热流计位于温度控制仪箱体中心。等达到稳定后结束检测，巡检仪数据由专用传输软件传给计算机，再用数据处理软件进行数据处理，以表格、图表、曲线或数字形式显示检测结果。

　　4. 常功率平面热源法

　　常功率平面热源法是非稳态法中一种比较常用的方法，适用于建筑材料和其他隔热材料热物理性能的测试。其现场检测的方法是在墙体内表面人为地加上一个合适的平面恒定热源，对墙体进行一定时间的加热，通过测定墙体内外表面的温度响应辨识出墙体的传热系数。其原理如图 11.8 所示。绝热盖板和墙体之间的加热部分由 5 层材料组成，加热板 C_1、C_2 和金属板 E_1、E_2 对称地各布置两块，控制绝热层两侧温度相等，以保证加热板 C_1 发出的热量都流向墙体，E_1 板对墙体表面均匀加热的作用。墙体内表面测温热电偶 A 和墙体外表面测温热电偶 D 记录逐时温度值。

　　该系统用人工神经网络方法（artificial neural network，简称 ANN）仿真求解，其过程分为以下几个步骤。

　　① 该系统设计的墙体传热过程是非稳态的三维传热过程，这一过程受到墙体内侧平面热源的作用和室内外空气温度变化的影响，应该有针对性地编制非稳态导热墙体的传热程序。建立墙体传热的求解模型，输入多种边界条件和初始条件，利用已编制的三维非稳态导热墙体的传热程序进行求解，可以得到加热后墙体的温度场数据。

　　② 将得到的温度场数据和对应的边界条件、初始条件共同构成样本集对网络进行训练。在该研究中，由于试验能测得的墙体温度场数据只是墙体内外表面的温度，因此将测试时间中的以下 5 个参数作为神经网络的输入样本：室内平均温度、室外平均温度、热流密度和墙体内、外表面温度。将墙体的传热系数作为输出样本进行训练。

　　③ 网络经过一定时间的训练达到稳定状态，将各温度值和热流密度值输入，由网络即

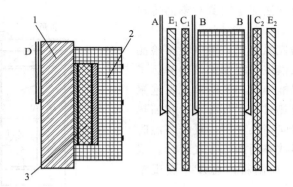

图 11.8　常功率平面热源法现场检测墙体传热系数示意图
1—试验墙体；2—绝热盖板；3—绝热层
A—墙体内表面测温热电偶；B—绝热层两侧测温热
电偶；C_1，C_2—加热板；D—墙体外
表面测温热电偶；E_1，E_2—金属板

可映射出墙体的传热系数。

（三）围护结构热工缺陷检测原理与方法

热工缺陷是指建筑围护结构因保温材料缺失、受潮、分布不均，其中混入灰浆或围护结构存在空气渗透等原因产生的热工性能方面的缺陷。建筑物外围护结构热工缺陷检测应包括外表面热工缺陷检测和内表面热工缺陷检测。

建筑物外围护结构热工缺陷采用红外热像仪进行检测。用此法进行热工缺陷的定性检验，要求检验人员具有红外摄像和建筑热工方面的专业知识和丰富的实践经验，并掌握大量的参考热像图。

围护结构受检外表面的热工缺陷等级采用相对面积 ψ 评价，受检内表面的热工缺陷等级采用能耗增加比 β 评价。ψ 和 β 应根据式（11.10）～式（11.16）计算。

$$\psi = \frac{\sum_{i=1}^{n} A_{2,i}}{A_1} \tag{11.10}$$

$$\beta = \psi \left| \frac{T_1 - T_2}{T_1 - T_0} \right| \times 100\% \tag{11.11}$$

$$\Delta T = |T_1 - T_2| \tag{11.12}$$

$$A_{2,i} = \frac{\sum_{j=1}^{m} A_{2,i,j}}{m} \tag{11.13}$$

$$T_1 = \frac{\sum_{i=1}^{n} \sum_{j=1}^{m} T_{1,i,j}}{mn} \tag{11.14}$$

$$T_2 = \frac{\sum_{i=1}^{n} T_{2,i}}{n} \tag{11.15}$$

$$T_{2,j} = \frac{\sum\limits_{j=1}^{m}(A_{2,i,j}T_{2,i,j})}{\sum\limits_{j=1}^{m}A_{2,i,j}} \tag{11.16}$$

式中　ψ ——缺陷区域面积与受检表面面积的比值；

　　　β ——受检内表面由于热工缺陷所带来的能耗增加比；

　　　ΔT ——受检表面平均温度与缺陷区域表面平均温度之差，K；

　　　T_1 ——受检表面平均温度，℃；

　　　T_2 ——缺陷区域平均温度，℃；

　　　T_0 ——环境参照体温度，℃；

　　　A_2 ——缺陷区域面积，指与 T_1 的温度差大于等于 1℃的点所组成的面积，m²；

　　　A_1 ——受检表面主体区域的面积，指受检外墙墙面（不包括门窗）或受检屋面主体区域的面积，m²；

　　　i ——热谱图的幅数，$i=1\sim n$；

　　　j ——每一幅热谱图的张数，$j=1\sim m$。

　　热谱图中的异常部位，宜通过将实测热谱图与被测部分的预期温度分布进行比较确定。实测热谱图中出现的异常，如果不是围护结构设计或热（冷）源、测试方法等原因造成的，则可认为是缺陷。必要时可采用内窥镜、取样等方法进行确定。

（四）建筑外窗气密性检测原理与方法

　　建筑外窗气密性用房间空气渗透量来衡量。房间空气渗透量可采用示踪气体法或鼓风门法。鼓风门法是利用人为地向房间加压，通过测鼓风机送入房间的风量的方法来测量房间空气渗透量。示踪气体法应用较多，它是利用 SF_6 作为示踪气体，充进房间，由于室外空气通过门窗缝隙渗入到室内，经过一定时间后，室内的示踪气体被稀释，采用 SF_6 气体检漏仪，测出初始浓度和稀释后的浓度即可求出房间空气渗透量。

（五）建筑物能耗检测原理与方法

　　1. 热源法测定采暖耗煤量指标

　　（1）城市热网供热的节能小区　对于由城市热网供热的节能小区来说，采暖耗煤量指标 Q_c 可由式（11.17）计算。

$$Q_c = \frac{Q}{Fq_c} \times \frac{t_{np}-t_{wp}}{t_n-t_w} \tag{11.17}$$

式中　Q_c ——采暖耗煤量指标，kg/m²；

　　　F ——小区供暖面积，m²；

　t_n，t_w ——实测的室内、外日平均温度，℃；

t_{np}，t_{wp} ——室内平均温度及采暖期平均室外温度，℃；

　　　Q ——小区总供热量，kJ；

　　　q_c ——标准煤热值，取 8.14×10^3 W·h/kg。

　　（2）锅炉房供暖的节能小区　对于由锅炉房供热的节能小区来说，采暖耗煤量指标 Q_c 应为：

$$Q_c = 0.278\frac{\sum BQ_{dw}^y}{Fq_c} \times \frac{t_{np}-t_{wp}}{t_n-t_w} \tag{11.18}$$

式中　B——统计时期内的耗煤量，kg；

　　　Q_{dw}^{y}——统计时期内所耗煤的基本低位发热量，kJ/kg。

其他符号意义同前。

2. 建筑热工法测定建筑物耗热量指标

建筑物耗热量是由围护结构耗热量 Q_{HT}、空气渗透耗热量 Q_{INF} 以及建筑物内部得热量 Q_{IH} 组成的。因此建筑物耗热量指标 Q_H 可表示为：

$$Q_H = \frac{Q_{HT} + Q_{INF} + Q_{IH}}{F} \times \frac{t_{np} - t_{wp}}{t_n - t_w} \tag{11.19}$$

$$Q_{HT} = KF(t_n - t_w) \tag{11.20}$$

$$Q_{IHF} = 0.278 V_w c_p \rho_w (t_n - t_w) \tag{11.21}$$

$$Q_{IH} = \frac{Q_m + Q_f + Q_L}{24} \tag{11.22}$$

式中　K——围护结构传热系数，W/(m² · ℃)；

　　　F——围护结构面积，m²；

　　　V_w——渗入室内的冷空气量，m³/h；

　　　c_p——空气定压比热容，kJ/(kg · ℃)；

　　　Q_m——人体散热，W · h；

　　　Q_f——炊事得热，W · h；

　　　Q_L——照明和家电得热，W · h。

其他符号意义同前。

三、建筑节能检测的条件和要求

（一）建筑物冬季室内温度

1. 检测时段和持续时间

这里主要分为两类情况。其一，供热公司为了监测采暖质量或争议双方为了解决采暖质量纠纷或开发商为了该工程评优或试点项目为了通过审查鉴定等，要求对建筑物室内平均温度进行检测。在这种情况下，建筑物室内平均温度的检测宜为整个采暖期。其二，在检测围护结构热桥表面温度和隔热性能过程中，都要求对室内温度进行检测，在这种情况下检测时间应和这些物理量的检测起止时间一致。

2. 检测数量

受检房间使用面积大于等于 30m² 时宜设置两个测点。

3. 检测仪器和检测部位

① 房间平均室温应采用温度自动检测仪进行连续检测，数据记录时间间隔不宜超过 30min。

② 房间平均室温测点应设于室内活动区域内且距楼面 700～1800mm 的范围内恰当的位置，但不应受太阳辐射或室内热源的直接影响。

4. 室温计算

检测持续时间内房间平均室温 t_{rm}（℃）按下式计算。

$$t_{rm} = \frac{\sum_{i=1}^{p}(\sum_{j=1}^{n} t_{i,j})}{p,n} \tag{11.23}$$

式中 t_{rm}——检测持续时间内房间的平均室温，℃；

$t_{i,j}$——检测持续时间内某房间内第 i 个测点第 j 个逐时温度检测值，℃；

n——检测持续时间内某一房间某一测点温度巡检仪记录的有效检测温度值个数；

p——检测持续时间内某一房间布置的温度巡检仪的数量；

i——某受检房间内布置的温度巡检仪的顺序号；

j——某温度巡检仪记录的逐时温度检测值的顺序号。

5. 建筑物冬季室温合格指标

集中热水采暖居住建筑采暖期室内平均温度应在设计温度范围内，而且采暖期室内逐时温度最低值不应低于室内设计温度的最低值。

（二）检测持续时间内室外空气温度

1. 室外空气温度检测仪器

室外空气温度的测量，应采用温度巡检仪，逐时采集和记录。

2. 室外空气温度测点布置要求

室外空气温度传感器应设置在外表面为白色的百叶箱内。百叶箱应放置在距离建筑物 5～10m 的范围内。当无百叶箱时，室外空气温度传感器应设置防辐射罩，安装位置距外墙外表面应大于 200mm，且宜在建筑物 2 个不同方向同时设置测点。超过 10 层的建筑宜在屋顶加设 1～2 个测点。温度传感器距地面的高度宜在 1500～2000mm 的范围内，且应避免阳光直接照射和室外固有冷热源的影响。在正式开始采集数据前，温度传感器在现场应有不少于 30min 的环境适应时间。

3. 检测持续时间

室外空气温度的测试时间应和室内空气温度的测试时间同步。采样时间间隔宜短于传感器最小时间常数。数据记录时间间隔不应长于 20min。

4. 检测持续时间内室外平均温度的计算

检测持续时间内室外平均温度 t_{ea}（℃）应按下式计算。

$$t_{ea}=\frac{\sum_{i=1}^{m}(\sum_{j=1}^{n}t_{ei,j})}{mn}$$ (11.24)

式中 t_{ea}——检测持续时间内室外平均温度，℃；

$t_{ei,j}$——第 i 个温度测点的第 j 个逐时测量值，℃；

m——室外温度测点的数量；

n——单个温度的测点逐时测量值的总个数；

i——室外温度测点的编号；

j——室外温度第 j 个测点测量值的顺序号。

（三）建筑物外围护结构热工缺陷检测

1. 检测前及检测期间的环境条件

① 检测前至少 24h 内，室外空气温度的逐时值与开始检测时的室外空气温度相比，其变化不应超过 ±10℃。

② 检测前至少 24h 内和检测期间，建筑物外围护结构两侧的逐时空气温度差不宜低于 10℃。

③ 检测期间，与开始检测时的空气温度相比，室外空气温度逐时值变化不应超过 ±5℃，室内空气温度逐时值的变化不应超过 ±2℃。

④ 当 1h 内室外风速（采样时间间隔为 30min）变化超过 2 级（含 2 级）时不应进行检测。

⑤ 检测开始前至少 12h 内，受检的外围护结构表面不应受到太阳直接照射。当对受检的外围护结构内表面实施热工缺陷检测时，其内表面要避免灯光的直射。

⑥ 室外空气相对湿度大于 75％或空气中粉尘含量异常时，不得进行外表面的热工缺陷检测。

2. 检测数量

① 检测对象应以一个检验批中住户或房间为单位随机抽取确定。

② 对于住宅，一个检验批中受检住户不宜超过总套数的 0.5％，对于住宅以外的其他居住建筑，不宜超过总间数的 0.1％，但不得少于三套（间）。当检验批中住户套数或间数不足三套（间）时，应全额检测。顶层不得少于一套（间）。

③ 外墙或屋面的面数应以建筑内部分格为依据。受检外表面应从受检住户或房间的外墙或屋面中综合选取，每一受检住户或房间的外围护结构受检面数不得少于一面，但不宜超过五面。

3. 检测标准

检测时，参考国际标准 BS EN 13187—1999（ISO 6781—1999）《保温-建筑围护结构中热工性能异常的定性检验——红外方法》中给出的对气候条件、环境状况和热工缺陷的三种类型的典型特征及参考热像图的举例说明。

4. 检测要求与合格判定

① 红外热像仪及其温度测量范围应符合现场测量要求。红外热像仪的相应波长应处在 8.0～14.0μm，传感器温度分辨率（NETD）不应低于 0.1℃，温差测量不确定度应小于 0.5℃。

② 检测前，应采用表面式温度计在所检测的外围护结构表面上测出参照温度，调整红外热像仪的发射率，使红外热像仪的测定结果等于该参照温度；应在与目标距离相等的不同方位扫描同一个部位，检查临近物体是否对受检的外围护结构表面造成影响，必要时可采取遮挡措施或者关闭室内辐射源。

③ 受检外围护结构表面同一个部位的红外热谱图，不应少于 4 张。如果所拍摄的红外热谱图中，主体区域过小，应单独拍摄 2 张以上主体部位热谱图。受检部位的热谱图，应用草图说明其所在位置，并应附上可见光照片。红外热谱图上应标明参照温度的位置，并随热谱图一起提供参照温度的数据。

5. 热工缺陷评价标准

建筑物围护结构外表面缺陷和内表面的热工缺陷等级，应分别符合表 11.1 和表 11.2 的规定。

表 11.1　围护结构外表面热工缺陷等级

等级	I	II	III
缺陷名称	严重缺陷	缺陷	合格
ψ/%	$\psi \geqslant 40$	$20 \leqslant \psi < 40$	$\psi < 20$ 且单块缺陷面积小于 0.5m^2

表 11.2　围护结构内表面热工缺陷等级

等级	Ⅰ	Ⅱ	Ⅲ
缺陷名称	严重缺陷	缺陷	合格
β /%	$\beta \geqslant 10$	$5 \leqslant \beta < 10$	$\beta < 5$ 且单块缺陷面积小于 0.5m^2

$$\psi = \frac{\sum_{i=1}^{n} A_{2,i}}{A_1} \tag{11.25}$$

$$\beta = \psi \left| \frac{T_1 - T_2}{T_1 - T_0} \right| \times 100\% \tag{11.26}$$

式中　T_1——受检表面平均温度，℃；

　　　T_2——缺陷区域平均温度，℃；

　　　T_0——环境参照体温度，℃；

　　$A_{2,j}$——缺陷区域面积，指与 T_1 的温度差大于等于 1℃的点所组成的面积，m^2；

　　　A_1——受检表面主体区域的面积，指受检外墙墙面（不包括门窗）或受检屋面主体区域的面积，m^2。

（四）　建筑物外围护结构热桥部位内表面温度检测

1. 热桥的含义

在金属材料构件或钢筋混凝土梁（圈梁）、柱、窗口梁、窗台板、楼板、屋面板、外墙的排水构件及附墙构件（如阳台、雨罩、空调室外机隔板、附壁柱、靠外墙阳台栏板、靠外墙阳台分户墙）等与外围护结构的结合部位，在室内外温差作用下，出现局部热流密集的现象。在室内采暖条件下，该部位内表面温度较其他主体部位低，而在室内空调降温条件下，该部位的内表面温度又较其他主体部位高。具有这种热工特征的部位，称为热桥。

2. 检测数量

① 检测数量应以一个检验批中住户套数或间数为单位进行随机抽取确定。

② 对于住宅，一个检验批中的检测数量不宜超过总套数的 0.5%，对于住宅以外的其他居住建筑，不宜超过总间数的 0.1%，但不得少于三套（间）。当检验批中住户套数或间数不足三套（间）时，应全额检测。顶层不得少于一套（间）。

③ 检测部位应在受检住户或房间内综合选取，每一受检住户或房间的检测部位不得少于一处。

3. 检测要点与合格判定

① 热桥部位内表面温度宜采用热电偶等温度传感器贴于受检表面进行检测。内表面温度传感器连同 0.1m 长引线应与受检表面紧密接触，传感器表面的辐射系数应与受检表面基本相同。

温度传感器用于温度测量时，不确定度应小于 0.5℃；用一对温度传感器直接测量温差时，不确定度应小于 2%；用两个温度值相减求取温差时，不确定度应小于 0.2℃。

② 检测热桥部位内表面温度时，内表面温度测点应选在热桥部位温度最低处，具体位置可采用红外热像仪协助确定。利用红外热像仪协助确定热桥部位温度最低处是十分恰当的，因为测量表面相对温度分布状况则恰恰是红外热像仪得以广泛应用的优势所在。

③ 室内空气温度测点应设于室内活动区域内且距楼面 700～1800mm 的范围内恰当的位置，但不应受太阳辐射或室内热源的直接影响。室外空气温度传感器应设置在外表面为白色

的百叶箱内。百叶箱应放置在距离建筑物 5～10m 范围内。当无百叶箱时，室外空气温度传感器应设置防辐射罩，安装位置距外墙外表面应大于 200mm，且宜在建筑物 2 个不同方向同时设置测点。超过 10 层的建筑宜在屋顶加设 1～2 个测点。温度传感器距地面的高度宜在 1500～2000mm 的范围内，且应避免阳光直接照射和室外固有冷热源的影响。

④ 热桥部位内表面温度检测应在采暖系统正常运行工况下进行，检测时间宜选在最冷月，并应避开气温剧烈变化的天气。检测持续时间不应少于 72h，数据应每小时记录一次。

4. 热桥部位内表面温度计算

室内外计算温度下热桥部位内表面温度应按下式计算。

$$\theta_I = t_{di} - \frac{t_{rm} - \theta_{Im}}{t_{rm} - t_{em}}(t_{di} - t_{de}) \tag{11.27}$$

式中　θ_1——室内外计算温度下热桥部位内表面温度，℃；

　　　θ_{Im}——检测持续时间内热桥部位内表面温度逐次测量值的算术平均值，℃；

　　　t_{em}——检测持续时间内室外空气温度逐次测量的算术平均值，℃；

　　　t_{di}——室内计算温度，℃，应根据具体设计图纸确定或按国家标准《民用建筑热工设计规范》（GB 50176）第 4.1.1 条的规定采用；

　　　t_{de}——室外计算温度，℃，应根据具体设计图纸确定或按国家标准《民用建筑热工设计规范》（GB 50176）第 2.0.1 条的规定采用；

　　　t_{rm}——检测持续时间内室内空气温度逐次测量的算术平均值，℃。

5. 合格指标

在室内外计算温度条件下，围护结构热桥部位的内表面温度不应低于室内空气露点温度，且在确定室内空气露点温度时，室内空气相对湿度应按 60％计算。

（五）建筑物围护结构主体部位传热系数检测

1. 检测数量

① 检测数量应以一个检验批中住户套数或间数为单位进行随机抽取确定。

② 对于住宅，一个检验批中的检测数量不宜超过总套数的 0.5％，对于住宅以外的其他居住建筑，不宜超过总间数的 0.1％，但不得少于 3 套（间）。当检验批中住户套数或间数不足 3 套（间）时，应全额检测。顶层不得少于 1 套（间）。

③ 受检部位应从受检住户或房间的主体围护结构中综合选取，每一受检住户或房间，受检部位不得少于 1 处。

2. 测点位置

测点位置应根据检测目的并宜采用红外热像仪协助确定，不应靠近热桥、裂缝和有空气渗漏的部位，不应受加热、制冷装置和风扇的直接影响，且应避免阳光直射。

3. 仪器的安装

热流计和温度传感器的安装应符合下列规定。

① 热流计应直接安装在受检围护结构的内表面上，且应与表面完全接触。

② 温度传感器应在受检围护结构两侧表面安装。内表面温度传感器应靠近热流计安装，外表面温度传感器宜在与热流计相对应的位置安装。温度传感器连同 0.1m 长引线应与受检表面紧密接触，传感器表面的辐射系数应与被测表面基本相同。

4. 检测要求与判定

① 热流计及其标定应符合现行行业标准《建筑用热流计》（JG/T 3016）的规定。

② 温度传感器用于温度测量时，不确定度应小于 0.5℃；用一对温度传感器直接测量温差时，不确定度应小于 2%；用两个温度值相减求取温差时，不确定度应小于 0.2℃。

③ 热流和温度测量应采用巡检仪，数据存储方式应适用于计算机分析。测量仪表的附加误差应小于 4μV 或 0.1℃。

④ 室内外逐时温差应大于 10℃，且检测过程中的任何时刻，受检围护结构两侧表面温度的高低关系应保持一致。

⑤ 检测期间，室内空气温度逐时值的波动不应超过 2℃，热流计不得受阳光直射，围护结构受检区域的外表面宜避免雨雪侵袭和阳光直射。

⑥ 检测期间，应逐时记录热流密度和内、外表面温度。可记录多次采样数据的平均值，采样间隔宜短于传感器最小时间常数的 1/2。

5. 检测持续时间

① 围护结构传热系数的检测应在受检墙体或屋面施工完成后至少 12 个月后进行。

② 检测时间宜选在最冷月且应避开气温剧烈变化的天气。

③ 在设置集中采暖或分散采暖系统的地区，冬季检测应在采暖系统正常运行后进行；在无采暖系统的地区，应适当地人为提高室内温度后进行检测。在室内外温差较小的季节和地区，可采取人工加热或制冷的方式建立室内外温差。

④ 检测持续时间不应少于 96h。

⑤ 连续观测时间，对于轻型围护结构［传热系数小于 20kJ/(m² · K)］，宜使用夜间采集的数据（日落后 1h 至日出）计算围护结构的热阻。当经过连续四个夜间测量之后，相邻两次测量的计算结果相差不大于 5% 时即可结束测量。

⑥ 连续观测时间，对于重型围护结构［传热系数大于等于 20kJ/(m² · K)］，应使用全天数据（24h 的整数倍）计算围护结构的热阻，且只有在下列条件得到满足时方可结束测量：

a. 末次 R 计算值与 24h 之前的 R 计算值相差不大于 5%；

b. 检测期间内第一个 INT(2×DT/3) 天内与最后一个同样长的天数内的 R 计算值相差不大于 5%。

注：DT 为检测持续天数，INT 表示取整数部分。

6. 数据分析

① 数据分析可采用算术平均法或动态分析法。

② 采用算术平均法进行数据分析时，应按下式计算围护结构的热阻。

$$R = \frac{\sum\limits_{j=1}^{n}(\theta_{Ij} - \theta_{Ej})}{\sum\limits_{j=1}^{n}q_j} \tag{11.28}$$

式中　R——围护结构的热阻，m² · K/W；

θ_{Ij}——围护结构内表面温度的第 j 次测量值，℃；

θ_{Ej}——围护结构外表面温度的第 j 次测量值，℃；

q_j——热流密度的第 j 次测量值，W/m²。

③ 在温度和热流变化较大的情况下，应采用动态分析方法对测量数据的分析，求得建筑构件的稳态热性能，测量数据可通过计算机程序来处理。

④ 围护结构的传热系数应按公式(11.4)计算。

7. 合格指标

受检建筑物围护结构主体部位的传热系数应优先小于或等于相应的设计值，当设计图纸中未具体规定时，应符合现行相应标准的规定。

（六）建筑物外围护结构隔热性能检测

1. 检测数量

① 检测数量应以一个检验批中住户套数或间数为单位进行随机抽取确定。

② 对于住宅，一个检验批中的检测数量不宜超过总套数的 0.5%，对于住宅以外的其他居住建筑，不宜超过总间数的 0.1%，但不得少于 3 套（间）。当检验批中住户套数或间数不足 3 套（间）时，应全额检测。顶层不得少于 1 套（间）。

③ 受检部位应从受检住户或房间内选取，每一受检住户或房间，受检部位不得少于 1 处。

④ 同一朝向围护结构受检面的数量不得少于 3 面，且至少有 3 面分布在不同的受检住户或房间内。

2. 检测期间室外气候条件

① 检测开始前 2 天应为晴天或少云天气。

② 检测日应为晴天或少云天气，水平面的太阳辐射照度最高值不宜低于《民用建筑热工设计规范》GB 50176 附录三附中表 3.3 给出的当地夏季太阳辐射照度最高值的 90%。

③ 检测日室外最高逐时空气温度不宜低于《民用建筑热工设计规范》GB 50176 附录三中附表 3.2 给出的当地夏季室外计算温度最高值 2.0℃。

④ 检测日室外风速不应超过 5.4m/s。

3. 测点布置

内外表面温度的测点应对称布置在受检外围护结构主体部位的两侧，且应避开热桥。每侧应至少各布置 3 点，其中一点布置在接近检测面中央的位置。宜采用红外热像仪协助确定测点位置。

4. 检测要求

① 隔热性能现场检测仅限于居住建筑物的屋面和东（西）外墙。

② 受检外围护结构内表面所在房间应有良好的自然通风环境，围护结构外表面的直射阳光在白天不应被其他物体遮挡，检测时房间的窗应全部开启且应有自然通风在室内形成。

③ 检测时应同时检测室内外空气温度、受检外围护结构内外表面温度、室外风速、室外太阳辐射强度。

④ 内表面逐时温度应取所有相应测点检测持续时间内逐时检测结果的平均值。

5. 检测持续时间

① 隔热性能现场检测应在土建工程完工 12 个月后进行。

② 检测持续时间不少于 24h，数据记录时间间隔不应大于 60min。

6. 合格指标

夏季建筑物屋顶和东（西）外墙的内表面逐时最高温度应不大于室外逐时空气温度最高值。

（七）建筑物外窗窗口整体气密性能检测

1. 检测数量

① 检测数量应以一个检验批中住户套数或间数为单位进行随机抽取确定。

② 对于住宅，一个检验批中的检测数量不宜超过总套数的 0.5％，对于住宅以外的其他居住建筑，不宜超过总间数的 0.1％，但不得少于 3 套（间）。当检验批中住户套数或间数不足 3 套（间）时，应全额检测。

③ 每栋建筑物内受检住户或房间不得少于 1 套（间），当多于 1 套（间）时，则应位于不同的楼层内，当同一楼层内受检住户或房间多于 1 套（间）时，应依现场条件根据朝向的不同确定受检住户或房间。每个检验批中位于首层的受检住户或房间不得少于 1 套（间）。

④ 应从各受检住户或房间内所有外窗中选取一樘作为受检窗，当受检住户或房间内外窗的种类、规格多时，应确定一种有代表性的外窗作为检验对象。

⑤ 所有受检窗都应为同系列、同规格、同材料、同分格、同生产厂家的产品。

⑥ 不同施工队伍安装的外窗应分批进行检验。

2. 检测装置的安装位置

检测装置的安装位置应符合图 11.9 的规定。当受检外窗洞口尺寸过大或形状特殊，按图 11.9 的规定执行有困难时，宜以受检外窗所在房间为测试单元进行检测，检测装置的安装应符合图 11.10 的规定。

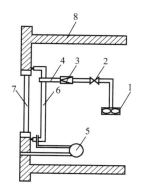 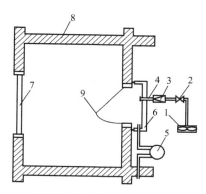

图 11.9　外窗气密性能检测系统一般构成（一）

1—送风机或排风机；2—风量调节阀；3—流量计；
4—送风或排风管；5—压差表；6—密封板或塑料膜；7—被测试外窗；8—墙体围护结构

图 11.10　外窗气密性能检测系统一般构成（二）

1—送风机或排风机；2—风量调节阀；3—流量计；
4—送风或排风管；5—压差表；6—密封板或塑料膜；7—被测试外窗；8—墙体围护结构；9—住户内门

3. 检测要求

① 建筑物外窗窗口整体气密性能的检测应在室外风速不超过 3.3m/s 的条件下进行。

② 环境参数（室内外温度、室外风速和大气压力）应进行同步检测。

③ 在开始正式检测前，应在首层受检外窗中选择一樘进行检测系统附加渗透量的现场标定。附加渗透量不得超过总空气渗透量的 15％。

④ 在检测装置、现场检测人员和操作程序完全相同的情况下，当检测其他受检外窗时，检测系统本身的附加渗透量可直接采用首层受检外窗的标定数据，而不必另行标定。每个检验批检测开始时均应对检测系统本身的附加渗透量进行一次现场标定。

⑤ 空气流量测量装置的不确定度应满足以下要求：

a. 当空气流量不大于 3.5m³/h 时，不确定度不应大于测量值的 10％；

b. 当空气流量大于 3.5m³/h 时，不确定度不应大于测量值的 5％。

4. 建筑物外窗窗口空气渗透量计算

① 每樘受检外窗的检测结果应取连续三次检测值的平均值。

② 根据检测结果回归受检外窗的空气渗透量方程，回归方程应采用式（11.29）的形式。

$$L = a(\Delta p)^c \tag{11.29}$$

式中　L——现场检测条件下检测系统本身的附加渗透量或总空气渗透量，m^3/h；

　　　Δp——受检外窗的内外压差，Pa；

　　a，c——回归系数。

③ 建筑物外窗窗口单位空气渗透量应按式（11.30）计算。

$$q_a = \frac{Q_{st}}{A_w} \tag{11.30}$$

$$Q_{st} = Q_z - Q_f \tag{11.31}$$

$$Q_z = \frac{293}{101.3} \times \frac{B}{(t+273)} \times Q_{za} \tag{11.32}$$

$$Q_f = \frac{293}{101.3} \times \frac{B}{(t+273)} \times Q_{fa} \tag{11.33}$$

式中　q_a——标准空气状态下，受检外窗内外压差为10Pa时，建筑物外窗窗口单位空气渗透量，$m^3/(m^2 \cdot h)$；

　Q_{fa}，Q_f——现场检测条件和标准空气状态下，受检外窗内外压差为10Pa时，检测系统的附加渗透量，m^3/h；

　Q_{za}，Q_z——现场检测条件和标准空气状态下，内外压差为10Pa时，受检外窗窗口（包括检测系统在内）的总空气渗透量，m^3/h；

　　Q_{st}——标准空气状态下，内外压差为10Pa时，受检外窗窗口本身的空气渗透量，m^3/h；

　　　B——检测现场的大气压力，kPa；

　　　t——检测装置附近的室内空气温度，℃；

　　A_w——受检外窗窗口的面积，m^2，当外窗形状不规则时应计算其展开面积。

5. 合格指标

建筑物窗洞墙与外窗本体的结合部不应漏风，外窗窗口整体气密性能级别应和外窗本体相同。

（八）外窗外遮阳设施检测

1. 检测数量

① 检测数量应以一个检验批中住户套数或间数为单位进行随机抽取确定。

② 对于住宅，一个检验批中的检测数量不宜超过总套数的2%，对于住宅以外的其他居住建筑，不宜超过总间数的0.4%，但不得少于三套（间）。当检验批中住户套数或间数不足三套（间）时，应全额检测。

③ 受检外窗遮阳设施应在受检住户或房间内综合选取，每一受检住户或房间不得少于一处。

④ 柔性遮阳材料应从受检外窗遮阳设施中现场取样送检，每个检验批取一个试样。

⑤ 遮阳设施的结构、型式或遮阳材料不同时，应分批进行检验。

⑥ 遮阳材料的光学性能检验应包括太阳光反射比和太阳光直接透射比。

2. 检测参数与方法

太阳光反射比和太阳光直接透射比的检验应按 GB/T 2680《建筑玻璃可见光透射比、

太阳光直接透射比、太阳能总透射比、紫外线透射比及有关窗玻璃参数的测定》的规定执行。

3. 合格指标

受检外窗遮阳设施的结构尺寸、安装角度、转动或活动范围以及遮阳材料的光学特性能应满足设计要求。

（九）采暖系统室外管网水力平衡度检测

水力平衡度检测应在采暖系统正常运行后进行。

1. 检测数量

① 每个采暖系统均应进行水力平衡度的检测，且宜以建筑物为限。

② 受检热力入口位置和数量的确定应符合下列规定。

a. 当采暖系统中热力入口总数不超过 5 个时，应全额检测。

b. 对于热力入口总数超过 5 个的采暖系统，应根据各个热力入口距热源中心距离的远近，按近端 2 处、远端 2 处、中间区域 2 处的原则确定受检热力入口。

2. 水力平衡度计算

水力平衡度应按下式计算。

$$HB_j = \frac{G_{\mathrm{Wm},j}}{G_{\mathrm{nd},j}} \tag{11.34}$$

式中　HB_j——第 j 个热力入口处的水力平衡度；

$G_{\mathrm{Wm},j}$——第 j 个热力入口处循环水量的检测值，kg/s；

$G_{\mathrm{nd},j}$——第 j 个热力入口处循环水量的设计值，kg/s；

j——热力入口编号。

3. 合格指标

采暖系统室外管网热力入口处的水力平衡度应为 0.9~1.2。

（十）采暖系统补水率检测

1. 检测数量

每个采暖系统均应进行检验。

2. 检测仪器

总补水量应采用具有累计流量显示功能的流量计量装置测量。流量计量装置应安装在系统补水管上适宜的位置，且应符合相应产品的使用要求。当采暖系统中固有的流量计量装置在检定有效期内时，可直接利用该装置进行检测。

3. 检测持续时间

① 补水率的检测应在采暖系统正常运行工况下进行。

② 检测持续时间不应少于 72h。

4. 补水率计算

补水率 R_{mp} 按下式计算。

$$R_{\mathrm{mp}} = \frac{g_{\mathrm{a}}}{g_{\mathrm{d}}} \times 100\% \tag{11.35}$$

式中　g_{a}——检测持续时间内采暖系统单位建筑面积单位时间内的补水量，kg/(m²·h)；

g_{d}——采暖系统单位建筑面积单位时间内理论设计循环水量，kg/(m²·h)。

5. 合格指标

采暖系统补水率不应大于 0.5%。

（十一）采暖锅炉运行效率检测

1. 检测仪器和参数

采暖锅炉运行效率采用温度计和流量计进行供热量及供热温度检测。

2. 检测要求

① 采暖锅炉运行效率检测应在采暖系统热态运行 120h 后进行。

② 采暖锅炉的输出热量应采用热计量装置连续累计计量。

③ 采暖锅炉运行效率检测持续时间为 24h。

3. 采暖锅炉运行效率计算

采暖锅炉运行效率 $\eta_{2,a}$ 按下式计算。

$$\eta_{2,a}=\frac{Q_{a,t}}{Q_i}\times100\%\tag{11.36}$$

式中　$Q_{a,t}$——检测持续时间内采暖锅炉的输出热量，MJ；

　　　Q_i——检测持续时间内采暖锅炉的输入热量，MJ。

Q_i 按下式计算。

$$Q_i=G_cQ_c^y\times10^{-3}\tag{11.37}$$

式中　G_c——检测持续时间内采暖锅炉的燃煤量或燃油量（kg）或燃气量（m³，标准状态）；

　　　Q_c^y——检测持续时间内燃用煤的平均应用基低位发热值（kJ/kg）或燃用油的平均发热值（kJ/kg）或燃用气的平均发热值（kJ/m³，标准状态）。

4. 合格指标

被检测锅炉必须满足表 11.3 锅炉最低日平均效率。

表 11.3　锅炉最低日平均效率

锅炉类型、燃料种类		在下列锅炉容量(MW)下的设计效率/%						
		0.7	1.4	2.8	4.2	7.0	14.0	> 28.0
燃煤、烟煤	II	—	—	65	66	70	70	71
	III	—	—	66	68	70	71	73
燃油、燃气		77	78	78	79	80	81	81

（十二）室外管网热损失率检测

1. 检测数量

每个采暖系统均宜进行室外管网热输送效率检验。

2. 检测仪器及安装要求

建筑物的采暖供热量应采用热计量装置在建筑物热力入口处测量，热计量装置中温度计和流量计的安装应符合相关产品的使用规定，供回水温度传感器宜位于受检建筑物外墙外侧且距外墙轴线 2.5m 以内的地方。

采暖系统中总采暖供热量应在采暖热源出口处测量，热量计量装置中供回水温度传感器宜安装在采暖锅炉房或换热站内，安装在室外时，距锅炉房或换热站或热泵机房外墙轴线的垂直距离不应超过 2.5m。

3. 检测持续时间

采暖系统室外管网热输送效率的检测应在采暖系统正常运行 120h 后进行，检测持续时间不应少于 72h。检测期间，采暖系统应处于正常运行工况，热源供水温度的逐时值不应低于 35℃。

4. 室外管网热损失率 a_{ht} 按下式计算。

$$a_{ht} = \sum_{j=1}^{n} \frac{Q_{a,j}}{Q_{a,t}} \tag{11.38}$$

式中 $Q_{a,j}$——检测持续时间内在第 j 个热力入口处测得的热量累计值，MJ；

$Q_{a,t}$——检测持续时间内在锅炉房或换热站或热泵机房出口总管处测得的热量累计值，MJ；

j——热力入口编号；

n——热用户侧热力入口总数。

5. 合格指标

室外管网热损失率不应大于 10%。

（十三） 耗电输热比检测

1. 检测方法

耗电输热比的检测应在采暖系统正常运行运行后进行，同时满足如下几个条件。

① 采暖热源和循环水泵的铭牌参数应满足设计要求。

② 系统瞬时供热不应小于设计值的 50%。

③ 循环水泵运行方式应满足下列条件。

a. 对变频泵系统，应按工频运行且启泵台数满足设计工况要求。

b. 对多台工频泵系统，启泵台数满足设计工况要求。

c. 对大小泵系统，应启动大泵系统。

d. 对一泵一备制系统，应保证有一台泵正常运行。

采暖热源的输出量应在热源机房内采用热计量装置进行累计计量。循环水泵的用量应分别计量。

2. 耗电输热比检测持续时间

耗电输热比检测持续时间为 24h。

3. 耗电输热比计算

采暖系统耗电输热比应按下列公式计算。

$$EHR_{a,e} = \frac{3.6\varepsilon_a \eta_m}{\sum Q_{a,e}} \tag{11.39}$$

当 $\sum Q < \sum Q_a$ 时：

$$\sum Q_{a,e} = \min\{\sum Q_p, \sum Q\} \tag{11.40}$$

当 $\sum Q \geqslant \sum Q_{a,e}$ 时：

$$\sum Q_{a,e} = \sum Q \tag{11.41}$$

$$\sum Q_p = 0.3612 \times 10^6 G_a \Delta t \tag{11.42}$$

$$\sum Q = 0.0864 q_q A_0 \tag{11.43}$$

式中 $EHR_{a,e}$——采暖系统耗电输热比；

ε_a——检测持续时间（24h）内采暖系统循环水泵的耗电量，kW·h；

η_m——电机效率与传动效率之和，直联器传动取 0.85，联轴器传动取 0.83；

$\sum Q_{a,e}$——检测持续时间（24h）内采暖系统最大有效供热能力，MJ；

$\sum Q_a$——检测持续时间（24h）内采暖系统的供热量，MJ；

$\sum Q_p$——在循环水量不变的情况下，检测持续时间（24h）内采暖系统可能的最大供热能力，MJ；

$\sum Q$——采暖热源的设计日供热量，MJ；

G_a——检测持续时间（24h）内采暖系统的平均循环水量，m³/s；

Δt——采暖热源的设计供回水温差，℃。

4. 合格指标

采暖系统耗电输热比 $EHR_{a,e}$ 满足下式的要求时可判别为合格。

$$EHR_{a,e} \leqslant \frac{0.0062 \times (14 + aL)}{\Delta t} \tag{11.44}$$

式中　$EHR_{a,e}$——采暖系统耗电输热比；

L——室外管网主干线（从采暖管道进出热源机房外墙处算起，至最不利环路末端热用户热力入口止）包括供回水管道的总长度，m；

a——系数，当 $L \leqslant 500m$ 时，$a = 0.0115$；当 $500m < L < 1000m$ 时，$a = 0.0092$；当 $L \geqslant 1000m$ 时，$a = 0.0069$。

（十四）建筑物年采暖耗热量验算

1. 验算数量

受检建筑年采暖耗热量的检验应以栋为基本单位，其检验数量应符合以下规定。

① 当单栋建筑为一个检验批时，则以该栋建筑为检验对象。

② 当居住小区或建筑群为一个检验批时，受检建筑物应在同一类居住建筑物中综合选取，每一类居住建筑物取一栋。

2. 参照建筑物选取原则

① 参照建筑物的形状、大小、朝向均应与受检建筑物完全相同。

② 参照建筑物各朝向和屋顶的开窗面积应与受检建筑物相同，但当受检建筑物某个朝向的窗（包括屋面的天窗）面积超过我国现行节能设计标准的规定时，参照建筑物该朝向（或屋面）的窗面积应减少到符合有关节能设计标准的规定。

③ 参照建筑物外墙、屋面、地面、外窗、外门的各项性能指标均应符合我国现行节能设计标准的规定。对于我国现行节能设计标准中未作规定的部分，一律按受检建筑物的性能指标考虑。

3. 验算方法

年采暖耗热量应优先采用权威软件进行动态计算，在条件不具备时，可采用稳态法等其他简易计算方法。

4. 验算要求

① 受检建筑物外围护结构尺寸应以建筑竣工图纸为准，并参照现场实际。建筑面积及体积的计算方法应符合我国现行节能设计标准中的有关规定。

② 受检建筑物外墙和屋面主体部位的传热系数应优先采用现场检测数据，当现场检测结果不能使用时，可根据现场实际做法经计算确定。外窗、外门的传热系数应以复检结果为依

据。其他参数均应以现场实际做法经计算确定。

③ 当受检建筑物带有地下室时，应按不带地下室处理。受检建筑物首层设置的店铺应按居住建筑处理。

④ 室内计算条件应符合下列规定。

a. 室内计算温度：16℃。

b. 换气次数：0.5 次/h。

c. 室内不考虑照明得热或其他内部得热。

⑤ 室外计算气象资料应优先采用当地典型气象年的逐时数据，对于暂无逐时气象数据的地方可以采用其他适宜的气象数据进行计算。

5. 合格指标

受检建筑年采暖耗热量应小于或等于参照建筑的相应值。

（十五）建筑物年空调耗冷量验算

1. 验算数量

受检建筑年空调耗冷量的检验应以栋为基本单位，其检验数量应符合以下规定。

① 当单栋建筑为一个检验批时，则以该栋建筑为检验对象。

② 当居住小区或建筑群为一个检验批时，受检建筑物应在同一类居住建筑物中综合选取，每一类居住建筑物取一栋。

2. 参照建筑物选取原则

① 参照建筑物的形状、大小、朝向均应与受检建筑物完全相同。

② 参照建筑物各朝向和屋顶的开窗面积应与受检建筑物相同，但当受检建筑物某个朝向的窗（包括屋面的天窗）面积超过我国现行节能设计标准的规定时，参照建筑物该朝向（或屋面）的窗面积应减少到符合有关节能设计标准的规定。

③ 参照建筑物外墙、屋面、地面、外窗、外门的各项性能指标均应符合我国现行节能设计标准的规定。对于我国现行节能设计标准中未作规定的部分，一律按受检建筑物的性能指标考虑。

3. 验算方法

年空调耗冷量应优先采用权威软件进行动态计算，在条件不具备时，可采用稳态法等其他简易计算方法。

4. 验算要求

① 受检建筑物外围护结构尺寸应以建筑竣工图纸为准，并参照现场实际。建筑面积及体积的计算方法应符合我国现行节能设计标准中的有关规定。

② 受检建筑物外墙和屋面主体部位的传热系数应优先采用现场检测数据，当现场检测结果不能使用时，可根据现场实际做法经计算确定。外窗、外门的传热系数应以复检结果为依据。其他参数均应以现场实际做法经计算确定。

③ 当受检建筑物带有地下室时，应按不带地下室处理。受检建筑物首层设置的店铺应按居住建筑处理。

④ 室内计算条件应符合下列规定。

a. 室内计算温度：26℃。

b. 换气次数：1.0 次/h。

c. 室内不考虑照明得热或其他内部得热。

⑤ 室外计算气象资料应优先采用当地典型气象年的逐时数据，对于暂无逐时气象数据的地方可以采用其他适宜的气象数据进行计算。

5. 合格指标

受检建筑年空调耗冷量应小于或等于参照建筑的相应值。

第三节　建筑节能评估标准

一、建筑节能评估方法

（一）建筑节能评估方法

建筑节能是指在建筑中合理使用和有效利用能源，不断提高能源利用率、减少能源消耗。它是以建筑技术为基础，定量化分析与测试是其重要环节。空气温湿度、热辐射和气流速度这些相互作用、相互关联的气候要素以复杂的热过程方式影响着建筑的室内外热环境。对于建筑节能评估，一般的设想是建立样板示范房，再进行实测分析研究。并以此为基础，进一步修改、完善节能设计。这种方法投资费用大，建造周期和实验时间都很长，受自然条件、土地、工作效率等诸多因素影响，实际上并不可行。由于影响建筑能耗的因素太多，实测数据也很难面面俱到，因此，一般采用计算机模拟的方式来进行建筑节能评估。

来自模拟的信息反馈具有多方面优点：节省了土建投资，缩短了建设周期，摆脱了地点限制；可随时模拟任意气候区、任意季节的情况；也给我们提供各种各样的假设方案，开阔了我们的思路。通过模拟，在设计阶段就可以对建造完成后可能出现的问题进行预测调整。

正因为计算机模拟有如此多的好处，所以各国都竞相开发用于建筑模拟技术的软件。我国在这方面也取得了一些成果。清华大学建筑技术科学系开发的建筑环境设计模拟分析软件DeST 就是这方面的代表。

（二）建筑模拟技术的发展

建筑环境是由室外气候条件、室内各种热源的发热状况以及室内外通风状况所决定的。建筑环境控制系统的运行状况也必须随着建筑环境状况的变化而不断进行相应的调节，以实现满足舒适性及其他要求的建筑环境。由于建筑环境变化是由众多因素所决定的一个复杂过程，因此只有通过计算机模拟计算的方法才能有效地预测建筑环境在没有环境控制系统时和存在环境控制系统时可能出现的状况，例如室内温湿度随时间的变化、供暖空调系统的逐时能耗以及建筑物全年环境控制所需要的能耗。

建筑模拟主要在以下两方面得到广泛的应用。

1. 建筑物能耗预测与优化

改善外墙保温、改进外窗性能和窗墙比、选取不同热惯性的围护结构等措施，都将改变建筑物室内热环境和能源消耗。然而对这些措施与建筑环境及建筑物全年能耗之间的关系很难进行直接准确的分析，只有通过逐时的动态模拟才能得到。因此在分析评价一个建筑设计方案将造成的环境状况和能耗时，一般都采用模拟计算的方法。加大外窗面积会在冬天增加太阳得热，减少冬天供暖能耗；但在冬季夜间又会增加向室外的散热，增加供暖能耗，夏季还会导致通过外窗的得热增加，加大空调能耗。因此需要对窗墙比进行优化。同样，增加外墙保温厚度，可减少冬夏季热损失，但随保温厚度不断增加，收益的增加逐渐变缓，而投资却继续线性增长，因此也存在最优的保温厚度。由于这些相互制约的关系都随气候及室内状况而变化，因此相关优化也只有对建筑进行动态热模拟才能实现。

2. 空调系统性能预测

实际的空调系统是运行在各种可能出现的气候条件和室内使用方式下的。其大部分时间都不是运行在极端冷或极端热的设计工况，而是介于两者之间的部分负荷工况下。这些可能出现的部分负荷工况情况多样，特点各不相同，往往在实际运行中出现问题，或难于满足环境控制要求，或出现不合理的冷热抵消，导致能耗增加。通过全年的逐时动态模拟，就会了解实际运行中可能出现的各种工况和各种问题，从而在系统、结构及控制方案中采取有效措施。通过这样的动态模拟，还可以预测不同系统设计导致的全年空调能耗，从而对系统方案和设备配置进行优化。

初期的研究内容主要是传热的基础理论和负荷的计算方法，例如一些简化的动态传热算法，如度日法、BIN 法等。在这一阶段，建筑模拟的主要目的是改进围护结构的传热特性。

在经历了 20 世纪 70 年代的全球石油危机之后，建筑模拟受到了越来越多的重视，同时随着计算机技术的飞速发展和普及，大量复杂的计算变为可行。于是在 20 世纪 70 年代中期，逐渐在美国形成了两个著名的建筑模拟程序：BLAST 和 DOE-2。欧洲也于 20 世纪 70 年代初开始研究模拟分析的方法，产生的具有代表性的软件是 ESP-r。在 20 世纪 70 年代末期，随着模块化集成思想的出现，空调和其他能量转换系统及其控制的模拟软件也逐渐出现。

在美国，先后开发出 TRNSYS 和 HVACSIM＋。与此同时，亚洲国家也逐渐认识到建筑模拟技术的重要性，先后投入大量力量进行研究开发，主要有日本的 HASP 和中国清华大学的 BTP。

进入 20 世纪 90 年代，模拟技术的研究重点逐渐从模拟建模（simulation modeling）向应用模拟方法（simulation method）转移，即研究如何充分地利用现有的各种模型和模拟软件，使模拟技术能够更广泛、更有效地应用于实际工程的方法和步骤，而使其不仅仅是停留在院校及研究机构中。

时至今日，建筑模拟技术通过 40 余年的不断发展，已经在建筑环境等相关领域得到了较广泛的应用，贯穿于建筑设计的整个寿命周期里，包括设计、施工、运行、维护和管理等各个阶段。主要表现在以下几方面：

① 建筑冷/热负荷计算，用于空调设备的选择；

② 在设计或者改造建筑时，对建筑进行能耗分析；

③ 建筑能耗的管理和控制模式的制定，帮助制定建筑管理控制模式，以挖掘建筑的最大节能潜力；

④ 与各种标准规范结合，帮助设计人员设计出符合当地节能标准的建筑；

⑤ 对建筑进行经济性分析，使设计者对所设计方案在经济上的费用有清楚的了解，有助于设计者从费用和能耗两方面对设计方案进行评估。

（三）建筑模拟工具介绍

在建筑能耗及空调系统模拟领域，建筑模拟分析软件大致可以分为以下两大类。

1. 空调系统仿真软件

此类软件主要用于空调系统部件的控制过程的仿真，以 TRNSYS、SPARK 和 HVAC-SIM＋等为代表，这类软件的主要模拟目标是由各种模块搭成的系统的动态特性及其在各种控制方式下的响应。它们采用的是简单的房间模型和复杂的系统模型，可以根据需要由使用者灵活地组合系统形式和控制方法，适用于系统的高频（如以几秒为时间步长）动态特性及过程的仿真分析。

2. 建筑能耗模拟软件

此类软件主要用于建筑和系统的动态模拟分析，以 DOE-2、EnergyPlus 和 ESP-r 等为代表。这类软件的主要模拟目标是建筑和系统的长周期的动态热特性（往往以小时为时间步长），采用的是完备的房间模型和较简单的系统模型及简化的或理想化的控制模型，适于模拟分析建筑物围护结构的动态热特性，模拟建筑物的全年运行能耗。

第一类软件组态灵活，可以模拟任意形式的系统。由于采用开放式结构，可以由其他使用者各自开发各种模块，实现资源共享，这是其在近 30 年的发展过程中长盛不衰、不断发展的主要原因。然而，这类软件的核心是在某种控制器控制下的小时步长的高频动态过程。当研究全年的能耗状况和动态过程时，采用几秒或 1min 作时间步长就使计算量过大，结果也过于繁杂；而采用 1h 作为时间步长时，又会使控制器的模拟出现严重失真，从而导致模拟出的整个系统的现象严重背离实际情况。另外，灵活的模块方式可以组成不同的系统形式，但却很难处理实际的建筑物形式。建筑物作为一个整体，很难切割成多个标准模块。空调系统是嵌在建筑物内的，很难把它们两者的关系处理成通过模块形式的连接。一种方式是把建筑物近似成许多彼此独立的房间，每个房间作为一个模块，各自与空调系统相连。这样实现了模块连接的形式，但牺牲了建筑物内各房间通过内墙的传热等热环境的相互影响。由于这种影响会导致建筑环境变化出现不同的现象，因此这类软件很难处理好对建筑物本身的模拟分析。为此国外许多研究小组试图改进，也开发出一些精确模拟建筑热过程的模块（如 TRNSYS 的 Type 56），但却牺牲了其对系统结构的灵活性。

与第一类软件相比，第二类软件，即建筑能耗模拟软件，不是立足于系统，而是立足于建筑。这类软件（如 DOE-2、ESP-r、EnergyPlus）首先从建筑物出发，可以灵活地处理各种形式的建筑物，很好地预测建筑热性能和不同围护结构形式对能耗的影响。然而由于是基于建筑物而不是基于空调系统，就很难像第一类软件那样灵活地构成各种系统。DOE-2 只能对预先定义好的有限种系统形式进行模拟，EnergyPlus 希望能够处理各种形式的系统，然而目前还未实现。这类软件主要服务于长周期建筑能耗模拟，因此主要采用 1h 为时间步长，在控制器的模拟上就必须采用简化的方法，以避免失真。这时，往往简化设备性能模型，认为设备处理能力可在最大容量范围内连续变化。这样虽解决了大时间步长的控制过程模拟计算方法，但却不能真实反映大部分空调制冷设备本身部分负荷下的调节特性，因此就不能很好地预测分析空调系统的实际运行状况和能源消耗。

由于建筑和空调系统这两个模拟对象的不同特点，导致模拟软件在系统描述、结构灵活性、时间步长及控制器的处理等方面存在很大矛盾。模拟软件必须考虑实际设计与分析过程的特点，妥善有效地处理建筑模拟和系统模拟的耦合关系，而考虑这些因素和解决这些问题与软件的基本模拟思路、采用的算法和软件的结构有直接关系。只有采用符合实际设计过程的模拟思路，采用合适的算法和软件结构，才能比较完满地解决建筑及其控制系统的设计耦合问题，实现两者的联合动态模拟。这也是 20 世纪 90 年代末美国开始逐渐放弃 DOE-2 而开发全新的 Energy Plus 的主要原因。

下面简要介绍一下国内外几个比较有名的建筑模拟分析软件。

1. DOE-2

DOE-2 是美国劳伦斯伯克力国家实验室开发的能耗分析模拟软件，包括负荷计算模块、空气系统模块、机房模块、经济分析模块。它可以提供整幢建筑物每小时的能量消耗分析，用于计算系统运行过程中的能效和总费用，也可以用来分析围护结构（包括屋顶、外墙、外窗、地面、楼板、内墙等）、空调系统、电器设备和照明对能耗的影响。DOE-2 的功能非常全面而强大，经过了无数工程的实践检验，是国际上都公认的比较准确的能耗分析软件，并且该软件是免费软件，使用人数和范围非常广泛。

DOE-2 的输入方法为手写编程的形式，要求用户手写输入文件，输入文件必须满足其规定的格式，并且有关键字的要求。DOE-2 输入、输出文件格式均为英文，且格式要求比较严格，对于中国用户来说不易上手。但 DOE-2 有大量的资料库和研究文献，用户可以通过学习比较详细地了解和运用。目前还有很多基于 DOE-2 上开发的软件，比如下文介绍的 VisualDOE、eQUEST、PowerDOE 等。

2. VisualDOE

VisualDOE 是一款基于 DOE-2 开发的标准的建筑能耗模拟软件。这款软件可以帮助建筑师或者设备工程师进行建筑的能耗模拟和设计方案的选择，还可以进行美国绿色建筑标准中能耗分析部分的评价。

VisualDOE 可以模拟包括照明、太阳辐射、暖通系统、热水供暖等建筑所有主要的能耗，并可以从 DOE-2 输出文件中自动提取计算结果。相对于 DOE-2 来说，用户可以比较容易上手使用。但是软件的输入格式是 DOE-2 语言，因此用户需要了解一些 DOE-2 输入文件的格式规则，对于需要模拟复杂的高级用户，用户需要手动修改输入文件。

3. eQUEST

eQUEST 同样是一款基于 DOE-2 基础上开发的建筑能耗分析软件，它允许设计者进行多种类型的建筑能耗模拟，并且也向设计者提供了建筑物能耗经济分析、日照和照明系统的控制以及通过从列表中选择合适的测定方法自动完成能源利用效率。

这款软件的主要特点是为 DOE-2 输入文件的写入提供了向导。用户可以根据向导的指引写入建筑描述的输入文件。同时，软件还提供了图形结果显示的功能，用户可以非常直观地看到输入文件生成的二维或三维的建筑模型，并且可以查看图形的输出结果。

目前该软件为全英文版，没有比较成熟的汉化版本。

4. PowerDOE

PowerDOE 是基于 DOE-2 基础上开发的一款比较先进和成熟的建筑能耗分析软件，其基本功能和上述软件基本相同，主要特点是采用了交互式的 Windows 界面进行输入和输出，比较容易上手操作。

5. EnergyPlus

EnergyPlus 是美国劳伦斯克力国家实验室开发出的最新的建筑能耗模拟分析程序，1996 年开始研制开发，2001 年投入使用。这款软件的主要特点有：采用集成同步的负荷/系统/设备的模拟方法；在计算负荷时，用户可以定义小于它的时间步长，在系统模拟中，时间步长自动调整；采用热平衡法模拟负荷；采用 CTF 模块模拟墙体、屋顶、地板等的瞬态传热；采用三维有限差分土壤模型和简化的解析方法对土壤传热进行模拟；采用联立的传热和传质模型对墙体的传热和传湿进行模拟；采用基于人体活动量、室内温湿度等参数的热舒适模型模拟热舒适度；采用各向异性的天空模型以改进倾斜表面的天空散射强度；先进的窗户传热的计算，可以模拟包括可控的遮阳装置、可调光的电铬玻璃等；日光照明的模拟，包括室内照度的计算、眩光的模拟和控制、人工照明的减少对负荷的影响等；基于环路的可调整结构的空调系统模拟，用户可以模拟典型的系统，而无需修改源程序；源代码开放，用户可以根据自己的需要加入新的模块或功能。因为软件相对比较新，且功能非常复杂，比较适合研究和二次开发。

EnergyPlus 是国际上使用较多的能耗分析软件，精确度高，可以查看各部分的能耗分析结果，但是本地化较差。目前无中文版。

6. CHEC

CHEC 是中国建筑科学研究院建筑工程软件研究所节能中心于 2002 年开始研发，2003 年投入使用的节能设计分析软件。这款软件采用 DOE-2 软件作为计算内核，完全按照《夏热冬冷地区居住建筑节能设计标准》进行编制。

CHEC 软件最大的特点是便捷的输入方式，设计师可以采用自己绘制的 CAD 图纸直接进行模型数据的转换，无需用户手写输入。同时，CHEC 软件和国内的多种建筑软件都有接口，可以直接提取模型数据。CHEC 软件可以对建筑的体形、朝向、围护结构的构造进行量化分析，生成有详尽建筑概况、窗墙比、围护结构热工参数的计算报告，对用户的节能设计进行指导和改进。同时，CHEC 软件为用户提供了强大的数据库支持，可供用户随时进行材料的选择和调整。CHEC 通过调用 DOE-2 内核，模拟全年的气象数据，进行全年的动态能耗模拟分析，生成详尽的空调采暖全年能耗报告。

CHEC 软件比较注重和各地的节能规范相结合，注重各地的材料使用和气候差异，可以生成完全符合各地审查规范要求的计算报告书。目前 CHEC 软件在全国的使用非常广泛。

7. DeST

DeST 是由清华大学空调实验室研制开发的、面向暖通空调设计者的、集成于 AutoCAD 上的辅助设计计算软件。DeST 建筑描述界面上可视化的所见即得的建筑楼层和房间划分图形界面，并且直接嵌入在 AutoCADR14 中，DeST 的计算模块也全部集成于 Auto CADR14。DeST 作为面向设计的模拟分析工具，充分考虑设计过程的阶段性，提出"分阶段设计，分阶段模拟"的思路，在设计的各个阶段，通过建筑模拟、方案模拟、系统模拟、水据模拟的数据结果对其进行验证，从而保证设计的可靠性。DeST 通过采用逆向的求解过程，基于全工况的设计，在每一个设计阶段都计算出逐时的各项要求（风量、送风状态、水量等），使得设计可以从传统的单点设计拓展到全工况设计；DeST 采用了各种集成技术并提供了良好的界面，因此可以比较容易、方便地应用到工程实际中。

8. TRNSYS

TRNSYS 的全称为 Transient System SimulationProgram，即瞬时系统模拟程序。TRNSYS 软件最早是由美国 Wisconsin-Madison 大学（威斯康星大学）Solar Energy 实验室（SEL）开发的，后来在欧洲的一些研究所［法国的建筑技术与科学研究中心（CSTB）、德国的太阳能技术研究中心（TRANSSOLAR）］及美国热能研究中心（TESS）的共同努力下逐步完善，迄今为止其最新版本为 Ver. 17。该系统的最大特色在于其模块化的分析方式。所谓模块分析，即认为所有热传输系统均由若干个细小的系统（即模块）组成，一个模块实现一种特定的功能，如热水器模块、单温度场分析模块、太阳辐射分析模块、输出模块等。因此，只要调用实现这些特定功能的模块，给定输入条件，这些模块程序就可以对某种特定热传输现象进行模拟，最后汇总就可对整个系统进行瞬时模拟分析。

9. 天正建筑

北京天正工程软件有限公司是由具有建筑设计行业背景的资深专家发起成立的高新技术企业，自 1994 年开始就在 AutoCAD 图形平台开发了一系列建筑、暖通、电气等专业软件，是 Autodesk 公司在中国的第一批注册开发商。10 年来，天正建筑软件已经成为国内建筑CAD 普遍使用的软件。主要用于对新、改、扩建筑的节能分析和计算，导出全年的耗能动态报告、采暖地区耗煤量和耗电量等。可以与国家的绿色评估相结合。天正建筑是在国内市场上占有率较高的软件，可支持我国的绿色建筑标准的评估和提供建筑耗能提审的相应数据。

二、国外建筑节能评估标准简介

研究建筑环境评估体系是希望建立一套衡量建筑物可持续建设水平的参照系统，这套参照系统在科学的处理系统和详细的数据资料的支撑下，用客观的指标表达出对象可持续发展的实际状况和水平。目前，不少国家已经初步发展出一套适合自身特点的体系，如英国BREEAM评估体系、美国 LEED 评估体系、日本的 CASBEE 评估体系、澳大利亚NABERS 建筑环境评估体系，以及加拿大发起、多国合作的 GBC 评估体系等。

（一）英国建筑研究组织环境评价法（BREEAM）

英国建筑研究组织环境评价法是由英国建筑研究组织（BRE）和一些私人部门的研究者在 1990 年共同制定的。目的是为绿色建筑实践提供权威性的指导，以期减少建筑对全球和地区环境的负面影响。从 1990 年至今，BREEAM 已经发行了《2/91 版新建超市及超级商场》《5/93 版新建工业建筑和非食品零售店》《环境标准 3/95 版新建住宅》以及《BREEAM'98 新建和现有办公建筑》等多个版本，并已对英国的新建办公建筑市场中 25%～30%的建筑进行了评估，成为各国类似评估手册中的成功范例。

BREEAM'98 是为建筑所有者、设计者和使用者设计的评价体系，以评判建筑在其整个寿命周期中，包含从建筑设计阶段的选址、设计、施工、使用直至最终报废拆除所有阶段的环境性能，通过对一系列的环境问题，包括建筑对全球、区域、场地和室内环境的影响进行评价，BREEAM 最终给予建筑环境标志认证。其评价方法概括如下。

首先，BREEAM 认为根据建筑项目所处的阶段不同，评价的内容相应也不同。评估的内容包括三个方面：建筑性能、设计建造和运行管理。其中：处于设计阶段、新建成阶段和整修建成阶段的建筑，从建筑性能、设计建造两方面评价，计算 BREEAM 等级和环境性能指数；属于被使用的现行建筑，或是属于正在被评估的环境管理项目的一部分，从建筑性能、管理和运行两方面评价，计算 BREEAM 等级和环境性能指数；属于闲置的现有建筑，或只需对结构和相关服务设施进行检查的建筑，对建筑性能进行评价并计算环境性能指数，无需计算 BREEAM 等级。

其次，评价条目包括九大方面：管理——总体的政策和规程；健康和舒适——室内和室外环境；能源——能耗和 CO_2 排放；运输——有关场地规划和运输时 CO_2 的排放；水——消耗和渗漏问题；原材料——原材料选择及对环境的作用；土地使用——绿地和褐地使用；地区生态——场地的生态价值；污染——空气和水污染（除 CO_2 外）。每一条目下分若干子条目，各对应不同的得分点，分别从建筑性能，或是设计与建造，或是管理与运行这几方面对建筑进行评价，满足要求即可得到相应的分数。

最后，合计建筑性能方面的得分点，得出建筑性能分（BPS），合计设计与建造，管理与运行两大项各自的总分，根据建筑项目所处时间段的不同，计算 BPS＋设计与建造分或BPS＋管理与运行分，得出 BREEAM 等级的总分；另外由 BPS 值根据换算表换算出建筑的环境性能指数（EPI），最终，建筑的环境性能以直观的量化分数给出，根据分值 BRE 规定了有关 BREEAM 评价结果的 4 个等级：合格，良好，优良，优异。同时规定了每个等级下设计与建造、管理和运行的最低限分值。

自 1990 年首次实施以来，BREEAM 系统得到不断的完善和发展，可操作性大大提高。基本适应了市场化的要求，至 2000 年已经评估了超过 500 个建筑项目。它成为各国类似研究领域的成果典范，受其影响启发，加拿大和澳大利亚出版了各自的 BREEAM 系统，中国香港特区政府也颁布了类似的 HK-BEAM 评价系统。

（二） 加拿大绿色建筑挑战 2000（GBC2000）

绿色建筑挑战（Green Building Challenge）是由加拿大自然资源部（Natural Resources Canada）发起并领导的。至 2000 年 10 月，有 19 个国家参与制定了一种评价方法，用以评价建筑的环境性能。它的发展已经历了两个阶段：最初的两年有 14 个国家的参与，于 1998 年 10 月在加拿大温哥华召开"绿色建筑挑战 98"国际会议，之后的两年更多的国家加入，成果 GBC 2000 在 2000 年 10 月荷兰马斯特里赫特召开的国际可持续建筑会议（International SB 2000）上得到介绍。绿色建筑挑战目的是发展一套统一的性能参数指标，建立全球化的绿色建筑性能评价标准和认证系统，使有用的建筑性能信息可以在国家之间交换，最终使不同地区和国家之间的绿色建筑实例具有可比性。在经济全球化趋势日益显著的今天，这项工作具有深远的意义。

GBC 2000 评估范围包括新建和改建翻新建筑，评估手册共有 4 卷，包括总论、办公建筑、学校建筑和集合住宅。评估目的是对建筑在设计及完工后的环境性能予以评价，评价的标准共分八个部分：第一部分，环境的可持续发展指标，这是基准的性能量度标准，用于 GBC 2000 不同国家的被研究建筑间的比较；第二部分，资源消耗，建筑的自然资源消耗问题；第三部分，环境负荷，建筑在建造、运行和拆除时的排放物，对自然环境造成的压力，以及对周围环境的潜在影响；第四部分，室内空气质量，影响建筑使用者健康和舒适度的问题；第五部分，可维护性，研究提高建筑的适应性、机动性、可操作性和可维护性能；第六部分，经济性，研究建筑在全寿命期间的成本额；第七部分，运行管理，建筑项目管理与运行的实践，以期确保建筑运行时可以发挥其最大性能；第八部分，术语表，各部分下部有自己的分项和更为具体的标准。

GBC 2000 采用定性和定量的评价依据结合的方法，其评价操作系统称为 GBTool，这是一套可以被调整适合不同国家、地区和建筑类型特征的软件系统。评价体系的结构适用于不同层次的评估，所对应的标准是根据每个参与国家或地区各自不同的条例规范制定的同时，也可被扩展运用为设计指导。GBTool 采用的也是评分制。

（三） 美国能源及环境设计先导计划（LEED）

美国绿色建筑委员会（USGBC）在 1995 年提出了一套能源及环境设计先导计划，在 2000 年 3 月更新发布了它的 2.0 版本。这是美国绿色建筑委员会为满足美国建筑市场对绿色建筑评定的要求，提高建筑环境和经济特性而制定的一套评定标准。

LEED2.0（能源及环境设计先导计划评定系统 2.0）通过六方面对建筑项目进行绿色评估，包括：可持续的场地设计、有效利用水资源、能源与环境、材料与资源、室内环境质量和革新设计。在每一大方面，USGBC 都提出了前提要求、目的和相关的技术指导。如对可持续的场地设计，基本要求是必须对建筑腐蚀物和沉淀物进行控制，目的是控制腐蚀物对水和空气质量的负面影响。在每一方面内，具体包含了若干个得分点，项目按各具体方面达到的要求，评出相应的积分，各得分点都包含目的、要求和相关技术指导三项内容。如有效利用水资源这一方面，有节水规划、废水回收技术和节约用水 3 个得分点，如果建筑项目满足节水规划下 2 点要求可得 2 分。积分累加得出总评分，由此建筑绿色特性便可以用量化的方式表达出来，其中，合理的建筑选址约占总评分的 22%，有效利用水资源占 8%，能源与环境占 27%，材料和资源占 27%，室内环境质量占 23%，根据最后得分的高低，建筑项目可分为 LEED2.0 认证通过、银奖认证、金奖认证、白金认证由低到高四个等级。截至 2001 年 9 月，全美已经有 13 个建筑项目通过了 LEED2.0 认证，超过 200 个项目登记申请认证。

LEED2.0 评定系统总体而言是一套比较完善的评价体系，与前两个评价体系相比结构简单，考虑的问题也少些，虽然操作程序较为简易，但有缺乏权衡系统机制约束的缺陷。

（四）澳大利亚NABERS

"澳大利亚国家建筑环境评价系统"（the National Australian Built Environment Rating System，NABERS）是一个适应澳大利亚国情的绿色建筑评价系统，其长远目标是减少建筑运营对自然环境的负面影响，鼓励建筑环境性能的提高。NABERS 的设计与开发始于 2001 年 4 月，由澳大利亚环境与资源部支持，UniService Limited Tasmania 大学及 Exergy Australia Pty Ltd. 共同开发。

它在研究和总结澳大利亚本国原有的绿色建筑评价体系（ABGRS），以及国际现行各主要绿色生态建筑评价体系特点和问题的基础上，适应了当今澳大利亚国情和国际绿色生态评价的发展趋势，形成了自己的一些特点。

1. 评估对象

NABERS 的评估对象为已使用的办公建筑和住宅，是一个对建筑实际运行性能进行评价的系统。它提供四套独立的评估分册。

（1）办公建筑综合评估　包括了基础性能评估和用户反应评估，用于业主及用户没有明确界限的情况；一般用于评估单用户办公建筑的运行环境性能，不考虑用户的责任与行为。

（2）办公建筑基础性能评估　用于评价办公建筑的运行环境性能，不考虑用户的责任与行为。

（3）办公建筑用户反应评估　不考虑建筑运行性能的情况下，单纯对用户的环境意识与行为进行评估。

（4）住宅评估　对单户住宅的设备、占地等情况进行综合评估，目前版面未包括对集合住宅的评估。

2. 评估内容

NABERS 力求衡量建筑运营阶段的全面环境影响，包括了温室效应影响、场址管理、水资源消耗与处理、住户影响四大环境类别，具体涉及能源、制冷剂（对温室效应与破坏臭氧层的潜在威胁）、水资源、死水排放与污染、污水排放、景观多样性、交通、室内空气质量、住户满意度、垃圾处理与材料选择等条款，分属于温室效应、水资源、场地管理、用户影响四大类别。

3. 评估机制

NABERS 既没有采用权重体系，也不推荐使用模拟数据。其评价采用实测、用户调查等手段，以事实说话，力图反映建筑实际的环境性能，避免主观判断引起的偏差。

NABERS 采取了反馈调查报告的形式，以一系列由业主和使用者可以回答的问题作为评价条款，因此不需要培训和配备专门的评价人员。这些问题包括两部分：一部分是关于建筑本身的，叫做"建筑等级"；另一部分是关于建筑使用的，叫做"使用等级"。

在 NABERS 2001 版中，NABERS 借鉴 AVGRS，采用了"星级"这个人们已经十分熟悉的评价概念。其评价结构由分类条款嵌套一系列子条款构成。每个子条款可以评为 0~5

星级，最后的星级由于条款平均后获得。但在 2003 版中，NABERS 改为评分的方式，并将各条款单独评分合并为一个单一的最后结果，用 10 分制表示，5 分代表平均水平，10 分代表难以达到的最高水平。

4. 开放的系统

首先，如 GBTool 一样，NABERS 在不影响基本框架结构的情况下，允许在项目中增加和调整子项以反映技术的进步或填补认识的缺乏。因此在保证其清晰易操作特征的同时，该评价工具可以随着实际进步，不断改进和完善。其次，NABERS 允许地区专家根据当地实际情况，调整评价子项目的优先级。例如，某地的"生态多样性"被认定为在当地有特殊重要的意义，则该地权威机构可以规定"生态多样性"方面必须达到某个等级或分数，才能给予其规划上的批准。这样就保证了该评价方式对地区实际需求的充分尊重和适应。2001 年至今，NABERS 不断改进，目前已更新到 2003 版。

三、我国建筑节能评价体系简介

为贯彻落实完善资源节约标准的要求，总结近年来我国绿色建筑方面的实践经验和研究成果，借鉴国际先进经验，国家制定了《绿色建筑评价标准》（GB/T 50378—2006）。该标准是第一部多目标、多层次的绿色建筑综合评价标准。绿色建筑评价指标体系由节地与室外环境、节能与能源利用、节水与水资源利用、节材与材料资源利用、室内环境质量和运营管理六类指标组成。每类指标包括控制项、一般项与优选项。规定了绿色建筑评价六类指标的控制项、一般项与优选项要求，并给出了绿色建筑的综合评价与等级划分方法。

（一）GB/T 50378 编制背景

绿色建筑是指在建筑的全寿命周期内，最大限度地节约资源（节能、节地、节水、节材）、保护环境和减少污染，为人们提供健康、适用和高效的使用空间，与自然和谐共生的建筑。

绿色建筑是将可持续发展理念引入建筑领域的结果，将成为未来建筑的主导趋势。目前，世界各国普遍重视绿色建筑的研究，许多国家和组织都在绿色建筑方面制定了相关政策和评价体系，有的已着手研究编制可持续建筑标准。由于世界各国经济发展水平、地理位置和人均资源等条件不同，对绿色建筑的研究与理解也存在差异。

我国政府从基本国情出发，从人与自然和谐发展、节约能源、有效利用资源和保护环境的角度出发，提出发展"节能省地型住宅和公共建筑"，主要内容是节能、节地、节水、节材与环境保护，注重以人为本，强调可持续。从这个意义上讲，节能省地型住宅和公共建筑与绿色建筑、可持续建筑虽然提法不同，但内涵相通，具有某种一致性，是具有中国特色的绿色建筑和可持续发展建筑理念。

在我国发展绿色建筑，是一项意义重大而十分迫切的任务。借鉴国际先进经验，建立一套适合我国国情的绿色建筑评价体系，反映建筑领域可持续发展理念，对积极引导、大力发展绿色建筑，促进节能省地型住宅和公共建筑的发展，具有十分重要的意义。

（二）GB/T 50378 编制原则和指导思想

1. 借鉴国际先进经验，结合我国国情

综合分析以英国 BREEAM、美国 LEED、GBTOOL 等为代表的绿色建筑评价体系，借鉴国际先进经验。充分考虑我国各地区在气候、地理环境、自然资源、经济社会发展水平等方面的差异。

2. 重点突出"四节"与环保要求

以节能、节地、节水、节材与环境保护为主要目标，贯彻执行国家技术经济政策，反映建筑领域可持续发展理念。围绕上述主要目标，提出多层次、多方面的具体要求。

3. 体现过程控制

绿色建筑的实施贯穿于建筑的全寿命周期，是一项包括材料生产、规划、设计、施工、运营及拆除等的系统工程。评价不仅依据最终结果，还对规划、设计及施工等阶段提出控制要求。

4. 定量和定性相结合

对较为成熟的评价指标，列出具体数值。对经综合分析认为或预期可达到的评价指标，提出具体数值。对缺乏相关基础数据（如建材生产的能源消耗、CO_2 排放量、植物的 CO_2 固定量等）的评价指标，提出定性要求。

5. 系统性与灵活性相结合

保持评价主体框架稳定，可根据不同区域、不同条件灵活调整，为标准修订提供方便，为制定地方实施细则创造条件。

（三）GB/T 50378—2014 内容简介

《绿色建筑评价标准》（GB/T 50378—2014）共分 11 章，主要技术内容是：总则、术语、基本规定、节地与室外环境、节能与能源利用、节水与水资源利用、节材与材料资源利用、室内环境质量、施工管理、运营管理、提高与创新。

1. 适用建筑类型

《绿色建筑评价标准》（GB/T 50378—2014）的适用范围，由原《绿色建筑评价标准》GB/T 50378—2006 中的住宅建筑和公共建筑中的办公建筑、商场建筑和旅馆建筑，进一步扩展至民用建筑各主要类型。

2. 评价阶段和指标

《绿色建筑评价标准》（GB/T 50378—2014）将设计评价和运行评价分为两个阶段。设计阶段评价内容定为"节地与室外环境""节能与能源利用""节水与水资源利用""节材与材料资源利用""室内环境质量"五项，运行阶段评价则增加了"施工管理"和"运营管理"两项。每类指标均包括控制项和评分项。评价指标体系还统一设置加分项。

3. 评价方法

控制项的评定结果为满足或不满足；评分项和加分项的评定结果为分值。评分项逐条评分后分别计算各类指标得分和加分项附加得分，然后对各类指标得分加权求和并累加上附加得分计算出总得分。

评价指标体系 7 类指标的总分均为 100 分。7 类指标各自的评分项得分 Q_1、Q_2、Q_3、Q_4、Q_5、Q_6、Q_7 按参评建筑该类指标的评分项实际得分值除以适用于该建筑的评分项总分值再乘以 100 分计算。加分项的附加得分 Q_8 按该标准第 11 章的有关规定确定。

绿色建筑评价的总得分 $\sum Q$ 按下式进行计算，其中评价指标体系七类指标评分项的权重 $w_1 \sim w_7$ 按该标准相关规定取值。

$$\sum Q = w_1 Q_1 + w_2 Q_2 + w_3 Q_3 + w_4 Q_4 + w_5 Q_5 + w_6 Q_6 + w_7 Q_7 + Q_8$$

绿色建筑分为一星级、二星级、三星级 3 个等级。3 个等级的绿色建筑均应满足本标准所有控制项的要求，且每类指标的评分项得分不应小于 40 分。当绿色建筑总得分分别达到 50 分、60 分、80 分时，绿色建筑等级分别为一星级、二星级、三星级。

（四）应用原则

1. 统筹考虑

评价绿色建筑时，应统筹考虑建筑全寿命周期内，节能、节地、节水、节材、保护环境、满足建筑功能之间的辩证关系。

建筑从最初的规划设计到随后的施工、运营及最终的拆除，形成一个全寿命周期。绿色建筑的评价应关注建筑的全寿命周期，这意味着不仅在规划设计阶段应充分考虑并有效结合建筑所在地域的气候、资源、自然环境、经济、文化等条件，而且在施工过程中减少污染，降低对环境的影响；在运营阶段应能为人们提供健康、舒适、低耗、无害的使用空间，与自然和谐共生；拆除时保护环境，并提高材料资源的再利用率。

绿色建筑要求在建筑全寿命周期内，最大限度地节能、节地、节水、节材与保护环境，同时满足建筑功能要求。这几者有时是彼此矛盾的，如为片面追求小区景观而过多地用水，为达到节能单项指标而过多地消耗材料，这些都是不符合绿色建筑要求的；而降低建筑的功能要求，降低适用性，虽然消耗资源少，也不是绿色建筑所提倡的。

2. 因地制宜

评价绿色建筑时，应依据因地制宜的原则，结合建筑所在地域的气候、资源、自然环境、经济、文化等特点进行评价。

我国不同地区在气候、地理环境、自然资源、经济社会发展水平与民俗文化等方面都存在很大的差异。发展绿色建筑的基本原则是因地制宜。建筑所在地域的气候、资源、自然环境、经济、文化等特点是评价绿色建筑的重要依据。在气候方面，应考虑地理位置、建筑气候类别、温度、湿度、降雨量的时空分布、蒸发量、主导风向等因素。在资源方面，应考虑当地能源结构、地方资源、水资源、土地资源、建材生产、既有建筑状况等因素。在自然环境方面，应考虑地形、地貌、自然灾害、地质环境、水环境、生态环境、大气环境、交通环境等因素。在经济方面，应考虑人均 GDP、水价、电价、气价、房价、土地成本价、装修成本价、精装修的认知度、建筑节能的认知度、可再生能源利用的认知度等因素。在文化方面，应考虑城市性质、建筑特色、文脉、古迹等因素。

参 考 文 献

[1] 穆忠绵，刘晖 . 建筑节能工程质量控制与建筑节能检测 [J] . 四川建筑科学研究，2008，34（1）：192-193.

[2] 潘红，储劲松 . 开放高效热工实验室拓展建筑节能检测渠道 [J] . 建筑节能，2007，35（10）：60-63.

[3] 李德英 . 建筑节能技术 [M] . 北京：机械工业出版社，2006：221-259.

[4] 张松 . 冬暖夏热地区居住建筑节能检测技术方法的实施 [J] . 深圳土木与建筑，2006，3（4）：10-14.

[5] 徐春霞 . 建筑节能和环保应用技术 [M] . 北京：中国电力出版社，2006：98-122.

[6] 李汉章 . 建筑节能技术指南 [M] . 北京：中国建筑工业出版社，2006：24-45.

[7] 李淑香 . 中原地区节能建筑的检测评估方法分析 [J] . 建筑科学，2008，26：81.

[8] 付祥钊 . 夏热冬冷地区建筑节能技术 [M] . 北京：中国建筑工业出版社，2002：338-360.

[9] 王文忠，王宝海 . 上海住宅建筑节能技术与管理 [M] . 上海：同济大学出版社，2004：210-234.

[10] 徐占发 . 建筑节能技术实用手册 [M] . 北京：机械工业出版社，2004：348-384.

[11] JGJ/T 132—2009. 居住建筑节能检验标准.

[12] GB/T 50378—2006. 绿色建筑评价标准.

[13] GB/T 50378—2014. 绿色建筑评价标准.

[14] 吕闻，李永林，周娟等 . 大型公共建筑节能检测及分析 [J] . 华东电力，2010（003）：446-450.

[15] 尹文浩 . 基于灰色系统理论的住宅建筑节能评估综合研究 [D] . 长安大学，2008.

[16] 宋波，杨玉忠，柳松等 . 建筑节能检测与评估技术发展现状 [J] . 建筑科学，2013，29（010）：90-96.

[17] 邱强.建筑节能评估的进展综述 [J].绿色科技,2012 (2):212-214.

[18] 陈昱廷.建筑节能评估体系关键技术研究 [D].华中科技大学,2013.

[19] 赵文海,段恺,赵士怀等."十一五"建筑节能检测技术的发展 [J].建筑节能,2010 (10):67-70.

[20] 常锋,陈晓.夏热冬冷地区居住建筑节能检测与质量控制 [J].土工基础,2008,22 (5):62-64.

[21] 兰玉坤,王科,江艳燕.夏热冬暖地区居住建筑节能检测技术方法探讨 [J].广西工学院学报,2008,19 (2):82-85.

[22] 汪凯.智能建筑节能评估方法的研究 [D].长安大学,2011.